21世纪高职高专机械类应用型规划教材

机械制造工艺学

主　编　张冬梅

副主编　孟　超　白　玲

参　编　贺莉敏　聂小丹
张路霞　冀　慧

北京邮电大学出版社

·北京·

内 容 提 要

本书是根据教育部高职高专机械类专业规划教材建设的精神，结合教学基本要求编写的。本书遵循教材内容与生产实践相结合的基本原则，突出应用性，适应目前教学改革的需要。主要内容包括机械加工工艺规程的制定、机械加工精度、机械加工表面质量、典型零件的加工、装配工艺基础、机床夹具、现代制造技术。

本书可作为高职高专机械类及近机类专业的教材，也可作为从事机械制造业的工程技术人员的参考书和培训材料。

图书在版编目(CIP)数据

机械制造工艺学/张冬梅主编.--北京:北京邮电大学出版社,2011.1(2021.9重印)

ISBN 978-7-5635-2545-4

Ⅰ.①机… Ⅱ.①张… Ⅲ.①机械制造工艺—高等学校:高等学校—教材 Ⅳ.①TH16

中国版本图书馆 CIP 数据核字(2010)第 264523 号

书　　名：机械制造工艺学
主　　编：张冬梅
责任编辑：刘春棠
出版发行：北京邮电大学出版社
社　　址：北京市海淀区西土城路 10 号(邮编:100876)
发 行 部：电话：010-62282185　传真：010-62283578
E-mail：publish@bupt.edu.cn
经　　销：各地新华书店
印　　刷：北京九州迅驰传媒文化有限公司
开　　本：787 mm×1 092 mm　1/16
印　　张：18.75
字　　数：462 千字
版　　次：2011 年 1 月第 1 版　2021 年 9 月第 4 次印刷

ISBN 978-7-5635-2545-4　　定　价：34.00 元

前　言

机械制造工艺学是机械类、近机类各专业的一门重要的专业技术基础课。为了适应新形势下高职高专人才的培养需求，我们在总结专业教学实践和工程实践经验的基础上编写了本书。由于机械制造工艺学是与生产实践联系密切的课程，有些内容较为难懂，本书编写力求使教师容易教，学生易懂，便于学生获取实用性强的知识。

本书内容完整，实例丰满，简明扼要，实用性强，突出强调机械加工工艺规程编写能力的培养与训练。主要特点如下。

(1) 体系完整，结构合理。在章节安排和内容阐述上，一方面保持知识体系的完整性；另一方面努力使知识阐述更加循序渐进，更加符合学生的认知规律，并富有启发性。

(2) 强调应用性和能力的培养。本书配有较多的实例分析，每章后附有思考题，以培养学生综合分析问题和解决问题的能力。

(3) 注重能力，突出实用。针对当今社会对人才的需求，为加强对学生能力的培养，书中实例多取之于生产现场，有些还是编者在生产实践中的经验积累，理论联系实际，具有较强的实用性。

(4) 将机床夹具设计内容融入机械制造工艺中，使二者有机结合，既压缩了原来的学时，又不降低要求，较好地解决了以往采用两本教材时出现的重复、矛盾等问题。

本书由焦作大学张冬梅担任主编，孟超、白玲担任副主编。参加本书编写的有张冬梅（绪论、第 2 章和 4.2 节）、孟超（第 1 章）、白玲（4.1 节和第 5 章）、焦作制动器股份有限公司贺莉敏（第 3 章）、焦作万方铝业股份有限责任公司聂小丹（4.3 节和 4.4 节）、濮阳职业技术学院张路霞（第 6 章）和安阳职业技术学院冀慧（第 7 章）。本书由张冬梅统稿和定稿。

本书由河南理工大学刘传绍教授主审，并提出了许多宝贵意见，在此表示衷心的感谢。

由于编者水平有限，书中错漏之处在所难免，恳请读者批评指正。

编　者

目　录

绪　论

1. 机械制造业在国民经济中的地位和作用

机械制造是各种机械、机床、工具、仪器、仪表制造过程的总称。机械制造技术是研究这些机械产品的加工原理、工艺过程和方法以及相应设备的一门工程技术。机械制造技术的发展水平和它所提供的专用和通用设备,从一定意义上讲,决定着其他产业的发展水平。

从人类的起源开始,制造就与我们的日常生活息息相关。制造是创造人类物质财富的源泉。原材料经过制造就变成具有一定功能的零件,简单的产品由单个零件组成,如螺钉、螺母等,而绝大多数产品如自来水笔、洗衣机、冰箱、汽车的发动机、大型飞机等,需要先制造出几个到几百个甚至几百万个零件后,再经过装配制造而成。

所有产品的制造都要从产品的设计、原材料的选择到根据企业所具备的生产工具和条件安排如何将其变成所需要的产品等方面着手。在现代生活中,制造业是全面建设小康社会的支柱产业,也是国家高技术产业的基础和国家安全的重要保障。在这个领域中,聚集了当代科学技术发展的成果,也是当代科学技术在实际应用中的体现。它更是市场产品更新、生产发展、市场竞争的重要手段。

机械制造业是国民经济的基础和支柱,是向其他各部门提供工具、仪器和各种机械技术装备的行业。机械制造业的发展水平是衡量一个国家经济实力和科学技术水平的重要标志之一,因为有些产品虽然可以设计出来,但由于制造水平的限制,很难制造出达到产品设计所需要的功能的水平。一个国家经济的独立性和工业自力更生的能力也在很大程度上取决于制造技术水平。在国际国内的激烈竞争中,一个企业如果具有适应市场要求的快速响应能力,并能为市场提供优质的产品,就具备了市场竞争能力非常重要的因素,而快速响应市场的能力和产品质量的提高主要取决于企业的制造技术水平。因此,一个国家的制造技术水平越高,其人民的生活水平就越高。当今制造业不仅是科学发现和技术发明转换为现实规模生产力的关键环节,而且已成为为人类提供生活所需的物质财富和精神财富的重要基础。制造业在社会中的作用如图 0-1 所示。

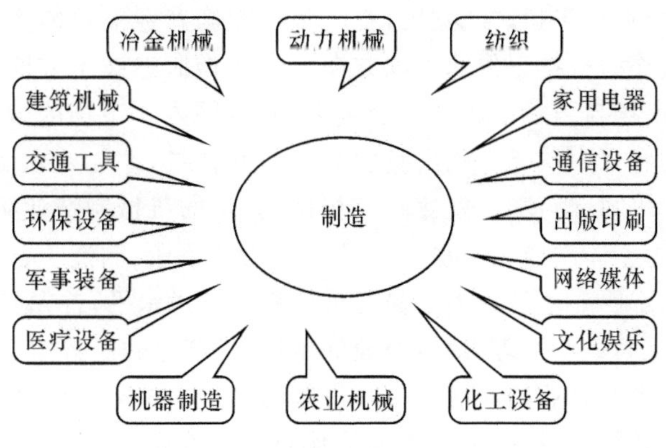

图 0-1　制造业在社会中的作用

在美国，60%以上的财富来源于制造业，约有 1/4 的人口从事制造业，在非制造业部门中又有约半数人员的工作性质与制造业密切相关。

制造过程不仅包含将原材料直接改变形状和尺寸的加工过程，也包含将其变为具有特定功能且可以使用的产品的过程，更重要的是通过制造可以使原材料具有一定的附加值，从而在市场中获得利润。例如，作为原材料的黏土原本具有的价值有限，但是当黏土经过制造变成可以切削加工金属的陶瓷刀具或电气绝缘产品后，其附加值大大提高。有些原材料经过制造会成为高附加值的产品，如计算机芯片、齿轮和发动机箱体零件等。因此，通过机械制造可以创造价值。

机械制造过程是一个较复杂的过程，其涉及范围广且内容丰富。它不但包括产品设计、加工设备及工具的使用，还包括生产调度、材料的选用、原材料及设备采购、制造工艺的安排、生产过程控制、营销策略、交货方式和售后服务等。

2. 机械制造业的发展现状及趋势

经过半个多世纪的努力，尤其是改革开放以来，通过引进吸收与自主开发，我国的机械工业已经基本形成门类齐全、具有相当规模及技术开发能力的支柱产业。产业结构正向着合理化方向发展，先进的制造技术不断在生产中应用推广，机电及相关高效技术产品生产基地正在逐步形成，其突出表现在以下方面。

(1) 大型成套设备的装备能力提高。例如，我国已能自行设计制造 60 万千瓦的火力发电机组、70 万千瓦的水力发电机组、500 万吨的大型钢铁成套设备等。通过引进技术的消化吸收，一批先进的高精密制造技术也在我国生产中得到应用和普及。

(2) 新产品的开发水平提高。大批重点骨干企业在关键工序增加了先进、精密、高效的关键设备，从而进入高技术开发企业的行列；研制出如超重型数控龙门铣、高精度五轴数控镗铣床、SX-T 大规模集成电路光栅数显仪、大吨位超重水压机等；制造技术水平不断提高，船泊制造精度可达 5 μm，高精度外圆磨达 0.25 μm，表面粗糙度 Ra 达 0.08 μm，精密及超精密加工精度已达到亚微米级和亚纳米级，形成完整的先进数控机床、新型刀具开发的制造体系。

(3) 国防建设及装备的能力提高。我国已成功发射各种功能用途的人造卫星，且卫星发射已成功进入市场运行机制，神舟 5 号、神舟 6 号的成功发射赢得了广泛的国际声誉，我国还为其他国家成功发射多颗各种用途的卫星。

目前，我国已基本建立社会主义市场经济体制。全球性的产业结构重新组合和国际分工不断深化，科学技术在突飞猛进地发展，各国都把提高产业竞争能力及发展高新技术、抢占未来经济的制高点作为科技工作的主攻方向。在机械制造技术方面，我国与世界各国的联系日益紧密，中国市场与国际市场进一步接轨，面对国内外市场的激烈竞争，我国企业对技术的需求更加迫切和强烈。努力找出我们的差距和任务，才能够在制造工艺技术与管理水平上提高自己的竞争力。与工业发达国家相比，我国的机械制造业仍存在整体发展不均衡的差距，集中表现为整体制造技术水平在设计方法和手段、制造工艺、制造过程自动化技术及管理技术诸方面都明显落后。为了提高整体制造技术水平，首先要重视工艺，要按经济规律组织生产，不断提高生产管理水平，处理好质量、生产率和经济性之间的关系，找出三者最佳的切合点。不断提高企业的产品自主开发能力，以新兴微电子、光电技术为基础，着力发展重型成套设备装备能力，提高轿车大批量制造技术的水平，提高生产优质高效的精密仪器及工艺装备的能力，为新产品的投产及形成规模提供新工艺、新装备，形成合理比例的常规制造技术、先进制造技术及高新技术并存的多层次结构，这将成为我国机械加工技术近期发展的战略任务。

进入 21 世纪，机械制造业正向自动化、柔性化、集成化、智能化和清洁化的方向发展。

3. 机械制造工艺学的研究对象

传统的机械制造工艺学是以机械制造中的工艺问题为研究对象的一门应用型制造技术学科。所谓工艺，是使各种原材料、半成品成为产品的方法和过程；而机械制造工艺是指各种机械的制造方法和过程的总称。所谓机械制造工艺学，就是在深入了解实际的基础上，利用各种基础理论知识（如数学、物理、化学、力学、机械原理和金属切削原理等），经过实事求是的分析对比，找出客观规律，解决面临的工艺问题的学科。

机械制造工艺的内容极其广泛，包括零件的毛坯制造、机械加工、热处理和产品的装配等。机械制造工艺学的研究范围主要是零件的机械加工和产品的装配两部分。

机械制造工艺学涉及的行业有百余种，产品品种成千上万，其研究的工艺问题可归纳为质量、生产率和经济性三类。

(1) 保证和提高产品质量。产品质量包括整台机械的装配精度、使用性能、使用寿命和可靠性，以及零件的加工精度和加工表面质量。近代，由于宇航、精密机械、电子工业和军工的需要，对零件的精度和表面质量的要求越来越高，相继出现了各种新工艺和新技术，如精密加工、超精密加工和微细加工等，加工精度由 1 μm 级提高到 0.1～0.01 μm 级，目前正在向 1 nm(0.001 μm)级精度迈进。

(2) 提高劳动生产率。提高劳动生产率的方法有三种：一是提高切削用量，采用高速切削、高速磨削和重磨削。近年来出现了聚晶金刚石和聚晶立方氯化硼等新型刀具材料，其切削速度可达 1 200 m/min，高速磨削的磨削速度达 200 m/s。重磨削是高速磨削的发展方向，包括大进给、深切深缓进给的强力磨削、荒磨和切断磨削等。二是改进工艺方法、创造新工艺。例如，利用锻压设备实现少无切削加工，对高强度、高硬度的难切削材料采用特种加工等；三是提高自动化程度，实现高度自动化。例如，采用数控机床、加工中心、柔性制造单元(FMC)、柔性制造系统(FMS)、计算机集成制造系统(CIMS)和无人化车间或工厂等。

成组技术的出现能解决多品种尤其是中、小批生产中存在的生产周期长、生产效率低的问题，也是企业实现高度自动化的基础。

(3) 降低成本。要节省和合理选择原材料，研究新材料；合理使用和改进现有设备，研制新的高效设备等。

对上述三类问题要辩证地、全面地进行分析。要在满足质量要求的前提下，不断提高劳动生产率和降低成本，能以优质、高效、低耗的工艺去完成零件的加工和产品的装配，这样的工艺才是合理的和先进的工艺。

4. 学习本课程的目的与要求

机械制造工艺学是机械制造工艺及设备、机械设计制造及其自动化和机械工程及自动化等专业的一门主要专业课。通过本课程的教学（如课堂理论教学、现场教学、实验和习题等）及有关环节（如生产实习和课程设计等）的配合，学生可以初步掌握分析和解决工艺等制造技术问题的能力及自学工艺理论和新工艺、新技术的能力。具体要求如下。

(1) 掌握机械制造工艺的基本理论（包括定位和基准理论、工艺和装配尺寸链理论、加工精度和误差分析理论、表面质量和机械振动理论等)和夹具设计方法及典型结构,注重基本概念和理论的具体应用,学会对较复杂零件进行工艺分析和夹具设计的方法。

(2) 具有制定中等复杂零件的机械加工工艺规程、一般产品的装配工艺规程、设计夹具和主管产品工艺的初步能力。

(3) 树立生产制造系统的观点,了解现代(先进)制造技术的新成就、发展方向和一些重要的现代(先进)制造技术,以扩大视野、开阔思路、提高工艺等制造技术水平和增强人才的竞争力及就业能力。

本课程只能涉及工艺理论中最基本的内容,但不管工艺水平发展到何种程度,都和这些基本内容有着密切的关系。因此,要掌握最基本的内容,为今后通过工作实践和继续学习不断增加工艺知识和提高分析、解决工艺等制造技术问题的能力打好基础。

5. 本课程的特点和学习方法

(1) 实践性强。本课程的内容来自生产和实践,而工艺理论的发展又促进和指导生产的发展。学习工艺学的目的在于应用,在于提高工艺水平。因此,要多下工厂、多实践,要重视试验、生产实习和专业实习。有了一定的感性知识,就能容易地理解和掌握工艺学的概念、理论和方法。在学习过程中,要着重理解和掌握基本概念及其在实际中的应用,多做习题和思考题,重视课程设计。不少工艺原则只能用理论概括说明,很难用数学方法揭示其严谨的关系。

(2) 综合性强。传统的制造技术本来面就很广,涉及各类制造方法和过程,如从毛坯制造、热处理到机械加工、表面处理和装配,还涉及设备及工艺装备等“硬件”;而现代(先进)制造技术还要涉及产品设计、管理和市场,甚至经济学等人文学科。各学科间相互渗透、结合、互补和促进是现代科学技术的特点和发展趋势。人才培养必须适应这种要求。为此,课程在理论上和内容体系上要不断改革和完善,要进行多种而不是一种课程组合方案的试验研究。学习时要善于综合运用已学过的专业基础课和专业课,如金属工艺学、机械工程材料、计算机应用技术、电工电子学、检测技术、金属切削原理、工艺装备、液压与气动、金属切削机床、企业管理与技术经济等课程,更深入地接触社会,了解我国的经济政策和亚洲及世界的经济形势,拓宽知识面。这也是制造业全球战略的需要。

(3) 创新意识强。尽管机械制造工艺是千百万机械加工生产第一线的工人、技术人员对机械加工实践的高度概括与总结,但是机械制造与生产现场情况联系非常密切,任何生产条件变化都会使工艺过程发生相应变化,因此生产过程中的创新意识会直接促使工艺过程进一步优化。所以,在教学过程中也应开展创新意识教育,培养学生的创新思维和开拓意识。

思考题

0-1　机械工业在国民经济中的地位和作用如何?

0-2　如何学习机械制造技术?

0-3　从哪几方面来分析研究工艺问题?

0-4　为什么要学习本课程?怎样才能学好本课程?

第1章　机械加工工艺规程的制定

用表格的形式将机械加工工艺过程书写出来形成的指导性技术文件，就是机械加工工艺规程(简称工艺规程)。它是在具体的生产条件下，以较合理的工艺过程和操作方法，按规定的形式书写成工艺文件，经审批后用来指导生产的。其内容主要包括零件加工工序、切削用量、工时定额以及各工序所采用的设备和工艺装备等。

1.1　基本概念

1.1.1　工艺过程

工艺过程是指改变生产对象的形状、尺寸、相对位置和性质等，使其成为半成品或成品的过程，它是生产过程的一部分。工艺过程可分为毛坯制造、机械加工、热处理和装配等。

机械加工工艺过程(以下简称工艺过程)是指用机械加工的方法直接改变毛坯的形状、尺寸和表面质量，使之成为合格零件的生产过程。

1.1.2　工艺过程的组成

机械加工工艺过程是由一个或若干个顺序排列的工序组成的。每一个工序又可分为若干个安装、工位、工步和走刀。

1. 工序

一个或一组工人在一个工作地对同一个或同时对几个工件所连续完成的那部分工艺过程称为工序。判断一系列的加工内容是否属于同一个工序，关键在于这些加工内容是否在同一个工作地对同一个工件连续地被完成。这里的“工作地”是指一台机床、一个钳工台或一个装配地点；这里的“连续”是指对一个具体的工件的加工是连续进行的，中间没有插入另一个工件的加工。例如，在车床上加工一个轴类零件，尽管在加工过程中可能多次调头装夹工件及变换刀具，只要没有更换机床，也没有在加工过程中插入另一个工件的加工，在此车床上对该轴类零件的所有加工内容就都属于同一个工序。

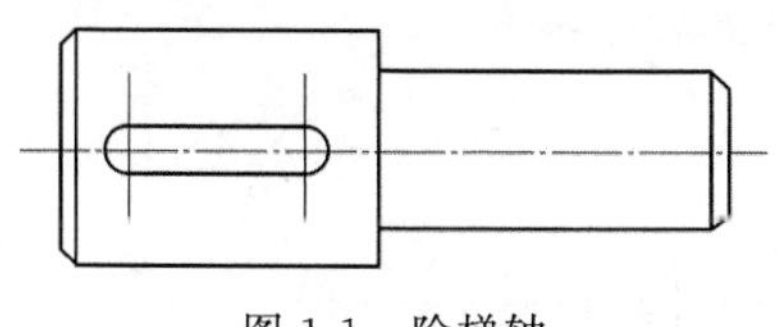

图1-1　阶梯轴

例如，图1-1所示的阶梯轴，当生产批量较小时，其工艺过程及工序的划分如表1-1所示；当工件的生产批量较大时，其工艺过程及工序的划分如表1-2所示。

工序是工艺过程的基本组成部分，也是确定工时定额、配备工人、安排作业计划和进行质量检验等的基本单元。

在零件的加工工艺过程中，有一些工作并不改变零件的形状、尺寸和表面质量，但却直接影响工艺过程的完成，如检验、打标记等，这些工作的工序称为辅助工序。

2. 安装

在加工前，应先使工件在机床上或夹具中占有正确的位置，这一过程称为定位；工件定位后，将其固定，使其在加工过程中保持定位位置不变的操作称为夹紧；将工件在机床或夹具中每定位、夹紧一次所完成的那部分工序内容称为安装。一道工序中，工件可能被安装一次或多次。例如，表 1-1 中的工序 1 和工序 2 均有两次安装，表 1-2 中的工序只有一次安装。

表 1-1　小批量生产的工艺过程

工序号	工序内容	设备
1	车一端面，钻中心孔；调头车另一端面，钻中心孔	车床
2	车大端外圆及倒角；车小端外圆及倒角	车床
3	铣键槽；去毛刺	铣床

表 1-2　大批量生产的工艺过程

工序号	工序内容	设备
1	铣端面，钻中心孔	中心孔机床
2	车大端外圆及倒角	车床
3	掉头，车小端外圆及倒角	车床
4	铣键槽	键槽铣床
5	去毛刺	钳工

在加工过程中应尽量减少安装次数，因为在一次安装中加工多个表面容易保证各表面间的位置精度，而且由于减少了装卸工件的辅助时间，可以提高生产率。

3. 工位

为了减少安装次数，常使用回转工作台、回转夹具或移位夹具等，使工件在一次安装中先后处于几个不同的位置进行加工。工件在机床上所占据的每一个位置，称为工位。图1-2所示为一个利用回转工作台，在一次安装中顺次完成装卸工件、钻孔、扩孔和铰孔四工位加工的实例。采用多工位加工的方法，既可以减少安装次数，提高加工精度，减轻工人的劳动强度，又可以使各工位的加工与工件的装卸同时进行，提高劳动生产率。

4. 工步

在一个工序中，当工件的加工表面、切削刀具和切削用量中的转速与进给量均保持不变时所完成的那部分工序内容，称为工步。例如图 1-1 所示的阶梯轴，表 1-1 中的工序 1 和工序 2 均加工四个表面，所以各有四个工步；表 1-2 中的工序 4 只有一个工步。

构成工步的因素有：加工表面、刀具和切削用量，它们中的任一因素改变后，一般就变成了另一个工步。但在一次安装中，有多个相同的工步，通常看成一个工步。例如，图 1-3 所示的零件上 4 个 $\phi15$ mm 孔的钻削加工可以写成一个工步：钻 4－$\phi15$ mm。

为了提高生产效率，用几把不同的刀具或复合刀具同时加工一个工件上的几个表面，也看成是一个工步，称为复合工步。

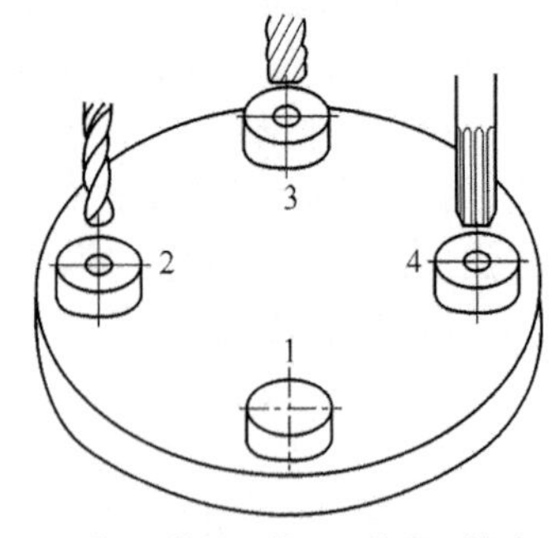

工位1—装卸工件；工位 2—钻孔；工位 3—扩孔；工位 4—铰孔

图 1-2　多工位加工

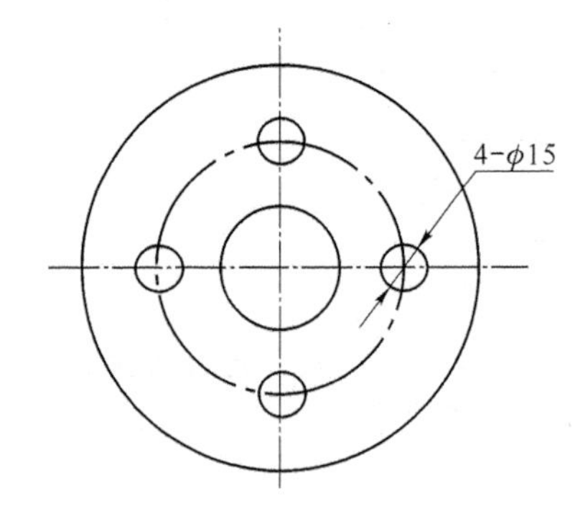

图 1-3　加工四个相同表面的工步

5. 走刀

在一个工步内，若加工余量需要多次逐步切削，则每一次切削即为一次走刀。一个工步可以包括一次或几次走刀。

1.1.3　获得加工精度的方法

零件加工后的实际几何参数(尺寸、形状和位置)与理想几何参数的符合程度称为加工精度。加工精度包括尺寸精度、形状精度和位置精度三个方面。

1. 获得尺寸精度的方法

(1) 试切法

通过试切—测量—调整—再试切,反复进行直到被加工尺寸达到要求精度为止的加工方法称为试切法。试切法的生产率低,加工精度主要取决于工人的技术水平,常用于单件小批生产。

(2) 调整法

先调整好刀具和工件在机床上的相对位置,并在一批零件的加工过程中保持这个位置不变,以保证被加工尺寸精度的方法称为调整法。调整法生产效率高,加工精度较稳定,在转塔车床、多刀半自动车床、自动车床上常被采用;使用专用夹具时,刀具相对于夹具的位置用对刀块或导引元件来调整。调整法常用于中批以上的生产中。

(3) 定尺寸刀具法

用刀具的相应尺寸来保证工件尺寸的方法称为定尺寸刀具法,如钻孔、铰孔、拉孔等。这种方法生产率较高,操作简便,加工精度较稳定。

(4) 主动测量法

在加工过程中,利用自动测量装置边加工边测量加工尺寸,并将测量结果与要保证的尺寸比较后,或使机床继续工作,或使机床停止工作,就是主动测量法。主动测量所得的测量结果可用数字在显示器上显示出来。该方法生产率高,加工精度稳定,是目前机械加工的发展方向之一。

(5) 自动控制法

在加工过程中,利用测量装置或数控装置等自动控制加工过程的加工方法称为自动控制法。该方法生产率高,加工质量稳定,加工柔性好,能适应多品种中小批量生产,是计算机辅助制造(CAM)的重要基础,也是目前机械加工的发展方向之一。

2. 获得形状精度的方法

(1) 刀尖轨迹法

依靠刀尖的运动轨迹来获得工件表面形状的方法称为刀尖轨迹法。工件的形状精度取决于成形运动的精度及机床的精度,如车外圆、铣平面、刨平面等。

(2) 成形法

利用成形刀具的几何形状来代替机床的某些成形运动,获得工件的表面形状的方法称为成形法。工件的加工精度主要取决于刀刃的形状精度。

(3) 仿形法

通过仿形装置做进给运动对工件进行加工的方法称为仿形法,如在液压仿形车床上加工阶梯轴等。随着数控加工的广泛应用,仿形法的应用将日益减少。

(4) 展成法

利用工件和刀具做展成切削运动进行加工的方法称为展成法。滚齿和插齿加工就是典型的展成法加工。

3. 获得位置精度的方法(工件的安装方法)

工件的位置精度取决于工件的安装方式及精度。工件的安装方式有如下几种。

(1) 直接找正安装

利用百分表、划针等工具直接找正工件在机床上的正确位置,然后夹紧,这种安装方法称为直接找正安装。如图1-4所示,在磨床上磨削一个与外圆表面有同轴度要求的内孔时,加工前将工件装在四爪卡盘上,用百分表直接找正外圆表面,即可使工件获得正确的位置。此方法多用于单件小批生产或位置精度要求特别高的工件。

(2) 划线找正安装

用划针根据毛坯或半成品上所划的轮廓线找正工件在机床上的正确位置,然后夹紧,这种安装方法称为划线找正安装,如图1-5所示。此法多用于毛坯精度较低的单件小批生产或大型零件等不便使用夹具的粗加工。

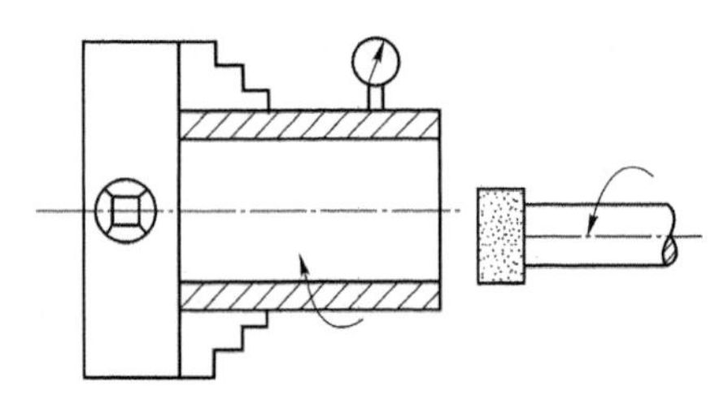

图1-4 直接找正安装

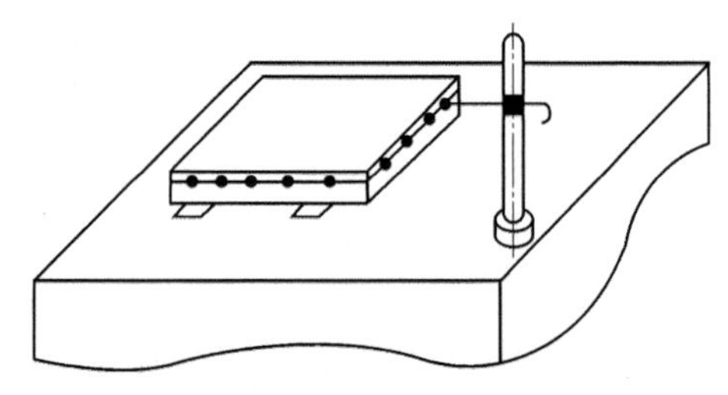

图1-5 划线找正安装

(3) 夹具安装

工件依靠定位基准与夹具中的定位元件相接触,使工件处于正确位置,然后夹紧,这种安装方法称为夹具安装。用夹具安装工件,定位精度高而且稳定,安装迅速、方便,生产率高,但专用夹具的设计、维修费用高,制造周期长,所以专用夹具适用于成批或大批大量生产。单件小批生产时,多采用通用夹具。

1.1.4 工艺规程的作用

工艺规程是机械制造厂最主要的技术文件之一,是工厂规章条例的重要组成部分。其具体作用如下。

(1) 它是指导生产的主要技术文件。

工艺规程是最合理的工艺过程的表格化,是在工艺理论和实践经验的基础上制定的。工人只有按照工艺规程进行生产,才能保证产品质量和较高的生产率以及较好的经济效益。

(2) 它是组织和管理生产的基本依据。

在产品投产前要根据工艺规程进行有关的技术准备和生产准备工作,如安排原材料的供应、通用工装设备的准备、专用工装设备的设计及核算等工作。生产中对工人业务的考核也是以工艺规程为主要依据的。

(3) 它是新建和扩建工厂的基本资料。

新建(或扩建)工厂(或车间)时,要根据工艺规程来确定所需要的机床设备的品种和数量、机床的布置、占地面积、辅助部门的安排等。

1.1.5 制定机械加工工艺规程的原则

工艺规程的制定原则是:所制定的工艺规程,能在一定的生产条件下,以最快的速度、最少的劳动量和最低的费用可靠地加工出符合要求的零件。同时，还应在充分利用本企业现有生产条件的基础上，尽可能采用国内外先进工艺技术和经验，并保证有良好的劳动条件。

工艺规程是直接指导生产和操作的重要文件，在编制时还应做到正确、完整、统一和清晰，所用术语、符号、计量单位和编号都要符合相应标准。

1.1.6　制定机械加工工艺规程的原始资料

制定工艺规程时，应具有以下原始资料。

（1）产品的成套装配图和零件工作图。

（2）产品验收的质量标准。

（3）产品的生产纲领。

（4）毛坯的生产条件或协作关系等。

（5）工厂现有生产设备、生产能力、技术水平、外协条件等。为使制定的工艺规程切实可行，一定要结合现场的生产条件，因此要深入实际，了解加工设备和工艺装备的规格及性能、工人的技术水平以及专用设备及工艺装备的制造能力等。

（6）新技术、新工艺的应用和发展情况。工艺规程的制定既要符合生产实际，又不能墨守成规，要研究国内外有关的先进工艺技术资料，积极引进适用的先进工艺技术，不断提高工艺技术水平。

（7）有关的工艺手册和资料以及国家的有关法规等。

1.1.7　制定机械加工工艺规程的步骤

（1）分析零件图和产品装配图。

（2）选择毛坯。

（3）选择定位基准。

（4）拟定工艺路线。

（5）确定加工余量和工序尺寸。

（6）确定切削用量及工时定额。

（7）确定各工序的设备、刀夹量具和辅助工具。

（8）确定各工序的技术要求及检验方法。

（9）填写工艺文件。

1.2　机械加工工艺规程的格式

机械加工工艺规程是规定零件机械加工工艺过程和操作方法等的工艺文件。正确的工艺规程是在总结长期的生产实践和科学实验的基础上，依据科学的理论和必要的工艺试验并考虑具体的生产条件而制定的。

将工艺规程的各项内容填入一定格式的卡片，即成为生产准备和施工所依据的工艺文件。经常使用的工艺文件有下列几种。

1. 机械加工工艺过程卡片

过程卡是以工序为单位，简要说明零件机械加工过程的一种工艺文件，主要用于单件小批生产和中批生产的零件。该卡片是生产管理方面的工艺文件。工艺过程卡片的格式如表 1-3 所示。

表 1-3　机械加工工艺过程卡片

工厂	机械加工工艺过程卡片	产品型号		零(部)件图号		共　页				
		产品名称		零(部)件名称		第　页				
材料牌号		毛坯种类		毛坯外形尺寸		每毛坯件数		每台件数		备注
工序号	工序名称	工序内容	车间	工段	设备	工艺装备	工时			
							准终	单件		
							编制(日期)	审核(日期)	会签(日期)	
标记	处记	更改文件号	签字	日期	标记	处记	更改文件号	签字	日期	

2. 机械加工工艺卡片

机械加工工艺卡片是以工序为单位，详细说明整个工艺过程的工艺文件。它被用来指导工人生产和帮助管理人员和技术人员掌握零件加工过程，广泛用于批量生产的零件和小批生产的重要零件。工艺卡片的格式如表 1-4 所示。

表 1-4　机械加工工艺卡片

工厂	机械加工工艺卡片	产品型号		零(部)件图号		共　页										
		产品名称		零(部)件名称		第　页										
材料牌号		毛坯种类		毛坯外形尺寸		每毛坯件数		每台件数		备注						
工序	装夹	工步	工序内容	同时加工零件数	切削用量				设备名称及编号	工艺装备名称及编号			技术等级	工时定额		
					切削深度/mm	切削速度/m·min^{-1}	每分钟转速或往复次数	进给量/mm(或mm/双行程式)		夹具	刀具	量具		单件	准终	
										编制(日期)	审核(日期)	会签(日期)				
标记	处记	更改文件号	签字	日期	标记	处记	更改文件号	签字	日期							

3. 机械加工工序卡片

机械加工工序卡片是在工艺过程卡片或工艺卡片的基础上，按每道工序所编制的一种工艺文件，用来具体指导工人操作。其主要内容包括工序简图、该工序中每个工步的加工内容、工艺参数、操作要求以及所用的设备和工艺装备等。工序卡片主要用于大批大量生产中所有的零件，中批生产中复杂产品的关键零件以及单件小批生产中的关键工序。工序卡片的格式如表 1-5 所示。

表 1-5　机械加工工序卡片

工厂	机械加工工序卡片	产品型号		零(部)件图号		共　页
		产品名称		零(部)件名称		第　页

材料牌号		毛坯种类		毛坯外形尺寸		每毛坯件数		每台件数		备注	

	车间	工序号	工序名称	材料牌号
	毛坯种类	毛坯外形尺寸	每坯件数	每台件数
	设备名称	设备型号	设备编号	同时加工件数
（工序简图）				
	夹具编号		夹具名称	冷却液
				工序工时
				准终 / 单件

工步号	工步内容	工艺装备	主轴转速/ $r \cdot min^{-1}$	切削速度/ $m \cdot min^{-1}$	进给量/ $mm \cdot r^{-1}$	切削深度 /mm	进给次数	工时定额 机动	工时定额 辅助

										编制（日期）	审核（日期）	会签（日期）		
标记	处记	更改文件号	签字	日期	标记	处记	更改文件号	签字	日期					

工艺文件中的工序简图可以清楚直观地表达出本工序的有关内容，其绘制方法如下。

(1) 可按大概的比例缩小(或放大)，并尽可能用较少的视图绘出，视图中与本工序无关的次要结构和线条可略去不画。

(2) 主视图方向尽量与工件在机床上的装夹方向一致。

(3) 本工序加工表面用粗实线或红色粗实线表示，其他表面用细实线表示。

(4) 图中应标注本工序加工后应达到的尺寸(即工序尺寸)及其上下偏差、加工表面粗糙度、形状和位置公差等，有时也用括号注出工件外形尺寸，作参考用。

（5）工件的结构、尺寸要与本工序加工后的情况相符，不要将后面工序中才能形成的结构形状在本工序的工序简图中反映出来。

（6）图中应使用标准规定的定位、夹紧符号表示出工件的定位及夹紧情况。

1.3 零件的工艺分析

对零件进行工艺分析，发现问题后及时提出修改意见，是制定工艺规程时的一项重要基础工作。对零件进行工艺分析，主要包括以下两个方面的内容。

1. 零件的技术要求分析

零件的技术要求分析包括以下几个方面。

（1）加工表面的尺寸精度和形状精度。

（2）各加工表面之间以及加工表面和不加工表面之间的相互位置精度。

（3）加工表面粗糙度以及表面质量方面的其他要求。

（4）热处理及其他要求（如动平衡、未注圆角、去毛刺、毛坯要求等）。

2. 零件的结构工艺性分析

零件结构工艺性好还是差对其工艺过程的影响非常大，不同结构的两个零件尽管都能满足使用性能的要求，但它们的加工方法和制造成本却可能有很大的差别。良好的结构工艺性就是指在满足使用性能的前提下，能以较高的生产率和最低的成本方便地加工出来。零件结构工艺性审查是一项复杂而细致的工作，要凭借丰富的实践经验和理论知识。审查时，若发现问题，应向设计部门提出修改意见。在制定机械加工工艺规程时，主要进行零件的切削加工工艺性分析，它主要涉及如下几点。

（1）工件应便于在机床或夹具上装夹，并尽量减少装夹次数。

（2）刀具易于接近加工部位，便于进刀、退刀、越程和测量，以及便于观察切削情况等。

（3）尽量减少刀具调整和走刀次数。

（4）尽量减少加工面积及空行程，提高生产率。

（5）便于采用标准刀具，尽可能减少刀具种类。

（6）尽量减少工件和刀具的受力变形。

（7）改善加工条件，便于加工，必要时应便于采用多刀、多件加工。

（8）有适宜的定位基准，且定位基准至加工面的标注尺寸应便于测量。

表 1-6 是一些常见的零件结构工艺性示例。

表 1-6 零件的机械加工结构工艺性示例

序号	零件结构	
	工艺性不好	工艺性好
1	车螺纹时，螺纹根部易打刀，且不能清根	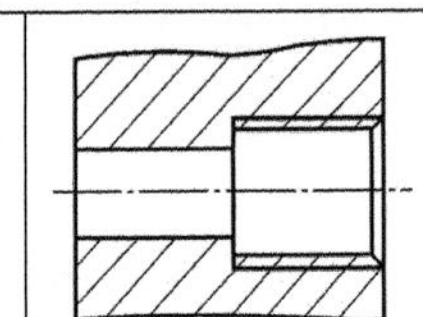 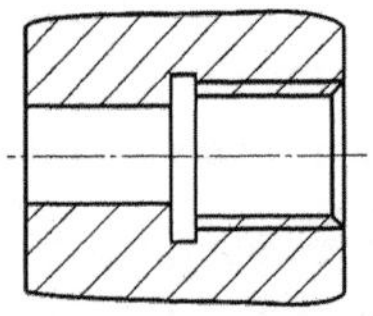 留有退刀槽，可使螺纹清根，避免打刀

续 表

序号	零件结构			
	工艺性不好		工艺性好	
2	插键槽的底部无退刀空间，易打刀			留有退刀空间，避免打刀
3	键槽底与左孔母线齐平，插键槽时易划伤左孔表面			左孔尺寸稍大，可避免划伤左孔表面，操作方便
4	小齿轮无法加工，无插齿退刀槽			大齿轮可滚齿或插齿，小齿轮可以插齿加工
5	两端轴径需磨削加工，因砂轮圆角而不能清根			留有退刀槽，磨削时可以清根
6	锥面需磨削加工，磨削时易碰伤圆柱面，并且不能清根			可方便地对锥面进行磨削加工
7	三个退刀槽的宽度有三种尺寸，需用三把不同尺寸的刀具加工			同一个宽度尺寸的退刀槽，使用一把刀具即可加工
8	键槽设置在阶梯轴 90°方向上，需两次装夹加工			将阶梯轴的两个键槽设计在同一方向上，一次装夹即可对两个键槽加工
9	加工面高度不同，需两次调整刀具加工，影响生产率			加工面在同一高度，一次调整刀具，可同时加工两个平面

续表

序号	零件结构			
	工艺性不好		工艺性好	
10	加工面大，加工时间长，并且零件尺寸越大，平面度误差越大	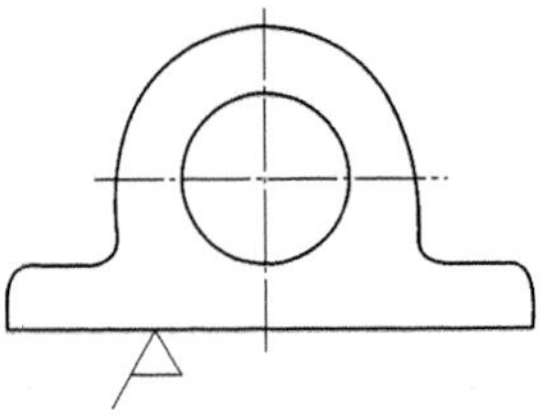	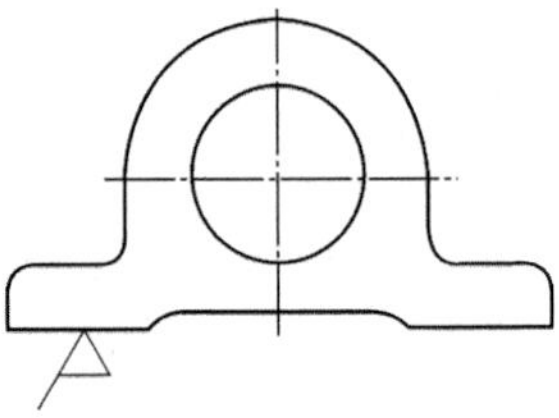	加工面减小，节省工时，减少刀具损耗，并且容易保证平面度要求
11	孔离箱壁太近：①钻头在圆角处易引偏；②箱壁高度尺寸大，需加长钻头方能钻孔	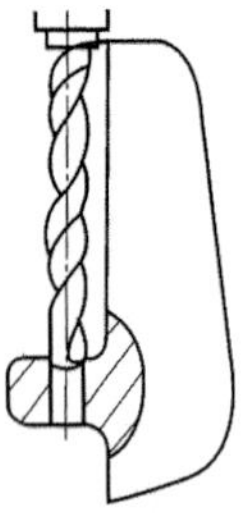	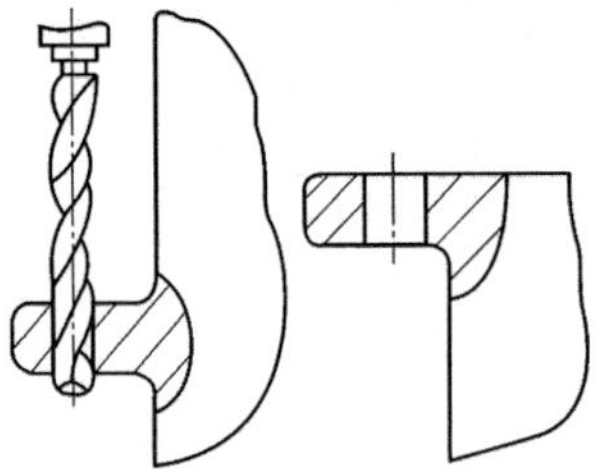	①加长箱耳，不需加长钻头即可钻孔；②只要使用上允许，将箱耳设计在某一端，则不需中长箱耳，即可方便加工
12	斜面钻孔，钻头易引偏	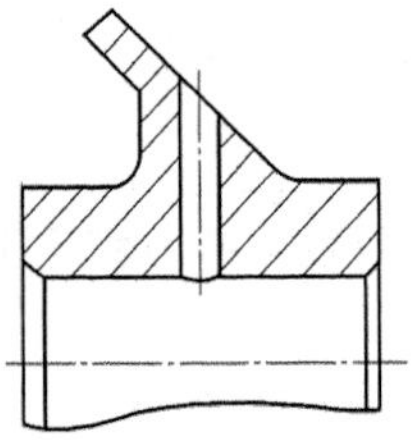	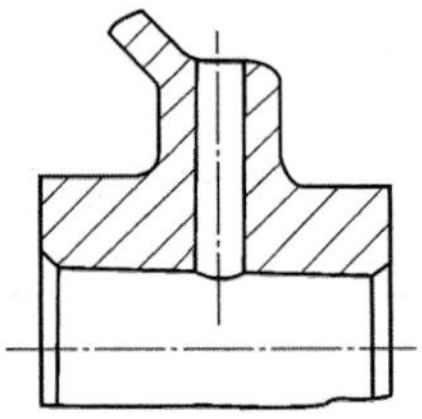	只要结构允许，留出平台可直接钻孔
13	内壁孔出口处有阶梯面，钻孔时易钻偏或钻头折断	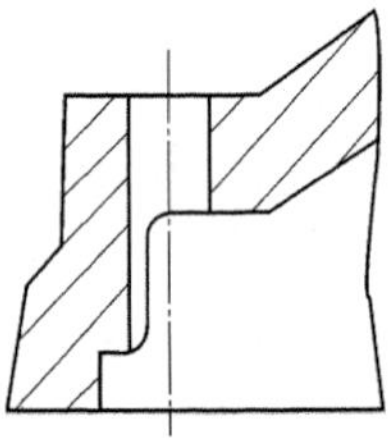	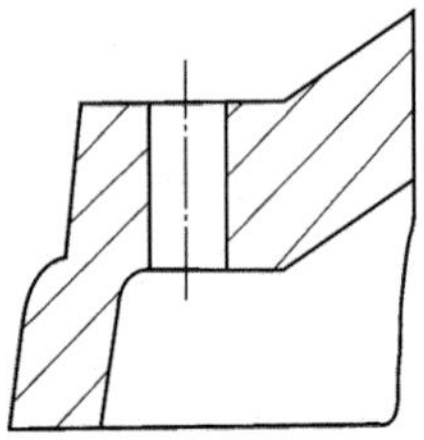	内壁孔出口处平整，钻孔方便，容易保证孔中心位置度
14	钻孔过深，加工时间长，钻头耗损大，并且钻头易偏斜	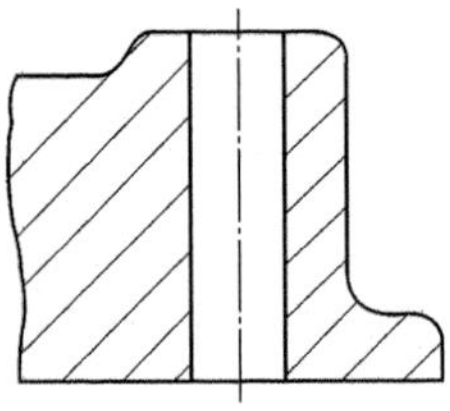	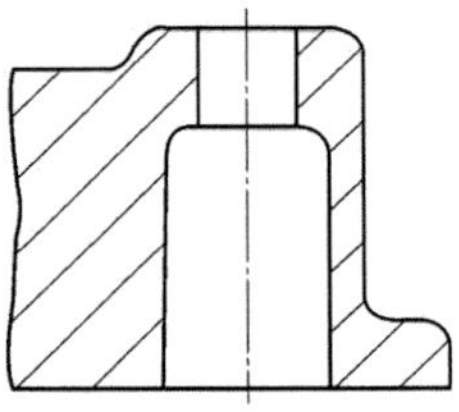	钻孔的一端留空，钻孔时间短，钻头寿命长，不易引偏
15	加工面设计在箱体内，加工时调整刀具不方便，观察也困难	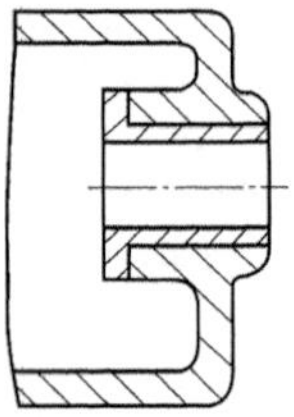	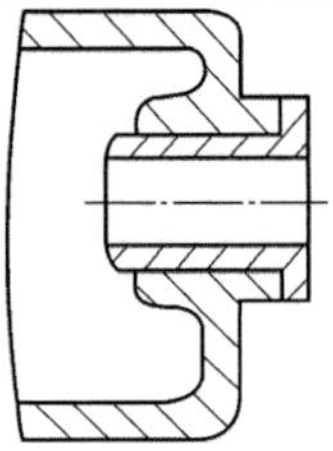	加工面设计在箱体外部，加工方便

续 表

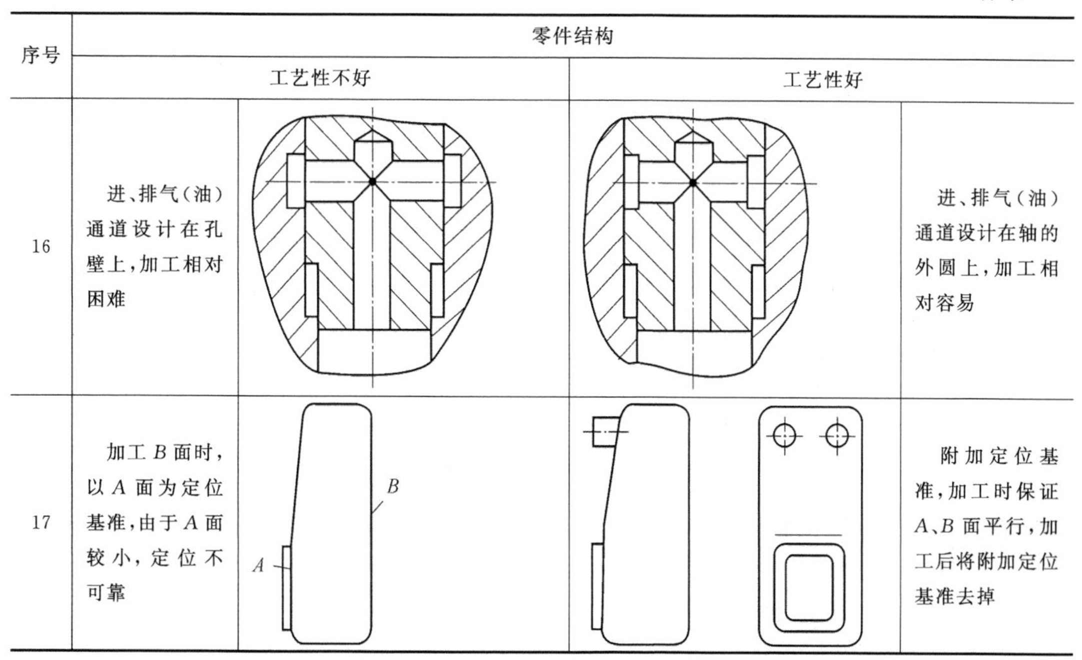

序号	零件结构			
	工艺性不好		工艺性好	
16	进、排气（油）通道设计在孔壁上，加工相对困难			进、排气（油）通道设计在轴的外圆上，加工相对容易
17	加工 *B* 面时，以 *A* 面为定位基准，由于 *A* 面较小，定位不可靠	*B* *A*		附加定位基准，加工时保证 *A*、*B* 面平行，加工后将附加定位基准去掉

1.4　毛坯的选择

选择毛坯的基本任务是选定毛坯的制造方法及制造精度。毛坯的选择不仅影响毛坯的制造工艺和费用，而且对零件机械加工工艺、生产率和经济性也有很大的影响。例如，选择高精度的毛坯，可以减少机械加工劳动量和材料消耗，提高机械加工生产率，降低加工成本，但同时也提高了毛坯的费用。因此，选择毛坯要从毛坯制造和机械加工两方面综合考虑，以求得到最佳效果。毛坯的选择主要包括以下几方面的内容。

1. 毛坯种类的选择

毛坯的种类很多，每一种毛坯又有许多不同的制造方法。常用的毛坯主要有以下几种。

(1) 型材

按截面形状，型材可分为圆钢、方钢、六角钢、扁钢、角钢、槽钢及其他特殊截面的型材。型材有冷拉和热轧两种。热轧的精度低，价格较冷拉的便宜，用于一般零件的毛坯。冷拉钢尺寸较小，精度高，多用于制造毛坯精度较高的中小型零件。

(2) 铸件

铸件适用于形状较复杂的毛坯。其制造方法主要有砂型铸造、金属型铸造、压力铸造、熔模铸造、离心铸造等，较常用的是砂型铸造。当毛坯精度要求低、生产批量较小时，采用木模手工造型法；当毛坯精度要求高、生产批量很大时，采用金属型机器造型法。铸件材料主要有铸铁、铸钢及铜、铝等有色金属。

(3) 锻件

锻件适用于强度要求高、形状较简单的毛坯。其锻造方法有自由锻和模锻两种。自由锻毛坯精度低、加工余量大、生产率低，适用于单件小批量生产以及大型零件毛坯。模锻毛坯精度高、加工余量小、生产率高，适用于中批以上生产的中小型零件毛坯。常用的锻造材料为中、低碳钢及低合金钢。

(4) 焊接件

焊接件是将型材或钢板等焊接成所需的结构，适用于单件小批生产中制造大型毛坯。它制造简便，生产周期短，但常需经过时效处理消除应力后才能进行机械加工。

(5) 冷冲压件

冷冲压件毛坯可以非常接近成品要求，在小型机械、仪表、轻工电子产品方面应用广泛。但因冲压模具昂贵而仅用于大批大量生产。

2. 选择毛坯时应考虑的因素

选择毛坯时应全面考虑下列因素。

(1) 零件的材料及机械性能要求

由于材料的工艺特性决定了其毛坯的制造方法，当零件的材料选定后，毛坯的类型就大致确定了。例如，材料为灰铸铁的零件必用铸造毛坯；对于重要的钢质零件，为获得良好的力学性能，应选用锻件，在形状较简单及机械性能要求不太高时可用型材毛坯；有色金属零件常用型材或铸造毛坯。

(2) 零件的结构、形状与大小

毛坯的形状和尺寸应尽量与零件的形状和尺寸接近；形状复杂和大型零件的毛坯多用铸造；薄壁零件不宜用砂型铸造；板状钢质零件多用锻造；对于轴类零件毛坯，如各台阶直径相差不大，可选用棒料；如各台阶直径相差较大，宜用锻件。对于锻件，尺寸大时可选用自由锻，尺寸小且批量较大时可选用模锻。

(3) 生产纲领的大小

大批大量生产时，应选用精度和生产率较高的先进的毛坯制造方法，如模锻、金属型机器造型铸造等。虽然一次投资较大，但生产量大，分摊到每个毛坯上的成本并不高，且此种毛坯制造方法的生产率较高，节省材料，可大大减少机械加工量，降低产品的总成本。单件小批生产时则应选用木模手工造型铸造或自由锻造。

(4) 现有生产条件

确定毛坯时，必须结合具体的生产条件，如现场毛坯制造的实际水平和能力、外协的可能性等。

(5) 充分利用新工艺、新材料

为节约材料和能源，提高机械加工生产率，应充分考虑精炼、精锻、冷轧、冷挤压、粉末冶金和工程塑料等在机械中的应用，这样可大大减少机械加工量，甚至不需要进行加工，提高经济效益。

3. 毛坯形状与尺寸的确定

实现少切屑、无切屑加工是现代机械制造技术的发展趋势之一。但是，由于受毛坯制造技术的限制，加之对零件精度和表面质量的要求越来越高，所以毛坯上的某些表面仍需留有加工余量，以便通过机械加工来达到质量要求。这样毛坯尺寸与零件尺寸就不同，其差值称为毛坯加工余量，毛坯制造尺寸的公差称为毛坯公差，它们的值可参照 1.7 节或有关工艺手册来确定。

毛坯余量确定后，将毛坯余量附加在零件相应的加工表面上，即可大致确定毛坯的形状与尺寸。此外，在毛坯制造、机械加工及热处理时，还有许多工艺因素会影响毛坯的形状与尺寸。下面仅从机械加工工艺的角度分析一下在确定毛坯形状和尺寸时应注意的问题。

（1）工艺搭子的设置

为了工件加工时装夹方便，有些毛坯需要铸出工艺搭子，如图 1-6 所示，毛坯上为了满足工艺的需要而增设的工艺凸台就是工艺搭子。工艺搭子在零件加工后一般可以保留，当影响到外观和使用性时才予以切除。

（2）整体毛坯的采用

装配后需要形成同一工作表面的两个相关零件，为了保证其加工质量和加工方便，常做成整体毛坯，加工到一定阶段再切割分离，如磨床主轴部件中的三瓦轴承、发动机的连杆和车床的开合螺母等零件，如图 1-7 所示。

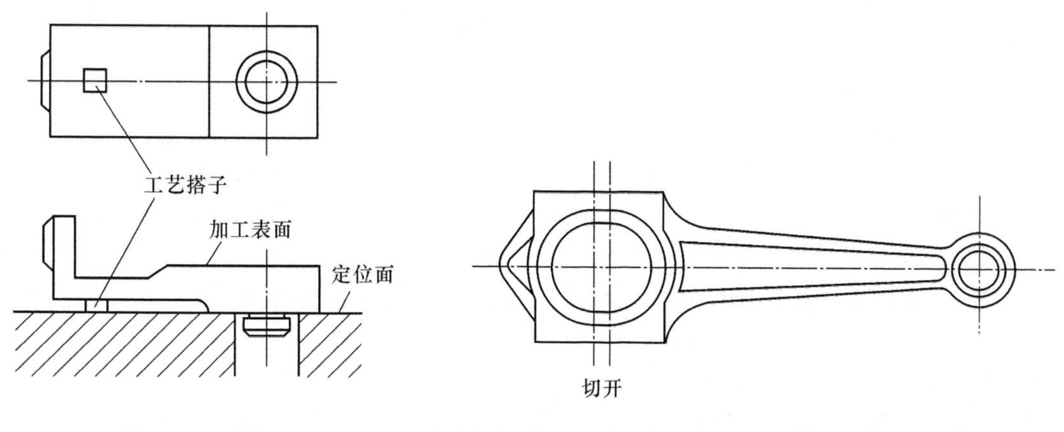

图 1-6　工艺搭子

图 1-7　连杆整体毛坯

（3）合件毛坯的采用

为了提高机械加工生产率，对于许多短小的轴套、键、垫圈和螺母等零件，在选择棒料、钢管及六角钢等为毛坯时，可以将若干个零件的毛坯合制成一件较长的毛坯，待加工到一定阶段后再切割成单个零件，如图 1-8 所示。

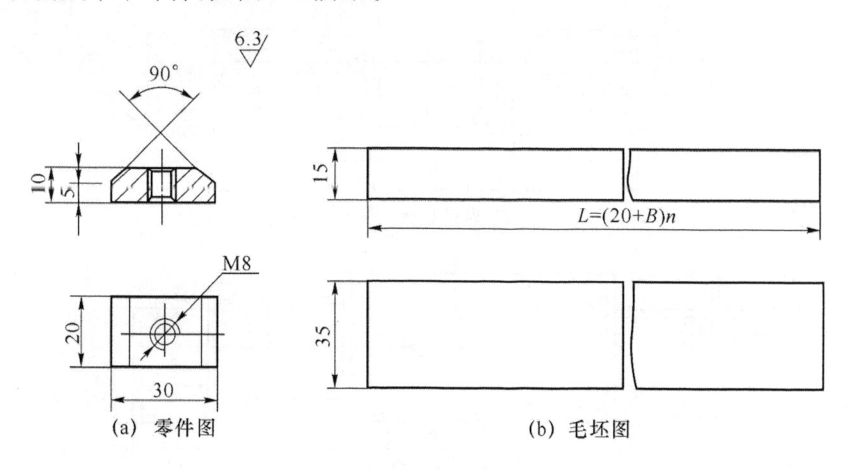

(a) 零件图　　(b) 毛坯图

图 1-8　滑键的零件图与毛坯图

4. 毛坯—零件综合图

选定毛坯后,即应设计、绘制毛坯图。对于机械加工工艺人员来说,建议设计毛坯—零件综合图。毛坯—零件综合图是简化零件图与简化毛坯图的迭加图。它表达了机械加工对毛坯的期望,为毛坯制造人员提供毛坯设计的依据,并表明毛坯和零件之间的关系。

毛坯—零件综合图的内容应包括毛坯结构形状、余量、尺寸及公差、机械加工选定的粗基准、毛坯组织、硬度、表面及内部缺陷等技术要求。

毛坯—零件综合图的绘制步骤为:简化零件图—附加余量层—标注尺寸、公差及技术要求。具体方法如下。

(1) 零件图的简化

简化零件图就是将那些不需要由毛坯直接制造出来,而由机械加工形成的表面通过增加余块(或称敷料,为了简化毛坯形状,便于毛坯制造而附加上去的一部分金属)的方式简化掉,以方便毛坯制造。这些表面包括倒角、螺纹、槽以及不由毛坯制造的小孔、台阶等。将简化后的零件轮廓用双点划线按制图标准规定绘制成简化零件图。

(2) 附加余量层

将加工表面的余量 Z 按比例用粗实线画在加工表面上,在剖切平面的余量层内打上网纹线,以区别剖面线。应当注意的是,对于简化零件图所用的余块,不应以附加余量层的方式表达。

(3) 标注

毛坯—零件综合图的标注包括尺寸标注和技术要求标注两方面。

① 尺寸标注。仅标注公称余量 Z 和毛坯尺寸。

② 技术要求标注。技术要求包括以下内容。

a. 材料的牌号、内部组织结构等有关标准或要求。

b. 毛坯的精度等级、检验标准及其他要求。

c. 机械加工所选定的粗基准。

图 1-9 所示为毛坯—零件综合图的示例。

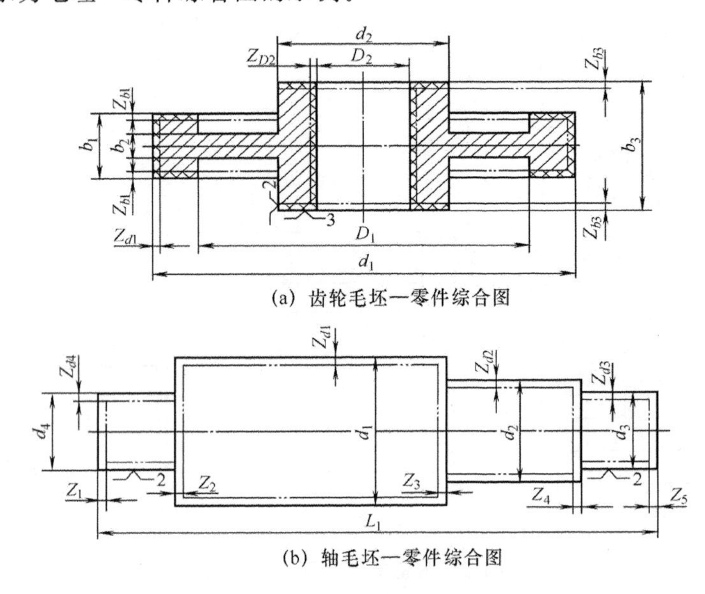

图 1-9 毛坯—零件综合图的示例

1.5　定位基准的选择

定位基准的选择对于保证零件的尺寸精度和位置精度以及合理安排加工顺序都有很大影响。当使用夹具安装工件时，定位基准的选择还会影响夹具结构的复杂程度。因此，定位基准的选择是制定工艺规程时必须认真考虑的一个重要工艺问题。

1.5.1　基准及其分类

基准是零件上用以确定其他点、线、面位置所依据的那些点、线、面。它是几何要素之间位置尺寸标注、计算和测量的起点。

按其功用的不同，基准可分为设计基准和工艺基准两大类。

1. 设计基准

设计基准是在零件图上用以确定其他点、线、面位置的基准，它是标注设计尺寸的起点。对于如图 1-10(a)所示的零件，平面 2、3 的设计基准是平面 1，平面 5、6 的设计基准是平面 4，孔 7 的设计基准是平面 1 和平面 4；对于如图 1-10(b)所示的齿轮，齿顶圆、分度圆和内孔直径的设计基准均是孔轴心线。

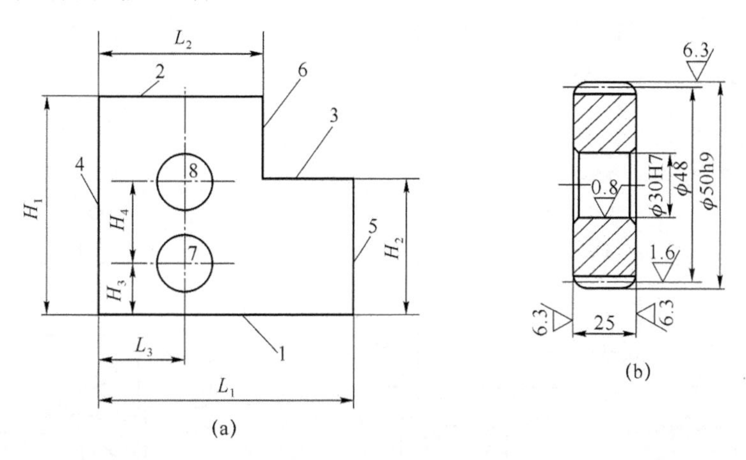

图 1-10　设计基准

2. 工艺基准

工艺基准是指在加工、测量或装配过程中所使用的基准。工艺基准根据其使用场合的不同，又可分为工序基准、定位基准、测量基准和装配基准四种。

(1) 工序基准

在工序图上，用以标定被加工表面位置的基准称为工序基准。用来确定被加工表面位置的尺寸称为工序尺寸。如图 1-11 所示，在轴套上钻孔时，(20±0.1)mm 和(15±0.1)mm 分别是以轴肩左侧面和右侧面为工序基准时的工序尺寸。

(2) 定位基准

在加工时，用以确定工件在机床夹具中的正确位置所采用的基准称为定位基准。定位基准就是工件上与夹具定位元件直接接触的点、线、面。如图 1-10(a)所示，加工平面 3 和 6 时是通过平面 1 和 4 放在夹具上定位的，所以平面 1 和 4 是加工平面 3 和 6 的定位基准。

又如图 1-10(b)所示的齿轮，加工齿形时是以内孔和一个端面作为定位基准的。

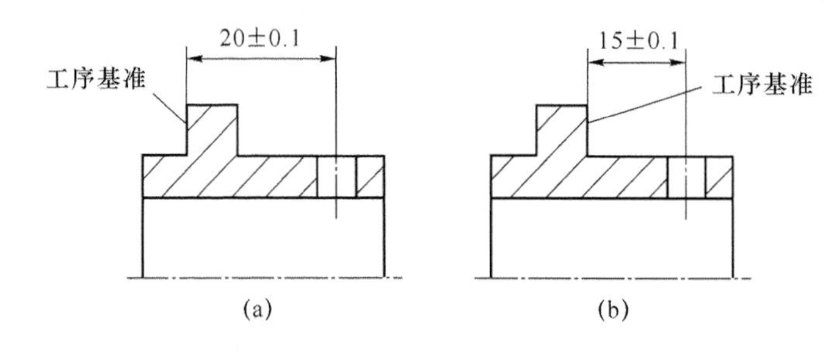

图 1-11　工序基准

(3) 测量基准

零件检验时，用以测量零件已加工表面尺寸及位置的基准称为测量基准，如图 1-12 所示。工序尺寸标注不同，则测量基准的选择就不同。

(4) 装配基准

装配时用以确定零件在机器中位置的基准称为装配基准，如图 1-13 所示，齿轮的内孔是齿轮在传动轴上的装配基准。

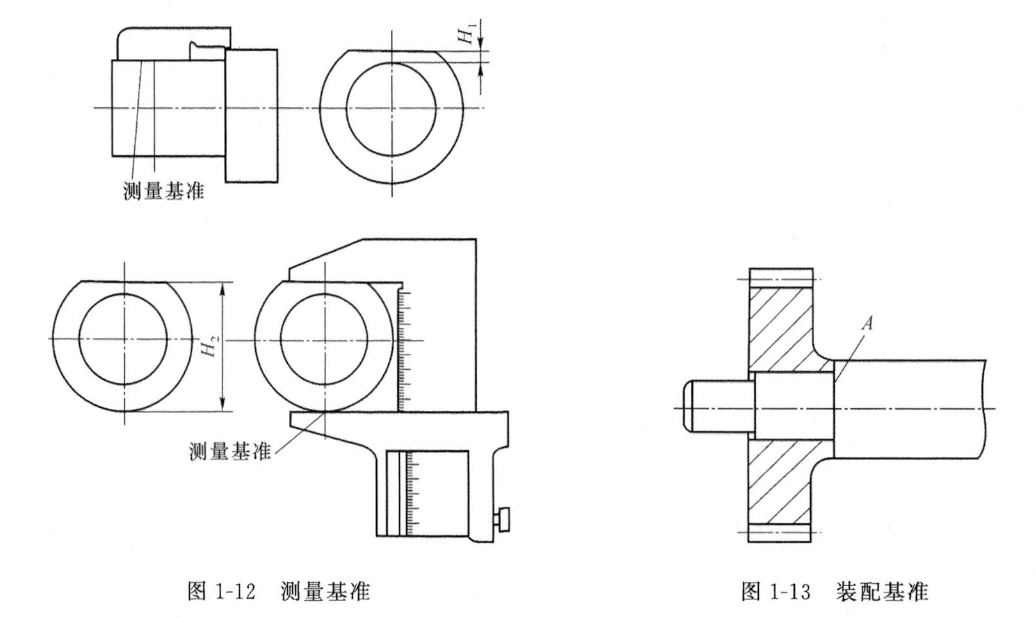

图 1-12　测量基准

图 1-13　装配基准

需要说明的是，作为基准的点、线、面在工件上并不一定具体存在。例如轴心线、对称平面等，它们是由某些具体存在的表面来体现的，用以体现基准的表面称为基面。例如，图 1-10(b)所示的齿轮的轴心线是通过内孔表面来体现的，内孔表面就是基面。轴的定位则可以外圆柱面为定位基面。

1.5.2　定位基准的选择

定位基准可分为粗基准和精基准。若选择未经加工的表面作为定位基准，则这种基准被称为粗基准。若选择已加工的表面作为定位基准，则这种定位基准被称为精基准。

在制定零件加工工艺规程时，总是先考虑选择怎样的精基准把各个主要表面加工出来，然后再考虑选择怎样的粗基准把作为精基准的表面先加工出来。因此，定位基准的选择应先选择精基准，再选择粗基准。

1. 精基准的选择

选择精基准应考虑如何保证加工精度和装夹可靠方便，一般应遵循以下原则。

(1) 基准重合原则：即应尽可能选择设计基准作为定位基准。这样可以避免基准不重合引起的误差。图 1-14 所示为采用调整法加工 C 面，则尺寸 c 的加工误差 T_c 不仅包含本工序的加工误差 Δ_j，而且还包括基准不重合带来的设计基准与定位基准之间的尺寸误差 T_a。如果采用如图 1-15 所示的方式安装工件，则可消除基准不重合误差。

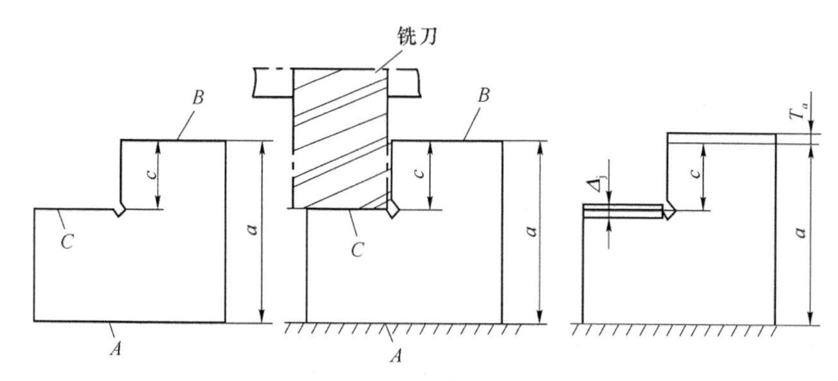

图 1-14　基准不重合误差示例

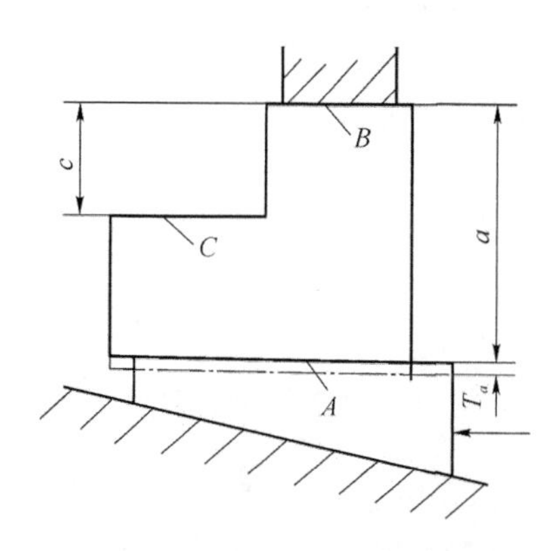

图 1-15　基准重合工件安装示意图

(2) 基准统一原则：即应尽可能采用同一个定位基准加工工件上的各个表面。采用基准统一原则，可以简化工艺规程的制定，减少夹具数量，节约了夹具设计和制造费用；同时由于减少了基准的转换，更有利于保证各表面间的相互位置精度。利用两中心孔定位加工轴类零件的各外圆表面，即符合基准统一原则。

(3) 互为基准原则：即对工件上两个相互位置精度要求比较高的表面进行加工时，可以利用两个表面互相作为基准，反复进行加工，以保证位置精度要求。例如，为保证套类零件内外圆柱面较高的同轴度要求，可先以孔为定位基准加工外圆，再以外圆为定位基准加工内孔，这样反复多次，就可使两者的同轴度达到很高的要求。

(4) 自为基准原则：某些加工表面加工精度很高，加工余量小而均匀时，可选择加工表面本身作为定位基准。如图 1-16 所示，在导轨磨床上磨削床身导轨面时，就是以导轨面本身为基准，在磨头上装百分表来找正定位的。应用这种精基准加工工件，只能提高加工表面的尺寸精度、形状精度，不能提高表面间的相互位置精度，位置精度应由先行工序保证。例如，用浮动铰刀铰孔、用拉刀拉孔、用无心磨床磨外圆等均为自为基准的实例。

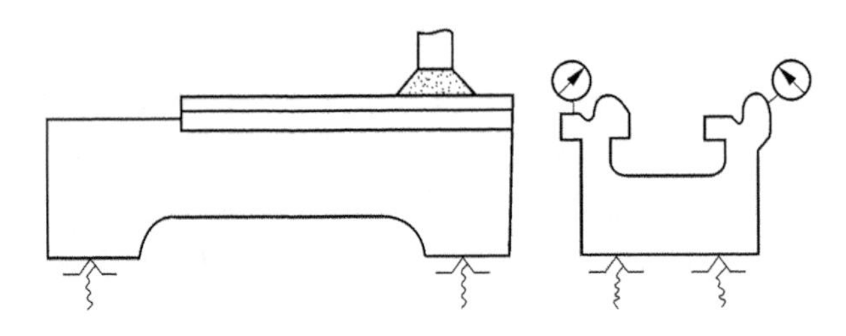

图 1-16 自为基准

(5) 准确可靠原则：即所选基准应保证工件定位准确、安装可靠，夹具设计简单、操作方便。

2. 粗基准的选择

选择粗基准时，主要考虑如何保证各加工表面有足够的余量，使不加工表面与加工表面间的尺寸、位置符合零件图的要求，并注意尽快获得精基面。在具体选择时应考虑下列原则。

(1) 重要表面原则：为了保证重要加工表面加工余量均匀，应选择重要加工表面作为粗基准。例如，在车床床身零件的加工中，导轨面是最重要的表面，它不仅精度要求高，而且要求导轨面具有均匀的金相组织和较高的耐磨性。由于在铸造床身时，导轨面是倒扣在砂箱的最底部浇铸成形的，导轨面材料质地致密，砂眼、气孔相对较少，因此要求在加工床身时，导轨面的实际切除量要尽可能地小而均匀。按照上述原则，故第一道工序应该选择导轨面作粗基准加工床身底面，如图 1-17(a)所示，然后再以加工过的床身底面作精基准加工导轨面，如图 1-17(b)所示，此时从导轨面上去除的加工余量小而均匀。

(2) 非加工表面原则：为了保证非加工表面与加工表面之间的相对位置精度要求，应选择非加工表面作为粗基准。如图 1-18 所示，零件表面 A 为不加工表面，为保证孔加工后壁厚均匀，应选择 A 作为粗基准车孔 B。零件上有若干个非加工表面时，就选与加工表面间相互位置精度要求较高的那一个非加工表面作为粗基准。

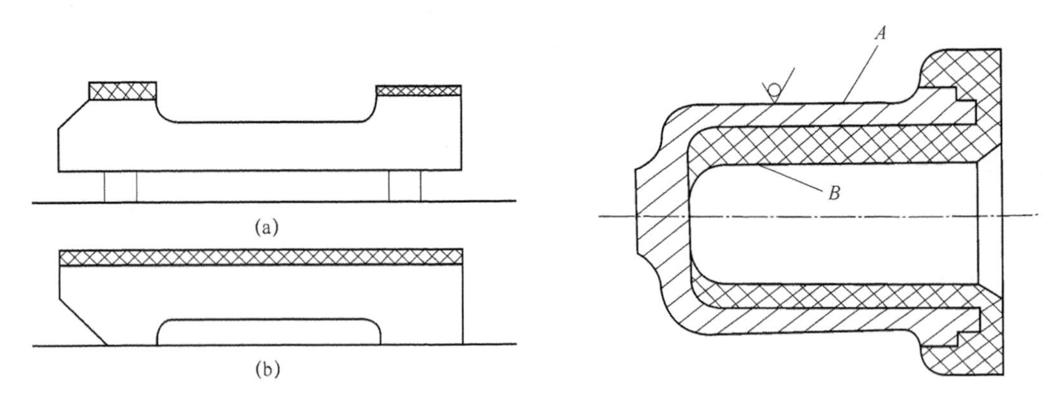

图 1-17 床身导轨的加工

图 1-18 圆筒零件的加工

(3) 最小加工余量原则：若零件上有多个表面要加工，则应选择其中余量最小的表面为粗基准，以保证各加工表面都有足够的加工余量。如图 1-19 所示的阶梯轴毛坯，$\phi55$ 外圆的余量最少，故以此为粗基准。若以余量较大的 $\phi108$ 外圆为粗基准加工 $\phi50$ 外圆表面，当两外圆有 3 mm 的偏心时，加工后的 $\phi50$ 外圆表面的一侧可能因余量不足而残留部分毛坯面，从而使工件报废。

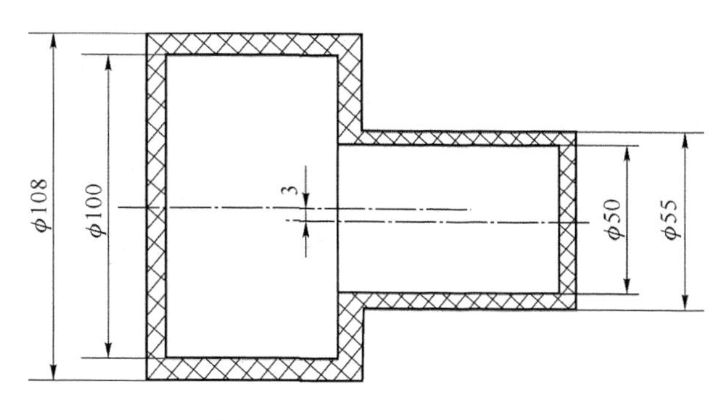

图 1-19　阶梯轴毛坯加工

（4）不重复使用原则：粗基准在同一尺寸方向上通常只允许使用一次。

（5）选作粗基准的表面应平整光洁，有一定面积，无飞边、浇口、冒口，以保证定位稳定、夹紧可靠。

无论是粗基准还是精基准的选择，上述原则都不可能同时满足，有时甚至互相矛盾，因此选择基准时，必须具体情况具体分析，权衡利弊，保证零件的主要设计要求。

1.6　工艺路线的拟定

工艺路线的拟定是制定工艺规程的关键，其主要任务是选择各个表面的加工方法和加工方案、确定各个表面的加工顺序以及工序集中与分散等。经过长期的生产实践，人们已总结出一些带有普遍性的工艺设计原则，但在具体拟定工艺路线时，要特别注意根据生产实际灵活应用。

1.6.1　加工方法和加工方案的选择

1. 各种加工方法所能达到的经济精度及表面粗糙度

为了正确选择表面加工方法，首先应了解各种加工方法的特点，掌握加工经济精度的概念。任何一种加工方法可以获得的加工精度和表面粗糙度均有一个较大的范围。例如，对于精细的操作，选择低的切削用量，可以获得较高的精度，但又会降低生产率，提高成本；反之，如增大切削用量，提高生产率，虽然成本降低了，但精度也降低了。所以对一种加工方法，只有在一定的精度范围内才是经济的，该范围的精度是指在正常的加工条件下（采用符合质量要求的标准设备、工艺装备和标准技术等级的工人，不延长加工时间）所能保证的加工精度。该一定范围的精度称为经济精度，相应的粗糙度称为经济表面粗糙度。

各种加工方法所能达到的加工经济精度和表面粗糙度以及各种典型表面的加工方案在机械加工手册中都能查到。表 1-7、表 1-8、表 1-9 中分别摘录了外圆、平面和孔等典型表面的加工方法和加工方案以及所能达到的加工经济精度和表面粗糙度。这里要指出的是，加工经济精度的数值并不是一成不变的，随着科学技术的发展和工艺技术的改进，加工经济精度会逐步提高。

表 1-7　外圆表面加工方案

序号	加工方法	经济精度（公差等级表示）	表面粗糙度 Ra/μm	适用范围
1	粗车	IT11～13	12.5～50	适用于除淬火钢以外的各种金属
2	粗车—半精车	IT8～10	3.2～6.3	
3	粗车—半精车—精车	IT7～8	0.8～1.6	
4	粗车—半精车—精车—滚压（或抛光）	IT7～8	0.025～0.2	
5	粗车—半精车—磨削	IT7～8	0.4～0.8	主要用于淬火钢，也可用于未淬火钢，但不宜加工有色金属
6	粗车—半精车—粗磨—精磨	IT6～7	0.1～0.4	
7	粗车—半精车—粗磨—精磨—超精加工（或轮式超精磨）	IT5	0.012～0.1（或 Rz0.1）	
8	粗车—半精车—精车—精细车（金钢车）	IT6～7	0.025～0.4	主要用于要求较高的有色金属加工
9	粗车—半精车—粗磨—精磨—超精磨（或镜面磨）	IT5 以上	0.006～0.025（或 Rz0.05）	适用于极高精度的外圆加工
10	粗车—半精车—粗磨—精磨—研磨	IT5 以上	0.006～0.1（或 Rz0.05）	

表 1-8　平面加工方案

序号	加工方法	经济精度（公差等级表示）	表面粗糙度 Ra/μm	适用范围
1	粗车	IT11～13	12.5～50	端　面
2	粗车—半精车	IT8～10	3.2～6.3	
3	粗车—半精车—精车	IT7～8	0.8～1.6	
4	粗车—半精车—磨削	IT6～8	0.2～0.8	
5	粗刨（或粗铣）	IT11～13	6.3～25	一般不淬硬平面（端铣表面粗糙度 Ra 较小）
6	粗刨（或粗铣）—精刨（或精铣）	IT8～10	1.6～6.3	
7	粗刨（或粗铣）—精刨（或精铣）—刮研	IT6～7	0.1～0.8	精度要求较高的不淬硬平面批量较大时宜采用宽刃精刨方案
8	以宽刃精刨代替上述刮研	IT7	0.2～0.8	
9	粗刨（或粗铣）—精刨（或精铣）—磨削	IT7	0.2～0.8	精度要求高的淬火硬平面或不淬硬平面
10	粗刨（或粗铣）—精刨（或精铣）—磨削	IT6～7	0.025～0.4	
11	粗铣—拉	IT7～9	0.2～0.8	大量生产，较小的平面（精度视拉刀精度而定）
12	粗铣—精铣—磨削—研磨	IT5 以上	0.006～0.1（或 Rz0.05）	高精度平面

表 1-9　孔加工方案

序号	加工方法	经济精度（公差等级表示）	表面粗糙度 $Ra/\mu m$	适用范围
1	钻	IT11～13	12.5	加工未淬火钢及铸铁的实心毛坯，也可用于加工有色金属，孔径小于 15～20 mm
2	钻—铰	IT8～10	1.6～6.3	
3	钻—粗铰—精铰	IT7～8	0.8～1.6	
4	钻—扩	IT10～11	6.3～12.5	加工未淬火钢及铸铁的实心毛坯，也可用于加工有色金属，孔径大于 15～20 mm
5	钻—扩—铰	IT8～9	1.6～3.2	
6	钻—扩—粗铰—精铰	IT7	0.8～1.6	
7	钻—扩—机铰—手铰	IT6～7	0.2～0.4	
8	钻—扩—拉	IT7～9	0.1～1.6	大批大量生产（精度由拉刀的精度而定）
9	粗镗（或扩孔）	IT11～13	6.3～12.5	除淬火钢外的各种材料，毛坯有铸出孔或锻出孔
10	粗镗（粗扩）—半精镗（精扩）	IT9～10	1.6～3.2	
11	粗镗（粗扩）—半精镗（精扩）—精镗（铰）	IT7～8	0.8～1.6	
12	粗镗（粗扩）—半精镗（精扩）—精镗—浮动镗刀精镗	IT6～7	0.4～0.8	
13	粗镗（扩）—半精镗—磨孔	IT7～8	0.2～0.8	主要用于淬火钢，也可用于未淬火钢，但不宜用于有色金属
14	粗镗（扩）—半精镗—粗磨—精磨	IT7～8	0.1～0.2	
15	粗镗—半精镗—精镗—精细镗（金刚镗）	IT6～7	0.05～0.4	主要用于精度要求高的有色金属
16	钻—（扩）—粗铰—精铰—珩磨；钻—（扩）—拉—珩磨；粗镗—半精镗—精镗—珩磨	IT6～7	0.025～0.2	适用于精度要求很高的孔
17	以研磨代替上述方法中的珩磨	IT5～6	0.006～0.1	

2. 选择表面加工方案时应考虑的因素

表面加工方案一般是根据经验或查表来确定，再结合实际情况或工艺试验进行修改。表面加工方案的选择应同时满足加工质量、生产效率和经济性等方面的要求，具体选择时应考虑以下几方面的因素。

(1) 选择能获得相应经济精度的加工方法。例如，加工精度为 IT7，表面粗糙度 Ra 为 0.4 μm 的外圆柱面，通过精细车削是可以达到要求的，但不如磨削经济。

(2) 工件材料的性质。例如，淬火钢的精加工要采用磨削，有色金属圆柱表面的精加工为避免磨削时堵塞砂轮，则要用高速精细车或精细镗（金刚镗）。

(3) 工件的结构、形状和尺寸大小。例如，对于加工精度要求为 IT7 的孔，采用镗削、铰削、拉削和磨削均可达到要求。但箱体上的孔，一般不宜选用拉孔或磨孔，而宜选择镗孔（大孔）或铰孔（小孔）。

(4) 生产类型。大批量生产时，应采用高效率的先进工艺，例如，用拉削方法加工孔和平面，用组合铣削或磨削同时加工几个表面，对于复杂的表面采用数控机床及加工中心等；单件小批生产时，宜采用刨削，铣削平面和钻、扩、铰孔等加工方法，避免盲目地采用高效加工方法和专用设备而造成经济损失。

(5) 现有生产条件。充分利用现有设备和工艺手段，充分挖掘企业潜力，发挥工人的创造性，创造经济效益。

1.6.2 加工阶段的划分

当零件的加工质量要求比较高时，往往不可能在一道工序中完成全部加工工作，而必须分几个阶段来进行加工。

1. 加工阶段

整个工艺过程一般需划分为如下几个阶段。

(1) 粗加工阶段。这一阶段的主要任务是切去大部分余量，关键问题是提高生产率。

(2) 半精加工阶段。这一阶段的主要任务是为零件主要表面的精加工做好准备(达到一定的精度和表面粗糙度，留下合适的精加工余量)，并完成一些次要表面的加工(如钻孔、攻螺纹、铣键槽等)。

(3) 精加工阶段。这一阶段的主要任务是保证零件主要加工表面的尺寸精度、形状精度、位置精度及表面粗糙度要求。这是关键的加工阶段，大多数零件的加工经过这一加工阶段就已完成。

(4) 光整加工阶段。对于零件尺寸精度和表面粗糙度要求很高(IT5、IT6 级以上，$Ra \leqslant 0.2\ \mu m$)的表面，还要安排光整加工阶段。这一阶段的主要任务是提高尺寸精度和减小表面粗糙度，一般不用来纠正位置误差。位置精度由前面的工序保证。

有时，由于毛坯余量特别大，表面特别粗糙，在粗加工前还需要去黑皮的加工阶段，该加工阶段被称为荒加工阶段。为了及时地发现毛坯的缺陷，减少运输工作量，通常把荒加工阶段放在毛坯车间进行。

2. 划分加工阶段的原因

(1) 利于保证加工质量。工件粗加工时切除金属较多，产生的切削力和切削热较大，同时也需要较大的夹紧力。在这些力和热的作用下，工件会发生较大的变形，并产生较大的内应力。如果不分阶段连续进行粗精加工，就无法避免上述原因引起的加工误差。加工过程分阶段后，粗加工造成的加工误差通过半精加工和精加工即可得到纠正，并逐步提高零件的加工精度和减小表面粗糙度。此外各加工阶段之间的时间间隔相当于自然时效，有利于使工件消除残余应力和充分变形，以便在后续加工阶段中得到修正。

(2) 合理使用设备。加工过程分阶段后，粗加工可采用功率大、刚度好和精度较低的机床进行加工，精加工则可采用高精度机床以确保零件的精度要求，这样既充分发挥了设备的各自特点，也做到了设备的合理使用。

(3) 便于安排热处理。粗加工阶段前后，一般要安排去应力等预先热处理工序，精加工前要安排淬火等最终热处理，其变形可以通过精加工予以消除。

(4) 便于及时发现毛坯缺陷，以及避免损伤已加工表面。毛坯经粗加工阶段后，缺陷已暴露，可以及时发现和处理。同时，精加工工序安排在最后，可以避免已加工好的表面在搬运和夹紧中受到损伤。

零件加工阶段的划分也不是绝对的，当加工质量要求不高、工件刚度足够、毛坯质量高和加工余量小时，可以不划分加工阶段，直接进行半精或精加工。有些重型零件，由于装夹、运输费时又困难，也常在一次装夹中完成全部的粗加工和精加工。

应当指出，工艺过程划分阶段是指零件加工的整个过程而言，不能以某一表面的加工和某一工序的加工来判断。例如，有些定位基准面在半精加工阶段甚至在粗加工阶段就需要加工得很准确，而某些钻小孔的粗加工工序又常常安排在精加工阶段。

1.6.3　工序集中与工序分散

确定零件上所需加工表面的加工方案并划分加工阶段以后，需将各加工表面按不同加工阶段组合成若干个工序，拟定出整个加工路线。组合工序时有工序集中和工序分散两种方式。

1. 工序集中与工序分散的概念

工序集中就是将工件的加工集中在少数几道工序内完成。每道工序的加工内容较多。工序集中又可分为采用技术措施集中的机械集中（如采用多刀、多刃、多轴机床或数控机床加工等）和采用人为组织措施集中的组织集中（如在普通车床上的顺序加工）。

工序分散则是将工件的加工分散在较多的工序内完成。每道工序的加工内容很少，有时甚至每道工序只有一个工步。

2. 工序集中与工序分散的特点

(1) 工序集中的特点

① 便于采用高效率的专用设备和工艺装备，生产效率高。

② 减少了装夹次数，易于保证各表面间的相互位置精度，还能缩短辅助时间。

③ 工序数目少，机床数量、操作工人数量和生产面积都可减少，节省人力、物力，还可简化生产计划和组织工作。

④ 工序集中所需设备和工艺装备结构复杂，调整、维修困难，投资大，生产准备工作量大。

(2) 工序分散的特点

① 设备和工艺装备简单，调整方便，工人便于掌握，容易适应产品的变换。

② 可以采用最合理的切削用量，减少基本时间。

③ 对操作工人的技术水平要求较低。

④ 设备和工艺装备数量多，操作工人多，生产占地面积大。

3. 工序集中与工序分散的选择

工序集中与工序分散各有特点，应根据生产类型、零件的结构和技术要求、现有生产条件等综合分析后选用。

大批大量生产时，若使用多刀、多轴的自动或半自动高效机床、加工中心，则可按工序集中原则组织生产；若使用由专用机床和专用工装组成的生产线，则应按工序分散的原则组织生产，这有利于专用设备和专用工装的结构简化和按节拍组织流水生产。单件小批生产则在通用机床上按工序集中原则组织生产。成批生产时两种原则均可采用，具体采用何种为佳，则需视其他条件（零件的技术要求、工厂的生产条件等）而定。

对于重型零件，为了减少工件装卸和运输的劳动量，工序应适当集中；对于刚性差且精度高的精密工件，工序应适当分散。

从发展趋势来看，由于工序集中的优点较多，以及数控机床、柔性制造单元和柔性制造系统等的发展，现代生产倾向于采用工序集中的方法来组织生产。

1.6.4 加工顺序的确定

复杂零件的机械加工要经过一系列切削加工、热处理和辅助工序。因此，在拟定工艺路线时，工艺人员要全面地把切削加工、热处理和辅助工序三者结合起来加以考虑。加工顺序的确定一般应遵循以下原则。

1. 切削加工工序的安排

切削加工工序安排的总体原则是：前期工序必须为后续工序创造条件，做好基准准备。具体原则如下。

(1) 基准先行

零件加工一开始，总是先加工精基准，然后再用精基准定位加工其他表面。例如，箱体零件一般是以主要孔为粗基准加工平面，再以平面为精基准加工孔系；轴类零件一般是以外圆为粗基准加工中心孔，再以中心孔为精基准加工外圆、端面等其他表面。如果有几个精基准，则应该按照基准转换的顺序和逐步提高加工精度的原则来安排基面和主要表面的加工。

(2) 先主后次

零件的主要表面一般都是加工精度或表面质量要求比较高的表面，它们的加工质量对整个零件的质量影响很大，其加工工序往往也比较多，因此应先安排主要表面的加工，再将其他表面加工适当安排在它们中间穿插进行。通常将装配基面、工作表面等视为主要表面，而将键槽、紧固用的光孔和螺纹孔等视为次要表面。

(3) 先粗后精

一个零件通常由多个表面组成，各表面的加工一般都需要分阶段进行。在安排加工顺序时，应先集中安排各表面的粗加工，中间根据需要依次安排半精加工，最后安排精加工和光整加工。对于精度要求较高的工件，为了减小因粗加工引起的变形对精加工的影响，粗、精加工通常不应连续进行，而应分阶段、间隔适当时间进行。

(4) 先面后孔

对于箱体、支架和连杆等工件，应先加工平面后加工孔。因为平面的轮廓平整、面积大，先加工平面再以平面定位加工孔，既能保证加工时孔有稳定可靠的定位基准，又有利于保证孔与平面间的位置精度要求。

2. 热处理工序的安排

热处理工序在工艺路线中的安排主要取决于零件的材料和热处理的目的。根据热处理的目的，一般可分为以下几种。

(1) 预备热处理

预备热处理的目的是消除毛坯制造过程中产生的内应力，改善金属材料的切削加工性能，为最终热处理做准备。属于预备热处理的有调质、退火、正火等，一般安排在粗加工前、后。安排在粗加工前，可改善材料的切削加工性能；安排在粗加工后，有利于消除残余内应力。

(2) 最终热处理

最终热处理的目的是提高金属材料的力学性能，如提高零件的硬度和耐磨性等。属于最终热处理的有淬火—回火、渗碳淬火—回火、渗氮等。对于仅仅要求改善力学性能的工件，有时正火、调质等也作为最终热处理。最终热处理一般应安排在粗加工、半精加工之后，精加工的前后。变形较大的热处理，如渗碳淬火、调质等，应安排在精加工前进行，以便在精加工时纠正热处理的变形；变形较小的热处理，如渗氮等，则可安排在精加工之后进行。

(3) 时效处理

时效处理的目的是消除内应力、减少工件变形。时效处理一般安排在粗加工之后、精加工之前；对于精度要求较高的零件可在半精加工之后再安排一次时效处理。

(4) 表面处理

为了表面防腐或表面装饰，有时需要对表面进行涂镀或发蓝等处理。这种表面处理通常安排在工艺过程的最后。

3. 辅助工序的安排

辅助工序包括工件的检验、去毛刺、清洗和涂防锈油等，其中检验工序是主要的辅助工序，它对保证产品质量有极其重要的作用。辅助工序一般应安排在以下环节。

(1) 粗加工全部结束后，精加工之前。

(2) 工件从一个车间转向另一个车间前后。

(3) 重要工序加工前后。

(4) 零件全部加工结束之后。

1.7　加工余量的确定

工艺路线拟定之后，就要对每道工序进行详细设计，其中包括正确地确定每道工序应保证的工序尺寸。而确定工序尺寸，首先应确定加工余量。

1.7.1　加工余量的概念

在机械加工过程中从加工表面切除的金属层厚度称为加工余量。加工余量分为工序余量和加工总余量。

1. 工序余量

工序余量是指某一表面在一道工序中被切除的金属层厚度，即相邻两工序的工序尺寸之差。

(1) 工序余量的计算

工序余量有单边余量和双边余量之分。对于图1-20(a)和(b)所示的平面等非对称表面，工序余量为单边余量，它等于实际切除的金属层厚度。对于图1-20(c)和(d)所示的外圆和孔等对称表面，工序余量为双边余量，即以直径方向计算，实际切除的金属层厚度为工序余量的一半。

① 单边余量。

外表面：$Z_b=a-b$（如图1-20(a)所示）。

内表面：$Z_b=b-a$（如图1-20(b)所示）。

② 双边余量。

外表面(轴)：$2Z_b=d_a-d_b$（如图1-20(c)所示）。

内表面(孔)：$2Z_b=D_b-D_a$（如图1-20(d)所示）。

式中，Z_b 为本道工序的工序余量；a、D_a、d_a 为上道工序的工序尺寸；b、D_b、d_b 为本道工序的工序尺寸。

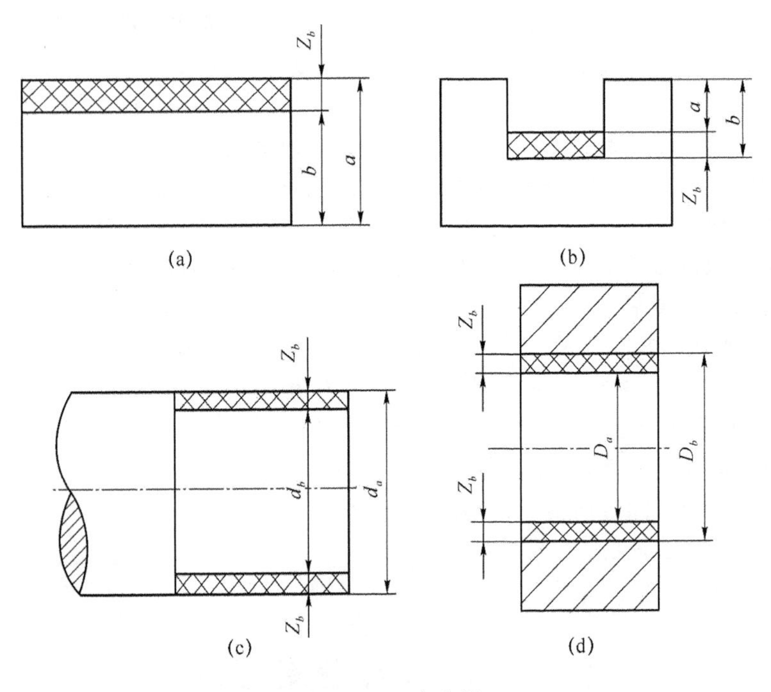

图 1-20　工序余量

(2) 基本余量、最大余量、最小余量及余量公差

由于毛坯制造和零件加工时都有尺寸误差，因此加工余量也是个变动值。

当工序尺寸用基本尺寸计算时，所得的加工余量称为基本余量或公称余量。

最小余量(Z_{min})是保证该工序加工表面的精度和质量所需切除的金属层最小厚度。最大余量(Z_{max})是该工序余量的最大值。余量公差是加工余量的变动范围，等于最大余量与最小余量的差值，也等于前工序与本工序两工序尺寸公差之和。图 1-21 表明了加工余量与工序尺寸及其公差的关系。

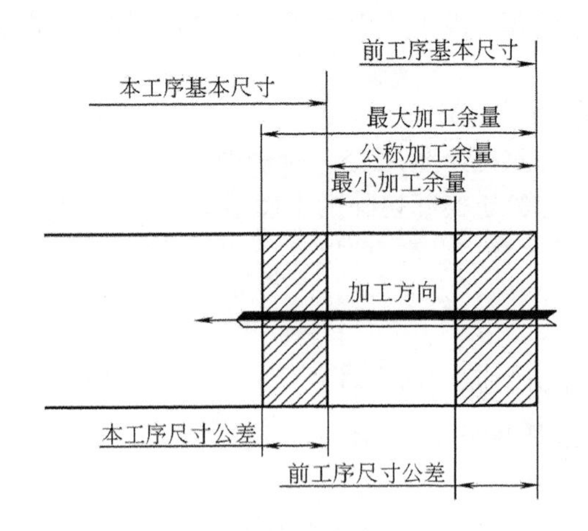

图 1-21　加工余量及公差

工序尺寸公差带的布置一般都采用“单向、入体”原则，即对于被包容面（轴类），公差都标成下偏差，取上偏差为零，工序基本尺寸即为最大工序尺寸；对于包容面（孔类），公差都标成上偏差，取下偏差为零。但是，孔中心距尺寸和毛坯尺寸的公差带一般都取双向对称布置。

2. 加工总余量

加工总余量是指由毛坯变为成品的过程中，在某加工表面上所切除的金属层总厚度，即毛坯尺寸与零件图设计尺寸之差，也等于该表面各工序余量之和。

$$Z_{\mathrm{d}} = \sum_{i=1}^{n} Z_i$$

式中，Z_{d} 为加工总余量；Z_i 为第 i 道工序的工序余量，n 为该表面总共加工的工序数。

1.7.2　影响加工余量的因素

影响加工余量的因素是多方面的，主要如下。

(1) 前道工序的表面粗糙度 Ra 和表面层缺陷层厚度 D_a。

(2) 前道工序的尺寸公差 T_a。

(3) 前道工序的形位误差 ρ_a，如工件表面的弯曲、工件的空间位置误差等。

(4) 本工序的安装误差 ε_b。

因此，本工序的加工余量必须满足下式：

对称余量：

$$Z \geqslant 2(Ra + D_a) + T_a + 2|\rho_a + \varepsilon_b|$$

单边余量：

$$Z \geqslant Ra + D_a + T_a + |\rho_a + \varepsilon_b|$$

1.7.3　确定加工余量大小的方法

加工余量的大小直接影响零件的加工质量和生产效率。加工余量过大，不仅增加机械加工的劳动量，降低生产效率，而且增加材料、工具和电力等的消耗，增加成本。但是加工余量过小，又不能保证消除前工序的各种误差和表面缺陷，甚至产生废品。因此，必须合理地确定加工余量。其确定方法如下。

(1) 查表法：根据有关手册提供的加工余量数据，再结合本厂实际生产情况加以修正后确定加工余量。这是各工厂广泛采用的方法。

(2) 经验估计法：根据工艺人员本身积累的经验确定加工余量。一般为了防止余量过小而产生废品，所估计的余量总是偏大。该方法常用于单件、小批量生产。

(3) 分析计算法：根据理论公式和一定的试验资料，对影响加工余量的各因素进行分析、计算来确定加工余量。这种方法较合理，但需要全面可靠的试验资料，计算也较复杂，一般只在材料十分贵重或少数大批、大量生产的工厂中采用。

1.8　工序尺寸及其公差的确定

工件上的设计尺寸一般都要经过几道工序的加工才能得到，每道工序所应保证的尺寸称为工序尺寸。编制工艺规程的一个重要工作就是要确定每道工序的工序尺寸及公差。在确定工序尺寸及公差时,存在工序基准与设计基准重合和不重合两种情况。

1.8.1 基准重合时工序尺寸及其公差的计算

当工序基准、定位基准或测量基准与设计基准重合,表面多次加工时,工序尺寸及其公差的计算相对来说比较简单。例如轴、孔和某些平面的加工,计算时只需考虑各工序的加工余量及所能达到的精度,其计算顺序是由最后一道工序开始向前推算,计算步骤如下。

(1) 确定毛坯总余量和工序余量。

(2) 确定工序公差。最终工序尺寸公差等于设计尺寸公差,其余工序公差按经济精度确定。

(3) 求工序基本尺寸。从零件图上的设计尺寸开始,一直往前推算到毛坯尺寸,某工序基本尺寸等于后道工序基本尺寸加上或减去后道工序余量。

(4) 标注工序尺寸公差。最后一道工序的公差按设计尺寸标注,其余工序尺寸公差按入体原则标注。

例 1-1 某主轴箱体主轴孔的设计要求为 ϕ100H7,表面粗糙度 Ra 为 0.8 μm,毛坯为铸铁件,其加工工艺路线为毛坯—粗镗—半精镗—精镗—浮动镗。试确定各工序尺寸及其公差。

解:从机械工艺手册查得各工序的加工余量和所能达到的精度,具体数值如表 1-10 中的第二、三、六列所示,计算结果如表 1-10 中的第四、五列所示。

表 1-10 主轴孔工序尺寸及其公差的计算

工序名称	工序余量/mm	工序的经济精度	工序基本尺寸/mm	工序尺寸及其公差/mm	表面粗糙度/μm
浮动镗	0.1	H7 ($^{+0.035}_{0}$)	100	$\phi100^{+0.035}_{0}$	0.8
精镗	0.5	H9 ($^{+0.087}_{0}$)	100−0.1=99.9	$\phi99.9^{+0.087}_{0}$	1.6
半精镗	2.4	H11 ($^{+0.22}_{0}$)	99.9−0.5=99.4	$\phi99.4^{+0.22}_{0}$	6.3
粗镗	5	H13 ($^{+0.54}_{0}$)	99.4−2.4=97	$\phi97^{+0.54}_{0}$	12.5
毛坯孔	8	(±1.2)	97−5=92	ϕ92±1.2	

1.8.2 基准不重合时工序尺寸及其公差的计算

当零件加工时,有时需要多次转换基准,因而引起工序基准、定位基准或测量基准与设计基准不重合。这时,需要利用工艺尺寸链原理来进行工序尺寸及其公差的计算。

1. 工艺尺寸链的基本概念

(1) 工艺尺寸链的定义

在零件加工过程中,由一系列相互联系的尺寸所形成的尺寸封闭图形就称为工艺尺寸链。

例如,加工图 1-22(a)所示的零件,零件图上标注的设计尺寸为 A_1 和 A_0。若用零件的面 1 来定位加工面 2,得尺寸 A_1,仍以面 1 定位加工面 3,保证尺寸 A_2,则 A_1、A_2 和 A_0 这些相互联系的尺寸就形成了一个封闭的图形,即为工艺尺寸链,如图 1-22(c)所示。

又如,图 1-22(b)所示零件的设计尺寸为 A_1 和 A_0,按零件图进行加工时,由于尺寸 A_0 不便于直接测量,因此只有按照易于测量的尺寸 A_2 进行加工,以间接保证尺寸 A_0 的要求。

A_1、A_2 和 A_0 也同样形成一个工艺尺寸链。

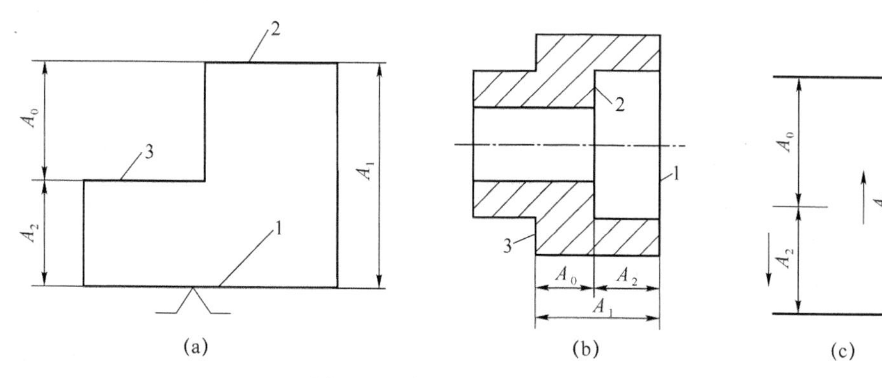

图 1-22　加工过程中的尺寸链

(2) 工艺尺寸链的特征

通过上述分析可知，工艺尺寸链的主要特征是封闭性和关联性。

所谓封闭性，是指尺寸链中各尺寸的排列呈封闭形式，不封闭就不能称为尺寸链。

所谓关联性，是指尺寸链中任何一个直接保证的尺寸及其精度的变化都将影响间接保证的那个尺寸及其精度。例如，在上述尺寸链中，A_1、A_2 的变化都将引起 A_0 的变化。

(3) 工艺尺寸链的组成

组成工艺尺寸链的每一个尺寸称为尺寸链的环。这些环可分为封闭环和组成环。

① 封闭环：在加工过程中，间接获得、最后保证的尺寸。一个尺寸链中，封闭环只有一个，如图 1-22 中的 A_0 是间接获得的，A_0 即为封闭环。

② 组成环：除封闭环以外的其他环都称为组成环。组成环的尺寸是直接保证的，它影响封闭环的尺寸。按其对封闭环的影响，组成环又可分为增环和减环。

a. 增环(A_i)：当其余组成环不变时，该环增大(或减小)使封闭环随之增大(或减小)的环，称为增环。如图 1-22(c)中的 A_1 即为增环，可标记成 $\overrightarrow{A}_1$。

b. 减环(A_j)：当其余组成环不变时，该环增大(或减小)使封闭环减小(或增大)的环，称为减环。如图 1-22(c)中的尺寸 A_2 即为减环，标记成 $\overleftarrow{A}_2$。

(4) 工艺尺寸链的建立

利用工艺尺寸链进行工序尺寸及其公差的计算，关键在于正确找出尺寸链，正确区分增、减环和封闭环。

① 封闭环的确定。封闭环即加工后间接得到的尺寸。对于工艺尺寸链，要认准封闭环是“间接”、“最后”获得的尺寸这一关键点。在大多数情况下，封闭环可能是零件设计尺寸中的一个尺寸或者是加工余量值。

封闭环的确定还要考虑到零件的加工方案。若加工方案改变，则封闭环也可能变成另一个尺寸。如图 1-22(b)所示的零件，当以表面 3 定位车削表面 1，获得尺寸 A_1，然后以表面 1 为测量基准车削表面 2 获得尺寸 A_2 时，间接获得的尺寸 A_0 即为封闭环。但是，如果改变加工方案，以加工过的表面 1 为测量基准直接获得尺寸 A_2，然后调头以表面 2 为定位基准，采用定距装刀的调整法车削表面 3 直接保证尺寸 A_0，则 A_1 为间接获得的，是封闭环。

在零件的设计图中，封闭环一般是未注的尺寸(即开环)。

② 组成环的查找。从封闭环两端起，按照零件表面间的联系，逆向循着工艺过程的顺序，分别向前查找该表面最近一次加工的加工尺寸，之后再找出该尺寸另一端表面的最后一次加工尺寸，直至两边汇合为止，所经过的尺寸都为该尺寸链的组成环。

③ 区分增、减环。对于环数少的尺寸链，可以根据增、减环的定义来判别。对于环数多的尺寸链，可以采用箭头法，即从 A_0 开始，在尺寸的上方(或下边)画箭头，然后顺着各环依次画下去，凡箭头方向与封闭环 A_0 的箭头方向相同的环为减环，相反的为增环。

需要注意的是，所建立的尺寸链必须使组成环数最少，这样更容易满足封闭环的精度或者使各组成环的加工更容易、更经济。

2. 工艺尺寸链计算的基本公式

工艺尺寸链的计算方法有两种，即极值法和概率法，这里仅介绍生产中常用的极值法。

(1) 封闭环的基本尺寸

封闭环的基本尺寸等于所有增环的基本尺寸之和减去所有减环的基本尺寸之和，即

$$A_0 = \sum_{i=1}^{m} \overrightarrow{A}_i - \sum_{j=m+1}^{n-1} \overleftarrow{A}_j \tag{1-1}$$

式中，A_0 为封闭环的基本尺寸；$\overrightarrow{A}_i$ 为增环的基本尺寸；$\overleftarrow{A}_j$ 为减环的基本尺寸；m 为增环的环数；n 为包括封闭环在内的尺寸链的总环数。

(2) 封闭环的极限尺寸

封闭环的最大极限尺寸等于所有增环的最大极限尺寸之和减去所有减环的最小极限尺寸之和；封闭环的最小极限尺寸等于所有增环的最小极限尺寸之和减去所有减环的最大极限尺寸之和，即

$$A_{0\max} = \sum_{i=1}^{m} \overrightarrow{A}_{i\max} - \sum_{j=m+1}^{n-1} \overleftarrow{A}_{j\min} \tag{1-2}$$

$$A_{0\min} = \sum_{i=1}^{m} \overrightarrow{A}_{i\min} - \sum_{j=m+1}^{n-1} \overleftarrow{A}_{j\max} \tag{1-3}$$

(3) 封闭环的上偏差 $\mathrm{ES}(A_0)$ 和下偏差 $\mathrm{EI}(A_0)$

封闭环的上偏差等于所有增环的上偏差之和减去所有减环的下偏差之和，即

$$\mathrm{ES}(A_0) = \sum_{i=1}^{m} \mathrm{ES}(\overrightarrow{A}_i) - \sum_{j=m+1}^{n-1} \mathrm{EI}(\overleftarrow{A}_j) \tag{1-4}$$

封闭环的下偏差等于所有增环的下偏差之和减去所有减环的上偏差之和，即

$$\mathrm{EI}(A_0) = \sum_{i=1}^{m} \mathrm{EI}(\overrightarrow{A}_i) - \sum_{j=m+1}^{n-1} \mathrm{ES}(\overleftarrow{A}_j) \tag{1-5}$$

(4) 封闭环的公差 $T(A_0)$

封闭环的公差等于所有组成环公差之和，即

$$T(A_0) = \sum_{r=1}^{n-1} T(A_r) \tag{1-6}$$

3. 工艺尺寸链的计算形式

(1) 正计算：已知各组成环尺寸，求封闭环尺寸，其计算结果是唯一的。产品设计的校验常用这种形式。

(2) 反计算：已知封闭环尺寸求各组成环尺寸。由于组成环通常有若干个，所以反计算

形式需将封闭环的公差值按照尺寸大小和精度要求合理地分配给各组成环。产品设计常用此形式。

(3) 中间计算：已知封闭环尺寸和部分组成环尺寸，求某一组成环尺寸。该方法应用最广，常用于加工过程中基准不重合时计算工序尺寸。尺寸链多属这种计算形式。

1.8.3　工艺尺寸链的分析与计算

1. 测量基准与设计基准不重合时工序尺寸及其公差的确定

在零件加工过程中，有时会遇到一些表面加工之后，按设计尺寸不便直接测量的情况，因此需要在零件上另选一个容易测量的表面作为测量基准进行测量，以间接保证设计尺寸的要求。这时就需要进行工艺尺寸的换算。

例 1-2　如图 1-23(a)所示套筒零件的两端面已加工完毕，在加工孔底面 C 时，要保证尺寸 $16_{-0.35}^{\ 0}$ mm，因该尺寸不便测量，试标出测量尺寸。

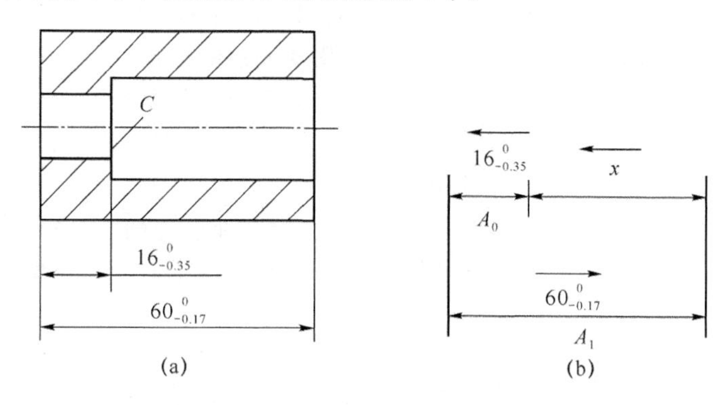

图 1-23　测量基准与设计基准不重合时的尺寸换算

解：(1) 画尺寸链，并判断增、减环。

由于大孔的深度可以用游标深度尺进行测量，而设计尺寸 $16_{-0.35}^{\ 0}$ mm 可以通过 A_1 和孔深 x 间接计算出来，所以尺寸 $16_{-0.35}^{\ 0}$ mm 是封闭环。画出尺寸链如图 1-23(b)所示，A_1 为增环，x 为减环。

(2) 基本尺寸计算。

由式(1-1)得

$$16=60-x$$

则 $x=44$ mm。

(3) 上偏差计算。

由式(1-5)得

$$-0.35=-0.17-\mathrm{ES}(x)$$

则 $\mathrm{ES}(x)=+0.18$ mm。

(4) 下偏差计算。

由式(1-4)得

$$0=0-\mathrm{EI}(x)$$

则 $\mathrm{EI}(x)=0$。

所以测量尺寸 $x=44_{\ 0}^{+0.18}$ mm。

通过分析以上计算结果可以发现，由于基准不重合而进行尺寸换算将带来以下两个问题。

(1) 提高了组成环尺寸的测量精度和加工精度要求。如果能按原设计尺寸进行测量，则测量公差和加工时的公差为 0.35 mm，换算后的测量尺寸公差为 0.18 mm，按此尺寸加工使加工公差减小了 0.17 mm，从而提高了测量和加工时的难度。

(2) 假废品问题。在测量零件尺寸 x 时，如 A_1 的尺寸在 $60_{-0.17}^{0}$ mm 之间，x 尺寸在 $44_{0}^{+0.18}$ mm 之间，则 A_0 必在 $16_{-0.35}^{0}$ mm 之间，零件为合格品。但是，如果 x 的实测尺寸超出 $44_{0}^{+0.18}$ mm 的范围，假设偏大或偏小 0.17 mm，即为 44.35 mm 或 43.83 mm，从工序上看，此件应报废。但若将此零件的尺寸 A_1 再测量一下，只要尺寸 A_1 也相应为最大 60 mm 或最小 59.83 mm，则算得的 A_0 尺寸相应为(60－44.35)mm＝15.65 mm 或(59.83－43.83)mm＝16 mm，零件实际上仍为合格品，这就是按工序尺寸报废而按产品设计要求仍合格的"假废品"问题。因此，只要实测尺寸的超差量小于另一组成环的公差值时，就有可能出现假废品。为了避免将实际合格的零件报废而造成浪费，对换算后的测量尺寸(或工序尺寸)超差的零件，应重新测量其他组成环的尺寸，再计算出封闭环的尺寸，以判断是否为废品。

2. 定位基准与设计基准不重合时工序尺寸及其公差的确定

采用调整法加工零件时，若所选的定位基准与设计基准不重合，那么该加工表面的设计尺寸就不能由加工直接得到，这时就需要进行工艺尺寸的换算，以保证设计尺寸的精度要求，并将计算的工序尺寸标注在工序图上。

例 1-3 如图 1-24(a)所示的零件 A、B、C 面在镗孔前已经加工，镗孔时，为方便工件装夹，选择 A 面为定位基准，并按尺寸 A_3 进行加工，求镗孔的工序尺寸及偏差。

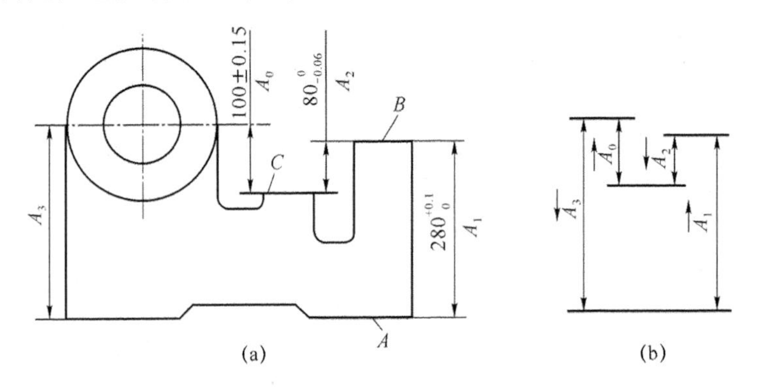

图 1-24 定位基准与设计基准不重合时的尺寸换算

解：(1) 画尺寸链图，判断增、减环。

根据题意作出尺寸链图，如图 1-24(b)所示。由于 A、B、C 面在镗孔前已加工，故 A_1、A_2 在本工序前就已保证精度，A_3 为本道工序直接保证精度的尺寸，故三者均为组成环。而 A_0 为本工序加工后才能得到的尺寸，故 A_0 为封闭环。由工艺尺寸链图可知，组成环 A_2、A_3 是增环，A_1 是减环。

(2) 基本尺寸计算。

由式(1-1)得

$$100=80+A_3-280$$

则 $A_3=300$ mm。

(3) 上偏差计算。

由式(1-4)得

$$0.15=0+\mathrm{ES}(A_3)-0$$

则 $\mathrm{ES}(A_3)=+0.15$ mm。

（4）下偏差计算。

由式(1-5)得

$$-0.15=-0.06+\mathrm{EI}(A_3)-0.10$$

则 $\mathrm{EI}(A_3)=+0.01$ mm。

所以工序尺寸 $A_3=300^{+0.15}_{+0.01}$ mm。

3. 从尚需继续加工的表面上标注的工序尺寸计算

例 1-4　图 1-25 所示为齿轮内孔的局部简图，设计要求为：孔径 $\phi 40^{+0.05}_{0}$ mm，键槽深度尺寸为 $43.6^{+0.34}_{0}$ mm，其加工顺序如下。

（1）镗内孔至 $\phi 39.6^{+0.1}_{0}$ mm；

（2）插键槽至尺寸 A；

（3）淬火处理；

（4）磨内孔，同时保证内孔直径 $\phi 40^{+0.05}_{0}$ mm 和键槽深度 $43.6^{+0.34}_{0}$ mm 两个设计尺寸的要求。试确定插键槽的工序尺寸 A。

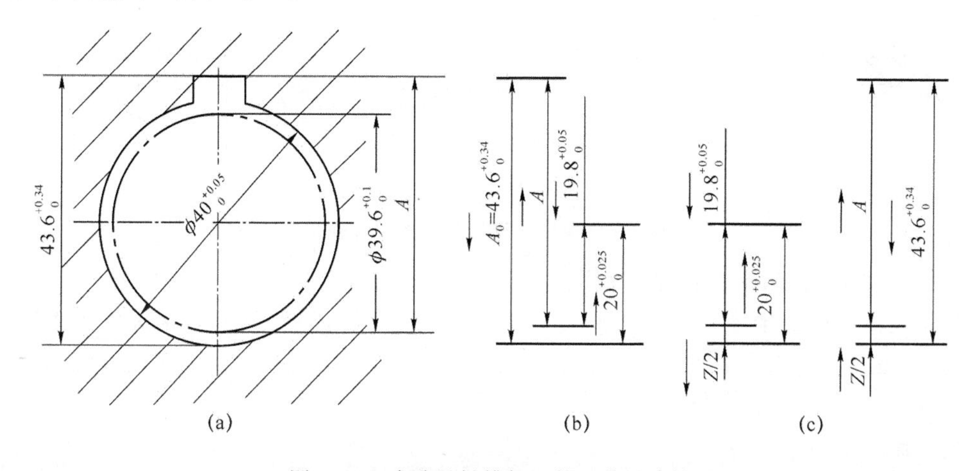

图 1-25　内孔及键槽加工的工艺尺寸链

解：（1）画尺寸链图，判断增、减环。

画出工艺尺寸链图，如图 1-25(b)所示。需要注意的是，当有直径尺寸时，一般应考虑用半径尺寸来画尺寸链。因最后工序是直接保证 $\phi 40^{+0.05}_{0}$ mm，间接保证 $43.6^{+0.34}_{0}$ mm，故 $43.6^{+0.34}_{0}$ mm 为封闭环，尺寸 A 和 $20^{+0.025}_{0}$ mm 为增环，$19.8^{+0.05}_{0}$ mm 为减环。

（2）基本尺寸计算。

由式(1-1)得

$$43.6=A+20-19.8$$

则 $A=43.4$ mm。

（3）上偏差计算。

由式(1-4)得

$$0.34=\mathrm{ES}(A)+0.025-0$$

则 $\mathrm{ES}(A)=+0.315$ mm。

(4) 下偏差计算。

由式(1-5)得

$$0=\mathrm{EI}(A)+0-0.05$$

则 $\mathrm{EI}(A)=+0.05$ mm。

所以工序尺寸 $A=43.4^{+0.315}_{+0.050}$ mm。按入体原则标注为 $A=43.45^{+0.265}_{0}$ mm。

另外,尺寸链还可以列成图 1-25(c)的形式,引进了半径余量$Z/2$,图 1-25(c)左图中$Z/2$是封闭环,右图中 $Z/2$ 则认为是已经获得,而 $43.6^{+0.34}_{0}$ mm 是封闭环。其结果与尺寸链图 1-25(b)相同。

4. 保证渗碳、渗氮层深度的工艺计算

有些零件的表面需进行渗碳或渗氮处理,并且要求精加工后要保持一定的渗层深度。为此,必须确定渗前加工的工序尺寸和热处理时的渗层深度。

例 1-5 一批圆轴如图 1-26 所示,其加工过程为:车外圆至 $\phi20.6_{-0.04}^{0}$ mm;渗碳淬火;磨外圆至 $\phi20_{-0.02}^{0}$ mm。试计算保证磨后渗碳层深度为 0.7～1.0 mm 时,渗碳工序的渗入深度及其公差。

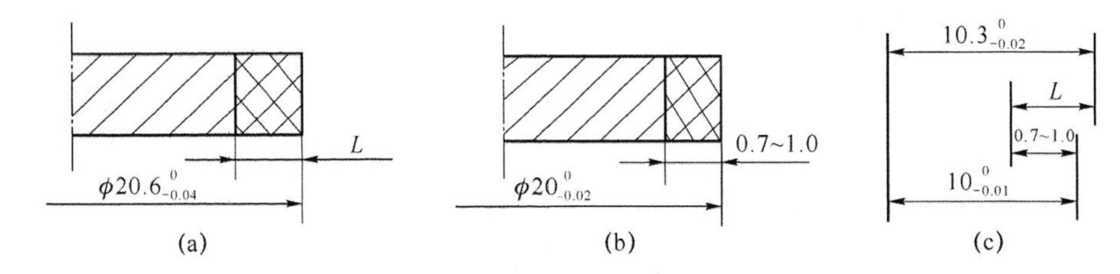

图 1-26 保证渗碳层深度的尺寸换算

解:(1) 画尺寸链图,判断增、减环。

根据题意在轴的半径方向上作出尺寸链图,如图 1-26(c)所示,磨后保证的渗碳层深度 0.7～1.0 mm 是间接获得的尺寸,为封闭环,可以写成 $0.7^{+0.3}_{0}$ mm。其中尺寸 L 和 $10_{-0.01}^{0}$ mm 为增环,尺寸 $10.3_{-0.02}^{0}$ mm 为减环。

(2) 基本尺寸计算。

由式(1-1)得

$$0.7=L+10-10.3$$

则 $L=1$ mm。

(3) 上偏差计算。

由式(1-4)得

$$0.3=\mathrm{ES}(L)+0-(-0.02)$$

则 $\mathrm{ES}(L)=+0.28$ mm。

(4) 下偏差计算。

由式(1-5)得

$$0=\mathrm{EI}(L)+(-0.01)-0$$

则 $\mathrm{EI}(L)=+0.01$ mm。

因此渗层深度 $L=1^{+0.28}_{+0.01}$ mm。

1.9 机械加工生产率和技术经济分析

在制定机械加工工艺规程时，必须在保证零件质量要求的前提下，提高劳动生产率和降低成本。也就是说，必须做到优质、高产、低消耗。

1.9.1 机械加工生产率分析

劳动生产率是指工人在单位时间内制造的合格品数量或者制造单件产品所消耗的劳动时间。劳动生产率一般通过时间定额来衡量。

1. 时间定额

时间定额是在一定的生产条件下制定出来的完成单件产品（如一个零件）或某项工作（如一个工序）所必须消耗的时间。时间定额不仅是衡量劳动生产率的指标，也是安排生产计划、计算生产成本的重要依据，还是新建或扩建工厂（或车间）时计算设备和工人数量的依据。

制定合理的时间定额是调动工人积极性的重要手段，它一般是由技术人员通过计算或类比的方法，或者通过对实际操作时间的测定和分析而确定的。使用中，时间定额还应定期修订，以使其保持平均先进水平。

完成零件一个工序的时间定额称为单件时间定额。它包括下列组成部分。

(1) 基本时间（$T_{基本}$）

基本时间指直接改变生产对象的形状、尺寸、相对位置或表面质量等所耗费的时间。对机械加工来说，则为切除金属层所耗费的时间（包括刀具的切入和切出时间），又称机动时间。其可通过计算求出，以车外圆为例：

$$T_{基本}\frac{L+L_1+L_2}{nf}i=\frac{\pi D(L+L_1+L_2)}{1\,000vf}\frac{Z}{a_p}$$

式中，$T_{基本}$ 为基本时间(min)；L 为零件加工表面的长度(mm)；L_1、L_2 为刀具的切入和切出长度(mm)；n 为工件每分钟转数(r/min)；f 为进给量(mm/r)；i 为进给次数（决定于加工余量 Z 和切削深度 a_p）；v 为切削速度(m/min)。

(2) 辅助时间（$T_{辅助}$）

辅助时间指在每个工序中，为保证完成基本工艺工作，用于辅助动作所耗费的时间。辅助动作主要有装卸工件、开停机床、改变切削用量、试切和测量零件尺寸等。

基本时间和辅助时间的总和称为操作时间（$T_{操作}$）。

(3) 工作地点服务时间（$T_{服务}$）

工作地点服务时间指工人在工作时，为照管工作地点及保持正常工作状态所耗费的时间，如在加工过程中调整、更换和刃磨刀具、润滑和擦拭机床、清除切屑等所耗费的时间。一般按操作时间的 2%～7%（以百分率 α 表示）计算。

(4) 生理和自然需要时间（$T_{休息}$）

生理和自然需要时间指工人在工作班内为恢复体力和满足生理需要等消耗的时间。一般按操作时间的 2%～4%（以百分率 β 表示）计算。

以上 4 项时间的总和为单件时间，即

$$T_{单件}=T_{基本}+T_{辅助}+T_{服务}+T_{休息}$$

(5) 准备与终结时间($T_{准备}$)

准备与终结时间简称为准终时间,指工人加工一批产品、零件进行准备和结束工作所消耗的时间。加工开始前,通常都要熟悉工艺文件,领取毛坯、材料、工艺装备,调整机床,安装工刀具和夹具,选定切削用量等;加工结束后,需送交产品,拆下、归还工艺装备等。准终时间对一批工件来说只消耗一次,零件批量越大,分摊到每个工件上的准终时间 $T_{准备}/n$ 就越小,其中 n 为批量。

所以,批量生产时单件时间定额为上述时间之和,即

$$T_{定额}=T_{基本}+T_{辅助}+T_{服务}+T_{休息}+T_{准备}/n$$

大批、大量生产中,由于 n 的数值很大,$T_{准备}/n\approx 0$,即可忽略不计,所以大批、大量生产的单件计算时间 $T_{定额}$ 应为

$$T_{定额}=T_{单件}=T_{基本}+T_{辅助}+T_{服务}+T_{休息}$$

2. 提高机械加工生产率的工艺措施

劳动生产率是衡量生产效率的一个综合技术经济指标,它不是一个单纯的工艺技术问题,而是与产品设计、生产组织和管理工作有关,所以改进产品结构设计、改善生产组织和管理工作都是提高劳动生产率的有力措施。下面仅讨论与机械加工有关的一些工艺措施。

(1) 缩减时间定额

在时间定额的 5 个组成部分中,缩减每一项都能使时间定额降低,从而提高劳动生产率,但主要应缩减占比例较大的部分。例如,单件小批生产时主要应缩减辅助时间,大批大量生产时主要应缩减基本时间,$T_{休息}$ 本来所占比例甚少,不宜作为缩减对象。

① 缩减基本时间。

a. 提高切削用量。增加切削用量 n、f、a_p 将使基本时间减小,但会增加切削力、切削热和工艺系统的变形以及刀具磨损等。因此,必须在保证质量的前提下采用。

要采用大的切削用量,关键是要提高机床的承受能力,特别是刀具的耐用度。要求机床刚度好、功率大,要采用优质的刀具材料,如陶瓷车刀的切削速度可达 500 m/min,国外新出现的聚晶氮化硼刀具可达 900 m/min,并能加工淬硬钢。

b. 减少切削长度。在切削加工时,可以通过采用多刀加工、多件加工的方法减少切削长度。

c. 多件加工。多件加工可分为顺序多件加工、平行多件加工和平行顺序多件加工 3 种方式。

② 缩减辅助时间。

缩减辅助时间的方法主要是要实现机械化和自动化,或使辅助时间与基本时间重合。具体措施有如下几种。

a. 采用先进高效夹具。在大批大量生产时,采用高效的气动或液压夹具,在单件小批生产和中批生产时,采用组合夹具、可调夹具或成组夹具,都将减少装卸工件的时间。

b. 采用多工位连续加工。采用回转工作台和转位夹具,能在不影响切削的情况下装卸工件,使辅助时间与基本时间重合。

c. 采用主动检验或数字显示自动测量装置。这可以大大减少停机测量工件的时间。

d. 采用两个相同夹具交替工作的方法。当一个夹具安装好工件进行加工时,另一个夹具同时进行工件的装卸,这样也可以使辅助时间与基本时间重合。

③ 缩减工作地点服务时间。

缩减工作地点服务时间主要是要缩减调整和更换刀具的时间，提高刀具或砂轮的耐用度。主要方法是采用各种快换刀夹、自动换刀装置、刀具微调装置以及不重磨硬质合金刀片等，以减少工人在刀具的装卸、刃磨、对刀等方面所耗费的时间。

④ 缩减准备终结时间。

在批量生产时，应设法缩减安装工具、调整机床的时间，同时应尽量扩大零件的批量，使分摊到每个零件上的准备终结时间减少。在中、小批生产时，由于批量小，准备终结时间在时间定额中占有较大比重，影响生产率的提高。因此，应尽量使零件通用化和标准化，或者采用成组技术，以增加零件的生产批量。

(2) 采用先进的工艺方法

采用先进的工艺方法是提高劳动生产率极为有效的手段。

① 采用先进的毛坯制造方法。如粉末冶金、失蜡铸造、压力铸造、精密锻造等新工艺，可提高毛坯精度，减少切削加工的劳动量，提高生产率。

② 采用少、无切屑新工艺。如用挤齿代替剃齿，生产率可提高6～7倍。滚压、冷轧等工艺都能有效地提高生产率。

③ 采用特种加工。对于某些特硬、特脆、特韧的材料及复杂型面等，采用特种加工能极大地提高生产率。如用电解或电火花加工锻模型腔，用线切割加工冲模等，可减少大量的钳工劳动量。

④ 改进加工方法。如用拉孔代替镗、铰孔，用精刨、精磨代替刮研等，都可大大提高生产率。

1.9.2　工艺过程的技术经济分析

制定机械加工工艺规程时，在满足加工质量要求的前提下，要特别注重其经济性。一般情况下，满足同一质量要求的加工方案可以有多种，这些方案中，必然有一个是经济性最好的方案。所谓经济性好，就是指在机械加工中能用最低的成本制造出合格的产品。这样就需要对不同的工艺方案进行技术经济分析，从技术和生产成本等方面进行比较。

1. 生产成本和工艺成本

制造一个零件(或产品)所耗费的费用总和叫做生产成本。生产成本包括两类费用：一类是与工艺过程直接有关的费用，称为工艺成本。工艺成本占生产成本的70%～75%。另一类是与工艺过程没有直接关系的费用，如行政人员的开支、厂房折旧费、取暖费等。下面仅讨论工艺成本。

(1) 工艺成本的组成

按照与零件产量的关系，工艺成本包括两部分费用。

① 可变费用V：与零件年产量直接有关，并与之成正比变化的费用。它包括毛坯材料及制造费、操作工人工资、通用机床折旧费和修理费、通用工艺装备的折旧费和修理费以及机床电费等。

② 不变费用S：与零件年产量无直接关系，不随着年产量的变化而变化的费用。它包括专用机床和专用工艺装备的折旧费和修理费、调整工人的工资等。

(2) 工艺成本的计算

零件加工全年工艺成本可按下式计算：

$$E=VN+S$$

式中，E 为一种零件全年的工艺成本(元/年)；V 为可变费用(元/件)；N 为零件年产量(件/年)；S 为不变费用(元/年)。

每个零件的工艺成本可按下式计算：

$$E_d=V+S/N$$

式中，E_d 为单件工艺成本(元/件)。

全年工艺成本与年产量的关系可用图 1-27 表示，E 与 N 成线性关系，说明全年工艺成本随着年产量的变化而成正比例变化。

单件工艺成本与年产量是双曲线的关系，如图 1-28 所示。在曲线的 A 段，N 值很小，设备负荷低，E_d 就高，当 N 略有变化时，E_d 将有较大的变化。在曲线的 C 段，N 值很大，大多采用专用设备，且 S/N 值小，故 E_d 较低，N 值的变化对 E_d 影响较小。以上分析表明，当 S 值(主要是指专用工装设备费用)一定时，应该有一个相适应的零件年产量。所以，在单件小批生产时，因 S/N 值占的比例大，就不适合使用专用工装设备(以降低 S 值)；在大批大量生产时，因 S/N 值占的比例小，最好采用专用工装设备(减小 V 值)。

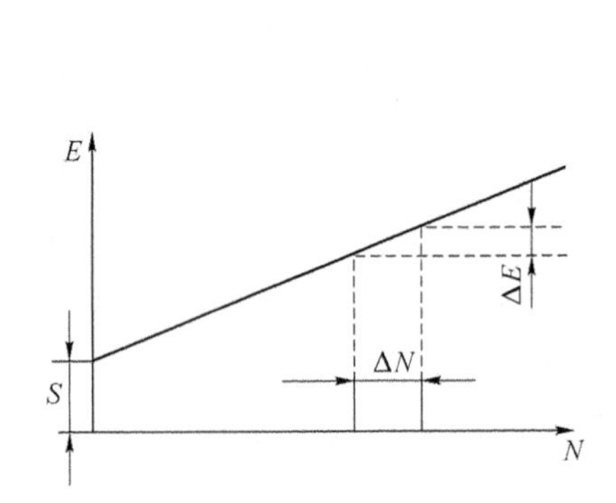

图 1-27　全年工艺成本与年产量的关系

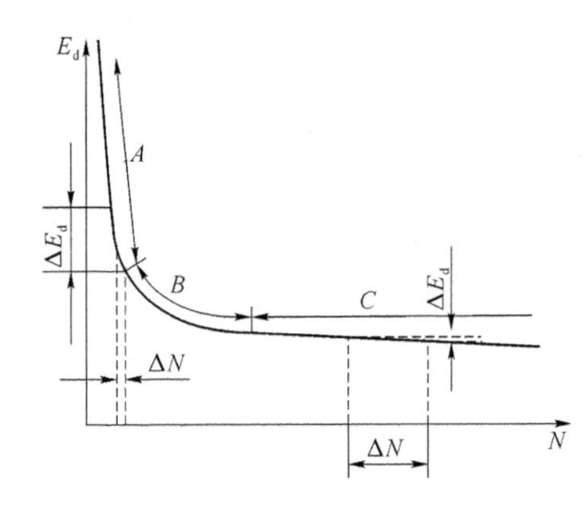

图 1-28　单件工艺成本与年产量的关系

2. 不同工艺方案的经济性比较

(1) 如果两种工艺方案基本投资相近，或在现有设备的情况下，则可比较其工艺成本。

① 当两方案只有少数工序不同时，可比较其单件工艺成本，即

方案 1：　　$E_{d1}=V_1+S_1/N$

方案 2：　　$E_{d2}=V_2+S_2/N$

则 E_d 值小的方案经济性好，如图 1-29 所示。

② 当两种工艺方案有较多工序不同时，应比较其全年工艺成本，即

方案 1：　　$E_1=NV_1+S_1$

方案 2：　　$E_2=NV_2+S_2$

则 E 值小的方案经济性好，如图 1-30 所示。

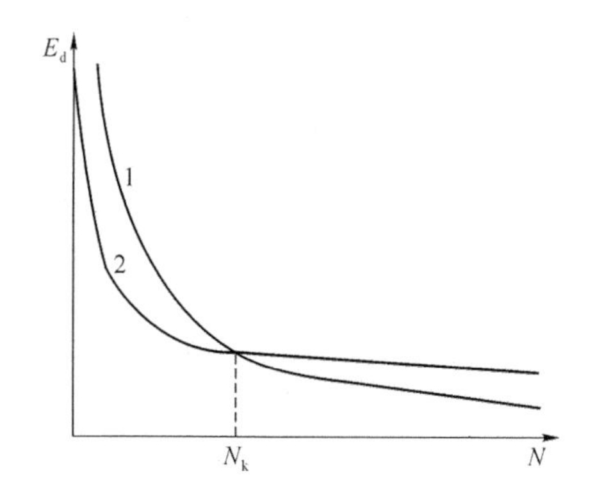

图 1-29　两种方案单件工艺成本的比较

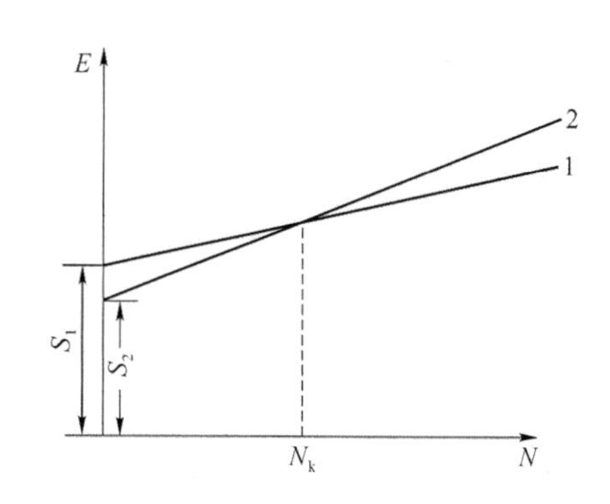

1-30　两种方案全年工艺成本的比较

由此可知，各方案的经济性好坏与零件年产量有关，当两种方案的工艺成本相同时的年产量称为临界年产量 N_k，即当 $E_1=E_2$ 时，$N_kV_1+S_1=N_kV_2+S_2$，则

$$N_k=\frac{S_2-S_1}{V_1-V_2}$$

若 $N<N_k$，则宜采用方案 2；若 $N>N_k$，则宜采用方案 1。

(2) 如果两种工艺方案的基本投资相差较大，则应比较不同方案的基本投资差额的回收期限。

1.9.3　机床的选择

在拟定工艺路线时，当工件加工表面的加工方法确定以后，各工种所用机床类型就已基本确定。每一类型的机床都有不同的形式，其工艺范围、技术规格、生产率及自动化程度等都各不相同。在合理选用机床时，除应对机床的技术性能有充分了解之外，还要考虑以下几点。

(1) 所选机床的精度应与工件加工要求的精度相适应。

机床的精度过低，满足不了加工质量要求；机床的精度过高，又会增加零件的制造成本。单件小批生产时，特别是没有高精度的设备来加工高精度的零件时，为充分利用现有机床，可以选用精度低一些的机床，而在工艺上采取措施来满足加工精度的要求。

(2) 所选机床的技术规格应与工件的尺寸相适应。

小工件选用小机床加工，大工件选用大机床加工，做到设备的合理利用。

(3) 所选机床的生产率和自动化程度应与零件的生产纲领相适应。

单件小批生产应选择工艺范围较广的通用机床；大批大量生产尽量选择生产率和自动化程度较高的专门化或专用机床。

(4) 机床的选择应与现场生产条件相适应。

应充分利用现有设备，如果没有合适的机床可供选用，应合理地提出专用设备设计或旧机床改装的任务书，或提供购置新设备的具体型号。

1.9.4　工艺装备的选择

工艺装备选择是否合理，直接影响工件的加工精度、生产率和经济性，因此要结合生产类型、具体的加工条件、工件的加工技术要求和结构特点等合理选用。

1. 夹具的选择

单件小批生产应尽量选择通用夹具,如各种卡盘、虎钳和回转台等。若条件具备,可选用组合夹具,以提高生产率。大批量生产应选择生产率和自动化程度高的专用夹具。多品种中小批量生产可选用可调整夹具或成组夹具。夹具的精度应与工件的加工精度相适应。

2. 刀具的选择

一般应选用标准刀具,必要时可选择各种高生产率的复合刀具及其他一些专用刀具。刀具的类型、规格及精度应与工件的加工要求相适应。

3. 量具的选择

单件小批生产应选用通用量具,如游标卡尺、千分尺、千分表等。大批量生产应尽量选用效率较高的专用量具,如各种极限量规、专用检验夹具和测量仪器等。所选量具的量程和精度要与工件的尺寸和精度相适应。

1.9.5 切削用量的确定

正确地确定切削用量,对保证加工质量、提高生产率、获得良好的经济效益都有着重要的意义。确定切削用量时,应综合考虑零件的生产纲领、加工精度和表面粗糙度、材料、刀具的材料及耐用度等因素。

单件小批生产时,为了简化工艺文件,常不具体规定切削用量,而由操作者根据具体情况自行确定。

批量较大时,特别是组合机床、自动机床、数控机床及多刀加工工序的切削用量,应科学、严格地确定。

一般来说,粗加工时,由于要求保证的加工精度低、表面粗糙度值较大,切削用量的确定应尽可能保证较高的金属切除率和必要的刀具耐用度,以达到较高的生产率。为此,在确定切削用量时,应优先考虑采用大的背吃刀量(切削深度),其次考虑采用较大的进给量,最后根据刀具的耐用度要求,确定合理的切削速度。

半精加工、精加工时,确定切削用量首先要考虑的问题是保证加工精度和表面质量,同时也要兼顾必要的刀具耐用度和生产率。半精加工和精加工时一般多采用较小的背吃刀量(切削深度)和进给量。在背吃刀量(切削深度)和进给量确定之后,再确定合理的切削速度。

在采用组合机床、自动机床等多刀具同时加工时,其加工精度、生产率和刀具的寿命与切削用量的关系很大,为保证机床正常工作,不经常换刀,其切削用量要比采用一般普通机床加工时低一些。

在确定切削用量的具体数据时,可凭经验,也可查阅有关手册中的表格,或在查表的基础上,再根据经验和加工的具体情况,对数据作适当的修正。

思考题

1-1 什么是工艺过程、工序、安装、工位、工步和走刀?

1-2 图 1-31 所示为一盘状零件图,毛坯为铸件,其机械加工工艺过程有如下两种方案,试分析每种方案工艺过程的组成。

(1) 在车床上粗车及精车端面 C,粗车及精车 $\phi 60^{+0.074}_{0}$ 孔,内孔倒角,粗车及半精车 $\phi 200$ 外圆。调头,粗车、精车端面 A,车 $\phi 96$ 外圆及端面 B,内孔倒角。在插床上插键槽。划线。在钻床上按划线钻 6 个 $\phi 20$ 孔。钳工去毛刺。

(2) 在车床上粗、精车一批零件的端面 C,并粗、精车 $\phi 60^{+0.074}_{0}$ 孔,内孔倒角。然后将工件安装在可胀心轴上,粗、半精车这批零件的 $\phi 200$ 外圆,并车 $\phi 96$ 外圆及端面 B,粗、精车端面 A,内孔倒角。在拉床上拉键槽。在钻床上用钻模钻出 6 个 $\phi 20$ 孔。钳工去毛刺。

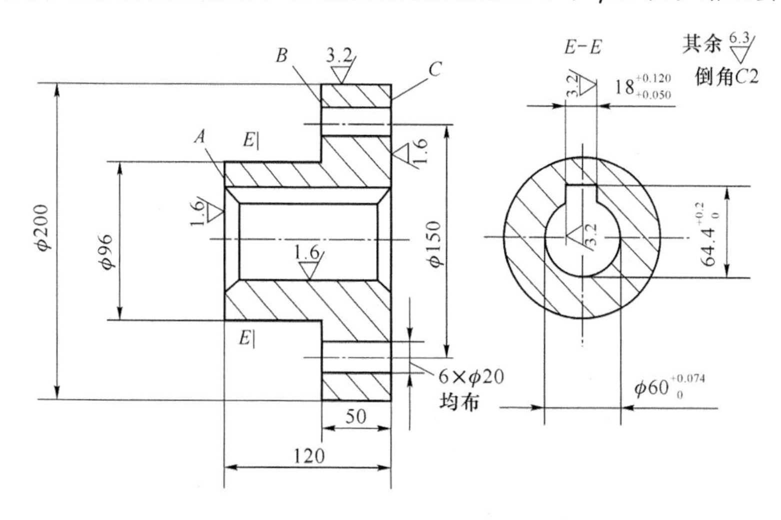

图 1-31　题 1-2 图

1-3　在加工中可通过哪些方法保证工件的尺寸精度、形状精度及位置精度?

1-4　试简述机械加工工艺规程的制定原则、内容及制定步骤。

1-5　什么是零件结构工艺性?试指出图 1-32 在结构工艺性方面存在的问题,并提出改进意见。

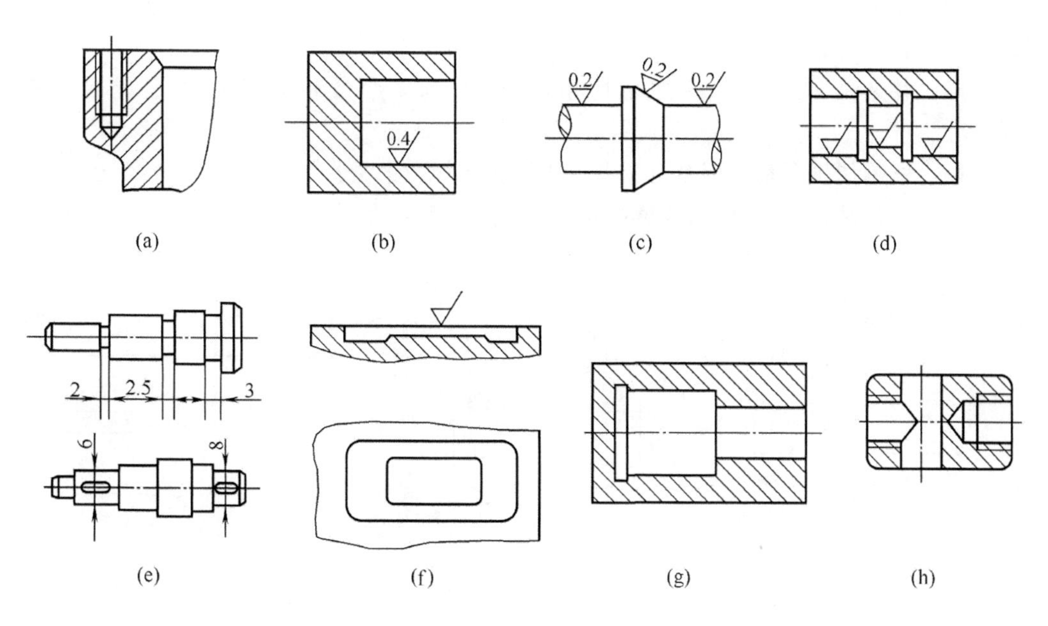

图 1-32　题 1-5 图

1-6　零件毛坯的常见形式有哪些？各用于什么场合？

1-7　对于如图 1-33 所示零件，若按调整法加工时，试在图中指出：

(1) 加工平面 2 时的设计基准、定位基准、工序基准和测量基准；

(2) 镗孔 4 时的设计基准、定位基准、工序基准和测量基准。

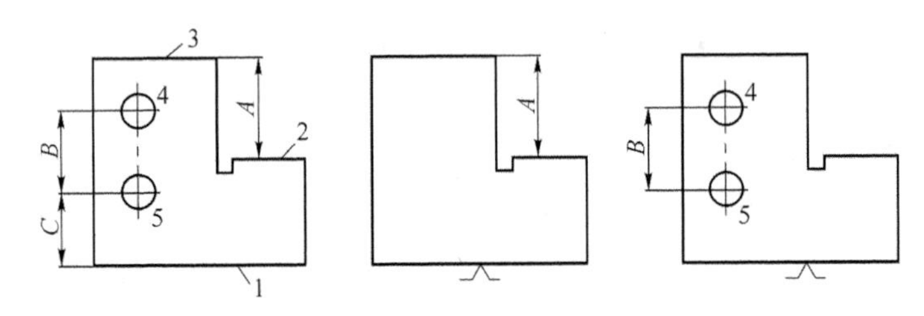

图 1-33　题 1-7 图

1-8　精基准、粗基准的选择原则有哪些？

1-9　如何选择下列加工过程中的定位基准：

(1) 浮动铰刀铰孔；

(2) 拉齿坯内孔；

(3) 无心磨削销轴外圆；

(4) 磨削床身导轨面；

(5) 箱体零件攻螺纹。

1-10　为什么零件的加工一般要划分加工阶段？在什么情况下可以不划分或不严格划分加工阶段？各阶段的主要作用是什么？

1-11　何谓工序集中和工序分散？它们各有什么优缺点？各用在哪些情况下？试举例说明。

1-12　安排工序顺序时，一般应遵循哪些原则？

1-13　退火、正火、时效、调质、淬火、渗碳淬火、渗氮等热处理工序各应安排在工艺过程的哪个位置才恰当？

1-14　什么是加工余量、工序余量和总余量？加工余量和工序尺寸、公差之间有何关系？

1-15　影响加工余量的因素有哪些？如何确定加工余量？

1-16　试判别图 1-34 各尺寸链中哪些是增环？哪些是减环？

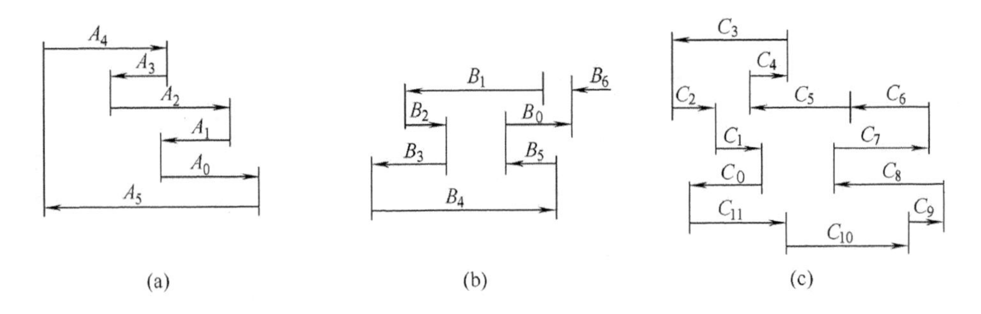

图 1-34　题 1-16 图

1-17　有一小轴，毛坯为热轧棒料，大量生产的工艺路线为粗车—精车—淬火—粗磨—精磨，外圆设计尺寸为 $\phi 30_{-0.013}^{0}$ mm，已知各工序的加工余量和经济精度，试确定各工序尺寸及其偏差、毛坯尺寸及粗车余量，并填入表 1-11（余量为双边余量）。

表 1-11　题 1-17 表　　（单位：mm）

工序名称	工序余量	经济精度	工序尺寸及偏差	工序名称	工序余量	经济精度	工序尺寸及偏差
精磨	0.1	0.013(IT6)		粗车	6	0.21(IT12)	
粗磨	0.4	0.033(IT8)		毛坯尺寸		±1.5	
精车	1.5	0.084(IT10)					

1-18　图 1-35(a)所示为一轴套零件简图，其内孔、外圆和各端面均已加工完毕，试分别计算按图 1-35(b)中 3 种定位方案钻孔时的工序尺寸及其偏差。

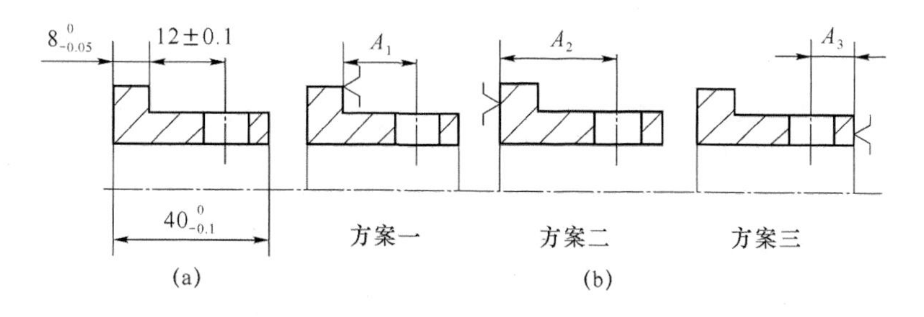

图 1-35　题 1-18 图

1-19　图 1-36 所示工件成批生产时用端面 B 定位加工表面 A（调整法），以保证尺寸 $10_{-0.20}^{0}$ mm，试标注铣削表面 A 时的工序尺寸及上、下偏差。

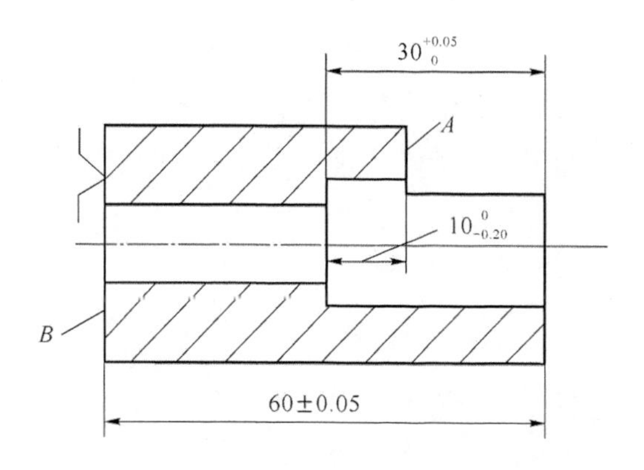

图 1-36　题 1-19 图

1-20　图 1-37 所示零件加工时要求保证尺寸(6±0.1)mm,但该尺寸不便测量,只好通过测量尺寸 x 来间接保证,试求工序尺寸 x 及其上、下偏差。

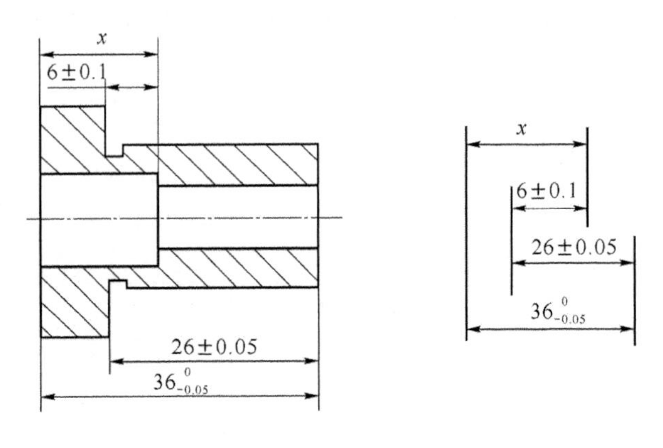

图 1-37　题 1-20 图

第2章　机械加工精度

零件的加工质量是保证机械产品工作性能和产品寿命的基础。加工质量指标有两大类：一是加工精度，二是加工表面质量。本章讨论零件的机械加工精度问题。研究加工精度的目的就是弄清各种原始误差对加工精度影响的规律，掌握控制加工误差的方法，以获得预期的加工精度，并能找出进一步提高加工精度的途径。

2.1　概　　述

2.1.1　加工精度与加工误差

机械加工精度是指零件加工后的实际几何参数(尺寸、形状和位置)与理想几何参数的符合程度，它们之间的偏离即为加工误差。从保证产品的使用性能的角度分析，没有必要把每个零件都加工得绝对准确，可以允许有一定的加工误差，只要加工误差不超过图样规定的偏差，即为合格品。

机械加工精度包括尺寸精度、形状精度和位置精度。三者之间的关系如下。

(1) 当尺寸精度要求高时，相应的位置精度和形状精度也要求高。形状公差应限制在位置公差内，位置公差应限制在尺寸公差内。

(2) 当形状精度要求高时，相应的位置精度和尺寸精度不一定要求高。

2.1.2　影响加工精度的因素

机械加工中，由机床、夹具、刀具和工件等组成的统一体称为工艺系统。零件的尺寸、几何形状和表面间相互位置的形成归根结底取决于工件和刀具在切削过程间的相互位置。由于工艺系统存在各种原始误差，它们以不同的方式和程度反映为加工误差。由此可见，工艺系统误差是“因”，是根源；加工误差是“果”，是表现。故工艺系统误差称为原始误差。这些原始误差其中一部分与工艺系统的初始状态有关，另一部分与加工过程有关。工件与刀具的相对位置在静态下已存在的误差，如刀具和夹具制造误差、调整误差以及安装误差，称为工艺系统的几何误差。工件和刀具的相对位置在运动状态下存在的误差，如机床的主轴回转运动误差、导轨的导向误差、传动链的传动误差等，称为工艺系统的动误差。此外，在加工过程中因测量方法和量具而产生的测量误差，由于产生切削力、切削热引起的加工误差，以及工件加工后因工件残余应力引起工件变形而产生的误差也近似地归入动误差中。

研究原始误差的物理、力学本质，掌握其基本规律，分析原始误差和加工误差之间的关系，是保证和提高零件加工精度的必要的理论基础。

为清晰起见，现将加工过程中可能出现的种种原始误差归纳如下。

- 与工艺系统初始状态有关(几何误差)
  - 原理误差
  - 工件装夹误差
  - 调整误差
  - 夹具误差
  - 刀具误差
  - 机床误差
    - 机床主轴回转误差
    - 机床导轨导向误差
    - 机床传动误差
- 与工艺过程有关(动误差)
  - 工艺系统受力变形
  - 工艺系统受热变形
  - 刀具磨损
  - 测量误差
  - 工件内应力引起的变形

2.1.3 原始误差与加工误差的关系

在加工过程中,各种原始误差的影响会使刀具和工件间正确的几何关系遭到破坏,引起加工误差。各种原始误差的大小和方向各不相同,而加工误差则必须在工序尺寸方向度量。因此,不同的原始误差对加工精度有不同的影响。当原始误差的方向与工序尺寸方向一致时,其对加工精度的影响最大。下面以外圆车削为例说明两者的关系。如图 2-1 所示,车削时工件的回转轴线为 O,刀尖正确位置在 A。设某一瞬时由于各种原始误差的影响,刀尖位移到 A',AA'即为原始误差 δ,它与 OA 间的夹角为 φ,由此引起工件加工后的半径由 $R_0=OA$ 变为 $R=OA'$,故半径上的加工误差 ΔR 为

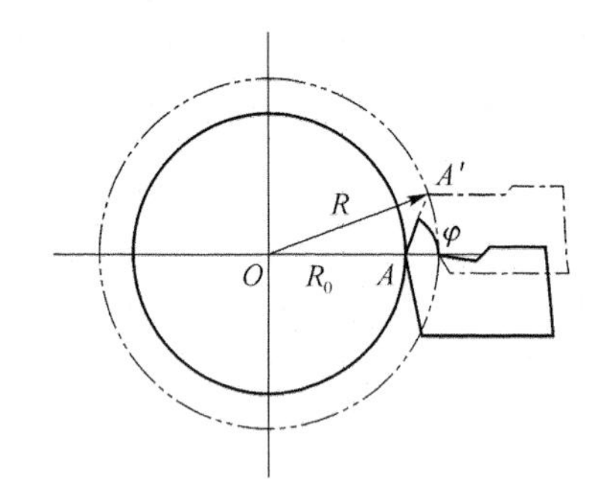

图 2-1 误差的敏感方向

$$\Delta R=OA'-OA=\sqrt{R_0^2+\delta^2+2R_0\delta\cos\varphi}-R_0\approx\delta\cos\varphi+\frac{\delta^2}{2R_0}$$

可以看出,当原始误差的方向恰为加工表面的法向方向($\varphi=0°$)时,引起的加工误差最大;当原始误差的方向恰为加工表面的切线方向($\varphi=90°$)时,引起的加工误差最小,一般可以忽略不计。为了便于分析原始误差对加工精度的影响程度,把对加工精度影响最大的那个方向称为误差的敏感方向,对加工精度影响最小的那个方向则称为误差的不敏感方向。

2.1.4 研究加工精度的方法

研究加工精度的方法有两种。

(1) 单因素分析法

为简单起见,研究某一确定因素对加工精度的影响时,一般不考虑其他因素对加工精度的影响,通过分析计算或测试、试验,得出该因素与加工误差间的关系。

(2) 统计分析法

以生产中一批工件的实测结果为基础,运用数理统计方法进行数据处理,用以控制工艺

过程的正常进行。当发生质量问题时，可以从中判断误差的性质，找出误差出现的规律，以帮助我们解决有关的加工精度问题。统计分析法只适用于批量生产。

在实际生产中，两种方法常常结合起来应用。首先用统计分析法寻找误差的出现规律，初步判断产生加工误差的可能原因；然后运用单因素分析法进行分析、试验，以便迅速、有效地找出影响加工精度的主要原因。

2.2　工艺系统的几何误差

2.2.1　加工原理误差

加工原理误差是指采用了近似的成形运动或近似的切削刃轮廓进行加工而产生的误差。例如，车削模数蜗杆时，由于蜗杆的螺距等于蜗轮的齿距（即 πm，其中 m 是模数，π 是一个无理数 3.14159…），但车床配换齿轮的齿数是有限的，因此在选择配换齿轮时，只能将 π 化为近似的分数值计算，这样就会引起刀具相对工件的成形运动（螺旋运动）不准确，造成螺距误差。但是，这种螺距误差可以通过配换齿轮的合理选配而减小。又如，滚齿加工用的齿轮滚刀有两种误差：一是切削刃齿廓近似造形误差，由于制造上的困难，采用阿基米德基本蜗杆或法向直廓基本蜗杆代替渐开线基本蜗杆；二是由于滚刀刀齿数有限，实际上加工出的齿形是一条折线，和理论上的光滑渐开线有差异。

采用近似的成形运动或近似的切削刃轮廓虽然会带来加工原理误差，但往往可简化机床或刀具的结构，提高生产效率，有时反而能得到较高的加工精度。因此，只要其误差不超过规定的精度要求，在生产中仍能得到广泛的应用。

2.2.2　机床几何误差

机床的制造误差、安装误差以及使用中的磨损都直接影响工件的加工精度。机床误差主要是机床主轴回转误差、机床导轨导向误差和机床传动误差。

1. 机床主轴回转误差

（1）主轴回转误差的概念与形式

机床主轴做回转运动时，主轴的各个截面必然有它的回转中心，在主轴的任一截面，主轴回转时若只有一点速度始终为零，则这一点即为理想回转中心。

主轴在实际回转过程中，在一个位置或时刻的回转中心称为瞬时回转中心，主轴各截面瞬时回转中心的连线叫瞬时回转轴线。

主轴回转误差是指主轴的瞬时回转轴线相对其平均回转轴线（瞬时回转轴线的对称中心）在规定测量平面内的变动量。变动量越小，主轴回转精度越高；反之越低。

主轴回转误差的基本形式有端面圆跳动（轴向漂移）、径向圆跳动（径向漂移）和角度摆动（角向漂移），如图 2-2 所示。

① 端面圆跳动：瞬时回转轴线沿平均回转轴线方向的轴向运动，如图 2-2(a)所示。它主要影响端面形状和轴向尺寸精度。

② 径向圆跳动：瞬时回转轴线始终平行于平均回转轴线方向的径向运动，如图 2-2(b)所示。它主要影响圆柱面的精度。

③ 角度摆动:瞬时回转轴线与平均回转轴线成一倾斜角度,但其交点位置固定不变的运动,如图 2-2(c)所示。在不同横截面内,轴心运动误差轨迹相似,它影响圆柱面与端面加工精度。

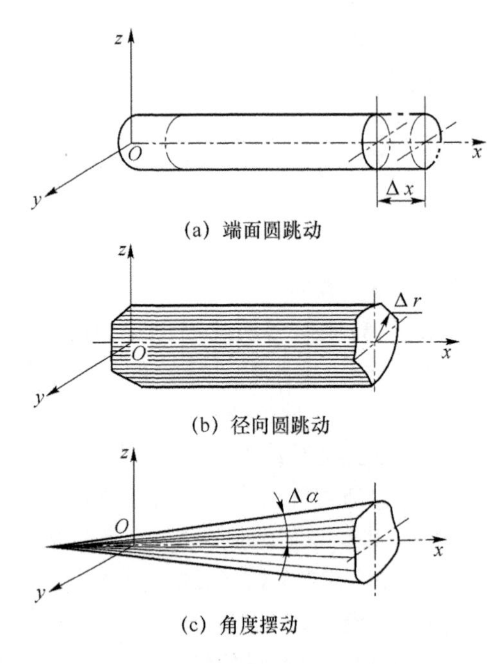

图 2-2　主轴回转误差的基本形式

(2) 主轴回转误差的影响因素

主轴回转误差主要是由主轴的制造误差、轴承的误差和轴承配合件的误差及配合间隙、主轴系统的径向不等刚度和热变形等造成的。对于不同类型的机床,其影响因素也各不相同。例如,对于工件回转类机床(如车床、外圆磨床),因切削力的方向不变,主轴回转时作用在支承上的作用力方向也不变化。此时,主轴的支承轴颈的圆度影响较大,而轴承孔圆度影响较小,如图 2-3(a)所示。对于刀具回转类机床(如钻床、铣镗床),切削力方向随旋转方向而改变,此时主轴支承轴颈的圆度影响较小,而轴承孔圆度影响较大,如图 2-3(b)所示。

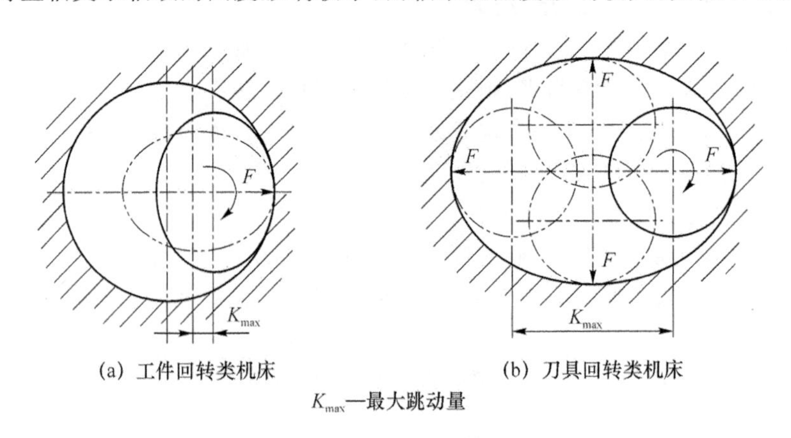

图 2-3　两类主轴回转误差的影响

(3) 提高主轴回转精度的措施

① 提高主轴部件的制造精度。首先应提高轴承的回转精度，如选用高精度的滚动轴承，或采用高精度的多油楔动压轴承；其次应提高轴承组件的接触刚度，提高箱体支承孔的加工精度、主轴轴颈的加工精度以及与轴承相配合表面的加工精度。

② 对滚动轴承进行预紧。此措施可消除间隙、增加轴承刚度和均化滚动体的误差。因为微量过盈可使轴承内、外圈和滚动体的弹性变形相互制约，这样既增加轴承刚度，又对滚动体的误差起均化作用，因而可提高主轴的回转精度。

③ 使主轴的回转精度不反映到工件上。常采用两个固定顶尖支承，主轴只起传动作用。工件的回转精度完全取决于顶尖和中心孔的形状误差和同轴度误差，而提高顶尖和中心孔的精度要比提高主轴部件的精度容易且经济得多。如图 2-4 所示，图(a)中外圆磨床磨削外圆柱面时，采用固定顶尖支承。图(b)中在镗床上加工箱体类零件上的孔时，采用前、后导向套的镗模，刀杆与主轴浮动连接，所以刀杆的回转精度与机床主轴回转精度也无关，仅由刀杆和导套的配合质量决定。

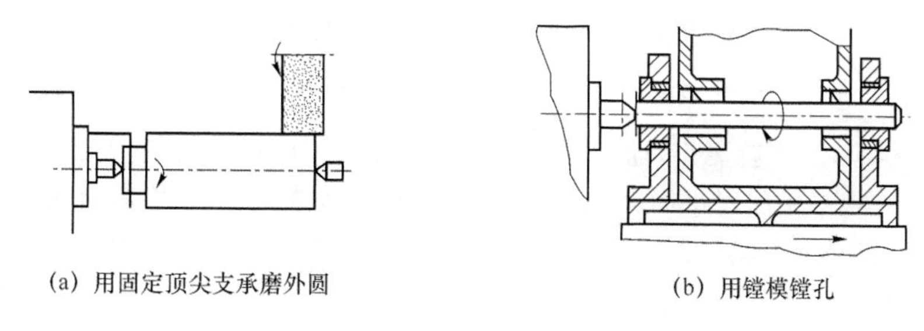

(a) 用固定顶尖支承磨外圆　　(b) 用镗模镗孔

图 2-4　主轴的回转精度不影响工件

2. 机床导轨导向误差

机床导轨精度是指机床导轨副的运动件实际运动方向与理想运动方向的符合程度，这两者之间的偏差称为导轨误差。

(1) 磨床导轨在水平面内直线度误差的影响

如图 2-5 所示，对于车床和外圆磨床，由于刀尖相对于工件回转轴线在加工表面径向方向的变化属敏感方向，故其对零件的形状精度影响很大，引起工件在半径方向上的误差 $\Delta R=\Delta$。当磨削长外圆时，造成圆柱度误差。

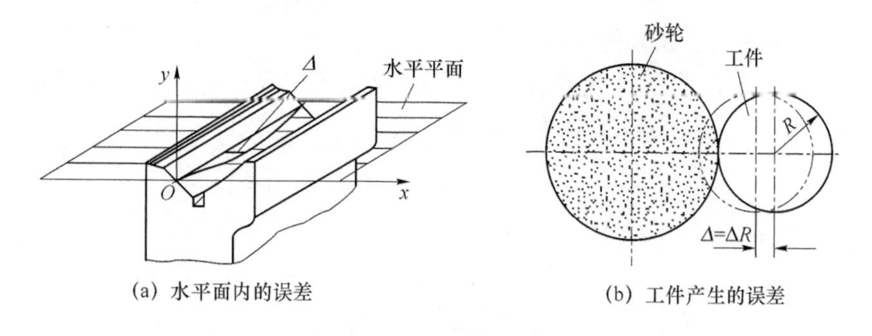

(a) 水平面内的误差　　(b) 工件产生的误差

图 2-5　磨床导轨在水平面内的直线误差

(2) 车床导轨在垂直面内直线度误差的影响

如图 2-6 所示，也同样能使工件产生直径方向的误差，但是这个误差不大(处在误差非敏感方向)。因为当刀尖沿切线方向偏移 ΔZ 时,工件的半径由 R 增至 R',其增加量为 ΔR。从图可知

$$R'=\sqrt{R^2+\Delta Z^2}\approx R+\frac{\Delta Z^2}{2R}$$

故

$$\Delta R=R'-R=\frac{\Delta Z^2}{2R}=\frac{\Delta Z^2}{D} \tag{2-1}$$

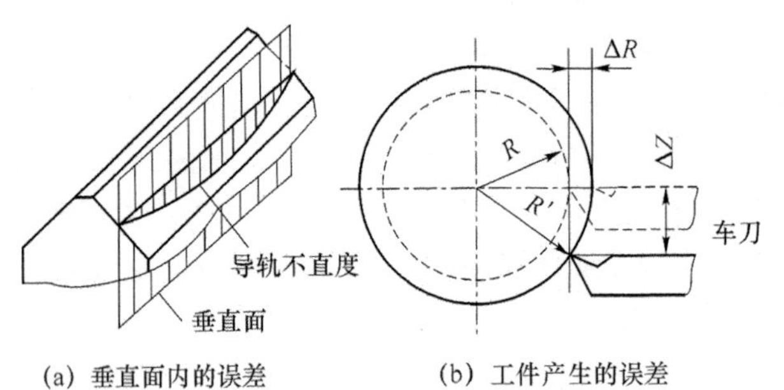

(a) 垂直面内的误差　　(b) 工件产生的误差

图 2-6　导轨在垂直面内的直线度误差

由于 ΔZ 很小,ΔZ^2 就更小,而 D 比较大,所以式(2-1)中 ΔR 是很小的,可以说对零件的形状精度影响很小。但对平面磨床、龙门刨床及铣床等来说,导轨在垂直面的直线度误差会引起工件相对砂轮(刀具)的法向位移,其误差将直接反映到被加工零件上,形成形状误差,如图 2-7 所示。

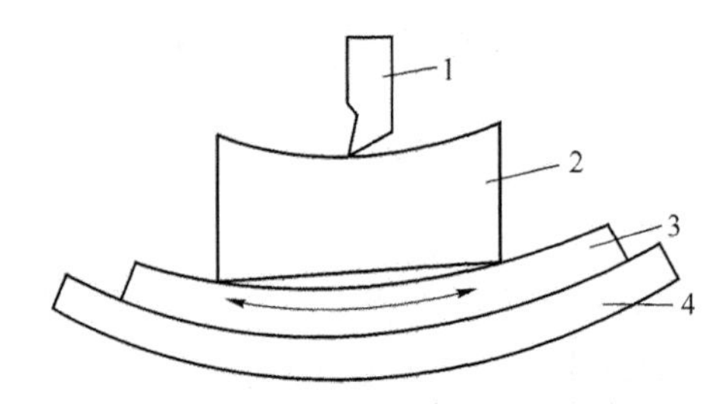

1—刨刀; 2—工件; 3—工作台; 4—床身导轨

图 2-7　龙门刨床导轨在垂直面内的直线度误差

(3) 导轨面间平行度误差的影响

如图 2-8 和图 2-9 所示,车床导轨的平行度误差(扭曲)使床鞍产生横向倾斜,刀具产生位移,因而引起工件形状误差。由几何关系可知

$$\tan\alpha=\frac{\delta}{B},\sin\alpha=\frac{\Delta y}{H}$$

因为 α 很小,所以

$$\tan\alpha\approx\sin\alpha$$

$$\frac{\delta}{B}=\frac{\Delta y}{H}\Rightarrow\Delta y=\frac{H}{B}\delta$$

式中,Δy 为工件产生的半径误差;H 为主轴至导轨面的距离;δ 为导轨在垂直方向的最大平行度误差;B 为导轨宽度。

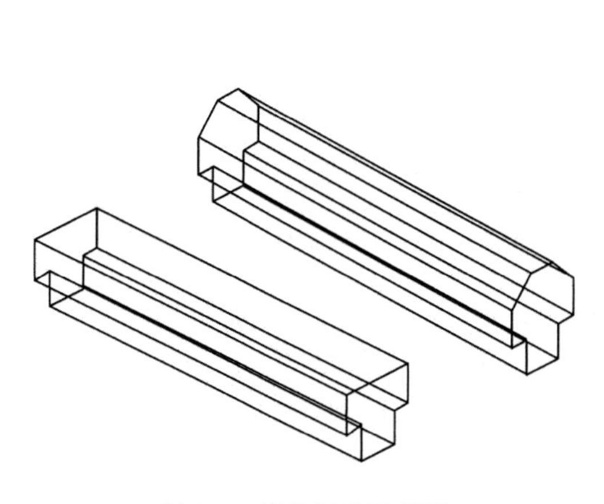

图 2-8　导轨扭曲示意图

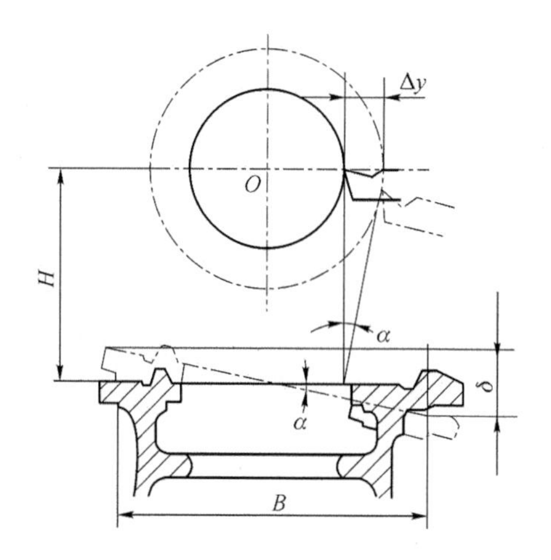

图 2-9　导轨扭曲引起的加工误差

3. 机床传动误差

(1) 传动误差的概念

传动误差是指内联系的传动链中首末两端传动元件之间相对运动的误差。在螺纹加工或用展成法加工齿轮等工件时，必须保证工件与刀具间有严格的运动关系，传动链的传动误差是影响其加工精度的主要因素。例如，在滚齿机上用单头滚刀加工直齿轮时，要求滚刀与工件之间具有严格的运动关系：滚刀转一转，工件转过一个齿。这种运动关系是由刀具与工件间的传动链来保证的。

(2) 传动误差的传递系数

传动误差一般可用传动链末端元件的转角误差来衡量。

由于各传动件在传动链中所处的位置不同，它们对工件加工精度(即末端件的转角误差)的影响程度是不同的。若传动链是升速传动，则传动元件的转角误差将被扩大；反之，则转角误差将被缩小。

如图 2-10 所示，假设滚刀轴均匀旋转，若齿轮 z_1 有转角误差 $\Delta\phi_1$，而其他各传动件无误差，则传到末端件所产生的转角误差 $\Delta\phi_{1n}$ 为

$$\Delta\phi_{1n}=\Delta\phi_1\times\frac{64}{16}\times\frac{23}{23}\times\frac{23}{23}\times\frac{46}{46}\times i_c\times i_f\times\frac{1}{96}=k_1\Delta\phi_1$$

式中，i_c 为差动轮系的传动比，在滚切直齿时，$i_c=1$；i_f 为分度挂轮传动比；k_1 为 z_1 到末端的传动比，由于它反映了 z_1 的转角误差对末端元件传动精度的影响，故又称之为误差传递系数。同理，可求得其他齿轮转角误差 $\Delta\phi_i$，对末端件所产生的转角误差为 $\Delta\phi_{in}$。

由于所有的传动件都存在误差，因此各传动件对工件精度影响的总和 $\Delta\phi_\Sigma$ 为各传动元件所引起末端元件转角误差的叠加，即

$$\Delta\phi_\Sigma=\sum_{j=1}^{n}\Delta\phi_j=\sum_{j=1}^{n}k_j\Delta\phi_j \tag{2-2}$$

如果考虑到传动链中各传动元件的转角误差都是独立的随机变量，则传动链末端元件的总转角误差可用概率法进行估算，即

$$\Delta\phi_\Sigma=\sqrt{\sum_{j=1}^{n}k_j^2\Delta\phi_j^2} \tag{2-3}$$

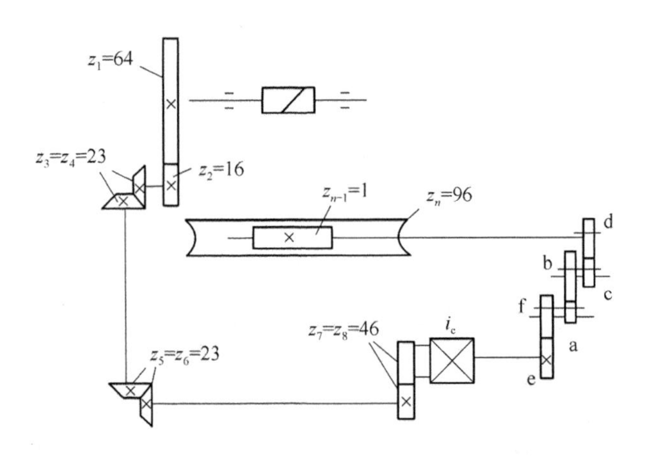

图 2-10 滚齿机传动链图

(3) 减少传动误差的措施

① 尽可能缩短传动链。例如,图 2-11 所示是一台大批生产中应用的螺纹磨床的传动系统,机床用可换的母丝杠与被加工工件在同一轴线上串联起来,母丝杠螺距等于工件螺距,传动链最短,就可得到较高的传动精度。

② 减少各传动元件装配时的几何偏心,提高装配精度。

③ 提高传动链末端元件的制造精度。在一般的降速传动链中,末端元件的误差影响最大。

④ 传动比 i 应小。在传动链中按降速比递增的原则分配传动副的传动比;传动链末端传动副的降速比取得越大,则传动链中其余各传动元件误差的影响就越小。

⑤ 采用校正装置。校正装置的实质是在原传动链中人为地加入一误差,其大小与传动链本身的误差相等而方向相反,从而使之相互抵消。

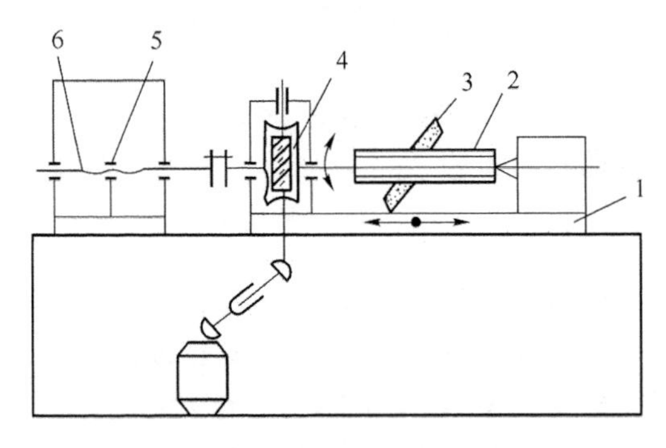

1—工作台; 2—工件; 3—砂轮; 4—蜗杆副;
5—螺母; 6—母丝杠

图 2-11 精密螺纹磨床传动系统

例如,高精度螺纹加工机床常采用的机械式校正机构,其原理如图 2-12 所示。根据测量被加工工件 1 的导程误差,设计出校正尺 5 上的校正曲线 7。校正尺 5 固定在机床床身上。加工螺纹时,机床母丝杠带动螺母 2 及与其相固联的刀架和杠杆 4 移动。同时,校正尺 5 上的校正误差曲线 7 通过触头 6、杠杆 4 使螺母 2 产生一附加转动,从而使刀架得到一附加位移，以补偿传动误差。

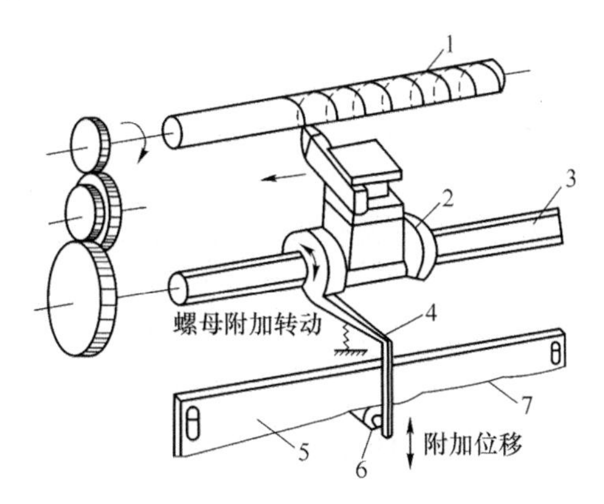

1—工件；2—螺母；3—母丝杠；4—杠杆；
5—校正尺；6—触头；7—校正曲线

图 2-12　丝杠加工误差校正装置

采用机械式的校正装置只能校正机床静态的传动误差。如果要校正机床静态及动态传动误差，则需采用计算机控制的传动误差补偿装置。

⑥ 采用数控技术，如开放式数控系统中的电子齿轮。

2.2.3　其他几何误差

1. 刀具误差

机械加工中常用的刀具有一般刀具、定尺寸刀具、成形刀具以及展成法刀具。不同的刀具误差对工件加工精度的影响不一样。

一般刀具（如普通车刀、单刃镗刀和平面铣刀等）的制造误差对加工精度没有直接影响。

定尺寸刀具（如钻头、铰刀、拉刀等）的尺寸误差直接影响加工工件的尺寸精度。刀具在安装使用中不当将产生跳动，也将影响加工精度。

成形刀具（如成形车刀、成形铣刀及齿轮刀具等）的制造误差和磨损主要影响被加工表面的形状精度。

展成法刀具（如齿轮滚刀、花键滚刀、插齿刀等）的刀刃形状必须是加工表面的共轭曲线，因此刀刃的几何形状误差会直接影响加工表面的形状精度。

任何刀具在切削过程中都不可避免地要产生磨损，并由此引起工件尺寸和形状的改变（即误差）。例如，用成形刀具加工时，刀具刃口的不均匀磨损将直接复映在工件上，造成形状误差；在加工较大表面（一次走刀需较长时间）时，刀具的尺寸磨损会严重影响工件的形状精度；用调整法加工一批工件时，刀具的磨损会扩大工件尺寸的分散范围。

2. 夹具误差

夹具误差包括制造误差、定位误差、夹紧误差、夹具安装误差、对刀误差等。这些误差主要与夹具的制造与装配精度有关，所以在夹具的设计制造以及安装时，凡影响零件加工精度的尺寸和形位公差应严格控制。这部分内容将在第 6 章详述。

3. 测量误差

工件在加工过程中要用各种量具、量仪等进行检验测量，再根据测量结果对工件进行试切或调整机床。另外，量具本身的制造误差以及测量时的接触力、温度、目测正确程度等都直接影响加工误差。因此，要正确地选择和使用量具，以保证测量精度。

4. 调整误差

在机械加工的每一工序中，总是要对工艺系统进行这样或那样的调整工作，由于调整不可能绝对地准确，因而产生调整误差。

工艺系统调整的基本方式有试切法调整和调整法调整。不同的调整方式有不同的误差来源。

(1) 试切法调整

试切法调整应用于单件小批生产中。其方法是对工件进行试切—测量—调整—再试切，直到达到要求的精度为止。这时，引起调整误差的因素有以下几个。

① 测量误差。由量具本身精度、测量方法及使用条件引起，它们都影响测量精度，因而产生加工误差。

② 进给机构的位移误差。在微量调整刀具的位置、低速微量进给中，常常出现进给机构的“爬行”现象，其结果是使刀具的实际位移与刻度盘上的数值不一致，造成加工误差。

③ 试切时与正式切削时切削层厚度不同的影响。精加工时，切削刃只起挤压作用而不起切削作用，但正式切削时的深度较大，切削刃不打滑，容易多切工件。因此，工件尺寸与试切时不同，形成工件尺寸误差。

(2) 调整法调整

影响调整精度的因素有以下几个。

① 上述影响试切法调整精度的因素同样对调整法也有影响。因为采用调整法对工艺系统进行调整时，也要以试切为依据。

② 用定程机构调整时，调整精度取决于行程挡块、靠模及凸轮等机构的制造精度和刚度，以及与其配合使用的离合器、控制阀等的灵敏度。

③ 用样件或样板调整时，调整精度取决于样件或样板的制造、安装和对刀精度。

④ 工艺系统初调好以后，一般要试切几个工件，并以其平均尺寸作为判断调整是否准确的依据。由于试切加工的工件数(称为抽样件数)不可能太多，不能完全反映整批工件切削过程中的各种随机误差，故试切加工几个工件的平均尺寸与总体尺寸不能完全符合，也造成加工误差。

2.3 工艺系统的受力变形

2.3.1 基本概念

工艺系统加工中受到的力有切削力、传动力、惯性力、夹紧力、重力等。工艺系统在这些力的作用下，将产生相应的变形。这种变形将破坏切削刃和工件之间已调整好的正确的位置关系，从而产生加工误差。车削细长轴时，工件在切削力作用下弯曲变形，加工后会产生鼓形的圆柱度误差，如图 2-13(a)所示。在内圆磨床上用横向切入磨孔时，磨出的孔会产生带有锥度的圆柱度误差，如图 2-13(b)所示。

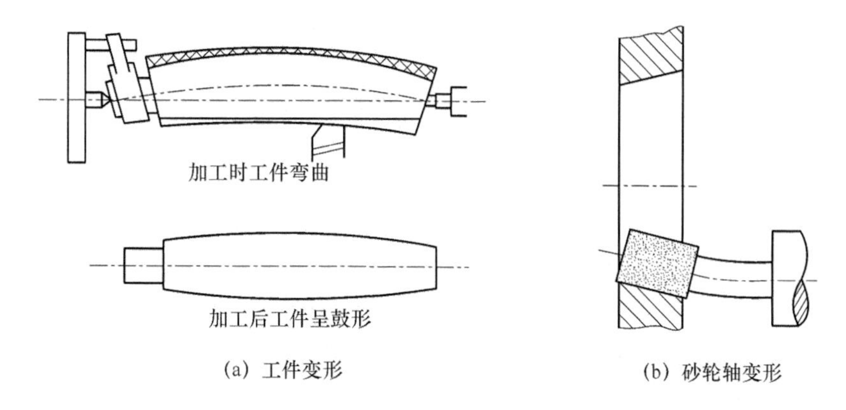

(a) 工件变形　　(b) 砂轮轴变形

图 2-13　工艺系统受力变形引起的加工误差

从材料力学知道，任何一个受力物体总要产生一些变形。物体承受受力变形的能力可用静刚度(简称刚度)来表示。静刚度可表示为

$$k=\frac{F}{y}$$

式中，k 为静刚度(N/mm)；F 为作用力(N)；y 为沿作用力 F 方向的变形(mm)。

1. 工艺系统刚度

切削加工中，在各种外力作用下，工艺系统各部分将在各个受力方向产生相应的变形。对于工艺系统受力变形，主要研究误差敏感方向。因此，工艺系统刚度 k_{xt} 定义为：工件和刀具的法向切削分力 F_y 与在总切削力的作用下工艺系统在该方向上的相对位移 y_{xt} 的比值，即 $k_{xt}=\frac{F_y}{y_{xt}}$。由于法向位移是在总切削力作用下工艺系统综合变形的结果，因此有可能出现变形方向与 F_y 的方向不一致的情况。当 F_y 与 y_{xt} 方向相反时，即出现负刚度。负刚度现象对保证加工质量是不利的，应尽量避免，如图 2-14 所示。

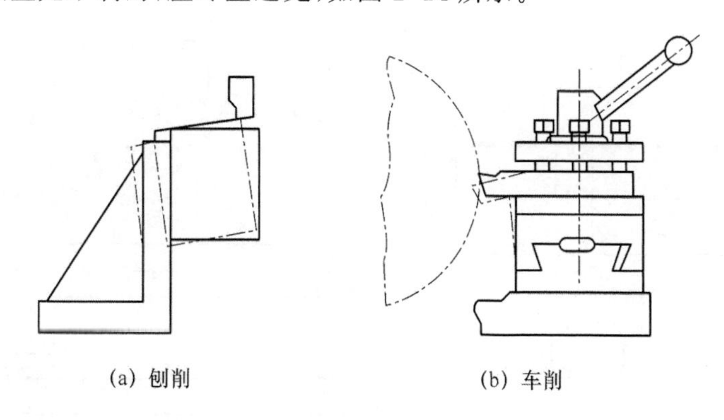

(a) 刨削　　(b) 车削

图 2-14　工艺系统的负刚度现象

2. 工艺系统刚度的计算

工艺系统某点法向总变形为

$$y_{xt}=y_{jc}+y_{jj}+y_{dj}+y_g$$

而

$$k_{xt}=\frac{F_y}{y_{xt}},k_{jc}=\frac{F_y}{y_{jc}},k_{jj}=\frac{F_y}{y_{jj}},k_{dj}=\frac{F_y}{y_{dj}},k_g=\frac{F_y}{y_g}$$

式中，y_{xt}为工艺系统总的变形量(mm)；k_{xt}为工艺系统总的刚度(N/mm)；y_{jc}为机床变形量(mm)；k_{jc}为机床刚度(N/mm)；y_{jj}为夹具变形量(mm)；k_{jj}为夹具刚度(N/mm)；y_{dj}为刀架变形量(mm)；k_{dj}为刀架刚度(N/mm)；y_g 为工件变形量(mm)；k_g 为工件刚度(N/mm)。

所以工艺系统的刚度为

$$\frac{1}{k_{xt}}=\frac{1}{k_{jc}}+\frac{1}{k_{jj}}+\frac{1}{k_{dj}}+\frac{1}{k_g}$$

因此，已知工艺系统的各个组成部分刚度，即可求出系统刚度。

用刚度一般式求解某一系统刚度时，应针对具体情况进行具体分析。例如，外圆车削时，车刀本身在切削力作用下的变形对加工误差的影响很小，可略去不计。再如，镗孔时，镗杆的受力变形严重地影响加工精度，而工件(如箱体零件)的刚度一般较大，其受力变形很小，可忽略不计。

2.3.2 工艺系统受力变形对加工精度的影响

1. 受力点位置变化引起的形状误差

(1) 车短轴

在车床顶尖间车削粗而短的光轴，如图 2-15(a)所示。由于车刀和工件变形极小，此时工艺系统的总变形完全取决于主轴箱(又称头架)、尾座(包括顶尖)和刀架的变形。

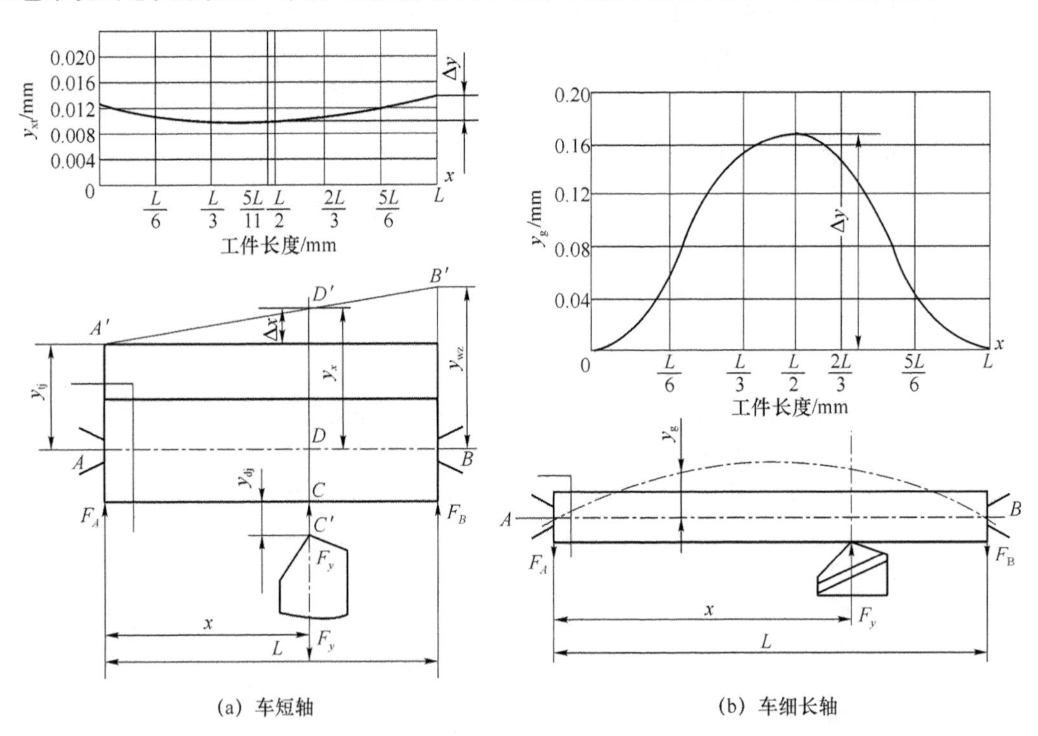

(a) 车短轴 (b) 车细长轴

图 2-15 工艺系统变形随受力点变化而变化

当加工中车刀处于图示位置时，在切削分力 F_y 的作用下，主轴箱(头架)由 A 点移到 A'，尾座由 B 点移到 B'，刀架由 C 点移到 C'，它们的位移量分别用 y_{tj}、y_{wz}及 y_{dj}表示。而工件轴线 AB 移到 $A'B'$，因而刀具切削点处工件轴线的位移 y_x 为

$$y_x = y_{tj} + \Delta x = y_{tj} + (y_{wz} - y_{tj})\frac{x}{L} \tag{2-4}$$

考虑到刀架的变形 y_{dj} 与 y_x 的方向相反，所以工艺系统的总变形为

$$y_{xt} = y_x + y_{dj} \tag{2-5}$$

设 F_A、F_B 为 F_y 所引起的主轴箱（头架）、尾座处的作用力，由刚度的定义有

$$y_{tj} = \frac{F_A}{k_{tj}} = \frac{F_y}{k_{tj}}\left(\frac{L-x}{L}\right) \tag{2-6}$$

$$y_{wz} = \frac{F_B}{k_{wz}} = \frac{F_y}{k_{wz}}\frac{x}{L} \tag{2-7}$$

$$y_{dj} = \frac{F_y}{k_{dj}} \tag{2-8}$$

式中，k_{tj}、k_{wz}、k_{dj}分别为主轴箱（头架）、尾座和刀架的刚度。

将式(2-6)和式(2-7)代入式(2-4)得

$$y_x = \frac{F_y}{k_{tj}}\left(\frac{L-x}{L}\right)^2 + \frac{F_y}{k_{wz}}\left(\frac{x}{L}\right)^2 \tag{2-9}$$

将式(2-8)和式(2-9)代入式(2-5)，得工艺系统的总位移为

$$y_{xt} = y_{jc} = F_y\left[\frac{1}{k_{tj}}(\frac{L-x}{L})^2 + \frac{1}{k_{wz}}\left(\frac{x}{L}\right)^2 + \frac{1}{k_{dj}}\right] \tag{2-10}$$

由式(2-10)可知，工艺系统的变形是 x 的函数。随着车刀位置（即切削力位置）的变化，工艺系统的变形也是变化的。变形大的地方，从工件上切去较少的金属层；变形小的地方，切去较多的金属层，因此加工出来的工件呈两端粗、中间细的鞍形，其轴截面的形状如图 2-16 所示。

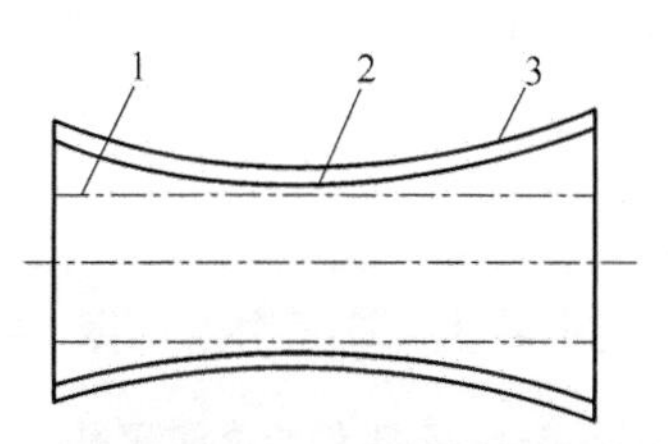

1—机床不变形的理想情况；2—考虑主轴箱、尾座变化的情况；
3—包括考虑刀架变形在内的情况

图 2-16　工件在顶尖上车削后的形状

当按上述条件车削时，工艺系统刚度实际为机床刚度。

当 $x-0$ 时，

$$y_{jc} = F_y\left(\frac{1}{k_{tj}} + \frac{1}{k_{dj}}\right)$$

当 $x=L$ 时，

$$y_{jc} = F_y\left(\frac{1}{k_{wz}} + \frac{1}{k_{dj}}\right)$$

当 $x=\frac{L}{2}$时，

$$y_{jc} = F_y\left[\frac{1}{4}\left(\frac{1}{k_{wz}} + \frac{1}{k_{tj}}\right) + \frac{1}{k_{dj}}\right]$$

还可用极值的方法求出 $x=\frac{k_{wz}}{k_{tj}+k_{wz}}L$ 时机床刚度最大，变形最小，即

$$y_{jc}=y_{min}=F_y\left(\frac{1}{k_{tj}+k_{wz}}+\frac{1}{k_{dj}}\right)$$

再求得上述数据中最大值与最小值之差，就可得出车削时工件的圆柱度误差。

例 2-1 已知 $k_{tj}=6\times10^4$ N/mm，$k_{wz}=5\times10^4$ N/mm，$k_{dj}=4\times10^4$ N/mm，$F_y=300$ N，工件长 $L=600$ mm，作出工件的变形曲线，并求出工件的圆柱度误差。

解：根据已知条件，沿工件长度上系统的位移如表 2-1 所示。根据表中数据，即可作出如图 2-15(a)所示的变形曲线。

表 2-1 沿工件长度的变形

x	0(主轴箱处，又名头架)	$\frac{1}{6}L$	$\frac{1}{3}L$	$\frac{5}{11}L$	$\frac{1}{2}L$(中点)	$\frac{2}{3}L$	$\frac{5}{6}L$	L(尾座处)
y_x	0.012 5 mm	0.011 1 mm	0.010 4 mm	0.010 2 mm	0.010 3 mm	0.010 7 mm	0.011 8 mm	0.013 5 mm

工件的圆柱度误差为(0.013 5−0.010 2)mm=0.003 3 mm。

(2) 车细长轴

若在两顶尖间车削细长轴，如图 2-15(b)所示，由于工件细长、刚度小，在切削力作用下，其变形大大超过机床、夹具和刀具所产生的变形。因此，机床、夹具和刀具的受力变形可略去不计，工艺系统的变形完全取决于工件的变形。加工中车刀处于图示位置时，工件的轴线产生弯曲变形。根据材料力学的计算公式，其切削点工件的变形量为

$$y_g=\frac{F_y}{3EI}\frac{(L-x)^2x^2}{L}$$

显然，当 $x=0$ 或 $x=L$ 时，$y_g=0$；当 $x=L/2$ 时，工件刚度最小，变形最大，即 $y_{gmax}=\frac{F_yL^3}{48EI}$。因此加工后的工件呈鼓形。

例 2-2 设 $F_y=300$ N，工件尺寸为 $\phi30$ mm×600 mm，$E=2\times10^5$ N/mm²，则沿工件长度上的变形如表 2-2 所示。根据表中数据，即可作出如图 2-15(b)所示的变形曲线。

表 2-2 沿工件长度的变形

x	0(主轴箱处)	$\frac{1}{6}L$	$\frac{1}{3}L$	$\frac{1}{2}L$(中点)	$\frac{2}{3}L$	$\frac{5}{6}L$	L(尾座处)
y_x	0 mm	0.052 mm	0.132 mm	0.17 mm	0.132 mm	0.052 mm	0 mm

工件的圆柱度误差为(0.17−0)mm=0.17 mm。

工艺系统刚度随受力点位置变化而异的例子很多，如立式车床、龙门刨床、龙门铣床等的横梁及刀架，大型铣镗床滑枕内的轴等，其刚度均随刀架位置或滑枕伸出长度不同而异(如图 2-17 所示)，分析时应具体分析。

2. 误差复映规律

(1) 定义

在车床上加工短轴，工艺系统刚度变化不大，可近似地当做常数。这时，由于被加工表面的形状误差或材料硬度不均匀而引起切削力变化，使受力变形不一致而产生加工误差。

以车削为例，如图 2-18 所示。由于工件毛坯的圆度误差(如椭圆)，车削时切削深度在 a_{p1} 和 a_{p2} 之间变化。因此，切削分力 F_y 也随切削深度 a_p 的变化由最大(F_{max})变到最小

(F_{min})。工艺系统将产生相应的变形，工件就形成圆度误差，这种现象称为误差复映。

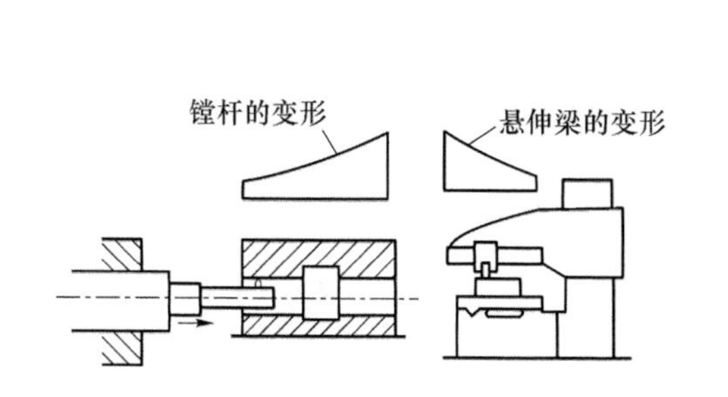

图 2-17　工艺系统随受力点位置变化而变形的情况

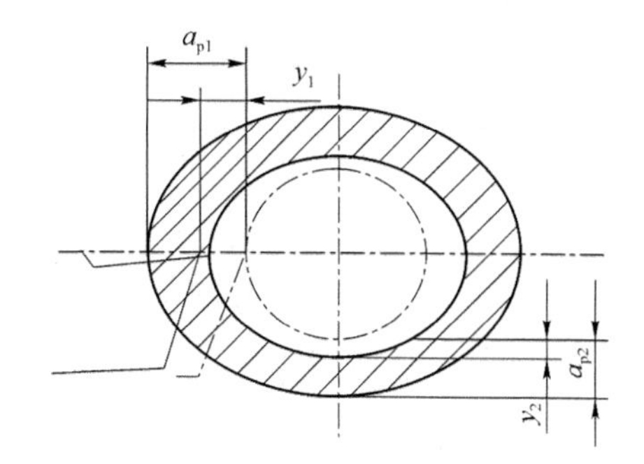

图 2-18　零件形状误差的复映

误差复映的大小可用刚度计算公式求得。

毛坯圆度的最大误差为

$$\Delta_m = a_{p1} - a_{p2} \tag{2-11}$$

车削后工件的圆度误差为

$$\Delta_g = y_1 - y_2 \tag{2-12}$$

而

$$y_1 = \frac{F_{ymax}}{k_{xt}}$$

$$y_2 = \frac{F_{ymin}}{k_{xt}}$$

又

$$F_y = \lambda C_F f^{0.75}(a_p - y) = A(a_p - y)$$

式中，A 为径向切削力系数；λ 为系数，$\lambda = \frac{F_y}{F_z}$，一般取 0.4；$C_F$ 为与工件材料和刀具角度有关的系数，可从有关手册查得；f 为进给量(mm/r)。

所以

$$y_1 = \frac{A(a_{p1} - y_1)}{k_{xt}} \approx \frac{A}{k_{xt}} a_{p1} \tag{2-13}$$

$$y_2 = \frac{A(a_{p2} - y_2)}{k_{xt}} \approx \frac{A}{k_{xt}} a_{p2} \tag{2-14}$$

将式(2-13)和式(2-14)代入式(2-12)，则

$$\Delta_g = y_1 - y_2 = \frac{A}{k_{xt}}(a_{p1} - a_{p2})$$

定义 $\varepsilon = \frac{\Delta_g}{\Delta_m} = \frac{A}{k_{xt}}$，$\varepsilon$ 称为误差复映系数。

复映系数 ε 定量地反映了毛坯误差经过加工后减少的程度，它与工艺系统刚度成反比，与径向切削力系数 A 成正比。可见，要减少工件的复映误差，可增加工艺系统刚度或减少径向切削力系数。

(2) 误差复映规律的应用

当毛坯误差较大，一次进给不能满足加工精度要求时，需要多次进给来消除毛坯误差

Δ_m 复映到工件上。设第一次进给量为 f_1，毛坯误差为 Δ_m，则可得第一次进给后工件的误差为

$$\Delta_{g1}=\frac{\lambda C_F f_1^{0.75}}{k_{xt}}\Delta_m=\varepsilon_1\Delta_m$$

第二次进给后工件的误差为

$$\Delta_{g2}=\frac{\lambda C_F f_2^{0.75}}{k_{xt}}\Delta_{g1}=\varepsilon_2\varepsilon_1\Delta_m$$

同理，第 n 次进给后工件的误差为

$$\Delta_{gn}=\varepsilon_n\cdots\varepsilon_2\varepsilon_1\Delta_m=\lambda^n\left(\frac{C_F}{k_{xt}}\right)^n(f_nf_{n-1}\cdots f_2f_1)^{0.75}\Delta_m \tag{2-15}$$

可以根据已知的 Δ_m 由式(2-15)估算加工后的工件误差，或根据工件的公差值与毛坯误差值来确定加工次数。由于 ε 总是小于1，而且是一个远远小于1的系数，小数相乘更小。因此，一般IT7要求的工件经过2～3次进给后，可能使 Δ_m 复映到工件上的误差减小到公差允许值的范围内。

增加走刀次数，可有效减小误差复映，提高加工精度，但会降低生产率。因此，提高工艺系统刚度，对减小误差复映系数具有重要意义。

由以上分析可知，当工件毛坯有形状误差(如圆度、圆柱度、直线度等)或相互位置误差(如偏心、径向圆跳动等)时，加工后仍然会有同类型的加工误差出现。在成批大量生产中用调整法加工一批工件时，如毛坯尺寸不一，那么加工后这批工件仍有尺寸不一的误差。

毛坯硬度不均匀，同样会造成加工误差。在采用调整法成批生产的情况下，控制毛坯材料硬度的均匀性是很重要的。因为加工过程中走刀次数通常已定，如果一批毛坯材料的硬度差别很大，就会使工件的尺寸分散范围扩大，甚至超差。

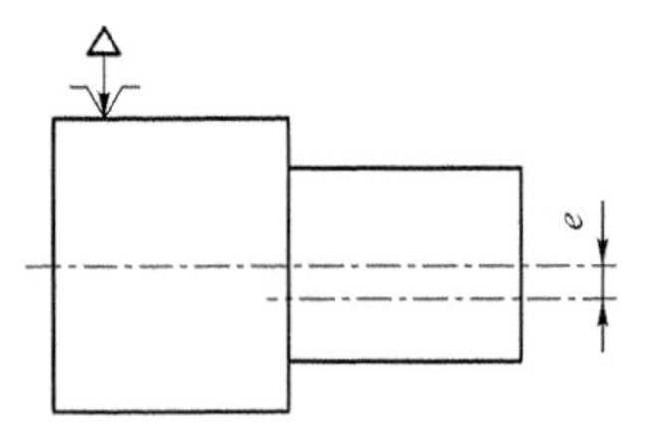

图2-19　具有偏心误差的短阶梯轴的加工

例2-3　具有偏心量 $e=1.5$ mm的短阶梯轴装夹在车床三爪自定心卡盘中(如图2-19所示)，分两次进给粗车小头外圆，设两次进给的误差复映系数均为 $\varepsilon=0.1$，试估算加工后阶梯轴的偏心量是多大？

解：第一次进给后的偏心量为

$$\Delta_{g1}=\varepsilon\Delta_m$$

第二次进给后的偏心量为

$$\Delta_{g2}=\varepsilon\Delta_{g1}=\varepsilon^2\Delta_m=0.1^2\times1.5\ \text{mm}=0.015\ \text{mm}$$

3. 其他力引起的加工误差

(1) 夹紧力引起的加工误差

被加工工件在装夹过程中，刚度较低或着力点不当都会引起工件的变形，造成加工误差。特别是薄壁套、薄板等零件，易产生加工误差。该类零件加工可通过如图2-32和图2-33所示的方法减少夹紧力引起的加工误差。

(2) 重力引起的加工误差

在工艺系统中，零部件的自重也会引起变形。如龙门铣床、龙门刨床刀架横梁的变形，

铣镗床镗杆伸长而下垂变形等，都会造成加工误差。

(3) 惯性力引起的加工误差

在高速切削时，如果工艺系统中有不平衡的高速旋转的构件存在，就会产生离心力。例如，高速旋转的零部件(含夹具、工件和刀具等)的不平衡会产生离心力 F_Q。F_Q 在每一转中不断地改变方向，因此，它在 x 方向的分力大小的变化会引起工艺系统的受力变形也随之变化而产生误差，如图 2-20 所示。当车削一个不平衡工件，离心力 F_Q 与切削力 F_y 方向相反时，将工件推向刀具，使背吃刀量增加。当 F_Q 与切削力 F_y 方向相同时，工件被拉离刀具，背吃刀量减小，其结果都造成了工件的圆度误差。

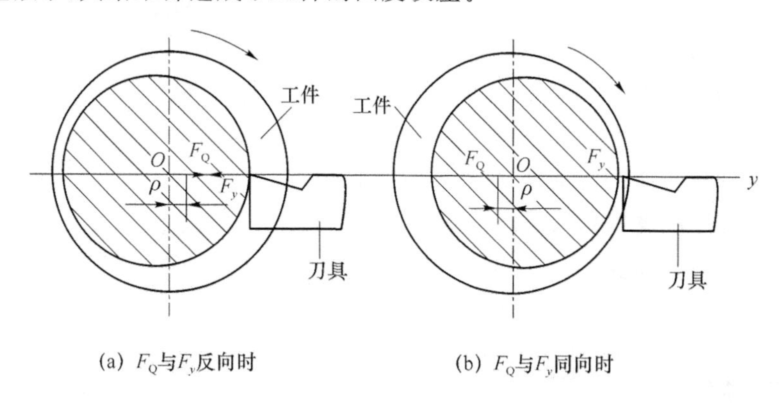

(a) F_Q与F_y反向时　　(b) F_Q与F_y同向时

图 2-20　离心力引起的加工误差

在车床或磨床类机床上加工轴类零件时，常用单爪拨盘带动工件旋转，如图 2-21 所示。传动力 F 在拨盘的每一转中，其方向是变化的，它在 x 方向的分力有时和切削力 F_y 同向，有时反向，因此它所产生的加工误差和惯性力近似，造成工件的圆度误差。为此，在加工精密零件时改用双爪拨盘或柔性连接装置带动工件旋转。

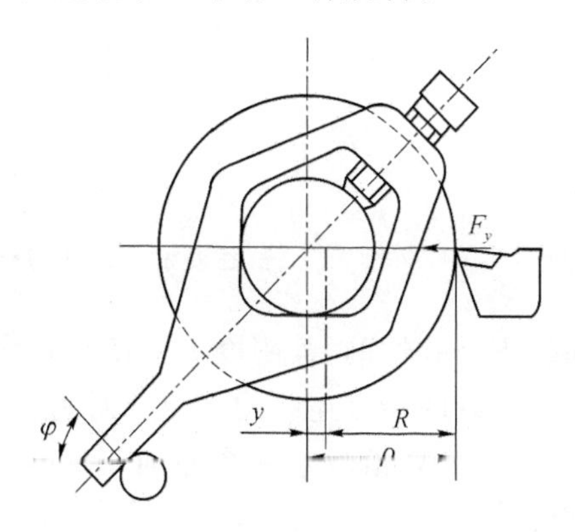

图 2-21　单拨销传动力引起的加工误差

2.3.3　机床刚度测定

由于机床是由许多零件组成的，其受力变形的情况比单个弹性体的变形复杂。因此，目前一般采用试验的方法测定机床的刚度。

1. 单向静载测定法

此方法是在机床处于静止状态，模拟切削过程中的主要切削力，对机床部件施加静载荷并测定其变形量，通过计算求出机床的静刚度。如图 2-22 所示，在车床两顶尖间装一根刚性很好的短轴 2，在刀架上装一螺旋加力器 5，在短轴与加力器之间安放传感器 4(测力环)，当转动螺旋加力器中的螺钉时，刀架与短轴之间便产生了作用力，加力的大小可由测力环中的百分表 7 读出(测力环预先在材力试验机上标定)。作用力一方面传到车床刀架上，另一方面经过短轴传到前后顶尖上，若加力器位于短轴的中点，则主轴箱和尾座各受到 $F_y/2$，而刀架受到总的作用力 F_y。主轴箱、尾座和刀架的变形可分别从百分表 1、3、6 读出。在实验时，可连续进行加载到某一最大值，再逐渐减小。

图 2-23 为一台中心高 200 mm 车床的刀架部件刚度实测曲线。试验中进行了三次加载—卸载循环。由图 2-23 可以看出，机床部件的刚度曲线具有以下特点。

(1) 变形与作用力不是线性关系，反映刀架变形不纯粹是弹性变形。

(2) 加载与卸载曲线不重合。

(3) 卸载后曲线不回到原点，说明有残留变形。

(4) 部件的实际刚度远比按实体所估算的小。

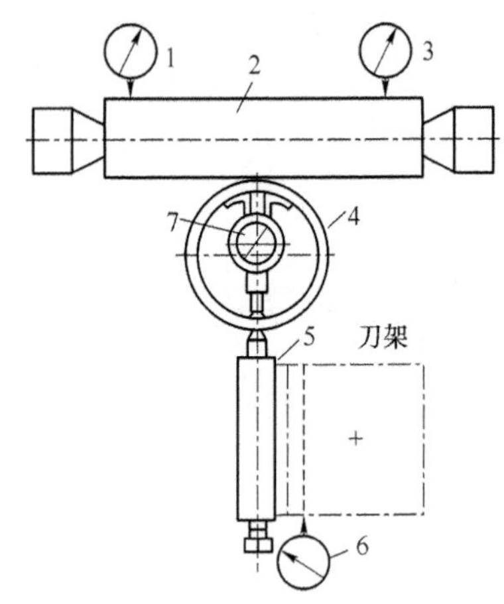

1、3、6、7—百分表；2—短轴；4—测力环；5—螺旋加力器

图 2-22 单向静载测定法

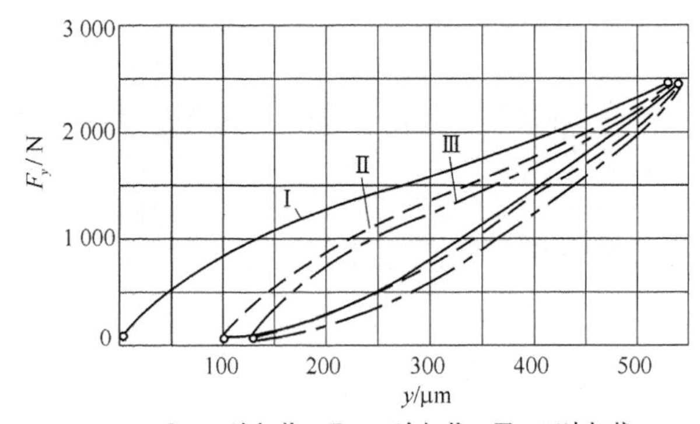

Ⅰ—一次加载；Ⅱ—二次加载；Ⅲ—三次加载

图 2-23 车床刀架的静刚度特性曲线

由于机床部件的刚度曲线不是线性的，其刚度 $k=\mathrm{d}F/\mathrm{d}y$ 就不是常数。通常所说的部件刚度是指它的平均刚度——曲线两端点连线的斜率。对本例，刀架的(平均)刚度是 $k=(2\,400/0.52)$ N/mm=4 600 N/mm，只相当于一个截面积为 30 mm×30 mm、悬伸长度为 200 mm的铸铁悬臂梁的刚度。

这种静刚度测定法结构简单，易于使用，但与机床加工时的受力状况出入较大，故一般只用来比较机床部件刚度的高低。

2. 工作状态测定法

静态测定法测定机床刚度只是近似地模拟切削时的切削力，毕竟与实际加工条件不完全相同。采用工作状态测定法，比较接近实际。

工作状态测定法的依据是误差复映规律。如图 2-24 所示，在车床顶尖间安装一个刚度极大的心轴，心轴靠近前顶尖、后顶尖及中间三处各预先车出三个规定的台阶，各台阶的尺

寸分别为 H_{11}、H_{12}、H_{21}、H_{22}、H_{31}、H_{32}。经过一次进给后测量台阶高度分别为 h_{11}、h_{12}、h_{21}、h_{22}、h_{31}、h_{32}，即可求出左、中、右台阶处的复映系数为

$$\varepsilon_1=\frac{h_{11}-h_{12}}{H_{11}-H_{12}},\quad \varepsilon_2=\frac{h_{21}-h_{22}}{H_{21}-H_{22}},\quad \varepsilon_3=\frac{h_{31}-h_{32}}{H_{31}-H_{32}}$$

三处的系统刚度为

$$k_{\mathrm{xt1}}=A/\varepsilon_1,\quad k_{\mathrm{xt2}}=A/\varepsilon_2,\quad k_{\mathrm{xt3}}=A/\varepsilon_3$$

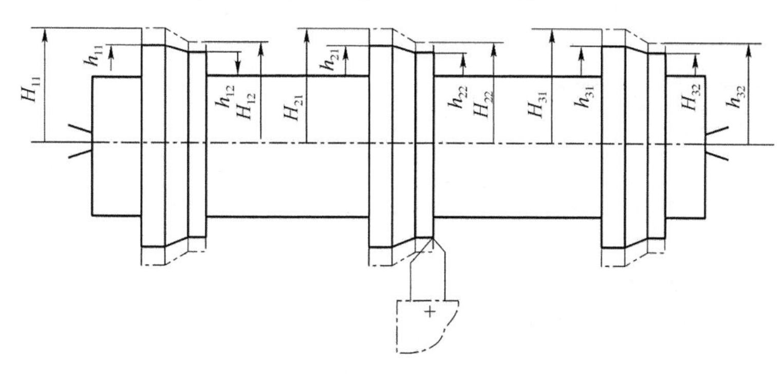

图 2-24　车床刚度工作状态测量法

由于心轴刚度很大，其变形可忽略，车刀的变形也可忽略，故上面算得的三处系统刚度就是三处的机床刚度。列出方程组

$$\frac{1}{k_{\mathrm{xt1}}}=\frac{1}{k_{\mathrm{tj}}}+\frac{1}{k_{\mathrm{dj}}}$$

$$\frac{1}{k_{\mathrm{xt2}}}=\frac{1}{4k_{\mathrm{tj}}}+\frac{1}{4k_{\mathrm{wz}}}+\frac{1}{k_{\mathrm{dj}}}$$

$$\frac{1}{k_{\mathrm{xt3}}}=\frac{1}{k_{\mathrm{wz}}}+\frac{1}{k_{\mathrm{dj}}}$$

求解上述方程组即可求得

$$\frac{1}{k_{\mathrm{tj}}}=\frac{1}{k_{\mathrm{xt1}}}-\frac{1}{k_{\mathrm{dj}}}$$

$$\frac{1}{k_{\mathrm{wz}}}=\frac{1}{k_{\mathrm{xt3}}}-\frac{1}{k_{\mathrm{dj}}}$$

$$\frac{1}{k_{\mathrm{dj}}}=\frac{2}{k_{\mathrm{xt2}}}-\frac{1}{2}\left(\frac{1}{k_{\mathrm{xt1}}}+\frac{1}{k_{\mathrm{xt3}}}\right)$$

工作状态测定法的不足之处是：不能得出完整的刚度特性曲线，而且由于工件材料不均匀等所引起的切削力变化和切削过程中的其他随机性因素都会给测定的刚度值带来一定的误差。

2.3.4　影响机床部件刚度的因素

1. 连接表面接触变形的影响

零件表面总是存在若干宏观和微观的形状误差，连接表面之间的实际接触面积只是名义接触面积的一部分，表面间的接触情况如图 2-25 所示。在外力作用下，这些接触处将产生较大的接触应力而引起接触变形。试验表明，接触变形 y 与压强 P 的关系如图 2-26 所示，接触刚度将随载荷的增加而增大。

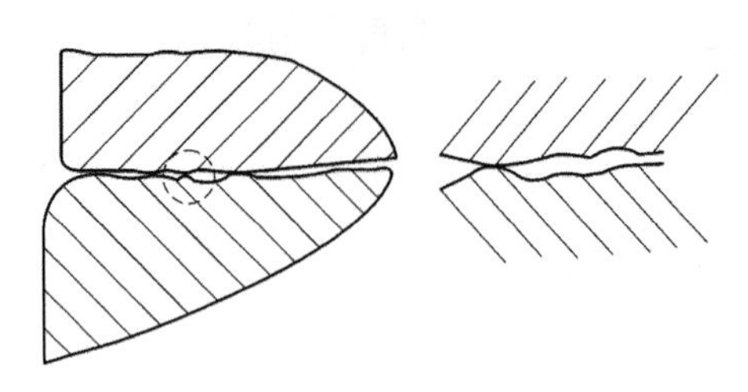

图 2-25　表面接触情况

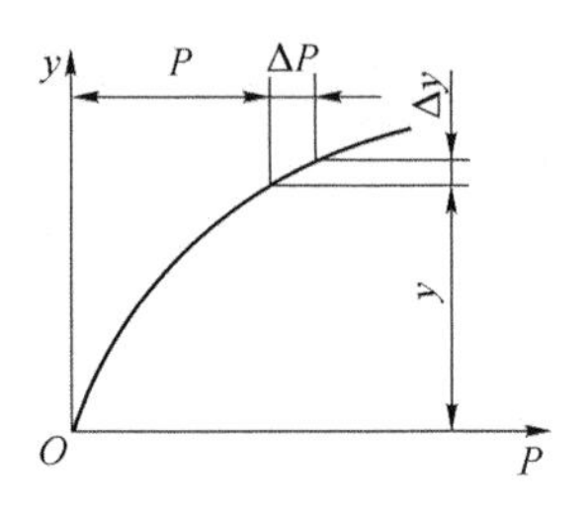

图 2-26　接触变形 y 与压强 P 的关系

2. 部件中薄弱零件的影响

如果部件中有某些刚度很低的零件，受力后这些低刚度零件会产生很大的变形，使整个部件的刚度降低。如图 2-27 所示，由于床鞍部件中的楔铁细长、刚性差，不易加工平直，使用接触不良，故在外力作用下最易变形。

3. 零件间间隙的影响

零件配合面间间隙的影响主要反映在载荷经常变化的铣镗床、铣床上。当载荷方向改变时，间隙引起位移，如图 2-28 所示。

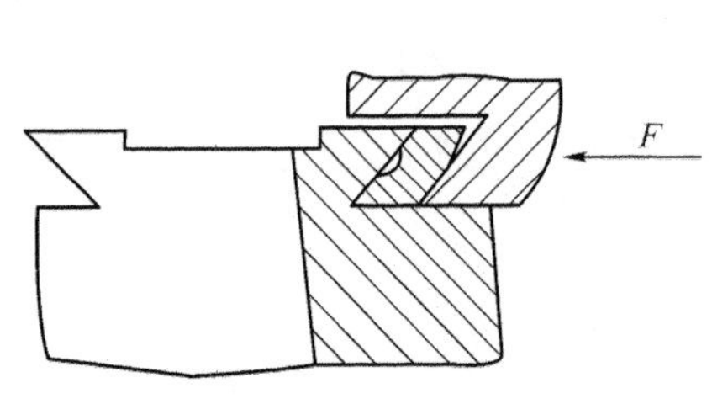

图 2-27　机床部件中的刚度薄弱环节

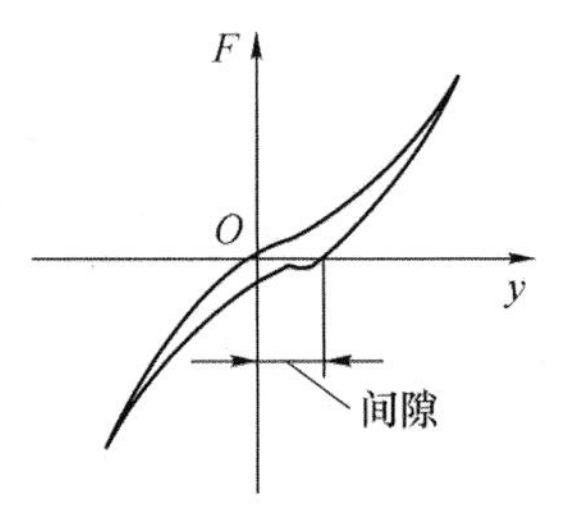

图 2-28　间隙的影响

4. 零件间摩擦力的影响

摩擦力对接触刚度的影响是这样的：当加载时，摩擦力阻止变形增加；而卸载时，摩擦力又阻止变形减少。因此，卸载曲线与加载曲线不重合，如图 2-28 所示（表面间的塑性变形也是使加载和卸载曲线不重合的原因之一）。

2.3.5　减少工艺系统受力变形的措施

减少工艺系统的受力变形是机械加工中保证产品质量和提高生产率的主要途径之一。根据生产实际情况，可采取以下几方面措施。

(1) 提高接触刚度。

一般部件的接触刚度低于实际零件的刚度，所以提高接触刚度是提高工艺系统刚度的关键，但绝不能简单地认为要提高接触刚度，只能把机床的各部分加厚、加大，否则会造成浪费。提高机床导轨的刮研质量、提高顶尖锥体同主轴和尾座套筒锥孔的接触质量、多次修研加工精密零件用的中心孔等都是在实际生产中经常采用的工艺方法。通过刮研或研磨配合面，提高配合表面的形状精度，减小表面粗糙度，使实际接触面增加，从而有效地提高接触刚度。

提高接触刚度的另一措施是在接触面间预加载荷，这样可消除配合面间的间隙，增加接触面积，减少受力后的变形量，如各类轴承的调整中。

(2) 提高工件的刚度。

对刚度较低的工件，如叉架类、细长轴等，提高工件的刚度是提高加工精度的关键。其主要措施是减小支承间的长度，如安装跟刀架或中心架。如图 2-29(a)所示是车削较长工件时采用中心架增加支承，图 2-29(b)所示是车细长轴时采用跟刀架增加支承，以提高工件的刚度。实际生产中常采用大进给反向走刀切削细长轴，如图 2-30 所示。

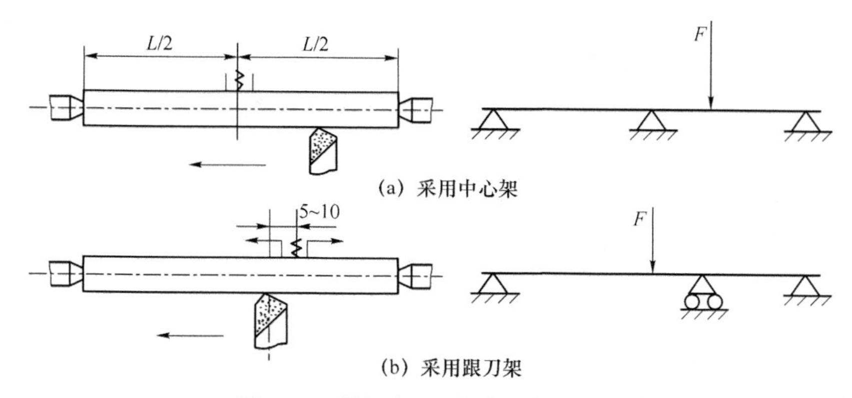

(a) 采用中心架

(b) 采用跟刀架

图 2-29　增加支承以提高工件的刚度

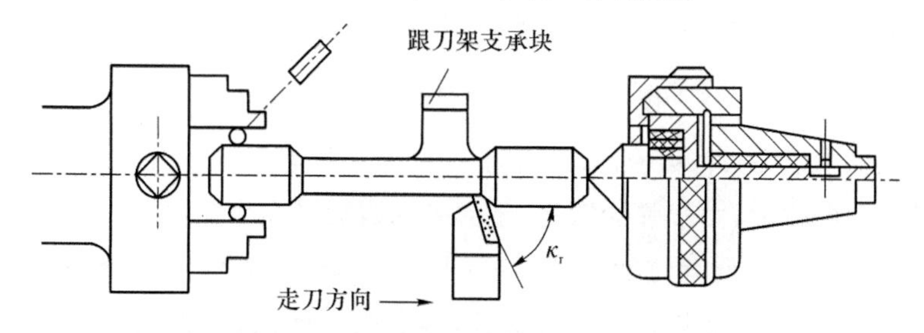

图 2-30　大进给反向走刀切削细长轴

(3) 提高机床部件的刚度。

在切削加工中，有时由于机床部件刚度低而产生变形和振动，影响加工精度和生产率的提高。图 2-31(a)所示是在转塔车床上采用固定导向支承套，图 2-31(b)所示是采用转动导向支承套，用加强杆和导向支承套提高部件的刚度。

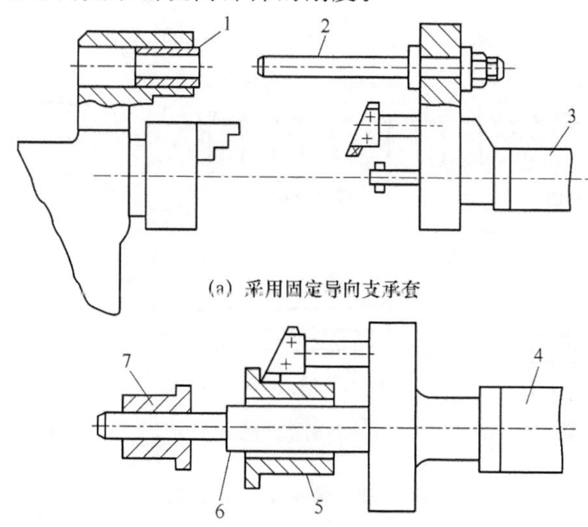

(a) 采用固定导向支承套

(b) 采用转动导向支承套

1—固定导向支承套；2、6—加强杆；
3、4—六角刀架；5—工件；6—转动导向支承套

图 2-31　提高部件刚度的装置

(4) 合理装夹工件以减少夹紧变形。

加工薄壁零件时，由于工件刚度低，解决夹紧变形的影响是关键问题之一。如图 2-32 所示，薄壁套夹紧前内外圆都是正圆形，由于夹紧方法不当，夹紧后套筒成三棱形(如图 2-32(a)所示)，镗孔后内孔呈正圆形(如图 2-32(b)所示)，松开卡爪后镗孔的内孔又变为三棱形(如图 2-32(c)所示)。为减小夹紧变形，应使夹紧力均匀分布，采用图 2-32(d)所示的开口过渡环或图 2-32(e)所示的专用卡爪。

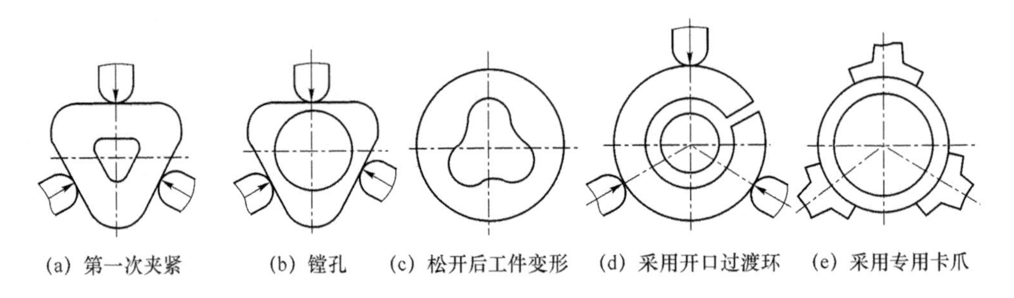

图 2-32 零件夹紧力引起的误差

磨削薄板工件如图 2-33 所示，当磁力将工件吸向磁盘表面时，工件将产生弹性变形，如图 2-33(b)所示。磨完后，由于弹性恢复，已磨完的表面又产生翘曲，如图 2-33(c)所示。改进的办法是在工件和磁力吸盘之间垫橡皮垫(厚 0.5 mm)，如图 2-33(d)和(e)所示。工件被夹紧时，橡皮垫被压缩，减少了工件的变形；再以磨好的表面为定位基准，磨另一面。这样，经多次正反面交替磨削即可获得平面度较高的平面。

在夹具设计或工件的装夹中应尽量使作用力通过支承面或减小弯曲力矩，以减小夹紧变形。

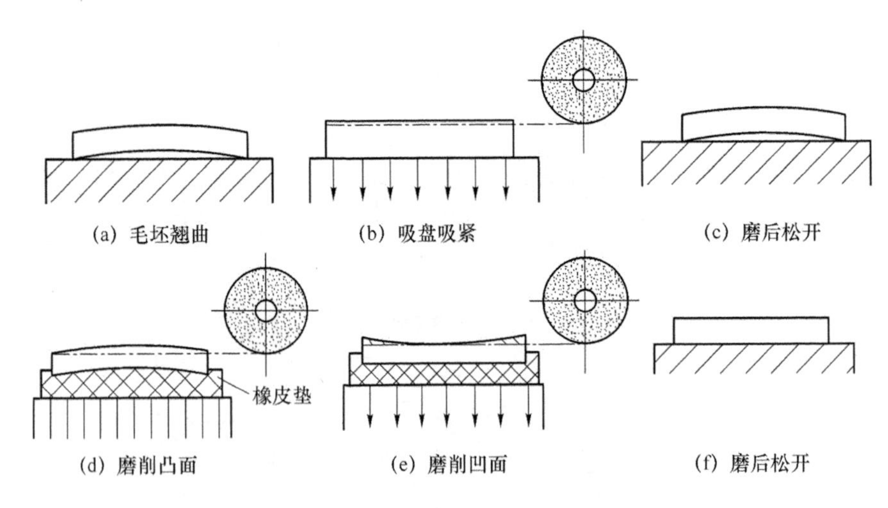

图 2-33 薄板工件的磨削

(5) 减少摩擦，防止微量进给时的“爬行”。

随着数控加工、精密和超精密加工工艺的迅猛发展，对微量进给的要求越来越高，机床导轨的质量很大程度上决定了机床的加工精度和使用寿命。数控机床导轨则要求在高速进给时不振动，低速进给时不爬行，灵敏度高，耐磨性和精度保持性好。为此，现代数控机床导轨在材料和结构上都进行了重大改进，如采用塑料滑动导轨，导轨塑料常用聚四氟乙烯导轨软带和环氧型耐磨导轨涂层。这种导轨摩擦特性好，能有效防止低速爬行，运行平稳，定位精度高，具有良好的耐磨性、减振性和工艺性。此外，还有滚动导轨和静压导轨。滚动导轨是用滚动体做循环运动。静压导轨是在两个相对运动的导轨面间通入压力油，使运动件浮起。这种导轨不但能长时间保持高精度，而且能高速运行，刚性好，承载能力强，摩擦系数极小，磨损小，寿命长，既无爬行也不会产生振动。

2.4　工艺系统的热变形

2.4.1　概述

在机械加工过程中，工艺系统在各种热源的影响下，常产生复杂的变形，从而破坏工件与刀具间的相对运动，造成加工误差。据统计，在精密加工中，由于热变形引起的加工误差占总加工误差的 40%～70%。高效、高精度、自动化加工技术的发展使工艺系统热变形问题变得更为突出，已成为机械加工技术进一步发展的重要研究课题。

1. 工艺系统的热源

引起工艺系统受热变形的热源大体分为内部热源和外部热源两大类。

内部热源主要指切削热和摩擦热，它们产生于工艺系统的内部，其热量主要是以热传导的形式传递的。外部热源主要是指工艺系统外部的、以对流传热为主要形式的环境温度和各种辐射热(包括照明、暖气设备等发出的辐射热)。

切削热是由于切削过程中切削层金属的弹性、塑性变形及刀具与工件、切屑之间摩擦而产生的，这些热量将传给工件、刀具、夹具、切屑、切削液和周围介质，其分配百分比随加工方法不同而异。在车削时，大量的切削热由切屑带走，传给工件的为 10%～30%，传给刀具的为 1%～5%。孔加工时，大量切屑滞留在孔中，使大量的切削热传入工件。磨削时，由于磨屑小，带走的热量很少，故大部分传入工件。

摩擦热主要是机床和液压系统中的运动部分产生的，如电动机、轴承、齿轮等传动副、导轨副、液压泵、阀等运动部分产生的摩擦热。摩擦热是机床热变形的主要热源。

工艺系统的外部热源对大型和精密工件的加工影响较大。如靠近窗口的机床受到日光照射的影响，不同的时间机床温升和变形就会不同，而日光照射通常是单面的或局部的，其受到照射的部分与未被照射的部分之间产生温度差，从而使机床产生变形。

2. 工艺系统的热平衡

工艺系统受各种热源的影响，其温度会逐渐升高。同时，它也通过各种传热方式向周围散发热量。当单位时间内传入和散发的热量相等时，工艺系统达到了热平衡状态，而工艺系统的热变形也就达到了某种程度的稳定。

由于作用于工艺系统各组成部分的热源的发热量、位置和作用时间各不相同，各部分的热容量、散热条件也不一样,处于不同的空间位置上的各点在不同时间的温度也是不等的。物体中各点的温度分布称为温度场。当物体未达到热平衡时,各点温度不仅是坐标位置的函数,也是时间的函数,这种温度场称为不稳态温度场。物体达到热平衡后,各点温度将不再随时间变化,只是其坐标位置的函数,这种温度场称为稳态温度场。机床在开始工作的一段时间内,其温度场处于不稳定状态,其精度也是很不稳定的,工作一定时间后,温度才逐渐趋于稳定,其精度也比较稳定。因此,精密加工应在热平衡状态下进行。

2.4.2 机床热变形引起的加工误差

机床受热源的影响,各部分温升将发生变化。由于热源分布的不均匀和机床结构的复杂性,机床各部件将发生不同程度的热变形,破坏机床原有的几何精度,从而降低机床的加工精度。

对于车、铣、钻、镗等机床,主要热源是主轴箱轴承的摩擦热和主轴箱中油池的发热,使主轴箱及与它相连接部分的床身温度升高,从而引起主轴的抬高和倾斜。图 2-34 所示为车床空运转时主轴的温升和位移的测量结果。主轴在水平面内的位移仅 10 μm,而在垂直面内的位移可高达 180～200 μm。水平位移虽数值很小,但对刀具水平安装的卧式车床来说属误差敏感方向,故对加工精度的影响就不能忽视。而垂直方向的位移对卧式车床影响不大,但对刀具垂直安装的自动车床和转塔车床来说,加工精度严重受影响。因此,对于机床热变形,最好控制在非误差敏感方向。

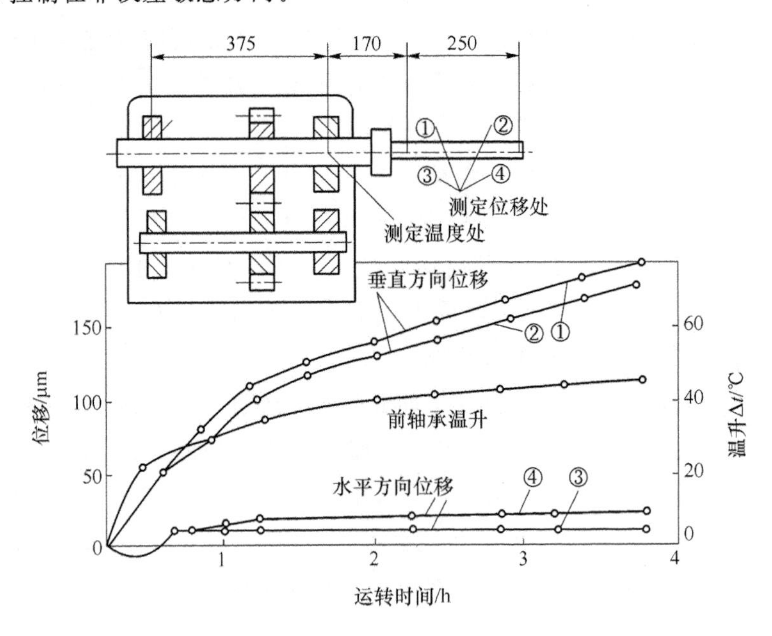

图 2-34 车床主轴箱热变形

磨床类机床通常都有液压传动系统并配有高速磨头,它的主要热源为砂轮主轴轴承的发热和液压系统的发热,主要表现在砂轮架位移、工件头架的位移和导轨的变形。其中,砂轮架的回转摩擦热影响最大,而砂轮架的位移直接影响被磨工件的尺寸。图 2-35 是外圆磨床温度分布和热变形的测量结果。当采用切入式定程磨削时，由于砂轮架轴心线的热位移，将以大约两倍的数值直接反映到工件的直径上去。图 2-35(a)表示各部分温升与运转时间的关系，图 2-35(b)表示被磨工件直径变化 Δd 受热位移的影响情况。当 Δd 达到 100 μm 时，它与该机床工作台与砂轮架间的热变形 x 基本相符。由此可见，影响加工尺寸一致性的主要因素是机床的热变形。

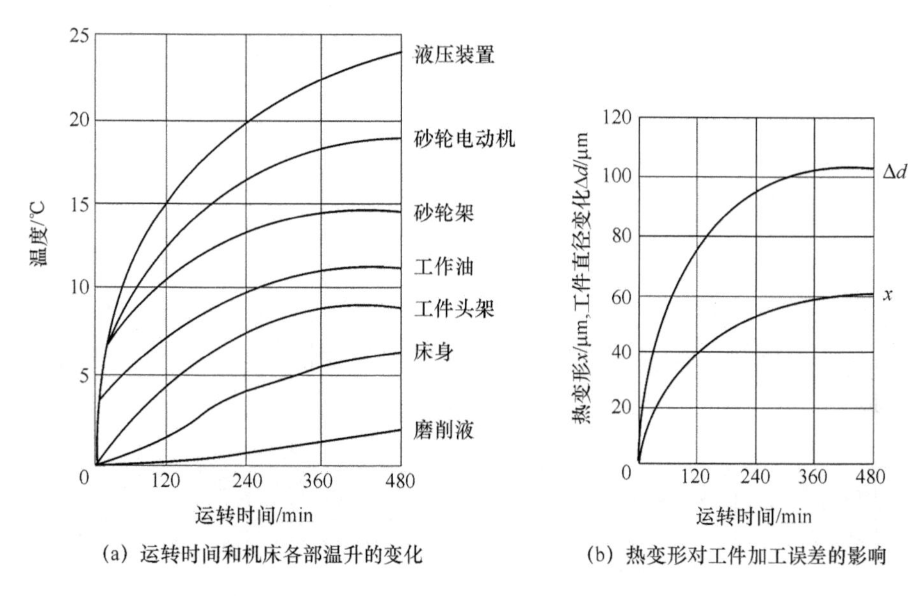

(a) 运转时间和机床各部温升的变化　　(b) 热变形对工件加工误差的影响

图 2-35　外圆磨床的温升和热变形

对大型机床如导轨磨床、外圆磨床、立式车床、龙门铣床等的长床身部件，机床床身的热变形将是影响加工精度的主要因素。由于床身长，床身上表面与底面间的温差将使床身产生弯曲变形，表面呈中凸状，如图 2-36 所示。例如，当床身长 $L=3\ 120$ mm，高 $H=620$ mm，导轨面与底面的温差 $\Delta t=1$ ℃时，床身的变形量为 $\Delta=\alpha_1\Delta t\dfrac{L^2}{8H}=11\times10^{-6}\times1\times\dfrac{3\ 120^2}{8\times620}\text{mm}=0.022$ mm(铸铁线膨胀系数 $\alpha_1=11\times10^{-6}$℃$^{-1}$)，这样床身导轨的直线性明显受到影响。另外，立柱和拖板也因床身的热变形而产生相应的位置变化。常见的几种机床的热变形趋势如图 2-37 所示。

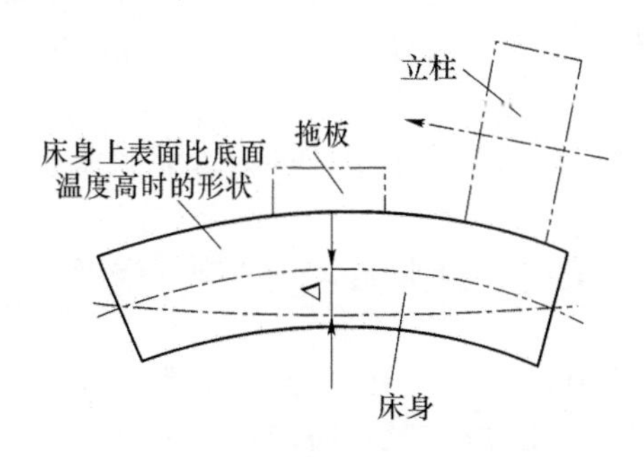

图 2-36　床身纵向温差热效应的影响

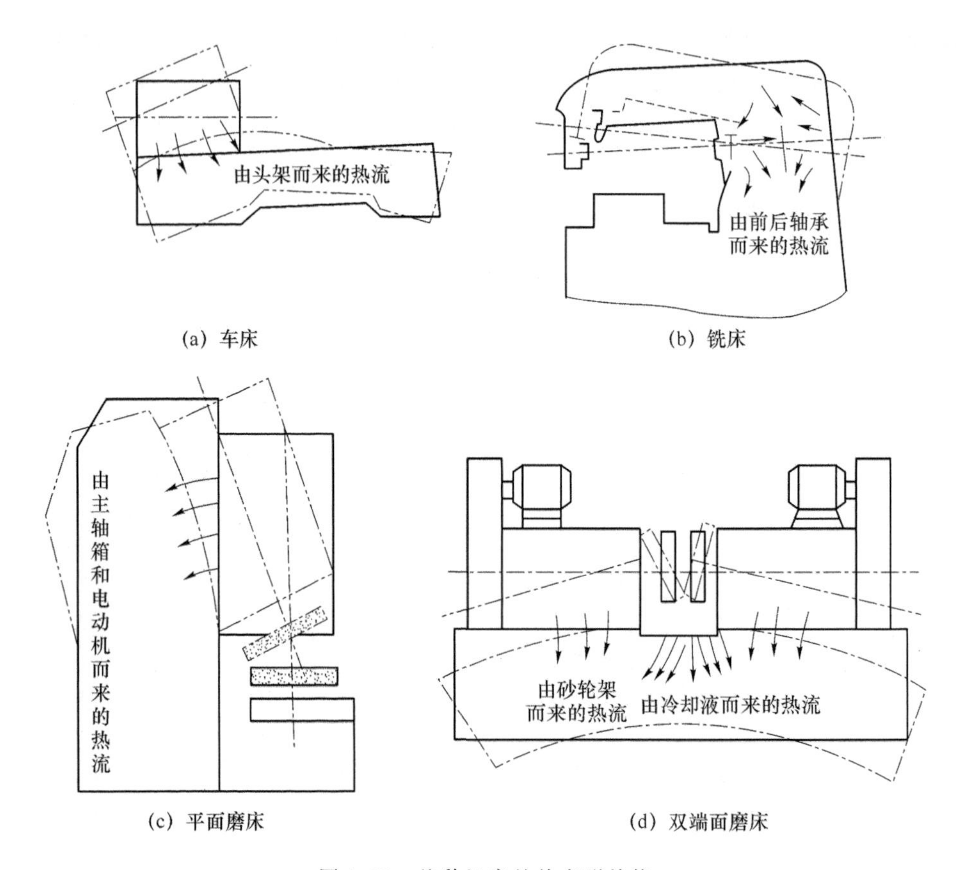

(a) 车床　(b) 铣床

(c) 平面磨床　(d) 双端面磨床

图 2-37　几种机床的热变形趋势

2.4.3　工件热变形引起的加工误差

使工件产生变形的热源主要来自于切削热，然而对于精密件，外部热源也不可忽视。同时，对于不同的加工方法，不同的工件材料、结构和尺寸，工件的受热变形也不相同。

① 精密丝杠磨削时，工件的热伸长会引起螺距的累积误差。

例如，对于 3 m 长的丝杠，每磨一刀温度就要升高 3 ℃，工件伸长量为

$$\Delta L = 3\,000 \times 11.4 \times 10^{-6} \times 3\ \text{mm}$$
$$= 0.1\ \text{mm}$$（碳钢的平均线胀系数为 11.4×10^{-6} ℃$^{-1}$）

而 6 级精度丝杠的螺距累积误差按规定在全长上不许超过 0.02 mm。由此可见受热变形的严重性。

② 细长轴在顶尖间车削时，热变形使工件伸长，导致工件因弯曲变形而产生圆柱度误差。

③ 对于床身导轨面的磨削，由于工件被加工表面受热，与底面产生温差，引起热变形，影响导轨的直线度。

④ 在三工位的组合机床上，通过钻—扩—铰加工孔，此时粗、精加工间隔时间较短，粗加工时的热变形将影响精加工，工件冷却后，将产生加工误差。

2.4.4　刀具热变形引起的加工误差

刀具的热变形主要是切削热引起的，传给刀具的热量虽不多，但由于刀具体积小、热容

量小且热量又集中在切削部分，因此切削部分仍产生很高的温升。例如，高速钢刀具车削时刃部的温度可高达 700～800 ℃，刀具的热伸长量可达 0.03～0.05 mm。因此，其影响不可忽略。图 2-38 所示为车削时车刀的热伸长量与切削时间的关系。连续车削时，车刀的热变形情况如曲线 A，经过 10～20 min，即可达到热平衡，车刀热变形影响很小；当车刀停止车削后，刀具冷却变形过程如曲线 B；当车削一批短小轴类工件时，加工时断时续（如装卸工件）间断切削，变形过程如曲线 C。因此，在开始切削阶段，其热变形显著；在热平衡后，对加工精度的影响则不明显。

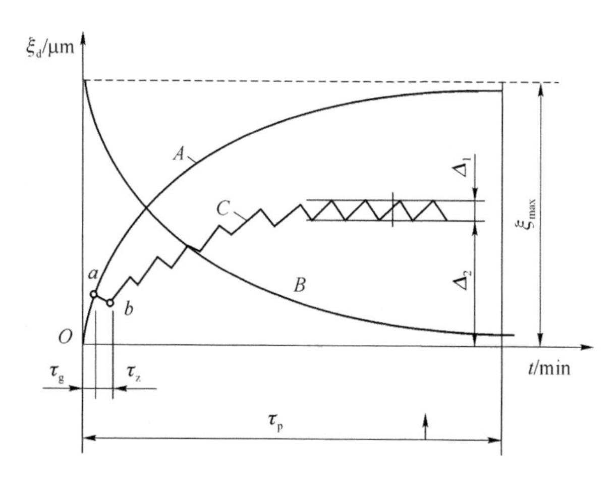

图 2-38　车刀热伸长与切削时间的关系

2.4.5　减少和控制工艺系统热变形的主要途径

1. 减少热源的发热

为了减少机床的热变形，凡是可能分离出去的热源应移出，如电动机、变速箱、液压系统、冷却系统等，均应移出。对于不能分离的热源，如主轴轴承、丝杠螺母副、高速运动的导轨副等，则可以从结构、润滑等方面改善其摩擦特性，减少发热。例如，采用静压轴承、静压导轨，改用低黏度润滑油、锂基润滑脂等，也可用隔热材料将发热部件和机床大件（如床身、立柱等）隔离开来。

目前，大型数控机床、加工中心普遍采用冷冻机，对润滑油、切削液进行强制冷却，以提高冷却效果。在精密丝杠磨床的母丝杠中通以冷却液，以减少热变形。

2. 用热补偿方法减少热变形

单纯的减少温升有时不能得到满意的效果，可采用热补偿的方法使机床的温度场比较均匀，从而使机床产生不影响加工精度的均匀热变形。如图 2-39 所示，平面磨床采用热空气加热温升较低的立柱后壁，以减少立柱前后壁的温度差，从而减少立柱的弯曲变形。图中热空气从电动机风扇排出，通过特设的管道引向防护罩和立柱的后壁空间。采取这种措施后，工件的加工直线度误差可降低为原来的 1/3～1/4。

图 2-40 所示为 M7150A 型平面磨床所采用的均衡温度场措施示意图。该机床床身较长，加工时工作台纵向运动速度较高，所以床身上部温升高于下部。为均衡温度场所采用的措施是：将油池 1 搬出主机做成一个单独的油箱；在床身下部配置热补偿油沟 2，利用带有余热的回油流经床身下部，使床身下部的温度提高，以减少床身上、下部的温度差。采用这

种措施后，床身上、下部温差降至1～2 ℃，导轨中凸量由原来的0.265 mm降为0.052 mm。

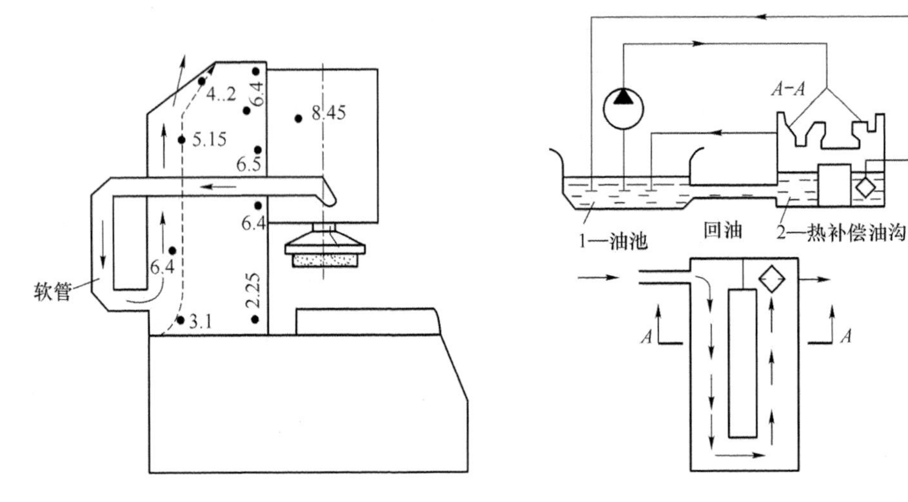

图2-39　均衡立柱前后壁的温度场　　　　图2-40　M7150A型磨床的热补偿油沟

3. 采用合理的机床部件结构减少热变形的影响

(1) 采用热对称结构

在变速箱中，将轴、轴承、传动齿轮尽量对称布置，可使箱壁温升均匀，从而减少箱体变形。

(2) 合理选择机床部件的装配基准

图2-41所示为车床主轴箱在床身上的两种不同定位方式。因主轴位置不同，它们对热变形的影响也不同，图中$L_2>L_1$，当主轴与箱体产生热变形时，在误差敏感方向的热变形$\Delta L_2>\Delta L_1$，因此选择图2-41(a)的定位方案比较合理。

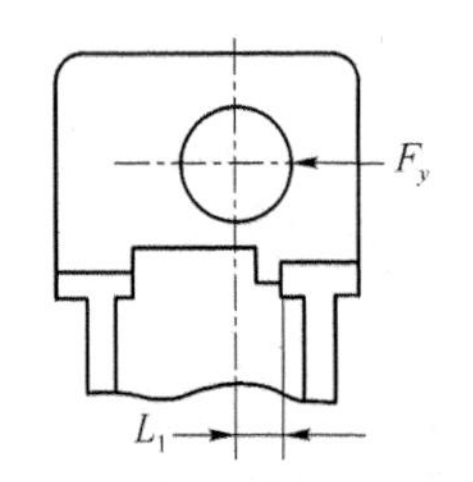

(a) 定位面距主轴轴线垂直面较近

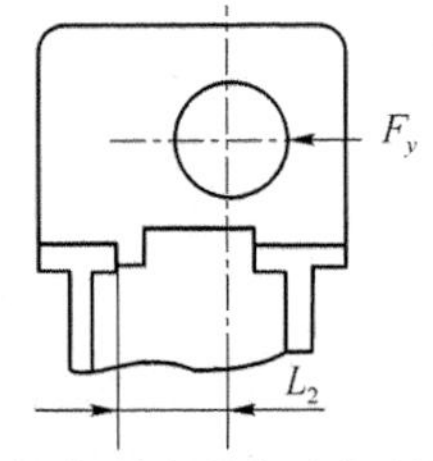

(b) 定位面距主轴轴线垂直面较远

图2-41　定位面位置对变形的影响

4. 加速达到工艺系统的热平衡状态

对于精密机床，特别是大型机床，达到热平衡的时间较长。为了缩短这个时间，可预先高速空运转机床或设置控制热源，人为地给机床加热，使之较快地达到热平衡状态，然后进行加工。基于同样原因，精密加工机床应尽量避免中途停车。

5. 控制环境温度

精密机床一般安装在恒温车间，其恒温精度一般控制在±1 ℃。室温平均温度一般为20 ℃，冬季可取17 ℃，夏季取23 ℃。

2.5　工件残余应力引起的误差

残余应力是指外部载荷去除后,仍残存在工件内部的应力。零件中的残余应力往往处于一种很不稳定的相对平衡状态,在常温下特别是在外界某种因素的影响下很容易失去原有状态,使残余应力重新分布,零件产生相应的变形,从而破坏了原有的精度。因此,必须采取措施消除残余应力对零件加工精度的影响。

1. 产生残余应力的原因

残余应力是由于金属内部的相邻组织发生了不均匀的体积变化而产生的。

(1) 毛坯制造中产生的残余应力

在铸、锻、焊及热处理等热加工过程中,由于工件各部分热胀冷缩不均匀以及金相组织转变时的体积变化,毛坯内部产生了相当大的残余应力。毛坯的结构越复杂,壁厚越不均,散热的条件差别越大,毛坯内部产生的残余应力也越大。对于具有残余应力的毛坯,残余应力暂时处于相对平衡状态,变形是缓慢的,但当切去一层金属后,就打破了这种平衡,残余应力重新分布,工件就明显地出现变形。

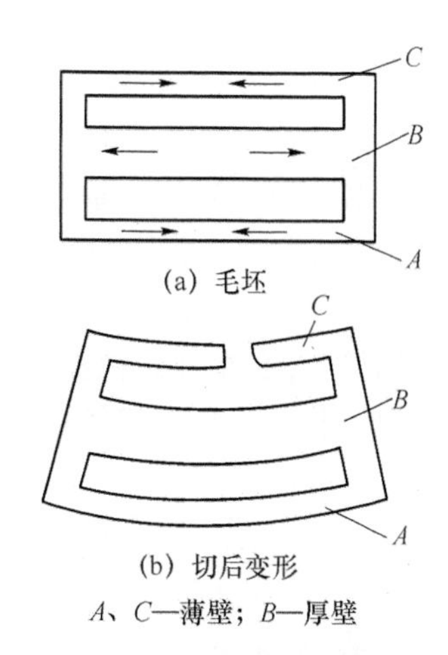

图 2-42　铸件残余应力引起的变形

图 2-42(a)所示为一个内外截面厚薄不同的铸件在浇铸后的冷却过程中产生残余应力的情况。当铸件冷却时,由于壁 A 和 C 比较薄,散热较容易,所以冷却较快;壁 B 较厚,冷却较慢。当 A、C 从塑性状态冷却到弹性状态时(620 ℃左右),B 尚处于塑性状态,所以 A、C 继续收缩时,B 不起阻止变形的作用,故不会产生残余应力。当 B 亦冷却到弹性状态时,A、C 的温度已经降低很多,收缩速度变得很慢,但这时 B 收缩较快,因而受到了 A、C 的阻碍。这样,B 内就产生了拉应力,而 A、C 内就产生了压应力,形成了相互平衡的状态。

如果在铸件 C 上切开一个缺口,如图 2-42(b)所示,则 C 的压应力消失。铸件在 B、A 的残余应力作用下,B 收缩,A 伸长,铸件产生了弯曲变形,直至残余应力重新分布,达到新的平衡为止。推广到一般情况,各种铸件都难免由于冷却不均匀而形成残余应力。

(2) 冷校直带来的残余应力

弯曲的工件(原来无残余应力)要校直,常采用冷校直。校直的方法是在弯曲的反方向加外力 F,如图 2-43(a)所示。在外力 F 的作用下,工件内部残余应力的分布如图 2-43(b)所示,在轴线以上产生压应力(用负号表示),在轴线以下产生拉应力(用正号表示)。在轴线和两条双点划线之间是弹性变形区域,在双点划线之外是塑性变形区域。当外力 F 去除后,外层的塑性变形区域阻止内部弹性变形的恢复,使残余应力重新分布,如图 2-43(c)所示。这时,冷校直虽能减少弯曲,但工件却处于不稳定状态,如再次加工,又将产生新的变形。因此,高精度丝杠的加工不允许冷校直,而是用多次人工时效来消除残余应力。

(3) 切削加工中产生的残余应力

切削过程中产生的力和热也会使被加工工件的表面层变形,产生残余应力。

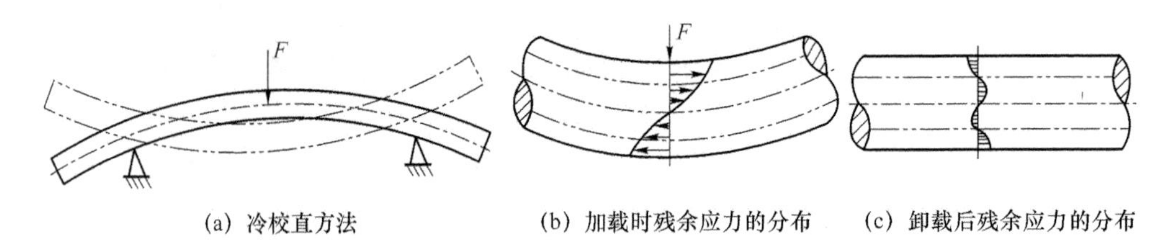

(a) 冷校直方法　(b) 加载时残余应力的分布　(c) 卸载后残余应力的分布

图 2-43　冷校直引起的残余应力

2. 减少或消除残余应力的措施

(1) 合理设计零件结构

在机器零件的机构设计中,应尽量简化结构,增大零件的刚度,使壁厚均匀,可减少残余应力的产生。

(2) 对工件进行热处理和时效处理

例如,对铸、锻、焊接件进行退火或回火;零件淬火后进行回火;对精度要求高的零件,如床身、丝杆、箱体、精密主轴等,在粗加工后进行时效处理。

(3) 合理安排工艺过程

例如,粗、精加工分开在不同工序中进行,留有一定时间让残余应力重新分布。在加工大型工件时,粗、精加工往往在一个工序中来完成,这时应在粗加工后松开工件,让工件有自由变形的可能,然后再用较小的夹紧力夹紧工件后进行精加工。

2.6　加工误差的统计分析

前面已对影响加工精度的各种主要因素进行了分析,也提出了一些保证加工精度的措施,但从分析方法讲属于单因素法。生产实际中,影响加工精度的因素往往是错综复杂的,有时很难用单因素法来分析其因果关系,而要用数理统计方法来找出解决问题的途径。

2.6.1　加工误差的分类

按照在加工一批工件时误差的表现形式,加工误差可分为系统误差和随机性误差两大类。

1. 系统误差

(1) 常值系统误差

在顺序加工一批工件中,加工误差的大小和方向都保持不变,这种加工误差称为常值系统误差。

加工原理误差,机床、刀具、夹具的制造误差,工艺系统在均值切削力下的受力变形等引起的加工误差等均与加工时间无关,其大小和方向在一次调整中也基本不变,因此都属于常值系统误差。机床、夹具、量具等磨损引起的加工误差在一次调整的加工中无明显的差异,故也属于常值系统误差。

(2) 变值系统误差

在顺序加工一批工件中,加工误差的大小和方向按一定规律发生变化的(通常是时间的函数),这种加工误差称为变值系统误差。

机床、刀具和夹具等在热平衡前的热变形误差以及刀具的磨损等随加工时间有规律地变化，由此而产生的加工误差属于变值系统误差。

2. 随机性误差(偶然性误差)

在顺序加工的一批工件中，其加工误差的大小和方向的变化是随机性的，这种加工误差称为随机误差。这是工艺系统中随机因素所引起的加工误差，它是由许多相互独立的工艺因素微量的随机变化和综合作用的结果。例如，毛坯的余量大小不一致或硬度不均匀将引起切削力的变化，在变化切削力作用下由于工艺系统的受力变形而导致的加工误差就带有随机性，属于随机性误差。此外，定位误差、夹紧误差、多次调整的误差、残余应力引起的工件变形误差等都属于随机性误差。

随机性误差从表面上看似乎没有什么规律，但是应用数理统计的方法可以找出一批工件加工误差的总体规律，然后在工艺上采取措施来加以控制。

应该指出，在不同场合下，误差的性质也有不同。例如，机床在一次调整中加工一批工件时，机床的调整误差是常值系统误差；但是，当多次调整机床时，每次调整时产生的调整误差就不可能是常值，变化也无一定规则，故调整误差又成为随机性误差了。

2.6.2　加工误差的统计分析法

在生产实际中，常用统计分析法研究加工精度。统计分析法是以现场观察所得资料为基础的，主要有分布图分析法和点图分析法。下面对分布图分析法进行详细的介绍。

1. 直方图

对于某一工序中加工出来的一批工件，由于存在各种误差，会引起加工尺寸的变化(称为尺寸分散)，同一尺寸(实为很小一段尺寸间隔)的工件数目称为频数。频数与这批工件总数之比称为频率。如果以工件的尺寸(很小的一段尺寸间隔)为横坐标，以频数或频率为纵坐标，就可作出该工序工件加工尺寸的实际分布图——直方图。在以频数为纵坐标作直方图时，如样本含量(工件总数)不同，组距(尺寸间隔)不同，那么作出的图形高矮就不一样。为了便于比较，纵坐标应采用频率密度，即

$$\text{频率密度}=\frac{\text{频率}}{\text{组距}}=\frac{\text{频数}}{\text{样本容量}\times\text{组距}}$$

$$\text{直方图上矩形的面积}=\text{频率密度}\times\text{组距}=\text{频率}$$

由于所有各组频率之和等于100%，故直方图上全部矩形面积之和应等于1。

为了进一步分析该工序的加工精度情况，可在直方图上标出该工序的加工公差带位置，并计算该样本的统计数字特征：平均值 $\overline{X}$ 和标准偏差 σ。

样本的平均值 $\overline{X}$ 表示该样本的尺寸分散中心，它主要决定于调整尺寸的大小和常值系统误差，可表示为

$$\overline{X}=\frac{1}{n}\sum_{i=1}^{n}x_i$$

式中，n 为样本含量；x_i 为各样件的实测尺寸(或偏差)。

样本的标准偏差 σ 反映了该工件的尺寸分散程度，它是由变值系统误差和随机性误差决定的。该误差大，σ 也大；误差小，σ 也小。其公式为

$$\sigma=\sqrt{\frac{1}{n}\sum_{i=1}^{n}(x_i-\overline{X})^2}$$

下面通过实例来说明直方图的作法。

例 2-4 磨削一批轴径 $\phi 50^{+0.06}_{+0.01}$ mm 的工件，经实测后的尺寸如表 2-3 所示。

表 2-3 轴颈尺寸实测值

44	20	46	32	20	40	52	33	40	25	43	38	40	41	30	36	49	51	38	34
38	42	32	52	36	28	48	45	32	38	45	45	49	27	38	42	30	38	46	22
47	42	34	44	40	30	38	46	50	36	45	28	43	37	36	38	52	38	42	40
53	Small=16	20	36	40	50	42	46	42	36	35	40	22	35	32	36	30	34	28	22
38	38	18	49	30	38	36	47	46	26	33	32	18	Large=54	28	46	28	20	46	32

注：表中数据为实测尺寸与基本尺寸之差。

作直方图的步骤如下。

① 收集数据。一般取 100 件左右，找出最大值 Large＝54 μm，最小值 Small＝16 μm（如表2-3所示）。

② 把 100 个样本数据分成若干组，一般用表 2-4 的经验数值确定。

本例取组数 $k=9$。经验证明，组数太少会掩盖组内数据的变动情况，组数太多会使各组的高度参差不齐，从而看不出变化规律。通常确定的组数要使每组平均至少摊到 4～5 个数据。

③ 计算组距 h，即

$$h=\frac{\text{Large}-\text{Small}}{k-1}=\frac{54-16}{9-1}=4.75\ \mu\text{m}$$

取 $h=5\ \mu$m

表 2-4 分组数 k 的选定

n	25～40	40～60	60～100	100	100～160	160～250
k	6	7	8	9～10	11	12

④ 计算第一组的上、下界限值。第一组的上界限值为 $\text{Small}+h/2=16+5/2=18.5\ \mu\text{m}$；下界限值为 $\text{Small}-h/2=16-5/2=13.5\ \mu\text{m}$。

⑤ 计算其余各组的上、下界限值。第一组的上界限值就是第二组的下界限值。第二组的下界限值加上组距就是第二组上界限值，其余类推。

⑥ 计算各组的中心值 x_i。中心值是每组中间的数值。

$$x_i=\frac{\text{某组上限值}+\text{某组下限值}}{2}$$

第一组中心值 $x_1=\dfrac{13.5+18.5}{2}\mu\text{m}=16\ \mu\text{m}$，其余类推。

⑦ 记录各组数据，整理成表 2-5 所示的频数分布表。

⑧ 统计各组的尺寸频数、频率和频率密度，并填入表 2-5 中。

表 2-5　频数分布表

组号	组界/μm	中心值/μm	频数	频率/(%)	频率密度/μm^{-1}
1	13.5～18.5	16	3	3	0.6
2	18.5～23.5	21	7	7	1.4
3	23.5～28.5	26	8	8	1.6
4	28.5～33.5	31	14	14	2.8
5	33.5～38.5	36	25	25	5.0
6	38.5～43.5	41	16	16	3.2
7	43.5～48.5	46	16	16	3.2
8	48.5～53.5	51	10	10	2
9	53.5～58.5	56	1	1	0.2

⑨ 计算 $\overline{X}$ 和 σ。

$$\overline{X} = \frac{1}{n}\sum_{i=1}^{n} x_i = 37.29\ \mu m$$

$$\sigma = \sqrt{\frac{1}{n}\sum_{i=1}^{n}(x_i - \overline{X})^2} = 8.93\ \mu m$$

⑩ 按表列数据以频率密度为纵坐标、组距(尺寸间隔)为横坐标，就可画出直方图，如图 2-44 所示；再由直方图的各矩形顶端的中心点连成折线，在一定条件下，此折线接近理论分布曲线(见图中曲线)。

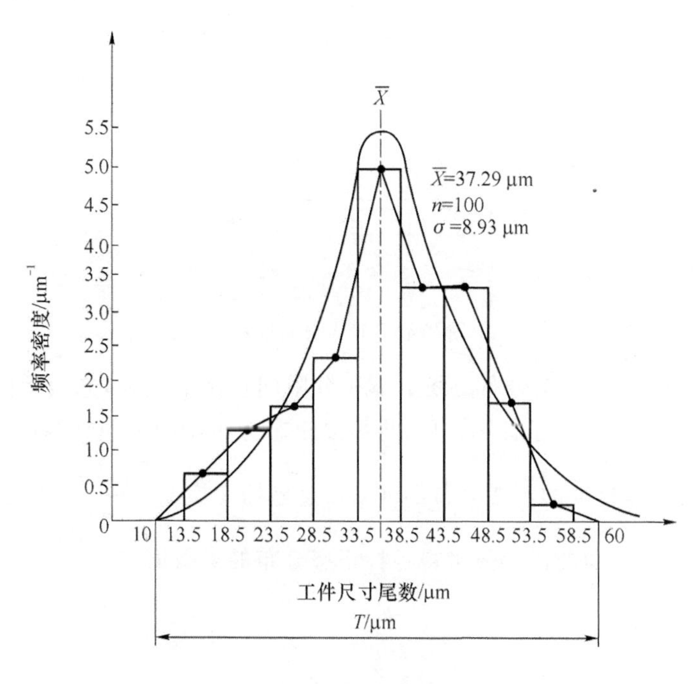

图 2-44　直方图

由直方图可知，该批工件的尺寸大部分居中，偏大、偏小者较少。

要进一步分析研究该工序的加工精度问题，必须找出频率密度与加工尺寸间的关系，因此必须研究理论分布曲线。

2. 理论分布图

研究加工误差时，常常用数理统计学中的一些理论分布曲线来近似代替实验分布曲线，这样做常常可使误差分析问题得到简化。下面介绍几种与加工误差有关的常用的理论分布曲线。

(1) 正态分布曲线

概率论已经证明，当一批工件总数极多，加工中的误差由许多相互独立的随机因素引起，而且这些误差因素中又都没有任何优势的倾向时，其总和的分布符合正态分布。大量实验表明，在机械加工中，用调整法加工一批零件，当不存在明显的变值系统误差因素时，加工后零件的尺寸近似于正态分布。

正态分布曲线的形状如图 2-45 所示。其概率密度函数表达式为

$$y=\frac{1}{\sigma\sqrt{2\pi}}e^{-\frac{1}{2}\left(\frac{x-\mu}{\sigma}\right)^2}\quad(-\infty<x<+\infty,\sigma>0) \tag{2-16}$$

式中，y 为分布的概率密度；x 为随机变量；μ 为正态分布随机变量总体的算术平均值；σ 为正态分布随机变量的标准差。

平均值 $\mu=0$、标准差 $\sigma=1$ 的正态分布称为标准正态分布，记为 $x(z)\sim N(0,1)$。正态分布函数是正态分布概率密度函数的积分，即

$$F(x)=\frac{1}{\sigma\sqrt{2\pi}}\int_{-\infty}^{x}e^{-\frac{1}{2}\left(\frac{x-\mu}{\sigma}\right)^2}dx$$

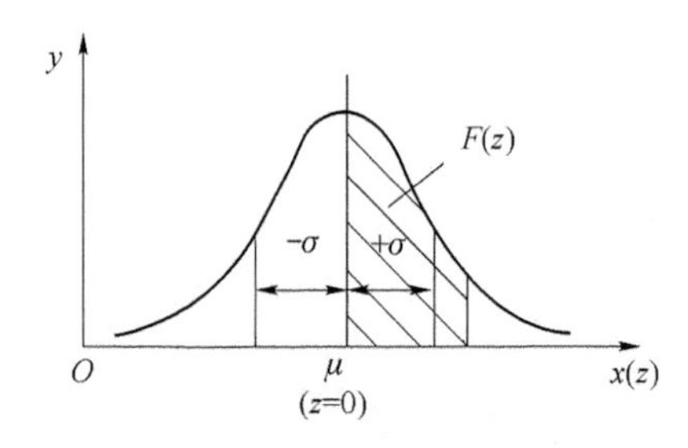

图 2-45 正态分布曲线

由上式可知，$F(x)$为正态分布曲线上下积分限间包围的面积，它表示随机变量 x 落在区间$(-\infty,x)$上的概率。为了计算方便，将标准正态分布函数的值计算出来，制成数表（如表 2-6 所示）。任何非标准的正态分布都可以通过坐标变换 $z=\frac{x-\mu}{\sigma}$变为标准的正态分布，故可以利用标准正态分布的函数值求得各种正态分布的函数值。

令 $z=\frac{x-\mu}{\sigma}$，可得

$$F(z)=\frac{1}{\sqrt{2\pi}}\int_{0}^{z}e^{-\frac{z^2}{2}}dz \tag{2-17}$$

$F(z)$为图 2-45 中有阴影部分的面积。对于不同 z 值的 $F(z)$，可由表 2-6 查出。

表 2-6　$F(z)$数值

z	$F(z)$	z	$F(z)$	z	$F(z)$	z	$F(z)$	z	$F(z)$
0.00	0.000 0	0.23	0.091 0	0.46	0.177 2	0.88	0.310 6	1.85	0.467 8
0.01	0.004 0	0.24	0.094 8	0.47	0.180 8	0.90	0.315 9	1.90	0.471 3
0.02	0.008 0	0.25	0.098 7	0.48	0.184 4	0.92	0.321 2	1.95	0.474 4
0.03	0.012 0	0.26	0.102 3	0.49	0.187 9	0.94	0.326 4	2.00	0.477 2
0.04	0.016 0	0.27	0.106 4	0.50	0.191 5	0.96	0.331 5	2.10	0.482 1
0.05	0.019 9	0.28	0.110 3	0.52	0.198 5	0.98	0.336 5	2.20	0.486 1
0.06	0.023 9	0.29	0.114 1	0.54	0.205 4	1.00	0.341 3	2.30	0.489 3
0.07	0.027 9	0.30	0.117 9	0.56	0.212 3	1.05	0.353 1	2.40	0.491 8
0.08	0.031 9	0.31	0.121 7	0.58	0.219 0	1.10	0.364 3	2.50	0.493 8
0.09	0.035 9	0.32	0.125 5	0.60	0.225 7	1.15	0.374 9	2.60	0.495 3
0.10	0.039 8	0.33	0.129 3	0.62	0.232 4	1.20	0.384 9	2.70	0.496 5
0.11	0.043 8	0.34	0.133 1	0.64	0.238 9	1.25	0.394 4	2.80	0.497 4
0.12	0.047 8	0.35	0.136 8	0.66	0.245 4	1.30	0.403 2	2.90	0.498 1
0.13	0.051 7	0.36	0.140 6	0.68	0.251 7	1.35	0.411 5	3.00	0.498 65
0.14	0.055 7	0.37	0.144 3	0.70	0.258 0	1.40	0.419 2	3.20	0.499 31
0.15	0.059 6	0.38	0.148 0	0.72	0.264 2	1.45	0.426 5	3.40	0.499 66
0.16	0.063 6	0.39	0.151 7	0.74	0.270 3	1.50	0.433 2	3.60	0.499 841
0.17	0.067 5	0.40	0.155 4	0.76	0.276 4	1.55	0.439 4	3.80	0.499 928
0.18	0.071 4	0.41	0.159 1	0.78	0.282 3	1.60	0.445 2	4.00	0.499 968
0.19	0.075 3	0.42	0.162 8	0.80	0.288 1	1.65	0.450 5	4.50	0.499 997
0.20	0.079 3	0.43	0.166 4	0.82	0.293 9	1.70	0.455 4	5.00	0.499 999 97
0.21	0.083 2	0.44	0.170 0	0.84	0.299 5	1.75	0.459 9		
0.22	0.087 1	0.45	0.173 6	0.86	0.305 1	1.80	0.464 1		

从正态分布图上可以看出下列特征。

① 曲线以 $x=\mu$ 直线为对称轴左右对称，靠近 μ 的工件尺寸出现的概率较大，远离 μ 的工件尺寸出现的概率较小。

② 对 μ 的正偏差和负偏差，其概率相等。

③ 分布曲线与横坐标所围成的面积包括了全部零件数(即 100%)，故其面积等于 1。当 $z=\pm3$ 时，即 $x-\mu=\pm3\sigma$ 时，由表 2-6 查得 $F(3)=0.498\,65\times2=99.73\%$。这说明随机变量 x 落在 $\pm3\sigma$ 范围内的概率为 99.73%，落在此范围以外的概率仅为 0.27%。因此可以认为，正态分布的随机变量的分散范围是 $\pm3\sigma$，就是所谓的 $\pm3\sigma$ 原则。

$\pm3\sigma$(或 6σ)的概念在研究加工误差时应用很广，是一个很重要的概念。6σ 的大小代表某加工方法在一定条件(如毛坯余量，切削用量，正常的机床、夹具、刀具等)下所能达到的加工精度，所以在一般情况下，应该使所选择的加工方法的标准偏差 σ 与公差带宽度 T 之间具有下列关系

$$6\sigma\leqslant T$$

正态分布总体的 μ 和 σ 通常是不知道的，但可以通过它的样本平均值 $\overline{X}$ 和样本标准差 σ 来估计。这样，成批加工一批工件，抽检其中一部分，即可判断整批工件的加工精度。

如果改变参数 $\mu=\overline{X}$(σ 保持不变)，则曲线沿 x 轴平移而不改变形状，如图 2-46 所示，这说明 μ 是表征分布曲线位置的参数。$\overline{X}$ 的变化主要是由常值系统误差引起的。如果 $\overline{X}$

值保持不变，当 σ 值减小时，则曲线形状陡峭；σ 增大时，曲线形状平坦，如图 2-47 所示。σ 是由随机性误差决定的，随机性误差越大，则 σ 越大。可见，σ 是表征分布曲线形状的参数，即它刻画了随机变量 x 取值的分散程度。

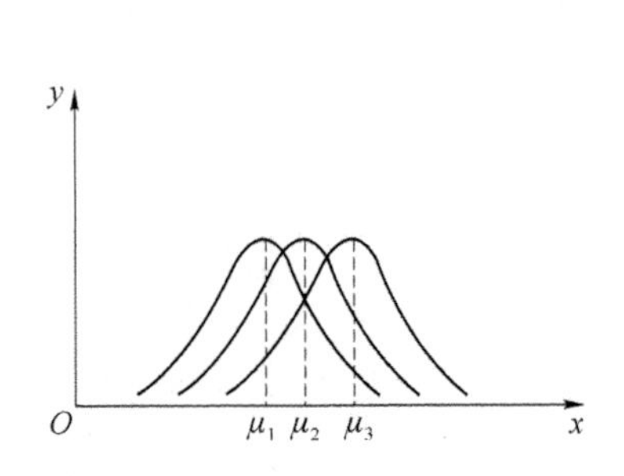

图 2-46　σ 相同时 $\overline{X}$ 对曲线位置的影响

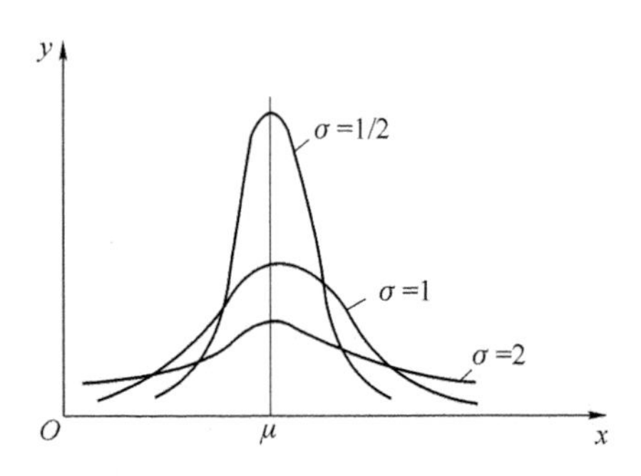

图 2-47　$\overline{X}$ 相同时 σ 值对分布曲线的影响

(2) 非正态分布曲线

工件的实际分布有时并不近似于正态分布。例如，将两次调整下加工的工件或两台机床加工的工件混在一起，尽管每次调整时加工的工件都接近正态分布，但由于两个正态分布中心位置不同，叠加在一起就会得到双峰曲线(如图 2-48(a)所示)。

当加工中刀具或砂轮的尺寸磨损比较显著时，所得一批工件的尺寸分布如图 2-48(b)所示。尽管在加工的每一瞬时，工件的尺寸呈正态分布，但是随着刀具和砂轮的磨损，不同瞬时尺寸分布的算术平均值是逐渐移动的(当均匀磨损时，瞬间平均值可看成是匀速移动的)，因此分布曲线呈现平顶形状。

当工艺系统存在显著的热变形时，由于热变形在开始阶段变化较快，以后逐渐减弱，直至达到热平衡状态，在这种情况下分布曲线呈现不对称状态(称为偏态分布，参考图 2-48(c))。又如，试切法加工时，由于主观上不愿意产生废品，加工孔时宁小勿大，加工外圆时宁大勿小，使分布图也常常出现不对称现象。

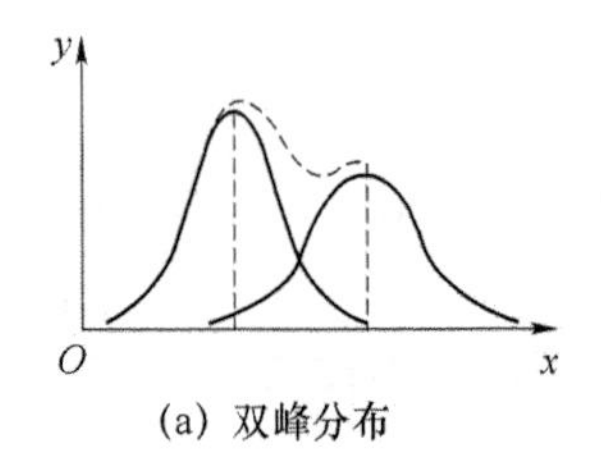

(a) 双峰分布

(b) 平顶分布

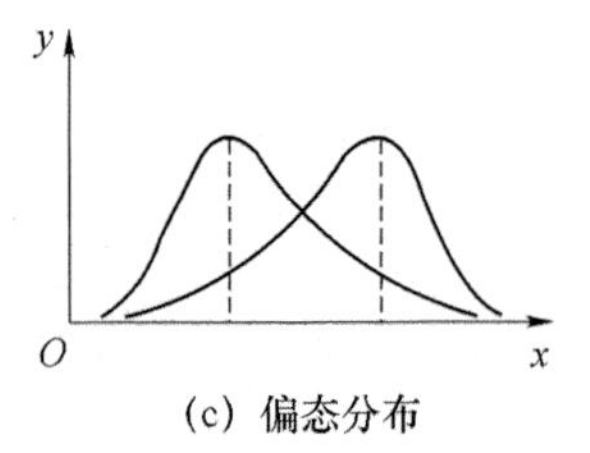

(c) 偏态分布

图 2-48　几种非正态分布

3. 分布图分析法的应用

(1) 判别加工误差的性质

如前所述，假如加工过程中没有明显的变值系统误差，其加工尺寸分布接近正态分布(形位误差除外)，这是判别加工误差性质的基本方法之一。生产中抽样后算出 $\overline{X}$ 和 σ，绘出分布图，如果 $\overline{X}$ 值偏离公差带中心，则加工过程中，工艺系统有常值系统误差，其值等于分布中心 $\overline{X}$ 与公差带中心 A_M ($A_M=A_{min}+T/2$)的偏移量，其中 A_{min} 表示零件的最小极限尺寸。例如，在图 2-44 中对轴径进行误差分析，存在常值系统误差：$\Delta c=\overline{X}-A_M=37.29-35=2.29\ \mu m$，这很可能是由于调整造成的误差。

正态分布的标准差 σ 的大小表明随机变量的分散程度。如样本的标准差 σ 较大，说明工艺系统随机误差显著。

(2) 确定各种加工方法所能达到的精度

由于各种加工方法在随机性因素影响下所得的加工尺寸的分散规律符合正态分布，因此可以在多次统计的基础上，为每一种加工方法求得它的标准偏差 σ 值。然后按分布范围等于 6σ 的规律，即可确定各种加工方法所能达到的精度。

(3) 确定工序能力及其等级

所谓工序能力是指工序处于稳定、正常状态时，此工序加工误差正常波动的幅值。当加工尺寸服从正态分布时，根据 $\pm 3\sigma$ 原则，其尺寸分散范围是 6σ，所以工序能力就是 6σ。当工序处于稳定状态时，工序能力系数 C_p 按下式计算：

$$C_p = \frac{T}{6\sigma} \tag{2-18}$$

式中，T 为工件尺寸公差。

工序能力等级是以工序能力系数来表示的，它代表了工序能满足加工精度要求的程度。根据工序能力系数 C_p 的大小，可将工序能力分为 5 级，如表 2-7 所示。一般情况下，工序能力不应低于二级，即要求 $C_p > 1$。

表 2-7 工序能力等级

工艺能力系数值	工艺等级	说 明
$C_p > 1.67$	特级工艺	工艺能力很高，可以允许有异常波动或作相应的考虑
$1.67 \geqslant C_p > 1.33$	一级工艺	工艺能力足够，可以有一定的异常波动
$1.33 \geqslant C_p > 1.00$	二级工艺	工艺能力勉强，必须密切注意
$1.00 \geqslant C_p > 0.67$	三级工艺	工艺能力不足，可能产生少量的不合格产品
$0.67 \geqslant C_p$	四级工艺	工艺能力很差，必须加以改进

(4) 估算合格品率或不合格品率

正态分布曲线与 x 轴之间所包围的面积代表一批工件的总数 100%，当尺寸分散范围大于零件的公差 T 时，将出现废品。如图 2-49(a)所示，曲线在 C、D 两点间的面积(阴影部分)代表合格品的数量，而其余部分则为不合格品的数量。当加工外圆表面时，图的左边空白部分为不可修复的废品，而右边空白部分则为可修复的不合格品；加工孔时，恰好相反。如图 2-49(b)所示的 x 范围的曲线面积可由下面的积分公式求得，即

$$A = \frac{1}{\sigma\sqrt{2\pi}}\int_0^x e^{-\frac{x^2}{2\sigma^2}}\,dx$$

为了方便起见，设 $z = x/\sigma$，得到公式(2-17)，即 $A = F(z) = \frac{1}{\sqrt{2\pi}}\int_0^z e^{-\frac{z^2}{2}}\,dz$，在一定的 z 值时，函数 $F(z)$ 的数值等于加工尺寸在 x 范围的概率。

例 2-5 已知 $\sigma = 0.005$ mm，零件公差带 $T = 0.02$ mm，且公差对称于分散范围中心，$\overline{X} = 0.01$ mm，试求此时的废品率。

解：$z = \overline{X}/\sigma = 0.01/0.005 = 2$，查表 2-6，当 $z = 2$ 时，$2F(z) = 0.954\,4$。

故废品率为

$$[1 - 2F(z)] \times 100\% = (1 - 0.954\,4) \times 100\% = 4.6\%$$

不合格率为

$$(0.5-0.288\,1)\times 100\%=21.2\%$$

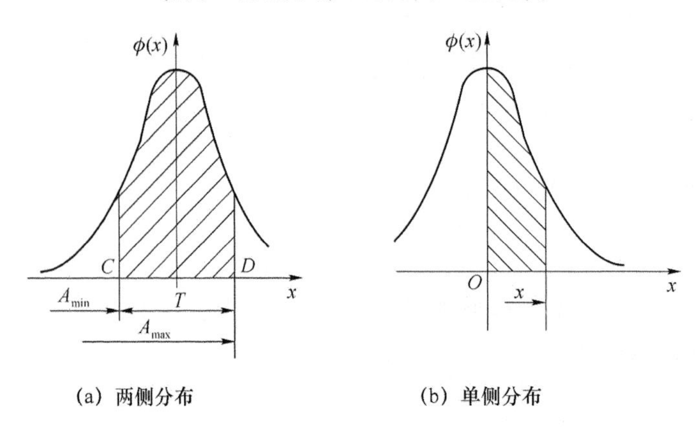

(a) 两侧分布　　(b) 单侧分布

图 2-49　利用正态分布曲线估算废品率

例 2-6　车一批轴的外圆，其图样规定的尺寸为 $\phi(20\pm 0.1)$mm，根据测量结果，此工序的分布曲线是按正态分布的，其中 $\sigma=0.025$ mm，曲线的顶峰位置和公差中心相差 0.03 mm，偏于右端，试求其合格率。

解：如图 2-50 所示，合格率由 A、B 两部分计算。

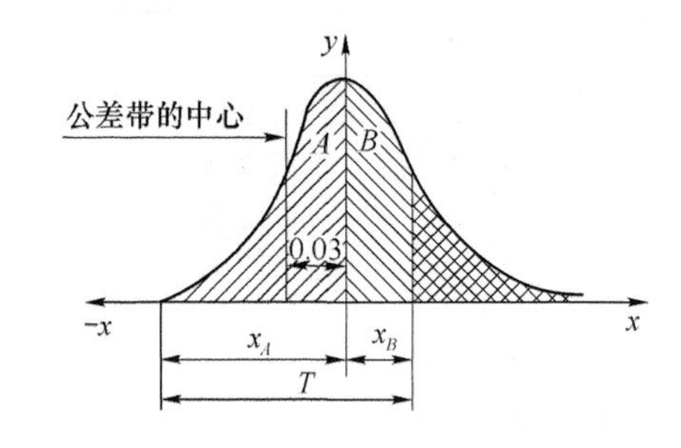

图 2-50　轴直径尺寸分布曲线

$$z_A=\frac{x_A}{\sigma}=\frac{0.5T+0.03}{\sigma}=\frac{0.5\times 0.1+0.03}{0.025}=3.2$$

$$z_B=\frac{x_B}{\sigma}=\frac{0.5T-0.03}{\sigma}=\frac{0.5\times 0.1-0.03}{0.025}=0.8$$

查表 2-6 得

$$z_A=3.2,F(z_A)=0.499\,31$$

$$z_B=0.8,F(z_B)=0.288\,1$$

故合格率为

$$(0.499\,31+0.288\,1)\times 100\%=78.741\%$$

由图 2-50 可知，虽有废品，但尺寸均大于零件的上限尺寸，故可修复。

4. 分布图分析法的缺点

用分布图分析加工误差主要有下列缺点。

① 不能反映误差的变化趋势。加工中随机性误差和系统误差同时存在，由于分析时没有考虑到工件加工的先后顺序，故很难把随机性误差与变值系统误差区分开来。

② 由于必须等一批工件加工完毕后才能得出分布情况，因此不能在加工过程中及时提

供控制精度的资料。

2.7　提高和保证加工精度的途径

本节主要是介绍在生产实际中为提高和保证加工精度所采取的一些措施，以总结的形式集中进行讨论，以便读者对提高加工精度的途径有一个全面的了解。

1. 直接减少误差法

直接减少误差法在生产中应用较广，是指查明产生加工误差的主要因素直接进行消除或减少的方法。

例如，细长轴是车削加工中较难加工的一种工件，存在的问题是精度低、效率低。正向进给、一夹一顶装夹高速切削细长轴时，由于其刚性特别差，在切削力、惯性力和切削热作用下易引起弯曲变形。采用跟刀架虽消除了背向力引起工件弯曲的因素，但轴向力和工件热伸长还会导致工件弯曲变形。采用大进给反向切削法，如图 2-30 所示，一端用卡盘夹持，另一端再辅之以弹簧后顶尖，可进一步消除热伸长的危害。又如，薄环形零件在磨削中，由于采用了树脂结合剂粘合以加强工件刚度的办法，工件在自由状态下得到固定，解决了薄环形零件两端面的平行度问题。其具体方法是将薄环形零件下面粘结到一块平板上，再将平板放到磁力工作台上磨平工件的上端面，然后将工件从平板上取下(使结合剂热化)，再以磨平的一面作为定位基准磨另一面，以保证其平行度。

2. 误差补偿法

误差补偿法就是人为地造出一种新的原始误差，去抵消原来工艺系统中固有的原始误差，从而减少加工误差，提高加工精度。当原始误差是负值时，人为的误差就取正值；反之，取负值，并尽量使两者大小相等。或者利用一种原始误差去抵消另一种原始误差，也是尽量使两者大小相等，方向相反，从而达到提高加工精度的目的。例如，用校正机构提高丝杠车床传动链精度，如图 2-12 所示的螺纹加工校正装置。

又如，龙门铣床的横梁在立铣头自重的影响下产生的变形若超过了标准的要求，则可在刮研横梁导轨时使导轨面产生向上凸起的几何形状误差，如图 2-51(a)所示，在装配后就可抵消因铣头重力而产生的挠度，从而达到机床的精度要求，如图 2-51(b)所示。

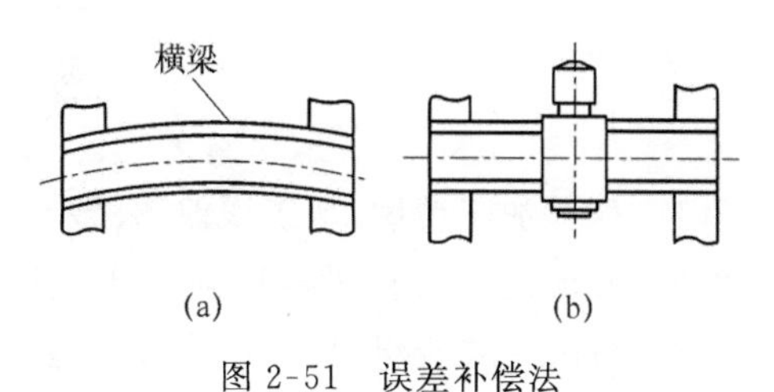

图 2-51　误差补偿法

3. 均分原始误差法

在生产中会遇到这种情况：本工序的加工精度是稳定的，工序能力也足够，但毛坯或上道工序加工的半成品精度太低，引起定位误差或复映误差过大，因而不能保证加工精度。

提高毛坯精度或上道工序的加工精度往往是不经济的。这时，可把毛坯(或上道工序的工件)按尺寸误差大小分为 n 组，每组毛坯的误差就缩小为原来的 $1/n$，然后按各组的平均尺寸分别调整刀具与工件的相对位置或调整定位元件，就可大大缩小整批工件的尺寸分散范围。

例如，研磨时，研具的精度并不很高，分布在研具上的磨料粒度大小也可能不一样。但由于研磨时工件和研具间有复杂的相对运动轨迹，使工件上各点均有机会与研具的各点相互接触并受到均匀的微量切削。同时工件和研具相互修整，精度也逐步共同提高，进一步使误差均化，因此可获得精度高于研具原始精度的加工表面。

4. 误差转移法

误差转移法实质上是将工艺系统的几何误差、受力变形和热变形等，转移到不影响加工精度的方向去。

例如，对具有分度或转位的多工位加工工序或采用转位刀架加工的工序，其分度、转位误差将直接影响零件有关表面的加工精度。例如图 2-52 所示安装外圆车刀，则刀架的转位误差方向与加工误差敏感方向一致，刀架转角误差将直接影响加工精度。若采用“立刀”安装法（如图 2-53 所示），则把刀架的转位误差转移到了误差的非敏感方向，此时由刀架转位误差引起的加工误差可以忽略不计。

在外圆磨床上，工件采用死顶尖支撑，也是转移原始误差（工件主轴回转误差）的例子。

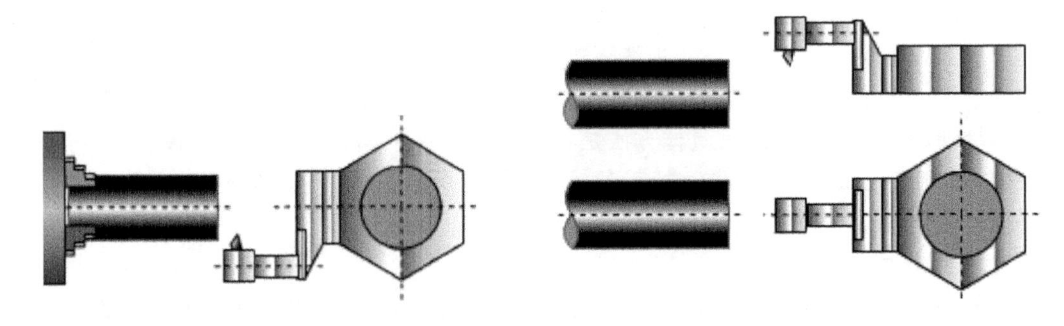

图 2-52　转塔刀架水平装刀　　　　图 2-53　转塔刀架“立刀”安装

又如，利用镗模进行镗孔，将主轴与镗杆进行浮动连接。这样可使镗孔时的孔径不受机床误差的影响，镗孔精度由夹具镗模来保证。

思考题

2-1　何谓加工精度、加工误差、公差？它们之间有什么区别？

2-2　几何误差与原理误差的区别是什么？

2-3　查阅相关资料，思考和比较普通机床和数控机床在工作的时候，哪个系统受力的影响更大？

2-4　什么是误差复映？设已知一工艺系统的误差复映系数为 0.25，工件在本工序前有椭圆度误差 0.45 mm，若本工序形状精度规定允差为 0.01 mm，则至少应走刀几次方能使形状精度合格？

2-5　车床床身导轨在垂直平面内及水平面内的直线度对车削轴类零件的加工误差有什么影响？影响程度有何不同？

2-6　试分析在车床上加工时产生下述误差的原因。

(1) 在车床上镗孔时，引起被加工孔圆度误差和圆柱度误差。

(2) 在车床三爪自定心卡盘上镗孔时，引起内孔与外圆不同轴度、端面与外圆的不垂直度。

2-7　在车床上用两顶尖装夹工件车削细长轴时，出现图 2-54 所示误差的原因是什么？分别采用什么办法来减少或消除？

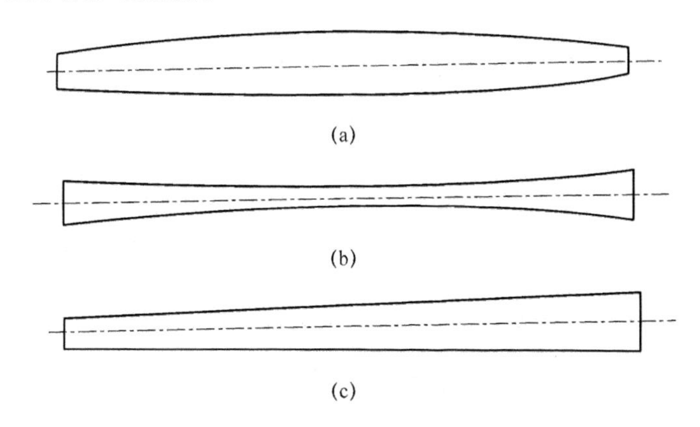

图 2-54　题 2-7 图

2-8　试举例说明在加工过程中，工艺系统受热变形会对零件的加工精度产生怎样的影响？应采取什么措施来克服这些影响？

2-9　车削细长轴时，工人经常车削一刀后，将后顶尖松一下再车下一刀，试分析其原因。

第3章　机械加工表面质量

机械产品的失效形式有两种，少数因设计不周而导致强度不够，多数磨损、腐蚀和疲劳破坏。实践表明，零件的破坏一般总是从表面层开始的。产品的工作性能，尤其是它的可靠性、耐久性等，在很大程度上取决于其主要零件的表面质量。

掌握机械加工中各种工艺因素对表面质量影响的规律，并应用这些规律控制加工过程，对提高加工表面质量、提高产品性能具有重要意义。

3.1　机械加工表面质量对零件使用性能的影响

3.1.1　机械加工表面质量的含义

机械加工表面质量是指零件在机械加工后表面层的微观几何形状误差和物理、化学及力学性能。产品的工作性能、可靠性、寿命在很大程度上取决于主要零件的表面质量。图3-1显示加工表面层沿深度方向的变化情况。在最外层生成氧化膜或其他化合物，并吸收、渗进了气体、液体和固体的粒子，称为吸附层，其厚度一般不超过8 μm。压缩层即为表面塑性变形区，由切削力造成，厚度为几十微米至几百微米，随加工方法的不同而变化。压缩层的上部为纤维层，是由被加工材料与刀具之间的摩擦力造成的。另外，切削热也会使表面层产生各种变化，如同淬火、回火一样使材料产生相变以及晶粒大小的变化等。因此，表面层的物理力学性能不同于基体，会产生如图3-1所示的显微硬度和残余应力变化。综上所述，表面质量的含义包括以下两方面内容。

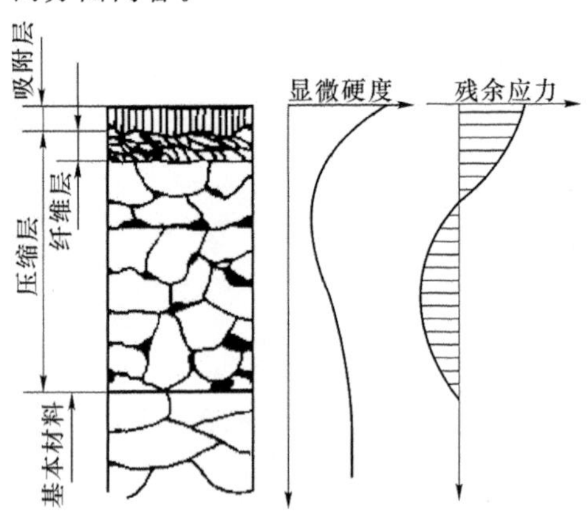

图3-1　加工表面层沿深度方向的变化情况

1. 表面的几何特征

(1) 表面粗糙度

它是指加工表面的微观几何形状误差，如图3-2所示，其波长L_3与波高H_3的比值一般小于50，主要由刀具的形状以及切削过程中塑性变形和振动等因素决定。

（2）表面波度

它是介于宏观几何形状误差($L_1/H_1>1\ 000$)与微观表面粗糙度($L_3/H_3<50$)之间的周期性几何形状误差。它主要是由机械加工过程中工艺系统低频振动所引起的。如图 3-2 所示，其波长 L_2 与波高 H_2 的比值一般为 50～1 000。形状误差、表面波度和粗糙度是从不同角度描述同一零件的加工表面，如图 3-3 所示。

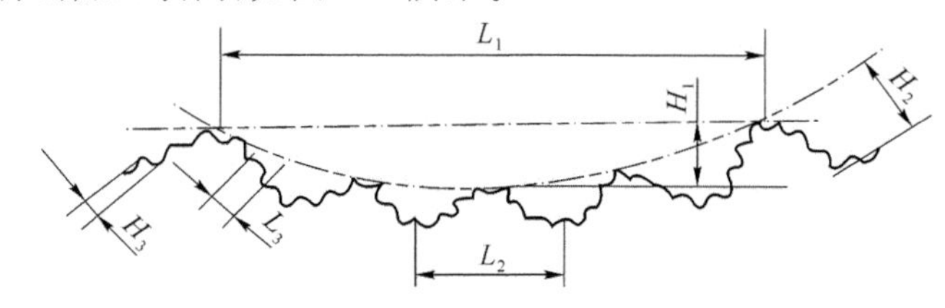

图 3-2　形状误差、表面波度及粗糙度的示意关系

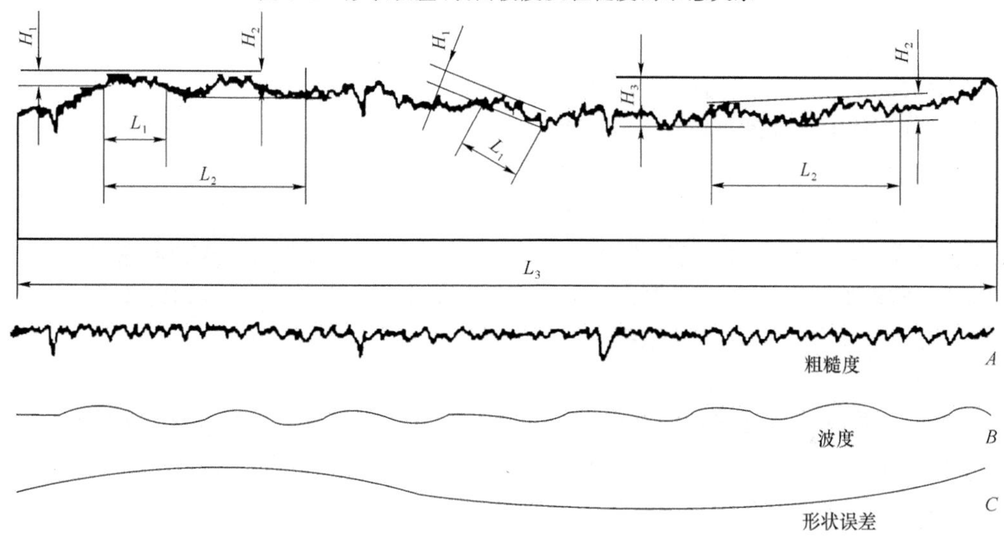

图 3-3　加工表面的形状误差、表面波度和粗糙度

（3）纹理方向

它是指表面刀纹的方向，取决于该表面所采用的机械加工方法及其主运动和进给运动的关系，如图 3-4 所示。一般对运动副或密封件有纹理方向的要求。

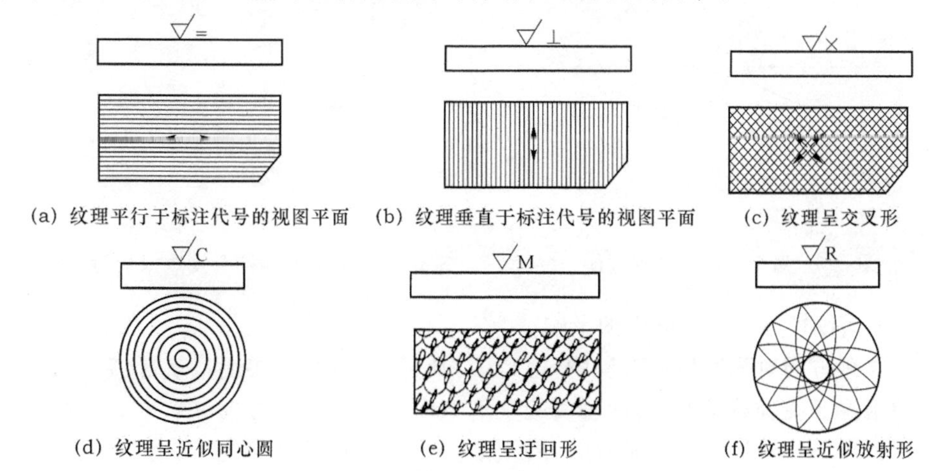

图 3-4　加工纹理方向及其符号标注

（4）伤痕

它是指在加工表面的一些个别位置上出现的缺陷。它们大多是随机分布的，如砂眼、气孔、裂痕和划痕等。

2．表面的物理力学、化学性能

由于机械加工中力因素和热因素的综合作用，加工表面层金属的物理力学性能和化学性能发生一定的变化。其主要表现在以下几个方面。

（1）表面金属层的加工硬化（冷作硬化）。

（2）表面层金相组织变化。

（3）表面层产生残余应力。

3.1.2 加工表面质量对机器零件使用性能的影响

1．表面质量对零件耐磨性的影响

零件的磨损可分为3个阶段，如图3-5所示。

第一阶段称为初期磨损阶段。由于摩擦副开始工作时，两个零件表面互相接触，一开始只是在两表面波峰接触，当零件受力时，波峰接触部分将产生很大的压强，因此磨损非常显著。经过初期磨损后，实际接触面积增大，磨损变缓，进入磨损的第二阶段，即正常磨损阶段。这一阶段零件的耐磨性最好，持续的时间也较长。第三阶段称为急剧磨损阶段。由于波峰被磨平，表面粗糙度变得非常小，不利于润滑油的储存，且使接触表面之间的分子亲和力增大，甚至发生分子粘合，使摩擦阻力增大，从而进入急剧磨损阶段。

（1）表面粗糙度对摩擦副的影响

表面粗糙度对摩擦副的初期磨损影响很大，但也不是表面粗糙度越小越耐磨。图3-6是表面粗糙度对初期磨损量影响的实验曲线。从图中可以看到，在一定的工作条件下，摩擦副表面总是存在一个最佳表面粗糙度，最佳表面粗糙度 Ra 为0.32～1.25 μm。

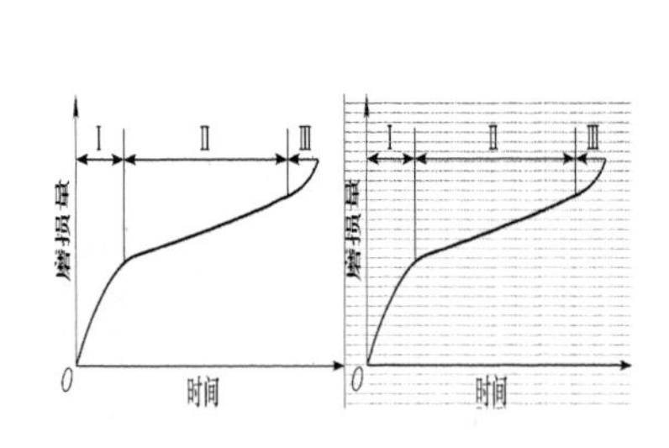

图3-5 磨损过程的基本规律

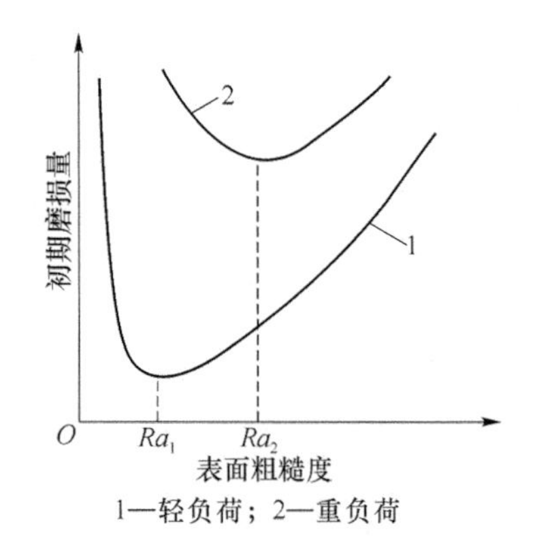

图3-6 表面粗糙度与初期磨损量的关系

（2）表面纹理方向对耐磨性的影响

表面纹理方向对耐磨性也有影响，这是因为它能影响金属表面的实际接触面积和润滑液的存留情况。在轻载情况下，两表面的纹理方向与相对运动方向一致时，磨损最小；当两表面纹理方向与相对运动方向垂直时，磨损最大。但是在重载情况下，由于压强、分子亲和力和润滑液的储存等因素的变化，其规律与上述有所不同。

（3）表面层的加工硬化对耐磨性的影响

表面层的加工硬化一般能提高耐磨性0.5～1倍。这是因为加工硬化提高了表面层的强度，减少了表面进一步塑性变形和咬焊的可能。但过度的加工硬化会使金属组织疏松，甚至出现疲劳裂纹和产生剥落现象，从而使耐磨性下降。所以零件的表面硬化层必须控制在一定的范围之内。

2. 表面质量对零件疲劳强度的影响

（1）表面粗糙度对疲劳强度的影响

在交变载荷作用下，零件表面粗糙度、划痕、裂纹等缺陷最易形成应力集中，并发展成疲劳裂纹，导致零件疲劳破坏。因此，对于重要零件表面如连杆、曲轴等，应进行光整加工，减小表面粗糙度，提高其疲劳强度。

（2）表面残余应力对疲劳强度的影响

表面残余应力对疲劳强度的影响极大。由于疲劳破坏是从表面开始的，拉应力会加剧疲劳裂纹的产生和扩展，因此表面如具有残余压应力，能延缓疲劳裂纹的产生、扩展，而使零件疲劳强度提高。

（3）表面层的加工硬化对疲劳强度的影响

适当的加工硬化能阻碍已有裂纹的继续扩大和新裂纹的产生，有助于提高疲劳强度。但加工硬化程度过大，反而易产生裂纹，故加工硬化程度应控制在一定范围内。

3. 表面质量对零件耐腐蚀性的影响

零件的表面粗糙度在一定程度上影响零件的耐腐蚀性。零件表面越粗糙，越容易积聚腐蚀性物质，凹谷越深，渗透与腐蚀作用越强烈。因此，减小零件表面粗糙度，可以提高零件的耐腐蚀性能。

零件表面残余压应力使零件表面紧密，腐蚀性物质不易进入，可增强零件的耐腐蚀性，而表面残余拉应力则降低零件的耐腐蚀性。

4. 表面质量对配合性质的影响

相配零件间的配合关系是用过盈量或间隙值来表示的。对于间隙配合而言，如果零件的配合表面粗糙，则会使配合件很快磨损而增大配合间隙，降低配合精度，影响配合的稳定性。对于过盈配合而言，如果零件的配合表面粗糙，则装配后配合表面的凸峰被挤平，配合件间的有效过盈量减小，降低配合件间连接强度，影响配合的可靠性。因此对有配合要求的表面，必须限定较小的表面粗糙度参数值。

3.1.3　表面完整性的概念

（1）表面形貌

表面形貌主要描述加工后零件表面的几何特征，包括表面粗糙度、表面波度和纹理等。

（2）表面缺陷

表面缺陷是指加工表面出现的宏观裂纹、伤痕和腐蚀现象等，对零件的使用有很大影响。

（3）微观组织与表面层的冶金化学特性

它主要包括以下方面。

① 微观裂纹。

② 微观组织变化，包括晶粒大小和形状、析出物和再结晶等的变化。

③ 晶间腐蚀和化学成分的优先溶解。

④ 对于氢氧等元素的化学吸收作用所引起的脆性等。

(4) 表面层物理力学性能

其主要包括表面层硬化深度和程度、表面层残余应力的大小、方向及分布情况等。

(5) 表层其他工程技术特性

这种特性主要有摩擦特性、光的反射率、导电性和导磁性等。

由此可见,表面质量从表面完整性的角度来分析,更强调了表面层内的特性,对现代科学技术的发展有重大意义。

3.2 影响表面粗糙度的工艺因素及改善措施

1. 磨削过程中表面粗糙度的形成

(1) 几何因素:切削用量、砂轮的粒度和砂轮的修整情况。

(2) 金属表面层的塑性变形:在磨削过程中,由于磨粒大多具有很大的负前角,很不锋利,所以大多数磨粒在磨削时只是对表面产生挤压作用而使表面出现塑性变形,磨削时的高温更加剧了塑性变形,增大了表面粗糙度。

(3) 加工时的振动:对磨削表面粗糙度来说,振动是主要影响因素。振动产生的原因很多,将在 3.4 节对其进行讨论。

2. 影响表面粗糙度的因素及改进措施

从表面粗糙度的成因可以看出,影响表面粗糙度的因素分为 3 类:第一类是与磨削砂轮有关的因素,第二类是与工件材质有关的因素,第三类是与加工条件有关的因素。

(1) 与磨削砂轮有关的因素

其主要是砂轮的粒度、硬度以及对砂轮的修整等。

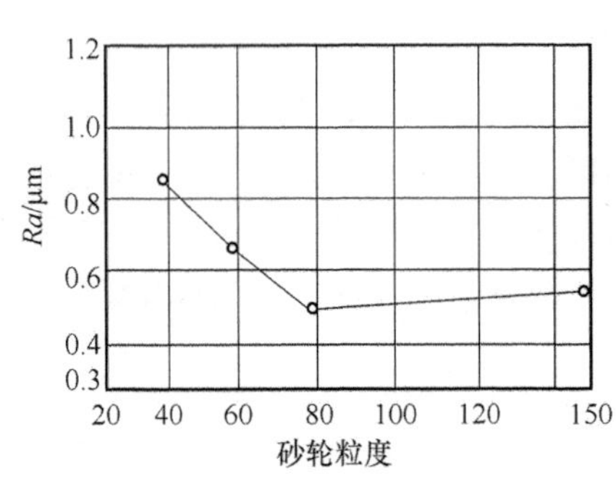

图 3-7 砂轮粒度与表面粗糙度的关系

① 砂轮的粒度要适度。砂轮的粒度越细,则砂轮单位面积上的磨粒数越多,磨削表面的刻痕越细,表面粗糙度值越小,如图 3-7 所示。但粒度过细,砂轮易堵塞,使表面粗糙度值增大,同时还易产生波纹和引起烧伤。

② 砂轮硬度要合适。砂轮的硬度是指磨粒受磨削力后从砂轮上脱落的难易程度。砂轮太硬,磨粒磨损后不易脱落,使工件表面受到强烈的摩擦和挤压,增加了塑性变形,表面粗糙度值增大,同时还容易引起烧伤;砂轮太软,磨粒易脱落,磨削作用减弱,也会增大表面粗糙度值。

③ 砂轮的修整质量。砂轮的修整质量与所用修整工具、修整砂轮的纵向进给量等有密切关系。砂轮的修整是用金刚石除去砂轮外层已钝化的磨粒,使磨粒切削刃锋利,降低磨削表面的表面粗糙度值。砂轮的纵向进给量越小,修出的微刃越多,等高性越好,表面粗糙度值低。

(2) 与工件材质有关的因素

其包括材料的硬度、塑性、导热性等。工件材料的硬度、塑性、导热性对表面粗糙度有显著影响。铝、铜合金等软材料易堵塞砂轮，比较难磨。塑性大、导热性差的耐热合金易使砂粒早期崩落，导致磨削表面粗糙度值增大。

(3) 与加工条件有关的因素

其包括磨削用量、冷却条件及工艺系统的精度与抗振性等。磨削用量有砂轮速度 v_s、工件速度 v_w、磨削深度 a_p 和纵向进给量 f 等。磨削用量对表面粗糙度的影响如图 3-8 所示。提高砂轮速度 v_s，就可能使表层金属塑性变形的传播速度跟不上磨削速度，材料来不及变形，从而使磨削表面的粗糙度值降低，如图 3-8(a)所示。工件速度 v_w 增加，塑性变形增加，表面粗糙度值增大，如图 3-8(b)所示。磨削深度 a_p 和纵向进给量 f 越大，塑性变形越大，从而增大了表面粗糙度值，如图 3-8(c)、(d)所示。

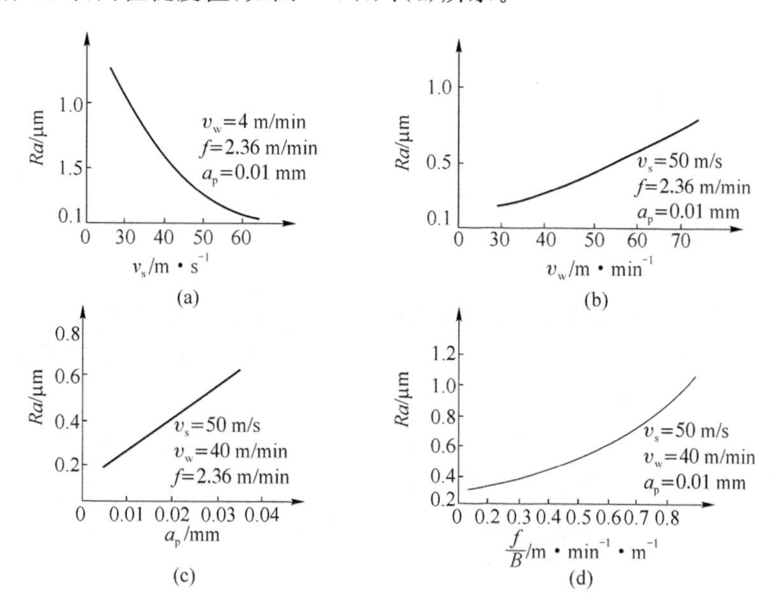

图 3-8 磨削用量对表面粗糙度的影响

砂轮磨削时温度高，热的作用占主导地位。采用切削液可以降低磨削区温度，减少烧伤，冲去脱落的砂粒和切屑，以免划伤工件，从而降低表面粗糙度值。但必须选择适当的冷却方法和切削液。

此外，对于外圆磨床、内圆磨床和平面磨床，其机床砂轮的主轴精度、进给系统的精度和平稳性、整个机床的刚度和抗振性等都和表面粗糙度有密切关系。

以上对影响表面粗糙度的因素作了分析，如何减少加工表面的粗糙度值，除了从上述几个方面考虑采取措施外，还可从加工方法上着手改善，如用研磨、珩磨、超精加工、抛光等。

3.3 影响零件表面层物理力学性能的因素及改善措施

3.3.1 表面层的加工硬化

1. 加工硬化的产生

机械加工过程中，工件表面层金属受切削力作用，产生强烈的塑性变形，使金属的晶格扭曲，晶粒被拉长、纤维化甚至破碎而引起表面层的强度和硬度增加，塑性降低，物理性能（如密度、导电性、导热性等）也有所变化。这种现象称为加工硬化，又称做冷作硬化或强化。加工表面除受力变形外，还受到机械加工中产生的切削热的影响。切削热在一定条件下会使金属在塑性变形中产生回复现象，使金属失去加工硬化中所得到的物理力学性能，这种现象称为软化。因此，金属在加工过程中最后的加工硬化取决于硬化速度与软化速度的比率。

2. 加工硬化的衡量指标

加工硬化的衡量指标有3个：表面层的显微硬度HV、硬化层深度 h_0 和硬化程度 N。硬化程度的公式为

$$N=\frac{\mathrm{HV}-\mathrm{HV}_0}{\mathrm{HV}_0}\times 100\%$$

式中，HV_0 为金属原来的显微硬度。

3. 影响加工硬化的因素

(1) 切削力越大，塑性变形越大，硬化程度和硬化层深度越大。例如，切削时进给量增大，切削力增大，塑性变形程度增大，硬化程度增大；磨削时，磨削深度和纵向进给速度增大，磨削力增大，塑性变形加剧，表面冷硬趋向增大。另外，刀具的刃口圆角和后刀面的磨损量增大，塑性变形增大，冷硬层深度和硬化程度随之增大。

(2) 切削温度越高，软化作用增大，冷硬作用减少。如切削速度增大，会使切削温度升高，有利于软化；磨削时提高磨削速度和纵向进给速度，有时会使磨削区产生较大热量而使冷硬减弱。

(3) 被加工材料的硬度低、塑性好，则切削时塑性变形越大，冷硬现象就越严重。各种机械加工方法在加工钢件时表面加工硬化的情况如表3-1所示。

表3-1 用各种机械加工方法加工钢件时表面加工硬化的情况

加工方法	硬化层深度 $h/\mu m$		硬化程度 $N/(\%)$		加工方法	硬化层深度 $h/\mu m$		硬化程度 $N/(\%)$	
	平均值	最大值	平均值	最大值		平均值	最大值	平均值	最大值
车削	30～50	200	20～50	100	滚齿、插齿	120～150	—	60～100	—
精细车削	20～60	—	40～80	120	外圆磨低碳钢	30～60	—	60～100	150
端铣	40～100	200	40～60	100	外圆磨未淬硬低碳钢	30～60	—	40～60	100
圆周铣	40～80	110	20～40	80	外圆磨淬火钢	20～40	—	25～30	—
钻孔、扩孔	180～200	250	60～70	—	平面磨	16～25	—	50	—
拉孔	20～75	—	50～100	—	研磨	3～7	—	2～17	—

3.3.2 表面层的残余应力

1. 表面层残余应力及其产生的原因

表面层残余应力是指外部载荷去除后，工件表面层及其与基体材料的交界处仍残存的互相平衡的应力。表面层残余应力的产生有以下三种原因。

(1) 冷态塑性变形引起的残余应力

在切削力作用下，已加工表面产生强烈的塑性变形。表面层金属比容增大，体积膨胀，与它相连的里层金属阻止其体积膨胀，如图3-9(a)所示。当刀具从被加工表面上去除金属

时，由于后刀面的挤、压和摩擦作用，加大了表面层伸长的塑性变形，表面层的伸长变形受到基体金属的限制，也在表面层产生了残余压应力，如图 3-9(b)所示。

(2) 热态塑性变形引起的残余应力

切削时，工件加工表面在切削热作用下产生热膨胀，此时金属基体温度较低，表层产生热压应力。切削过程结束时，表面温度下降，已产生热塑性变形的表层收缩并受到基体的限制，表面产生残余拉应力。

(3) 金相组织变化引起的残余应力

切削时产生的高温会引起表面层金相组织变化，因为不同金属组织的密度不同，因而引起残余应力。例如，马氏体密度为 7.75 g/cm^3，奥氏体密度为 7.96 g/cm^3，珠光体密度为 7.78 g/cm^3，铁素体密度为 7.88 g/cm^3。以淬火钢磨削为例，淬火钢原来的组织是马氏体，磨削加工后，表层可能产生回火，马氏体变为接近珠光体的屈氏体或索氏体，导致密度增大而体积减小，结果表面产生残余拉应力。

2. 影响表面层残余应力及磨削裂纹的因素

由前述可知，机械加工后表面层的残余应力是由冷态塑性变形、热态塑性变形和金相组织变化这 3 方面原因导致的综合结果。在一定条件下，其中某种或两种因素可能起主导作用。磨削时起主导作用的是“热”。

图 3-10 是三类磨削条件下产生的表面层残余应力的情况。精细磨削时，温度影响很小，更没有金相组织变化，主要是冷态塑性变形的影响，故表面产生浅而小的残余压应力；精磨时，热塑性变形起了主导作用，表面产生很浅的残余拉应力；粗磨时，表面产生极浅的残余压应力，接着就是较深且较大的残余拉应力，这说明表面产生了一薄层二次淬火层，下层是回火组织。

磨削裂纹的产生与工件材料及热处理规范有很大关系。磨削碳钢时，含碳量越高，越容易产生裂纹；当碳的质量分数小于 0.6%～0.7%时，几乎不产生裂纹；淬火钢晶界脆弱，渗碳、渗氮钢受温度影响大，磨削时易产生裂纹。

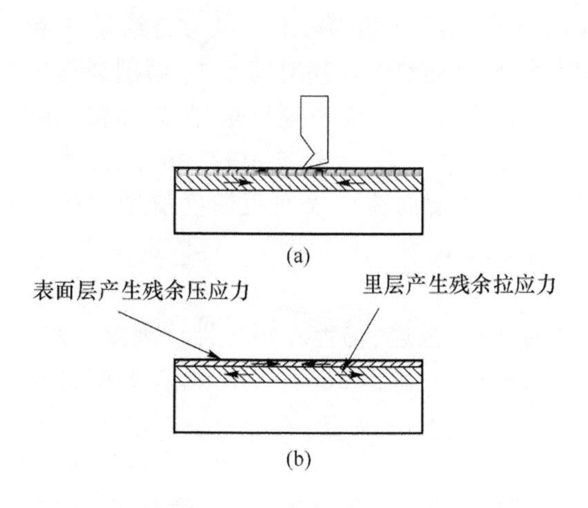

图 3-9　冷态塑性变形引起的残余应力

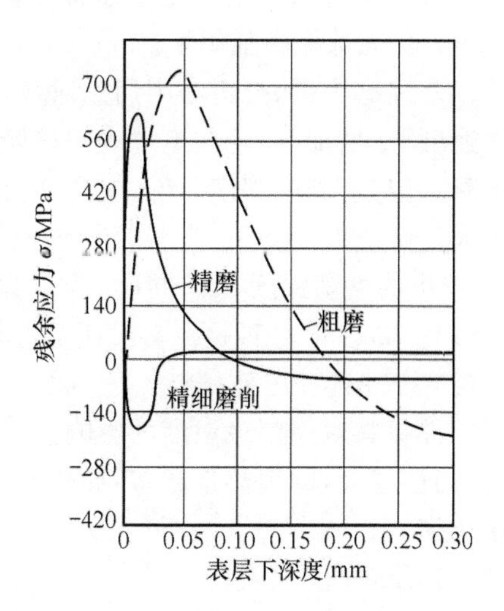

图 3-10　磨削时表面层残余应力的分布

3.3.3 表面层金相组织变化与磨削烧伤

1. 表面层金相组织变化与磨削烧伤的原因

机械加工过程中，在工件的加工区及其邻近的区域，温度会急剧升高，当温度超过工件材料金相组织变化的临界点时，就会发生金相组织变化。对于一般切削加工而言，温度还不会上升到如此程度。但对于磨削加工来说，由于单位面积上产生的切削热比一般切削方法要大几十倍，易使工件表面层的金相组织发生变化，从而使表面层的硬度和强度下降，产生残余应力，甚至引起显微裂纹。这种现象称为磨削烧伤。它将严重地影响零件的使用性能。

磨削烧伤时，表面因磨削热产生的氧化层厚度不同，往往会出现黄、褐、紫、青等颜色变化，有时在最后的光磨时，磨去了表面烧伤变化层，实际上烧伤层并未完全去除，这会给工件带来隐患。

磨淬火钢时，在工件表面层上形成的瞬时高温将使表面金属产生以下三种金相组织变化。

(1) 如果工件表面层温度未超过相变温度(一般中碳钢为 720 ℃)，但超过马氏体的转变温度(一般中碳钢为 300 ℃)，这时马氏体将转变为硬度较低的回火屈氏体或索氏体，这叫回火烧伤。

(2) 当工件表面层温度超过相变温度时，如果这时有充分的切削液，则表面层将急冷形成二次淬火马氏体，硬度比回火马氏体高，但很薄，只有几微米厚。其下为硬度较低的回火索氏体和屈氏体，导致表面层总的硬度降低。这称为淬火烧伤。

(3) 当工件表面层温度超过相变温度时，马氏体转变为奥氏体。如果这时无切削液，则表面硬度急剧下降，工件表层被退火，这种现象称为退火烧伤。干磨时很容易产生这种现象。

2. 影响磨削烧伤的因素及改善措施

磨削热是造成磨削烧伤的根源，故改善磨削烧伤有两种途径：一是尽可能减少磨削热的产生；二是改善冷却条件，尽量使产生的热量少传入工件。

改善措施可以从以下几个方面入手。

(1) 合理选择磨削用量

以外圆磨为例，分析磨削用量对烧伤的影响。磨削深度 a_p 下降，工件纵向进给量 f 和工件速度 v_w 增加，砂轮与工件表面接触时间相对减少，因而热的作用时间减少，磨削烧伤程度下降。但是，磨削深度降低，生产率会下降，工件纵向进给量和工件速度增加，表面粗糙度值增大。解决办法如下：为减轻烧伤而同时又保持高的生产率，一般选用较大的工件速度 v_w 和较小的磨削深度 a_p。同时，为了弥补因增大工件速度而造成表面粗糙度值增大的缺陷，可以提高砂轮速度 v_s。实践证明，同时提高砂轮速度 v_s 和工件速度 v_w，可以避免烧伤。

(2) 合理选择工件材料

工件材料对磨削区温度的影响主要取决于它的硬度、强度、韧性和热导性。硬度、强度越高，韧性越大，磨削热量越多；导热性差的材料，如耐热钢、轴承钢、不锈钢等，在磨削时易产生烧伤。

(3) 合理选择砂轮

软砂轮较好，对于硬度太高的砂轮，钝化砂粒不易脱落，容易产生烧伤。砂轮结合剂最好采用具有一定弹性的材料，如树脂、橡胶等。一般来说，选用粗粒度砂轮磨削，不容易产生烧伤。

(4) 合理选择冷却条件

采用切削液带走磨削区的热量可以避免烧伤。磨削时,一般冷却效果较差,由于高速旋转的砂轮表面上产生强大气流层,实际上没有多少切削液能进入磨削区。

比较有效的冷却方法是增加切削液的流量和压力并采用特殊喷嘴,如图 3-11 所示。这样可加强冷却作用,并能使切削液顺利地喷注到磨削区。另外,还可采用多孔性砂轮(孔隙占 34%~70%),切削液不是直接注入磨削区,而是从砂轮内部在离心力作用下送入磨削区,发挥有效的冷却作用。图 3-12 所示为内冷却砂轮。

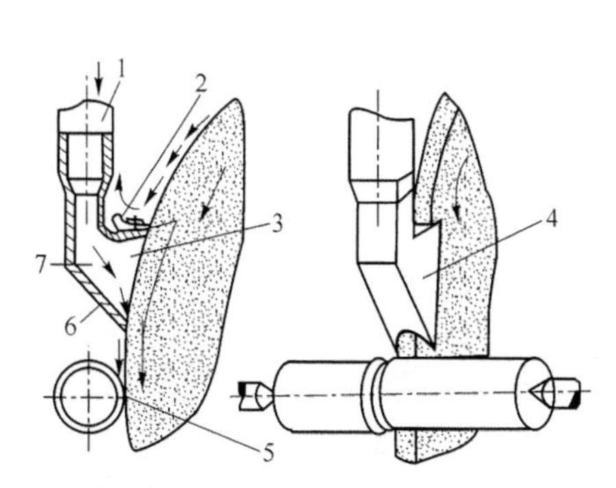

1—液流导管；2—可调气流挡板；3—空腔区；
4—喷嘴罩；5—磨削区；6—排液区；7—液嘴

图 3-11　冷却液喷嘴

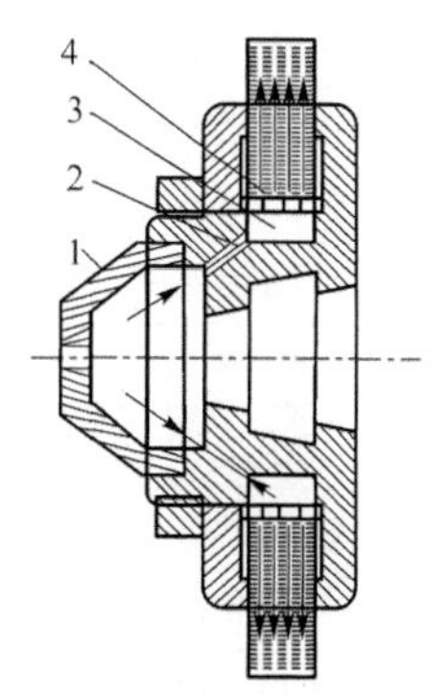

1—锥形盖；2—切削液通孔；
3—砂轮中心腔；4—径向小孔的薄壁套

图 3-12　内冷却砂轮结构

3.3.4　提高和改善零件表面层物理力学性能的措施

1. 零件破坏形式和最终工序的选择

一般来说,零件表面残余应力的数值及性质主要取决于零件最终工序加工方法的选择。因此,最终工序加工方法的选择须考虑零件的具体工作条件及零件可能产生的破坏形式。

(1) 疲劳破坏

疲劳破坏是指在交变载荷的作用下,机器零件表面上局部产生微观裂纹,继而在拉应力作用下,原生裂纹扩大,最终导致零件破坏。

从提高零件抵抗疲劳破坏的角度考虑,最终工序应选择能在加工表面产生残余压应力的加工方法。

(2) 滑动磨损

滑动磨损指的是两个零件做相对滑动,滑动面逐渐磨损的现象。

滑动摩擦工作应力分布如图 3-13 所示。从提高零件抵抗滑动摩擦引起的磨损考虑,最终工序应选择能在加工表面产生残余拉应力的加工方法。从抵抗粘接磨损、扩散磨损、化学磨损考虑对残余应力的性质无特殊要求时,应尽量减小表面残余应力值。

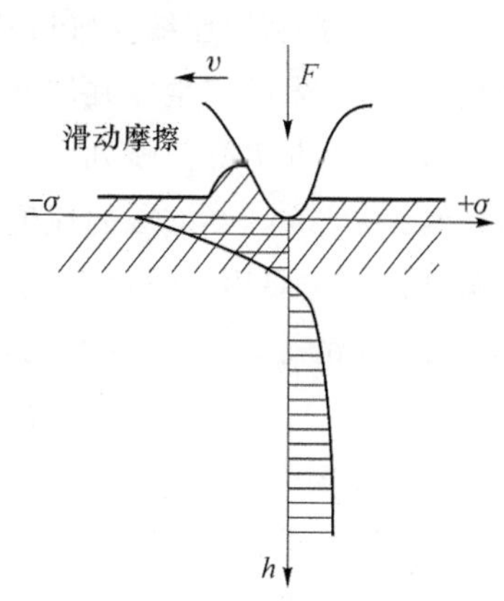

图 3-13　应力分布图

(3) 滚动磨损

滚动磨损指的是两个零件做相对滚动,滚动面将逐渐磨损的现象。引起滚动磨损的决定性因素是表面层下深 h 处的最大拉应力。

从提高零件抵抗滚动摩擦引起的磨损考虑，最终工序应选择能在表面层下深 h 处产生压应力的加工方法。

各种加工方法在工件表面残留的内应力情况如表 3-2 所示。此表可供选择最终工序的加工方法时参考。

表 3-2　各种加工方法在工件表面上残留的内应力

加工方法	残余应力符号	残余应力值 σ/MPa	残余应力层深度 h/mm
车削	一般情况下，表面受拉，里层受压；$v_c = 500$ m/min 时，表面受压，里层受拉	200～800，刀具磨损后达 1 000	一般情况下，h 为 0.05～0.10；当用大负前角（$\gamma = -30°$）车刀、v_c 很大时，h 可达 0.65
磨削	一般情况下，表面受压，里层受拉	200～1 000	0.05～0.30
铣削	同车削	600～1 500	—
碳钢淬硬	表面受压，里层受拉	400～750	—
钢珠滚压钢件	表面受压，里层受拉	700～800	—
喷丸强化钢件	表面受压，里层受拉	1 000～1 200	—
渗碳淬火	表面受压，里层受拉	1 000～1 100	—
镀铬	表面受拉，里层受压	400	—
镀钢	表面受拉，里层受压	200	—

2. 表面强化工艺

由前述可知，表面质量尤其是表面层的物理力学性能，对零件的使用性能及寿命影响很大，如果最终工序不能保证零件表面获得预期的表面质量要求，则可在工艺过程中增设表面强化工序，以改善表面性能。表面强化工艺是指通过冷压加工方法使表面层金属发生冷态塑性变形，以降低表面粗糙度值，提高表面硬度，并在表面层产生残余压应力。这种方法工艺简单，成本低廉，应用广泛。表面强化常用的工艺方法有喷丸强化、滚压加工、液体磨料强化，以上均属于无屑光整加工的方法，这些方法能显著提高零件的表面质量。

（1）喷丸强化

这种方法是利用压缩空气或离心力将大量的珠丸（直径为 0.4～4 mm）以高速打击被加工零件表面，使表面产生冷硬层和残余压应力，可以显著提高零件的疲劳强度。珠丸可以是铸铁或砂石，钢丸更好。喷丸所用设备是压缩空气喷丸装置或机械离心式喷丸装置，这些装置能使珠丸以 35～50 m/s 的速度喷出，如图 3-14 所示。

喷丸加工主要用于强化形状复杂的零件，如齿轮、连杆、曲轴等，也可用于一般零件，如板弹簧、履带销等。零件经喷丸强化后，硬化层深度可达 0.7 mm，表面粗糙度 Ra 可由 3.2 μm减少到 0.4 μm，使用寿命可提高几倍到几十倍。

（2）滚压加工

这种方法是利用淬硬的滚压工具（滚轮或滚珠）在常温下对工件表面施加压力，使其产生塑性变形，工件表面上原有的波峰被填充到相邻的波谷中，以减小表面粗糙度值，并使表面产生冷硬层和残余压应力，从而提高零件的承载能力和疲劳强度，如图 3-15 所示。

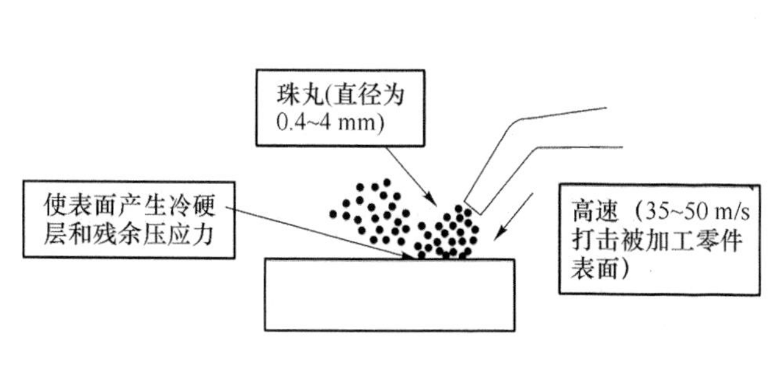

图 3-14　喷丸强化工艺

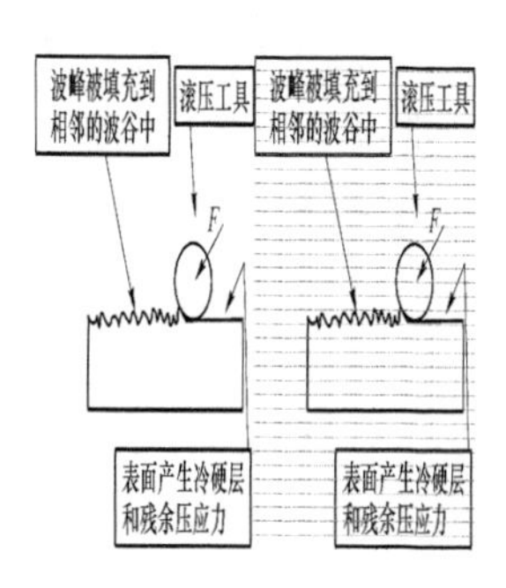

图 3-15　滚压加工工艺

滚压加工一般可使表面层硬度提高 20%～40%，表面层金属的耐疲劳强度可提高 30%～50%。滚压可以加工外圆、孔、平面及成形表面，通常在卧式车床、转塔车床或自动车床上进行。

(3) 液体磨料强化

液体磨料强化是利用液体和磨料的混合物强化工件表面的方法，如图 3-16 所示。液体和磨料在 400～800 kPa 下，经过喷嘴高速喷出，射向工件表面，借磨粒的冲击作用，磨平工件表面的表面粗糙度波峰并碾压金属表面。由于磨粒的冲击和微量切削作用，工件表面产生几十微米的塑性变形层。加工后的工件表面层具有残余压应力，提高了工件的耐磨性、抗蚀性和疲劳强度。

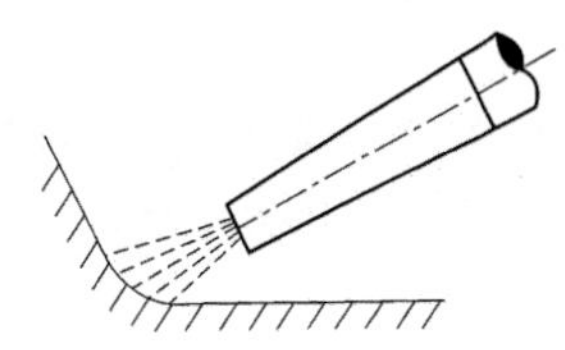

图 3-16　液体磨料强化工艺

液体磨料强化工艺最宜于加工复杂型面，如锻模、汽轮机叶片、螺旋桨、仪表零件和切削刀具等。

3.4　工艺系统的振动

机械加工中产生的振动是一种破坏正常切削过程的极其有害的现象。它不仅改变了刀具工件之间的正确位置，使工件表面产生振纹，降低加工精度，而且还会缩短刀具、机床的寿命。同时，振动产生的噪声污染环境，也恶化了工人的劳动条件。因此，研究机械加工中的振动，了解振动的原因，掌握它的产生、发展的规律，探求有效的消除、减振措施，是机械制造领域的一项重要课题。

3.4.1　概述

机械加工中的振动有自由振动、强迫振动和自激振动三类。

1. 自由振动

自由振动指的是当系统受到初始干扰力作用而破坏了其平衡状态后，系统仅靠弹性恢复力来维持的振动。其特点是：振动的频率就是系统的固有频率；自由振动将逐渐衰减。在切削过程中，加工材料硬度不均或工件表面有缺陷都会引起自由振动。但由于阻尼作用，振动将迅速减弱，因而对机械加工影响不大。

2. 强迫振动

强迫振动是由外界周期性激振力引起和维持的振动。强迫振动时外界干扰力的含义很广,“外界”既可指工艺系统以外,也可指工艺系统内部由刀具和工件组成的切削系统,但总的都是指振动系统(通常只由质量、弹簧和阻尼构成)以外。

3. 自激振动

由于偶然因素引起工艺系统振动,振动本身产生了交变力,这个交变力使得振动得以维持,这种无外界交变力持续作用而又不衰减的振动称为自激振动。切削过程中产生的自激振动也称为颤振。

据统计,强迫振动约占 30%,自激振动约占 65%,自由振动所占比重则很小。

近来,对切削机理进行研究后得到这样的观点,即在切削过程中,切屑不是根据刀尖与工件间的静力学关系形成的,而是由连续地产生与一次冲击破坏机理相类似的动力学关系而形成的。因此,有人利用振动来更好地切削,如振动磨削、振动研抛、超声波加工等,都是利用振动来提高表面质量或生产率。

由于自由振动对机械加工影响很小,本节主要讨论机械加工过程中的强迫振动和自激振动的规律。

3.4.2 强迫振动

1. 产生强迫振动的原因

强迫振动是由于机床外部和内部振源的激振力所引发的振动。其具体原因如下。

(1) 系统外部的周期性激振力。如其他机床或机器的振动通过地基传给正在进行加工的机床,引起工艺系统振动。

(2) 高速回转零件的质量不平衡引起的振动。如砂轮、齿轮、电动机转子、带轮、联轴器等旋转件不平衡产生离心力而引起强迫振动。

(3) 传动机构的缺陷和往复运动部件的惯性力引起的振动。如齿轮啮合时的冲击、带传动中的带厚不均或接头不良、滚动轴承滚动体误差、液压系统中的冲击现象以及往复运动部件换向时的惯性力等,都会引起强迫振动。

(4) 切削过程的间歇性。有些加工方法如铣削、拉削及滚齿等,切削的不连续导致切削力的周期性变化,引起强迫振动。

2. 强迫振动的数学描述及特性

工艺系统是多自由度的振动系统,振动形态非常复杂。要精确地描述多自由度的振动系统是很困难的,但就其某一特定的自由度而言,其振动特性与相应频率的单自由度有近似之处,可简化为单自由度系统来分析。

图 3-17(a)所示为内圆磨削示意图。在加工中磨头受周期性变化的干扰力产生振动,由于磨头系统的刚度远比工件的刚度低,故可把磨削系统简化为一个单自由度系统。为此,把磨头简化为一个等效质量块 m;把质量块 m 支承在刚度为 k 的等效弹簧上;系统中存在的阻尼 δ 相当于与等效弹簧并联;作用在 m 上的交变力假设为简谐激振力 $F\sin\omega t$。这样就可以得到单自由度系统典型的动力学模型,如图 3-17(b)所示。m 的受力情况如图 3-17(c)所示,作用在 m 上的力有与位移成正比的弹性恢复力 kx、与运动速度成正比的粘性阻尼力 $\delta\dot{x}$ 和简谐激振力 $F\sin\omega t$,则该系统的运动方程式为

$$m\ddot{x}+\delta\dot{x}+kx=F\sin\omega t \tag{3-1}$$

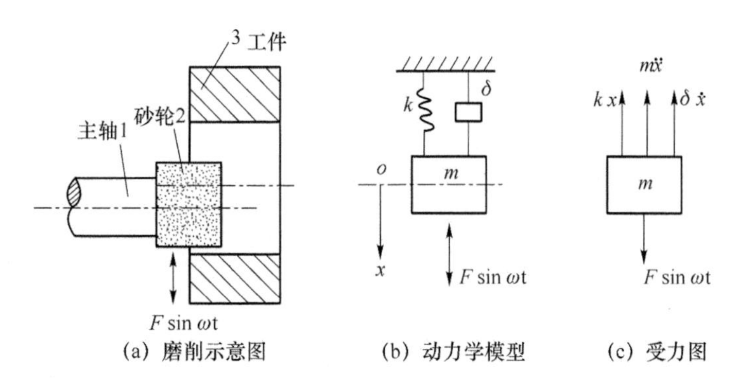

(a) 磨削示意图　(b) 动力学模型　(c) 受力图

图 3-17　内圆磨削振动系统

式(3-1)是一个二阶常系数线性非齐次微分方程，根据微分方程理论，当系数为小阻尼时，它的解由令$\frac{F}{m}=0$而得到的齐次方程的通解和非齐次方程的一个特解组成。

$$x=A_1\mathrm{e}^{-\omega t}\sin\left(\sqrt{\omega_0^2-\alpha^2 t}+\varphi_1\right)+A_2\sin(\omega t-\varphi) \tag{3-2}$$

式中，α为衰减系数，$\alpha=\frac{\delta}{2m}$；ω_0为系统无阻尼振动时的固有频率，$\omega_0^2=\frac{k}{m}$；ω为激振力圆频率。

式(3-2)的第一项(通解)为有阻尼的自由振动过程，如图 3-18(a)所示，经过一段时间后，这部分振动衰减为零。式(3-2)的第二项(特解)如图 3-18(b)所示，是圆频率等于激振圆频率的强迫振动。图 3-18(c)为两种解叠加后的振动过程。可以看到，经历过渡过程以后，强迫振动是稳定的振动过程。

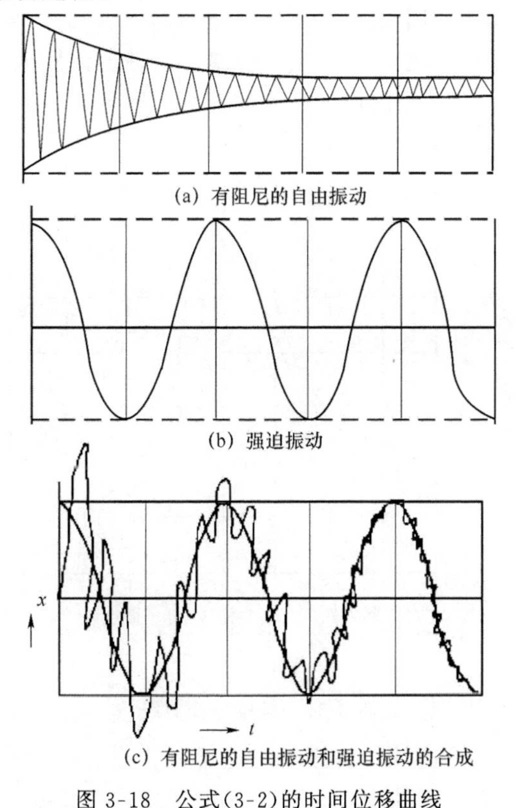

(a) 有阻尼的自由振动

(b) 强迫振动

(c) 有阻尼的自由振动和强迫振动的合成

图 3-18　公式(3-2)的时间位移曲线

进入稳态后的振动方程为

$$x=A\sin(\omega t-\varphi) \tag{3-3}$$

式中，A 为强迫振动的幅值；φ 为振动体位移相对于激振力的相位角；t 为时间。

其中强迫振动的振幅为

$$A=\frac{f}{\sqrt{(\omega_0^2-\omega^2)^2+4\alpha^2\omega^2}}=\frac{A_0}{\sqrt{(1-\lambda^2)^2+(2\xi\lambda)^2}}$$

相位角为

$$\varphi=\arctan\frac{2\xi\lambda}{1-\lambda^2}$$

式中，$f=F/m$；A_0 为系统在静力 F 作用下的静位移(m)，$A_0=\dfrac{f}{\omega_0^2}=\dfrac{F/m}{k/m}=\dfrac{F}{k}$；$k$ 为系统的静刚度(N/m)；λ 为频率比，$\lambda=\omega/\omega_0$；ξ 为阻尼比，$\xi=\dfrac{\alpha}{\omega_0}=\dfrac{\delta/2m}{\sqrt{k/m}}=\dfrac{\delta}{2\sqrt{km}}=\dfrac{\delta}{\delta_c}$；$\xi_c$ 为临界阻尼系数，$\xi_c=2\sqrt{km}$。

由此可见，强迫振动的特性可归纳如下。

(1) 强迫振动是由周期性激振力引起的，不会被阻尼衰减掉，振动本身也不能使激振力变化。

(2) 强迫振动的振动频率与外界激振力的频率相同，而与系统的固有频率无关。

(3) 强迫振动的幅值既与激振力的幅值有关，又与工艺系统的动态特性有关。

以频率比 $\lambda=\omega/\omega_0$ 为横坐标，以动态放大系数 $\eta=A/A_0$(强迫振动的振幅与系统静位移的比值)为纵坐标，以阻尼比 ξ 为参变量，作出强迫振动的幅频特性曲线，如图 3-19 所示。从图中可以看出，当激振力的频率很小($\omega=0$ 或 $\lambda=\omega/\omega_0\ll1$)时，$\eta\approx1$，此时的振幅相当于把激振力作为静载荷加在系统上，使系统产生静位移。这种现象发生在 $0\leqslant\lambda\leqslant0.7$ 的范围，故称此范围为静力区。显然，在该区内增加系统的静刚度即可减少振动。

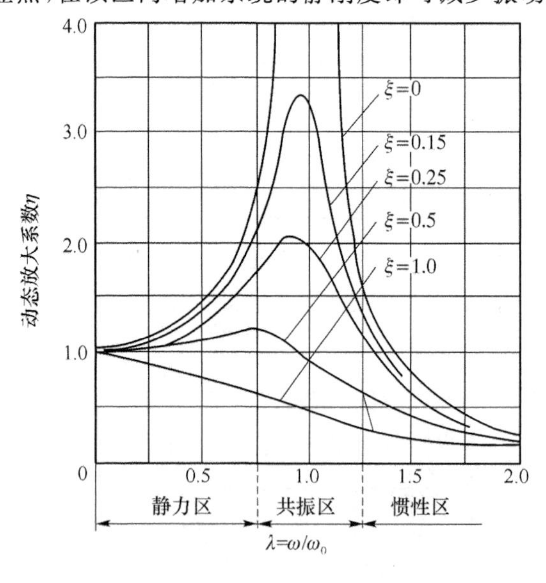

图 3-19 幅频特性曲线

当激振频率增大时，λ 也逐渐增大，振幅迅速增大。当 λ 接近或等于 1 时，振幅急剧增加，这种现象称为共振，故将范围在 $0.7\leqslant\lambda\leqslant1.3$ 的区域称为共振区。工程上常把系统的固有频率定为共振频率，而把固有频率前后20%～30%的区域作为禁区以免共振。改变系统固有频率、改变激振力的频率、提高阻尼比、增加静刚度等均有消振的作用。

当激振频率增大到$\lambda \gg 1$时，$\eta \to 0$，振幅迅速下降，甚至振动消失。这表明振动系统的惯性跟不上快速变化的激振力，这个区域称为惯性区，其范围为$\lambda \geqslant 1.3$。在惯性区内，阻尼的影响大大减少，系统的振幅小于静位移，并且可用增加系统的质量来提高系统的抗振性。当系统在周期性动载荷作用下，交变力的幅值与振幅（动态位移）之比即$k_d = F/A = k\sqrt{(1-\lambda^2)^2+(2\xi\lambda)^2}$定义为系统的动刚度，动刚度的倒数定义为动柔度。当激振频率$\omega=0$（即$\lambda=0$）时，动载荷变为静载荷，且$k_d=k$，系统产生静位移A_0；当$\omega=\omega_0$共振时，k_d出现最小值。在相同频率比的条件下，随着阻尼比ξ增大，系统的动刚度增大，则系统的抗振性增强。

3. 消除或减弱强迫振动的措施

（1）减小激振力

对于机床上高转速（600 r/min以上）的零件，必须对其进行平衡以减小和消除激振力，如砂轮、卡盘、电动机转子及刀盘等；提高带传动、链传动、齿轮传动及其他传动结构的稳定性，如采用完善的带接头、以斜齿轮或人字齿轮代替直齿轮等；使动力源与机床本体放在两个分离的基础上。

（2）调整振源频率

在选择转速时，尽可能使引起强迫振动的振源的频率避开共振区；使工艺系统部件在准静态区或惯性区运行，以免发生共振。

（3）采取隔振措施

隔振方式有两种：一种是主动隔振来阻止机床振源通过地基外传；另一种是被动隔振来阻止外干扰力通过地基传给机床。不论哪种方式，都是用弹性隔振装置将需防振的机床或部件与振源分开，使大部分振动被吸收，从而达到减小振源危害的目的。常用的隔振材料有橡皮、金属弹簧、空气弹簧、泡沫、乳胶、软木、矿渣棉、木屑等。

3.4.3 自激振动

1. 自激振动的特性

切削加工时，在没有周期性外力作用的情况下，有时刀具与工件之间也可能产生强烈的相对振动，并在工件的加工表面上残留明显的、有规律的振纹。这种由振动系统本身产生的交变力激发和维持的振动称为自激振动，如图3-20所示。

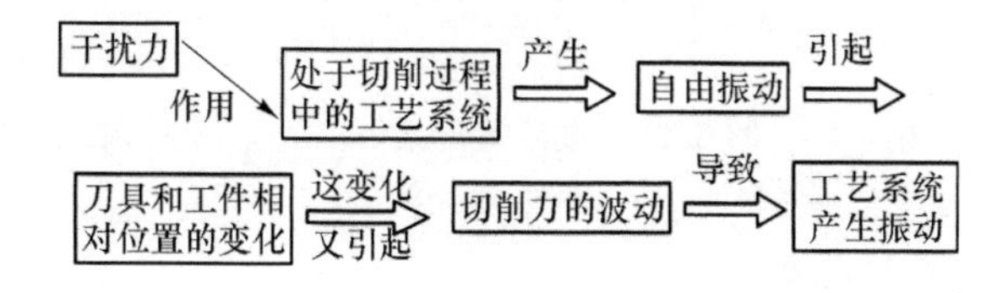

图3-20 自激振动产生示意图

实际切削过程中，工艺系统受到干扰力作用产生自由振动后，必然要引起刀具和工件相对位置的变化，这一变化若又引起切削力的波动，则使工艺系统产生振动，因此通常将自激振动看成是由振动系统（工艺系统）和调节系统（切削过程）两个环节组成的一个闭环系统。

如图 3-21 所示。自激振动系统是一个闭环反馈自控系统，调节系统把持续工作用的能源能量转变为交变力对振动系统进行激振，振动系统的振动又控制切削过程产生激振力，以反馈制约进入振动系统的能量。由此可见，自激振动不同于强迫振动，它具有下列特性。

(1) 自激振动的频率等于或接近系统的固有频率，即由系统本身的参数所决定。

(2) 自激振动是由外部激振力的偶然触发而产生的一种不衰减运动，维持振动所需的交变力是由振动过程本身产生的。在切削过程中，停止切削运动，交变力也随之消失，自激振动也就停止。

(3) 自激振动能否产生和维持取决于每个振动周期内摄入和消耗的能量。自激振动系统维持稳定振动的条件是，在一个振动周期内，从能源输入到系统的能量(E_+)等于系统阻尼所消耗的能量(E_-)。如果吸收能量大于消耗能量，则振动会不断加强；如果吸收能量小于消耗能量，则振动将不断衰减而被抑制。

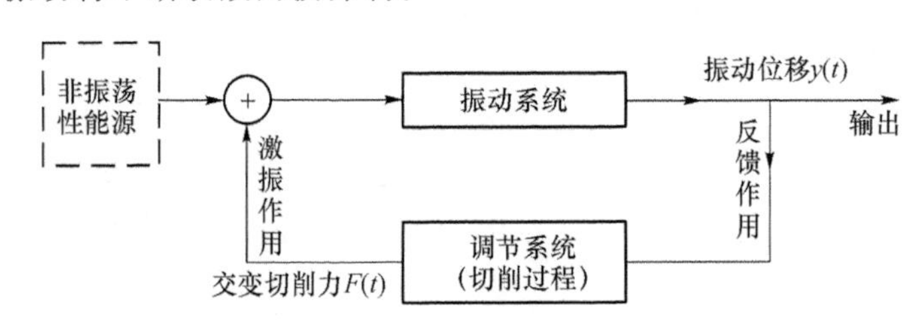

图 3-21　自激振动系统的组成

2. 消除或减弱自激振动的措施

(1) 合理选择切削用量

图 3-22 是切削速度与振幅 A 的关系曲线。从图中可以看出，在低速或高速切削时，振动较小。图 3-23 和图 3-24 是切削进给量和切削深度与振幅 A 的关系曲线。它们表明，选较大的进给量和较小的切削深度有利于减少振动。

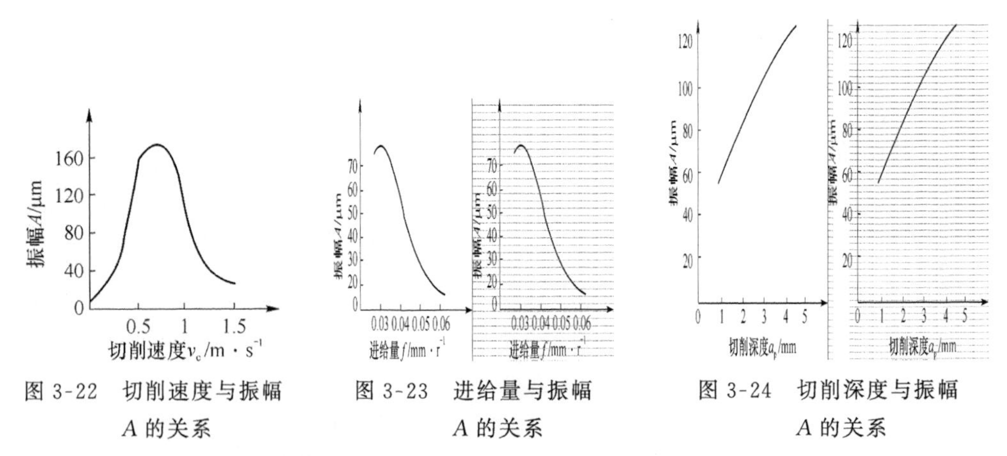

图 3-22　切削速度与振幅 A 的关系

图 3-23　进给量与振幅 A 的关系

图 3-24　切削深度与振幅 A 的关系

(2) 合理选择刀具几何参数

刀具几何参数中对振动影响最大的是主偏角 K_r 和前角 γ_0。主偏角增大，则垂直于加工表面方向的切削分力 F_y 减小，实际切削宽度减小，故不易产生自振。如图 3-25 所示，主偏角 $K_r=90°$时，振幅最小；主偏角 $K_r>90°$，振幅增大。如图 3-26 所示，前角 γ_0 越大，切削力越小，振幅也小。

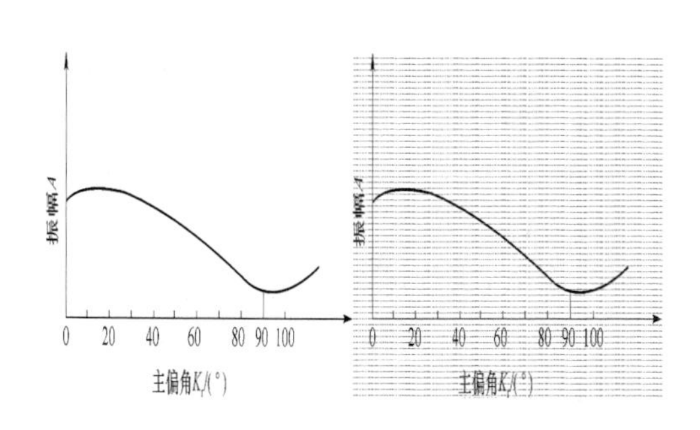

图 3-25　主偏角 K_r 对振幅 A 的影响

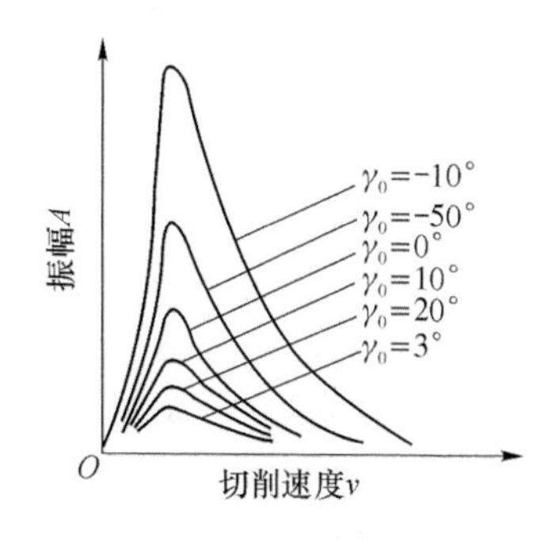

图 3-26　前角 γ_0 对振幅的影响

(3) 增加切削阻尼

适当减小刀具后角($\alpha_0=2°\sim3°$)，可以增大工件和刀具后刀面之间的摩擦阻尼。还可在后刀面上磨出带有负后角的消振棱，如图 3-27 所示。

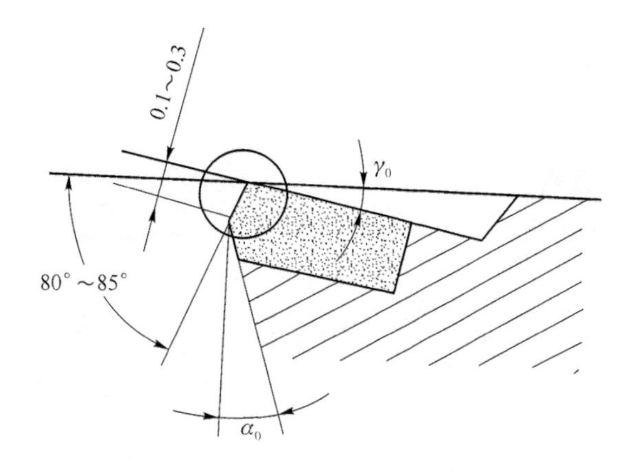

图 3-27　车刀消振棱

(4) 增强系统工艺抗振性和稳定性

① 提高工艺系统的刚度。

首先要提高工艺系统薄弱环节的刚度，合理配置刚度主轴的位置，使小刚度主轴位于切削力和加工表面法线方向的夹角范围之外。例如，调整主轴系统、进给系统的间隙，合理改变机床的结构，减小工件和刀具安装中的悬伸长，车刀反装切削等。

其次是减轻工艺系统中各构件的质量，因为质量小的构件在受动载荷作用时惯力小。

② 增大系统的阻尼。

工艺系统的阻尼主要来自零部件材料的内阻尼、结合面上的摩擦阻尼以及其他附加阻尼。增大系统的阻尼的方法有：a. 选用阻尼比大的材料制造零件；b. 把高阻尼的材料附加到零件上去，如图 3-28 所示的薄壁封砂的床身结构可提高抗振性，增加摩擦阻尼；c. 对于机床的活动结合面，可通过间隙调整施加预紧力增大摩擦；d. 对于固定结合面应增加摩擦阻尼，如选用合理的加工方法、表面粗糙度等级、结合面上的比压以及固定方式等。

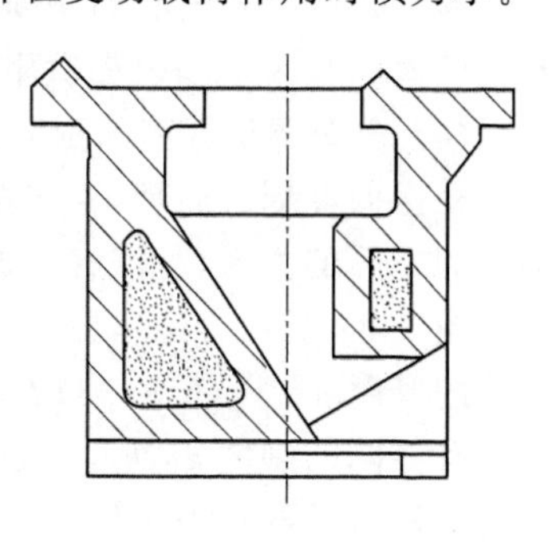

图 3-28　薄壁封砂床身

(5) 采用各种消振减振措施

当采用上述措施仍然达不到消振的目的时,可考虑使用减振装置。减振装置通常都是附加在工艺系统中,用来吸收或消耗振动时的能量,达到减振的目的。它对抑制强迫振动和颤振同样有效,是提高工艺系统抗振性的一个重要途径,但它并不能提高工艺系统的刚度。减振装置主要有阻尼器和减振器两种类型。

阻尼器是利用固体或液体的阻尼来消耗振动的能量,实现减振。图 3-29 所示为利用多层弹簧片相互摩擦消除振动能量的干摩擦阻尼器。弹簧的压紧程度取决于待消除的振动的强度。阻尼器的减振效果与其运动速度的快慢、行程的大小有关,运动越快、行程越长,则减振效果越好,故阻尼器应装在振动体相对运动最大的地方。

减振器又分为动力式减振器和冲击式减振器两种。动力式减振器是利用弹性元件把一个附加质量块连接到系统上,利用附加质量的动力作用,使弹性元件加在系统的力与系统的激振力相互抵消,以此来减弱振动。图 3-30 所示为用于镗刀杆的动力减振器,这种减振器用微孔橡皮衬垫做弹性元件,并有附加阻尼作用,因而能得到较好的消振作用。

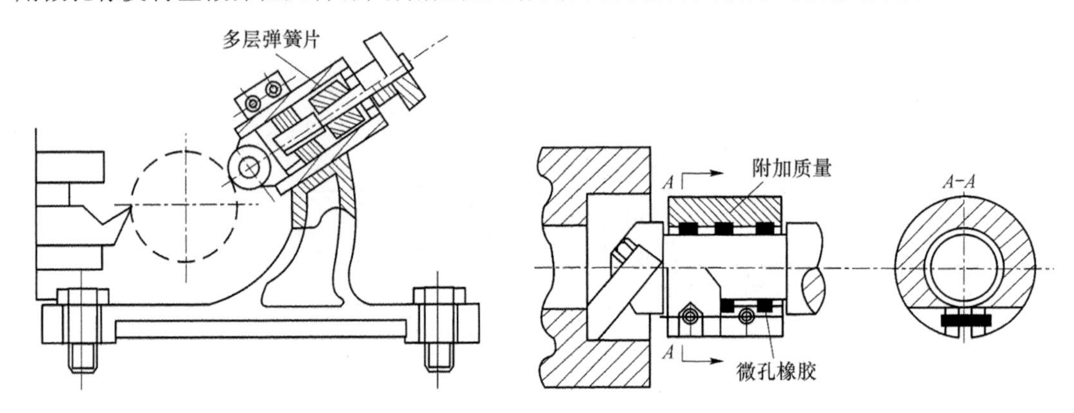

图 3-29 干摩擦阻尼器　　图 3-30 用于镗刀杆的动力减振器

冲击式减振器是由一个与振动系统刚性连接的壳体和一个在壳体内自由冲击的质量块组成的,当系统振动时,自由质量块反复冲击壳体,以消耗振动能量,达到减振的目的。冲击式减振器的典型结构与动力学模型如图 3-31 所示。为了获得最佳碰撞条件,希望振动体和冲击块都以最大的速度运动时碰撞,这样会造成最大的能量损失。为达到共振的最佳效果,应保证质量块在壳体内的间隙 $\Delta=\pi A$(A 为振动体 M 的振幅)。另外,冲击的材料要选密度大、弹性恢复系数大的材料制造。

冲击式减振器虽有因碰撞产生噪声的缺点,但由于其具有结构简单、质量轻、体积小以及在较大的频率范围内都适用的优点,所以应用较广。

(6) 合理调整振型的刚度比

根据振型耦合原理,工艺系统的振动还受到各振型的刚度比及其组合的影响。合理调整它们之间的关系,可以有效提高系统的抗振性,抑制自激振动。

图 3-32 所示为削扁镗杆,刀头 2 用螺钉 3 固定在镗杆的任意角度位置上。镗杆 1 削扁部分的厚度 $a=(0.6\sim0.8)d$,其中 d 为镗杆直径。镗杆削扁后,两个互相垂直的主振型模态具有不同的刚度 k_1、k_2,再通过刀头 2 在镗杆上的转位调整,即可找到稳定性较高的方位角 α(α 为加工表面法向与镗杆削边垂线的夹角)。

取镗杆 $a=0.8d$,$v_c=40$ m/min,$f=0.3$ mm/r,$a_p=5$ mm,镗杆悬伸长度为 550 mm。

由图 3-32(b)可知，当 15°<α<150°时，不产生自激振动。

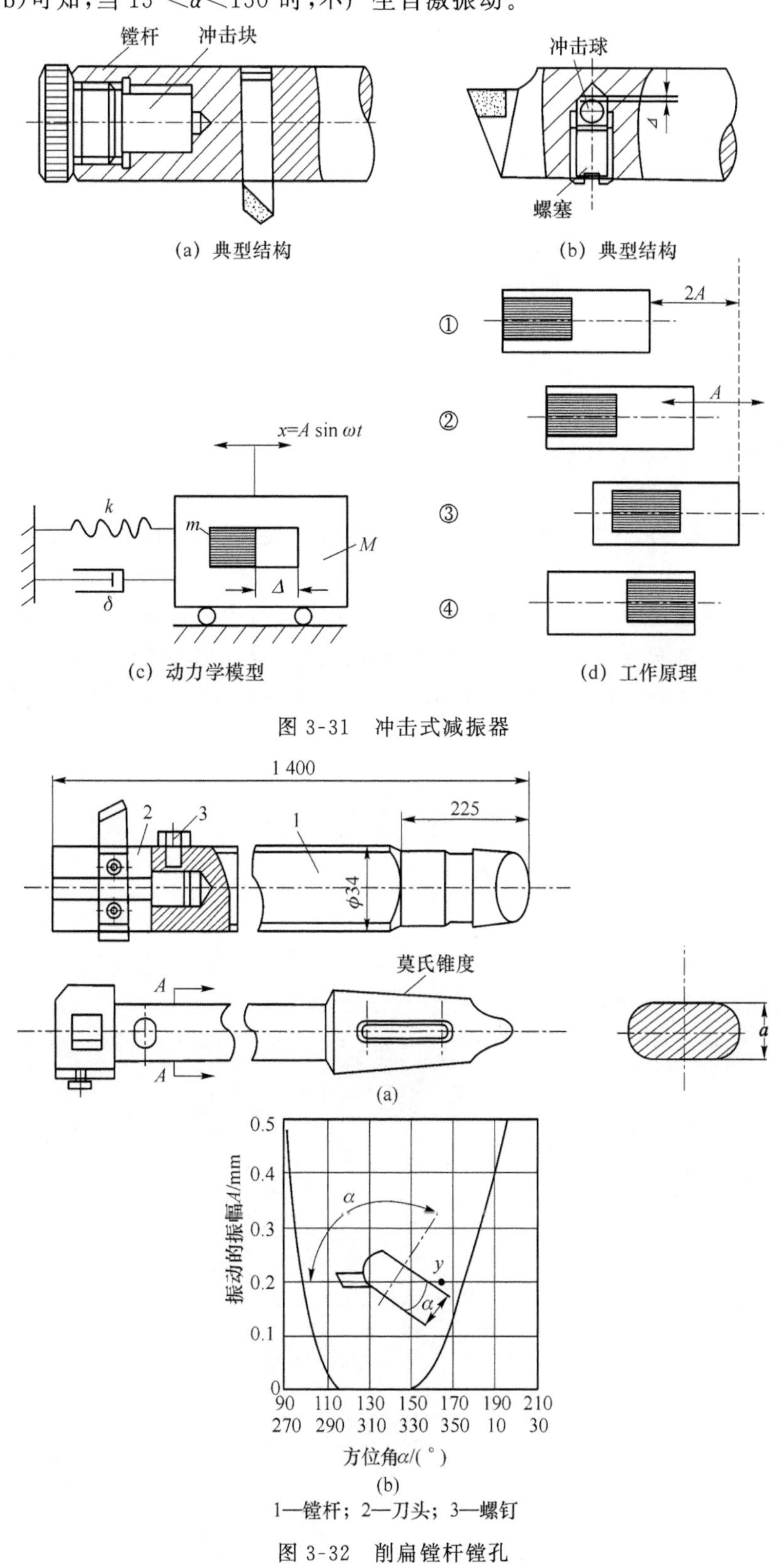

(a) 典型结构　(b) 典型结构

(c) 动力学模型　(d) 工作原理

图 3-31　冲击式减振器

(a)

(b)

1—镗杆；2—刀头；3—螺钉

图 3-32　削扁镗杆镗孔

思 考 题

3-1 机器零件的表面质量包括哪几个方面的内容？为什么说零件的表面质量与加工精度对保证机器的工作性能来说具有同等重要的意义？

3-2 影响切削表面粗糙度的因素有哪些？

3-3 什么是加工硬化？影响加工硬化的因素有哪些？

3-4 什么是回火烧伤、淬火烧伤和退火烧伤？

3-5 为什么会产生磨削烧伤？减少磨削烧伤的方法有哪些？

3-6 为什么同时提高砂轮速度和工件速度可以避免产生磨削烧伤、减少表面粗糙度并能提高生产率？

3-7 试述产生磨削裂纹的原因。

3-8 为什么要注意选择机器零件加工最终工序的加工方法？

3-9 表面强化工艺为什么能改善工件表面质量？生产中常用的各种表面强化工艺方法有哪些？

3-10 什么是强迫振动？它与自由振动有何区别？减少强迫振动的基本途径有哪些？

3-11 什么是自激振动？它与强迫振动有何区别？通过哪些措施可以抑制自激振动？

3-12 查找相关的资料，并思考高精表面质量在现在的高科技行业中的具体应用。

第4章　典型零件的加工

4.1　轴类零件的加工

4.1.1　概述

1. 轴类零件的功用与结构特点

轴是机械加工中常见的典型零件之一。它在机械中主要用于支承齿轮、带轮、凸轮以及连杆等传动件，以传递扭矩。按结构形式的不同，轴可以分为阶梯轴、锥度心轴、光轴、空心轴、曲轴、凸轮轴、偏心轴、各种丝杠等，其中阶梯传动轴应用较广，其加工工艺能较全面地反映轴类零件的加工规律和共性。图 4-1 所示为轴的种类示意图。

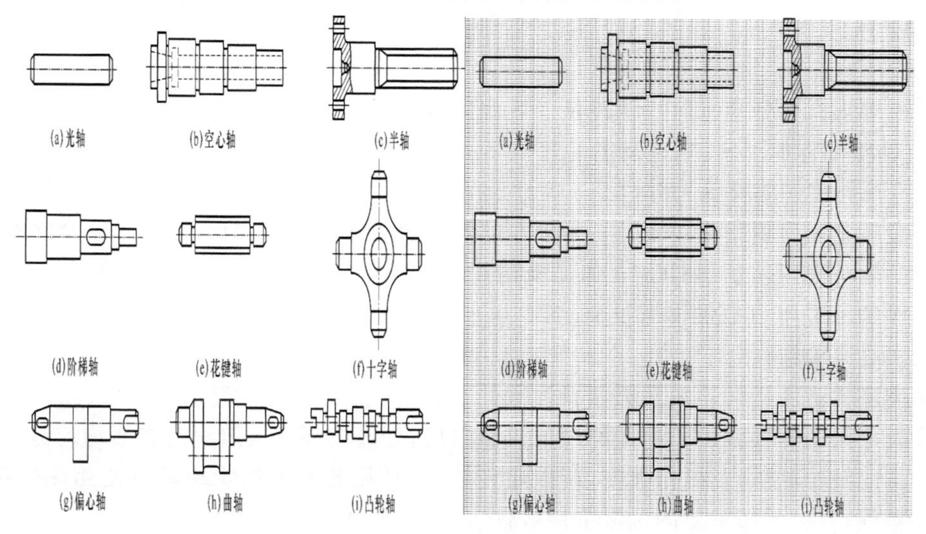

图 4-1　轴的种类

2. 轴类零件的主要技术要求

图 4-2 所示为一般阶梯轴的技术要求示意图。

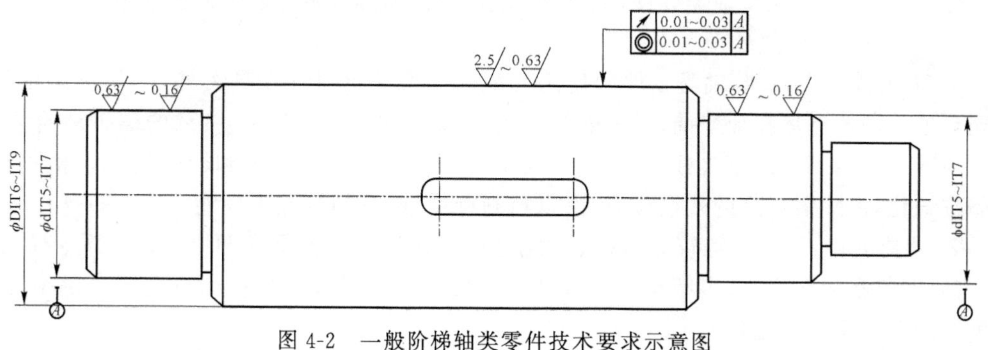

图 4-2　一般阶梯轴类零件技术要求示意图

(1) 尺寸精度

轴类零件的主要表面常为两类:一类是与轴承的内圈配合的外圆轴颈,即支承轴颈,用于确定轴的位置并支承轴,尺寸精度要求较高,通常为IT5～IT7;另一类为与各类传动件配合的轴颈,即配合轴颈,其精度稍低,常为IT6～IT9。

(2) 几何形状精度

几何形状精度主要指轴颈表面、外圆锥面、锥孔等重要表面的圆度、圆柱度。其误差一般应限制在尺寸公差范围内,对于精密轴,需在零件图上另行规定其几何形状精度。

(3) 位置精度

相互位置精度包括内、外表面、重要轴面的同轴度、圆的径向跳动、重要端面对轴心线的垂直度、端面间的平行度等。

配合轴颈(装配传动件的轴颈)相对支承轴颈(装配轴承的轴颈)的同轴度以及轴颈与支承端面的垂直度通常要求较高。普通精度的轴的配合轴颈相对支承轴颈的径向圆跳动一般为0.01～0.03 mm,高精度的轴为0.001～0.005 mm,端面圆跳动为0.005～0.01 mm。

(4) 表面粗糙度

轴的加工表面都有粗糙度的要求,一般根据加工的可能性和经济性来确定,表面均有表面粗糙度的要求。一般说来,支承轴颈的表面粗糙度要求为0.63～0.16 μm,配合轴颈的表面粗糙度为2.5～0.63 μm。

(5) 其他

其他要求有热处理、倒角、倒棱及外观修饰等。

3. 轴类零件的材料、毛坯及热处理

(1) 轴类零件的材料

一般轴类零件材料常用45钢;中等精度而转速较高的轴可选用40Cr等合金结构钢;精度较高的轴可选用轴承钢GCr15和弹簧钢65Mn等,也可选用球墨铸铁;高转速、重载荷条件下工作的轴选用20CrMnTi、20Mn2B、20Cr等低碳合金钢或38CrMoAl氮化钢。

(2) 轴类零件的毛坯

轴类零件最常用的毛坯是圆棒料和锻件,只有某些大型或结构复杂的轴(如曲轴)在质量允许时才采用铸件。由于毛坯经过加热锻造后,金属内部纤维组织沿表面均匀分布,从而获得较高的抗拉、抗弯及抗扭强度,所以除光轴、直径相差不大的阶梯轴可使用热轧棒料或冷拉棒料外,一般比较重要的轴多采用锻件。

依据生产批量的大小,毛坯的锻造方式分为自由锻造和模锻两种。自由锻造多用于中小批生产,模锻适用于大批大量生产。

另外,对于一些大型轴类零件,如低速船用柴油机曲轴,还可采用组合毛坯。

(3) 轴类零件的热处理

① 正火或退火处理:轴类零件的使用性能除与所选钢材种类有关外,还与所采用的热处理有关。锻造毛坯在加工前,均需安排正火(含碳量小于$\omega(C)=0.7\%$的碳钢和合金钢)提高硬度,防止粘刀,或退火处理(含碳量大于$\omega(C)=0.7\%$的碳钢和合金钢),以使钢材内部晶粒细化,消除锻造后的残余应力,降低材料硬度,改善切削加工性能。

② 调质处理:为了获得较好的综合力学性能,轴类零件常要求调质处理。毛坯余量大时,调质安排在粗车之后、半精车之前,以便消除粗车时产生的残余应力;毛坯余量小时,调质可安排在粗车之前进行。

③ 表面淬火：一般安排在精加工之前，这样可纠正因淬火引起的局部变形。对精度要求高的轴，在局部淬火后或粗磨之后，还需进行低温时效处理(在 160 ℃的油中进行长时间的低温时效)，以保证尺寸的稳定。一般加工路线为：下料→锻造→正火→粗加工→调质→半精加工→表面淬火→精加工。

④ 渗碳淬火：如 20CrMnTi 等渗碳钢，渗碳处理一般安排在精加工之前，目的是增加零件表面的硬度及耐磨性。一般加工工艺路线为：备料→锻造→正火→粗加工→半精加工→渗碳(或碳氮共渗)→淬火、低温回火→精加工。

⑤ 氮化处理：如 38GrMoAl 氮化钢，需在渗氮之前进行调质和低温时效处理。对调质的质量要求也很严格，不仅要求调质后索氏体组织要均匀细化，而且要求离表面 0.8～0.10 mm 层内铁素体含量不超过 ω(C)＝5%，否则会造成氮化脆性而影响其质量。一般加工路线为：下料→锻造→退火→粗加工→调质→半精加工→除应力→粗磨→氮化→精磨、超精磨或研磨。

4. 轴类零件加工时的安装方式

轴类零件加工时的安装方式主要有以下 3 种。

(1) 采用两中心孔定位装夹

一般以重要的外圆面作为粗基准定位，加工出中心孔，再以轴两端的中心孔为定位精基准；尽可能做到基准统一、基准重合、互为基准，并实现一次安装加工多个表面。中心孔是工件加工统一的定位基准和检验基准，它自身的质量非常重要，其准备工作也相对复杂，常常以支承轴颈定位，车(钻)中心锥孔；再以中心孔定位，精车外圆；以外圆定位，粗磨中心锥孔；以中心孔定位，精磨外圆，反复加工最后达到精度要求。

(2) 用外圆表面定位装夹

对于空心轴或短小轴等不可能用中心孔定位的情况，可用轴的外圆面定位、夹紧并传递扭矩。一般采用三爪卡盘、四爪卡盘等通用夹具，或各种高精度的自动定心专用夹具，如液性塑料薄壁定心夹具、膜片卡盘等。

(3) 用各种堵头或拉杆心轴定位装夹

加工空心轴的外圆表面时，常用带中心孔的各种堵头或拉杆心轴来安装工件。小锥孔时常用堵头，大锥孔时常用带堵头的拉杆心轴，如图 4-3 所示。

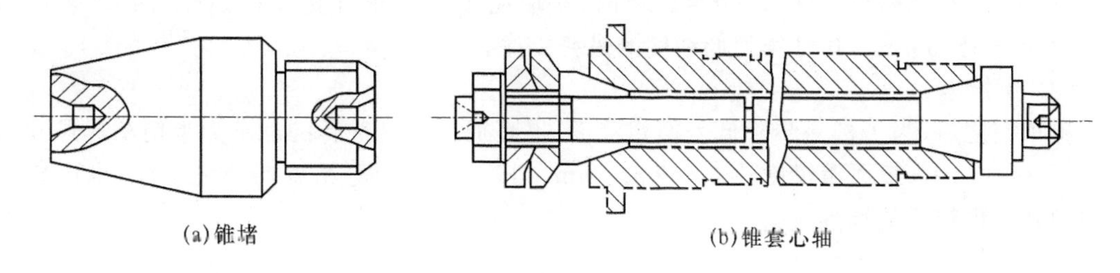

图 4-3　锥堵与锥套心轴

4.1.2　外圆表面常用的加工方法

1. 外圆表面的车削加工

车削是零件回转表面的主要加工方法之一，其主要特点是零件回转表面的定位基准必须与车床主轴回转中心同轴。无论何种工件的回转表面加工都可以用车削方法经调整完成。车削既可加工有色金属，又可加工黑色金属。其特点是：工艺范围广；生产效率高；加工过程连续切削，无冲击现象；刀杆伸长短，刚性高，可采用很高的切削量，生产率很高。车削的基本加工内容如图 4-4 所示。

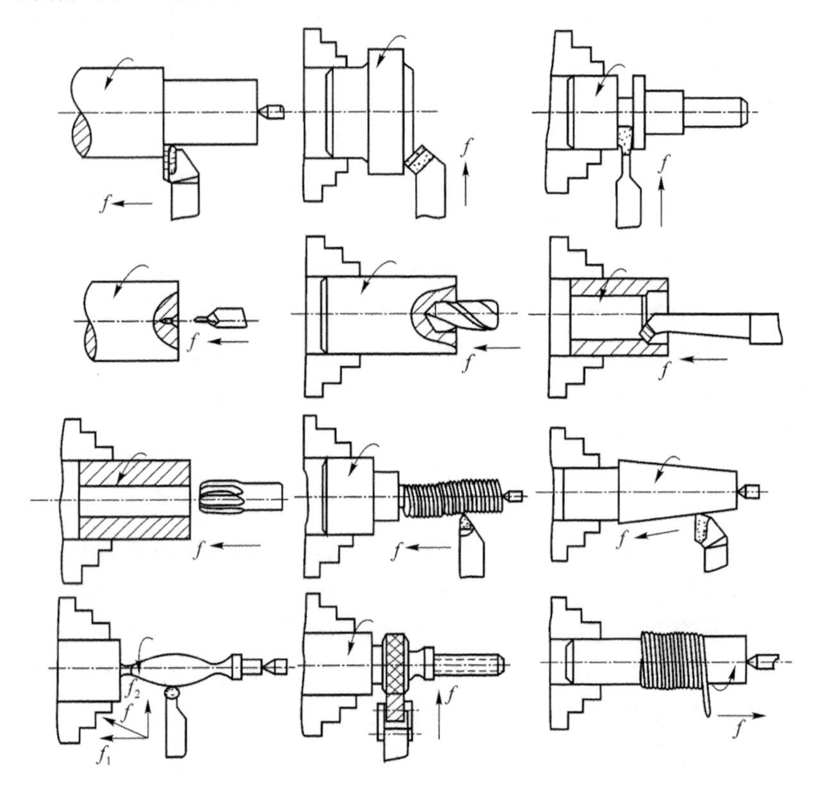

图 4-4　车削加工

(1) 荒车

毛坯为自由锻件或大型铸件时，加工余量大，采取荒车切除大部分余量，减小其位置偏差和表面形状误差。尺寸精度达 IT15～IT18。

(2) 粗车

对于中小型的铸件和锻件，余量较小时，采取粗车。尺寸精度达 IT11～IT13。表面粗糙度达 50～12.5 μm。其可作为低精度的最终工序。

(3) 半精车

粗车完之后，为了进一步降低表面粗糙度，提高加工精度进行的加工为半精车。尺寸精度达 IT8～IT10。表面粗糙度达 6.3～3.2 μm。其可作为中等精度的最终工序，也可作为磨削和其他精加工的预加工。

(4) 精车

精车可作为最终加工工序或作为光整加工前的预加工。尺寸精度达 IT7～IT8。表面粗糙度达 1.6～0.8 μm。

(5) 精细车

精细车是最终工序，是加工小型有色金属零件的主要方法，所用机床有较高的几何精度和刚度，刀具有较高的耐磨性，切削速度高，切削厚度和进给量小，可获得较小的表面粗糙度。尺寸精度达 IT6～IT7。表面粗糙度达 1.25～0.32 μm。

2. 外圆表面的精加工

外圆表面磨削是轴类零件精加工的主要方法，工序安排在最后。现在就外圆表面精加工(磨削)的加工方法叙述如下。

磨削既能加工淬火的黑色金属零件,也可以加工不淬火的黑色金属以及超硬非金属零件(如玻璃、陶瓷、半导体材料、高温合金等)。磨削可以达到的经济加工精度为 IT6,表面粗糙度允值为 1.25～0.32 μm。

(1) 常见的外圆磨削方法

常见的外圆磨削方法如表 4-1 所示。

表 4-1　常见的外圆磨削方法

方法		简图	运动方式	工艺特点
中心磨削法	纵磨	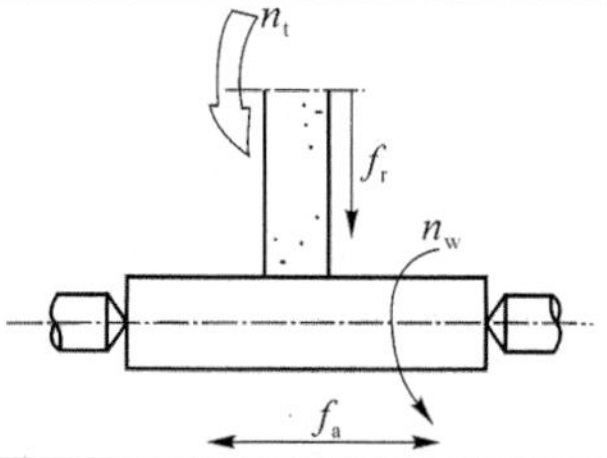	1. 砂轮旋转 2. 工件旋转 3. 砂轮横向进给 4. 工件纵向往复运动	适用于光滑长轴和阶梯轴的外圆表面磨削。若将工作台相对床身纵向导轨转动一个角度,还可以磨削锥度不大的圆锥面,工艺适应性强,可获得较高的加工精度和较小的表面粗糙度,但生产效率不高
	横磨	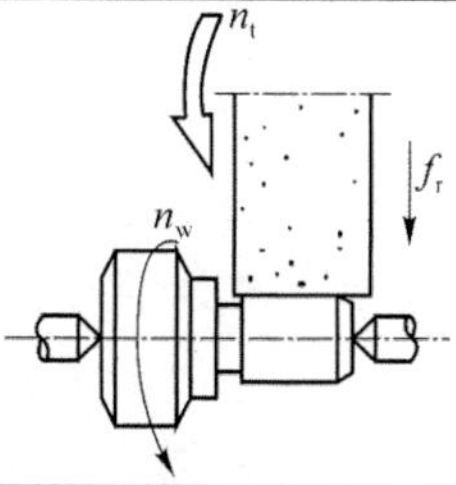	1. 砂轮旋转 2. 工件旋转 3. 砂轮横向进给	又称切入磨,砂轮宽度大于等于被磨工件表面宽度,生产效率较高,但由于砂轮与工件无相对轴向运动,磨粒在工件表面留有重复磨痕,表面质量不如纵磨高。如将砂轮工作面修整成工件的轮廓形状,可直接进行成形磨削
无心磨削法	通磨	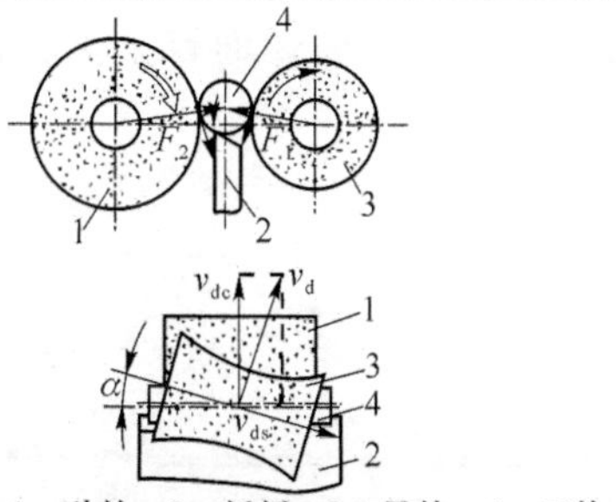 1—砂轮；2—托板；3—导轮；4—工件 v_d—导轮速度；v_{dc}—导轮的垂直速度； v_{ds}—导轮的水平速度	1. 砂轮旋转 2. 导轮带动工件旋转,并使工件纵向移动	又称贯穿磨,导轮轴线在垂直平面内相对砂轮轴线倾斜 α 角,工件从砂轮和导轮之间通过,砂轮和导轮轴线倾斜产生的轴向分力驱动工件做纵向进给磨削。此方法最适宜磨削光滑轴,很容易实现送料自动化,生产效率高
	横磨	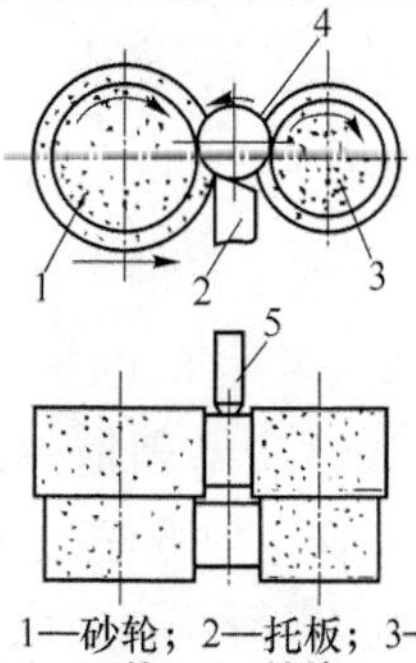 1—砂轮；2—托板；3—导轮； 4—工件；5—挡块	1. 砂轮旋转 2. 导轮带动工件轮旋转 3. 砂轮做横向进给	又称切入磨,工件不做纵向进给运动,可以磨削带凸缘的轴和阶梯轴,如将砂轮修整成与工件外形相同,即可进行成形磨削

中心磨削法顾名思义就是以工件轴线为回转中心的磨削方法。

无心磨削法是使工件轴心处于自由状态，加工时以被磨削的外圆表面定位，属于自位基准定位原则。

(2) 提高磨削效率的方法

提高磨削效率有两条途径：一是缩短辅助时间；二是改变磨削用量以及增大磨削面积。

① 高速磨削。它是指砂轮线速度高于 50 m/s 的磨削加工。它的特点是：生产效率高，一般可提高 30%～300%；能提高砂轮耐用度和使用寿命，一般可提高 75%～150%。

② 深切缓进给磨削。它是以很大的切深（可达 2～12 mm）和缓慢的进给速度进行磨削。深切缓进给磨削的切深很大，因而砂轮与工件的接触弧长比普通磨削大几倍至几十倍，所以单位时间内同时参加磨削的磨粒数量随着切深的增大而增加，能充分发挥机床和砂轮的潜力，使生产效率得以提高。此外，由于砂轮与工件锐边接触次数少，进给速度缓慢，因而减小了砂轮与工件的冲击，砂轮轮廓可以保持较久。同时该方法也减少了机床振动和加工表面的波纹，能获得较高的表面质量，其表面粗糙度值可达 0.4～0.2 μm。如冷却措施得当，缓进给磨削的磨削区温度可控制得很低，磨削表面残余应力很小。深切缓进给磨削与普通磨削的对比如图 4-5 所示。

近年来，在高速磨削和深切缓进给磨削的基础上，发展起高效深磨技术，以砂轮超高速（v>150 m/s）和大切深（0.1～30 mm）进一步提高磨削效率。高效深磨工艺可将铸锻毛坯直接加工成成品，集粗、精加工于一身。当然，其对砂轮、主轴、冷却系统的要求更高。据报道，我国制造的第一台高效深磨磨床的砂轮电动机功率为 55 kW，采用动静压轴承，砂轮线速度可达 250 m/s，使用立方氮化硼（CBN）单层电镀砂轮。高效深磨技术的发展有着巨大的潜力。

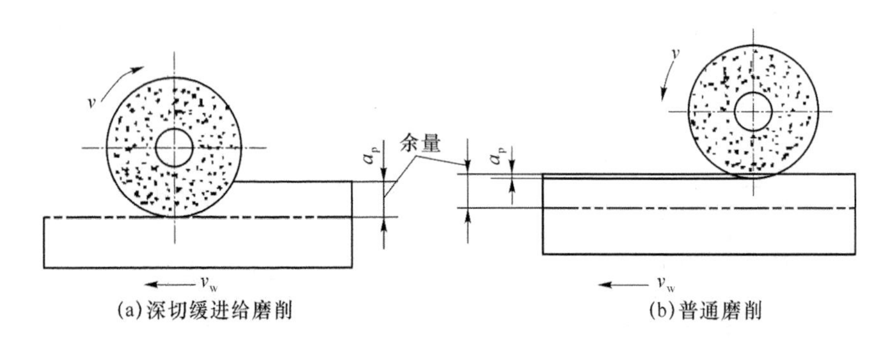

图 4-5　深切缓进给磨削与普通磨削的对比

③ 砂带磨削。它是用涂满砂粒的环状布（即砂带）作为切削工具的一种加工方法，如图 4-6 所示。砂带磨削设备简单，加工成本低；表面粗糙度较低，可达 0.04～0.2 μm；砂带具有一定的柔性，故能磨削复杂型面（只需更换接触轮即可）；因砂带磨削散热好，所以不易烧伤工件；砂带磨削磨削性能好，生产率高，机床功率利用率高；加工效率超过了车、铣、刨等通用机床的加工效率。砂带磨削的缺点是砂带磨损后不能修复，因而消耗较大；砂带磨削不能加工小直径深孔及盲孔；另外，由于砂带与工件是弹性接触，因而加工精度较砂轮磨削差。

④ 宽砂轮磨削与多片砂轮磨削。其实质就是增加砂轮的宽度，提高磨削生产效率。

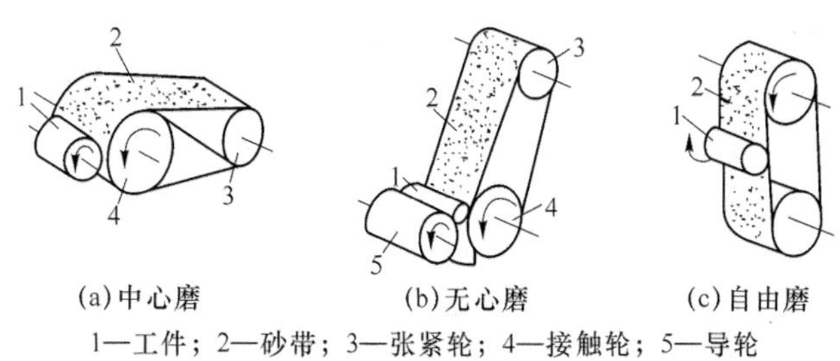

图 4-6　砂带磨削外圆表面

⑤ 快速点磨削。通过砂轮轴线相对工件轴线有一个微小倾斜，形成砂轮与工件的点接触。传统外圆磨削与点磨法的比较如图 4-7 所示。

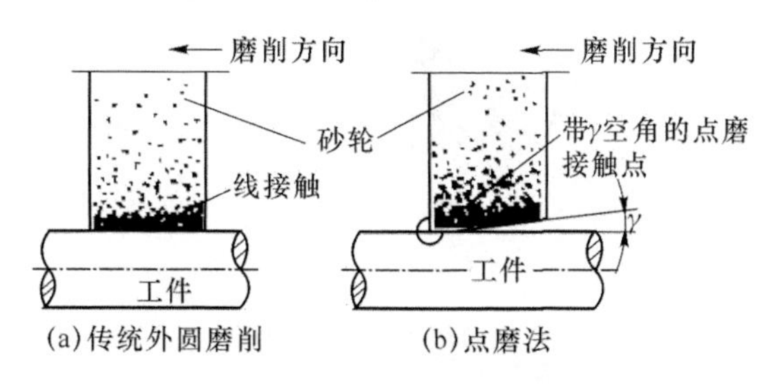

图 4-7　传统外圆磨削和点磨法比较

点磨法的特点如下。

a. 由于砂轮在工件外圆上为点接触，在轴线垂直方向的接触面也很小，切削液易进入磨削区，因而工件发热小，不会发生磨削烧伤。

b. 采用了寿命长、强度大的高硬度砂轮（常采用 CBN 砂轮），砂轮的线速度可显著提高。

c. 由于点磨时磨削力很小，工件甚至无需驱动装置而仅靠顶尖的摩擦力带动旋转，相应地砂轮驱动功率可以减小，机床制造成本降低。

d. 点磨削砂轮部分磨损后仍能工作。

3. 外圆表面的光整加工方法

随着现代制造技术的发展，对产品的加工精度和表面粗糙度的要求也越来越高。当外圆表面有更高要求时，可增加光整加工工序。光整加工是精加工以后进行的精密加工，目的是为了获得高的表面质量（*Ra* 在 0.2 μm 以下）和高的加工精度（IT6～IT5）。外圆表面的光整加工是提高表面质量的重要手段，其方法有高精度磨削、超精加工、研磨、珩磨、滚压加工、抛光等。现将主要方法介绍如下。

(1) 高精度磨削

使工件的表面粗糙度 *Ra* 在 0.16 μm 以下的磨削工艺，称为高精度磨削。其分为精密磨削（*Ra* 为 0.16～0.06 μm）、超精密磨削（*Ra* 为 0.04～0.02 μm）和镜面磨削（*Ra* 为 0.01 μm）。高精度磨削与一般磨削方法相同，但需要特别软的砂轮和较少的磨削用量，例如采用树脂或橡胶作为砂轮结合剂，并加入一定量的石墨作填料。

高精度磨削的原理如下：砂轮表面每一颗磨粒就是一个切削刃（简称微刃）。这些微刃不可能在同一个四周上，如图 4-8(a)所示。在砂轮进行修整前，磨削时有的微刃参加工作，有的微刃不参加工作,这就是微刃的不等高。不等高使参加磨削的微刃减少,加工后的表面粗糙度值增大。精细修整砂轮后,磨粒形成能同时进行磨削的许多微刃,微刃趋向等高,如图 4-8(b)所示。磨削时参加切削的微刃多,能磨削出表面粗糙度值小的表面,磨削继续进行,锐利的微刃逐渐钝化到半钝状态,如图 4-8(c)所示。这种半钝化的微刃切削作用降低,但是在压力作用下,能产生摩擦抛光作用,使工件表面获得的表面粗糙度值更低。

高精度磨削能够修正上道工序留下的形状误差和位置误差,生产效率高,可配备自动测量仪。但该方法对机床本身精度要求也很高,机床回转精度与振幅须在 0.001 mm 以下,进给机构不能有低速"爬行"现象。

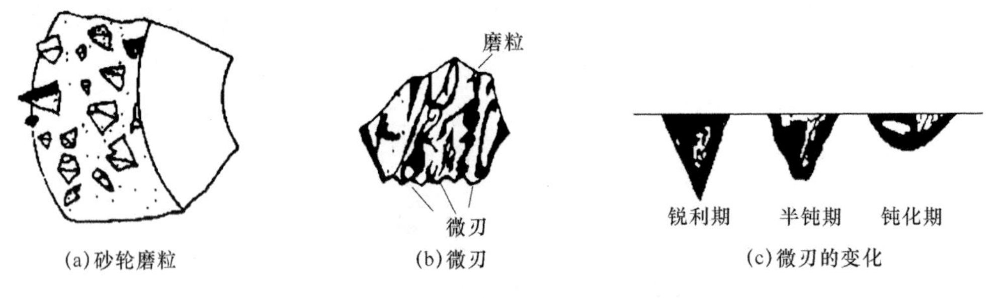

图 4-8　磨粒的微刃及磨削中微刃的变化

(2) 超精加工

超精加工的原理如图 4-9 所示,它是将细粒度的油石以一定的压力压在工件表面上,加工时工件低速转动,磨头轴向进给,油石高速往复振动,这 3 种运动使磨粒在工件表面上形成复杂运动轨迹,以完成对工件表面的切削作用,故其实质就是低速微量磨削。

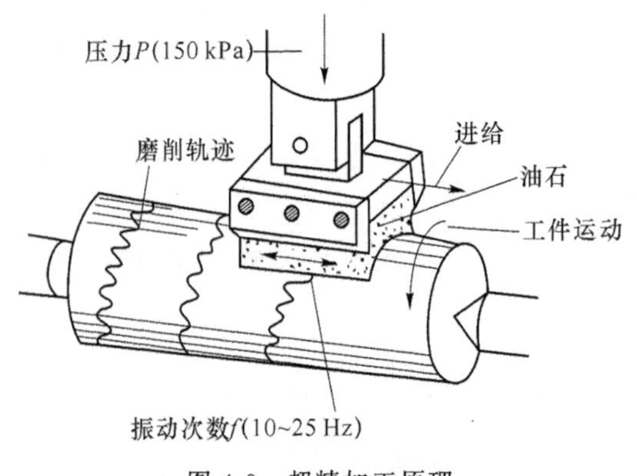

图 4-9　超精加工原理

超精加工切削过程分为 4 个阶段:

① 强烈切削阶段。开始时因工件表面粗糙,只有少数凸峰与油石接触,单位面积压力很大,油石易破碎脱落,切刃锋利,切削作用强烈。

② 正常切削阶段。当少数凸峰磨平后,接触面积增大,单位面积压力降低,致使切削作用减弱而进入正常切削阶段。

③ 微弱切削阶段。随着接触面积逐渐增大,单位面积压力更小,切削作用微弱,细小的切屑嵌入油石空隙中,油石产生光滑表面,起摩擦抛光作用。

④ 自动停止切削阶段。工件磨平,单位面积上压力更小,工件与油石之间形成液体摩擦的油膜,不再接触,切削作用停止。

超精加工磨粒运动轨迹复杂,能由切削过程过渡到摩擦抛光过程。为了增加运动轨迹的复杂性,有些超精加工还对油石的振动安装了变频机构,加工中不断更换振动频率。超精加工可得到的表面粗糙度为 0.08～0.01 μm。超精加工只能除掉工件表面凸峰,能加工的余量很小(0.005～0.025 mm),不能纠正工件的圆度与同轴度误差(依靠前道工序保证)。

超精加工对设备要求简单,可在卧式车床上进行。

(3) 研磨

研磨是最早出现的一种光整加工方法。研磨的原理与研具如图 4-10 所示。研磨时把研磨剂加在研具与工件之间,研具在一定压力下与工件做复杂的相对运功,通过研磨剂的机械及化学作用从工件表面切除一层极微薄的金属层,从而达到很高的精度和很小的表面粗糙度。选择的研具材料比工件材料软,便于部分磨粒嵌入研具表面对工件表面进行擦磨,从而发挥切削作用。研具可以用铸铁、软钢、红铜、塑料或硬木制成,最常见的是铸铁。

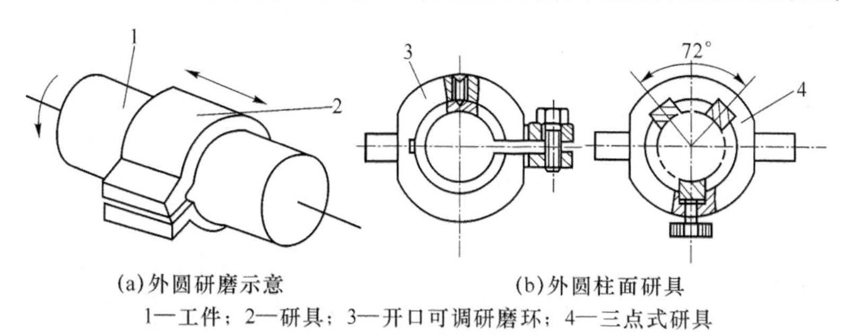

(a)外圆研磨示意　　(b)外圆柱面研具

1—工件;2—研具;3—开口可调研磨环;4—三点式研具

图 4-10　研磨原理与研具

研磨剂由磨料、研磨液和辅助填料混合而成。磨料起机械切削作用,常用的有刚玉、碳化硅等。研磨液主要起冷却和润滑作用,通常用煤油、汽油和植物油。辅助填料常用硬脂酸或油酸,可使工件表面产生极薄、较软的化合物薄膜,使被研磨表面软化,提高研磨效果。

研磨一般都在低速下进行,研磨过程的塑性变形小,切削热少,表面变形层薄,运动复杂,可获得较小的表面粗糙度(0.16～0.01 μm),研磨可提高表面形状精度与尺寸精度,但是一般不能提高表面位置精度。研磨方法简单、可靠,可手工研磨,也可机械研磨,而且研磨对加工设备要求的精度不高。研磨适用范围广,不仅可以加工金属,也可以加工非金属,如光学玻璃、陶瓷、半导体、塑料等。

(4) 珩磨

外圆珩磨如图 4-11 所示。图 4-11(a)为双轮珩磨示意图,珩磨轮相对工件轴心线倾斜 27°～35°,并以一定的压力从相对的方向压向工件表面,工件(或珩磨轮)做轴向往复运动。在工件转动时,因摩擦力带动珩磨轮旋转,并产生相对滑动,起微量切削作用,它是类似于超精加工的方法。图 4-11(b)为无心珩磨示意图,图 4-11(c)为在两顶尖上高速珩磨的示意图。

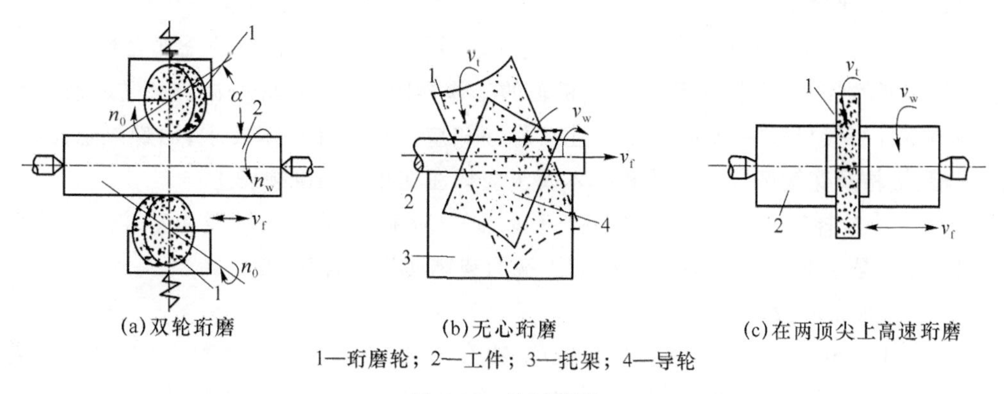

(a)双轮珩磨　　(b)无心珩磨　　(c)在两顶尖上高速珩磨

1—珩磨轮;2—工件;3—托架;4—导轮

图 4-11　外圆珩磨

珩磨的特点有：表面粗糙度可达 0.04～0.01 μm，不适用于带肩轴类零件和锥形表面；不能纠正上道工序留下来的形状误差和位置误差；设备要求简单，珩磨轮可采用细粒度磨料自制，使用寿命长；生产率较前述 3 种光整加工方法都高，工作可靠，质量稳定。

(5) 滚压加工

滚压对前道工序的要求是，表面粗糙度不大于 5 μm，滚压前表面要清洁，直径方向上留下余量 0.02～0.03 mm，滚压后 Ra 可达 0.63～0.16 μm。滚压不能纠正上道工序留下的形状误差和位置误差，滚压后的形位精度取决于上道工序。滚压对象是材料组织均匀的塑性金属零件，不适合用于淬硬材料及局部有松软组织的材料(如铸铁)。滚压生产效率高，常以滚压代替珩磨与研磨。滚压加工示意图如图 4-12 所示。

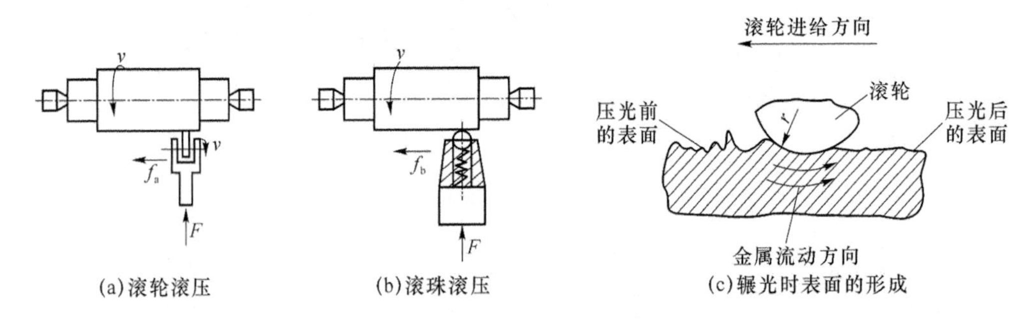

图 4-12　滚压加工示意图

(6) 抛光

抛光是在高速旋转的抛光轮上涂以磨膏，对工件表面进行光整加工的方法。

抛光轮是用毛毡、橡胶、皮革、布做成的。磨膏由磨料(氧化铬、氧化铁等)和油酸配制而成。抛光时抛光轮和工件挤压产生塑性流动填平表面的微观不平，以获得较低的表面粗糙度。它的作用只是改善表面质量，不能纠正尺寸精度及形位误差。

抛光可对孔、外圆、平面、成形面等进行加工。加工材料可以是钢件(如镀铬后需抛光)，也可对不锈钢、玻璃等制品为改善外观而进行。抛光后 Ra 可达 0.01 μm 左右。

4.1.3　典型轴类零件加工工艺过程与工艺分析

1. 实例 1：阶梯轴加工工艺过程分析

(1) 分析工作样图

零件工作图是生产和检验的主要技术文件，必须包含制造和检验的全部内容。为此，在编制轴类零件加工工艺时，必须详细分析轴的工作样图，如图 4-13 为减速箱传动轴工作图样。轴类零件一般只有一个主要视图，主要标注相应的尺寸和技术要求，而螺纹退刀槽、砂轮越程槽、键槽及花键部分的尺寸和技术要求应标注在相应的剖视图上。

图 4-14 为阶梯轴的技术要求：公差都是以轴颈 M 和 N 的公共轴线为基准。外圆 Q 和 P 径向圆跳动公差为 0.02，轴肩 H、G 和 I 端面圆跳动公差为 0.02。

(2) 划分加工阶段

该轴加工划分为 3 个加工阶段，即粗车(粗车外圆、钻中心孔)、半精车(半精车各处外圆、台肩和修研中心孔等)和粗精磨各处外圆。各加工阶段大致以热处理为界。

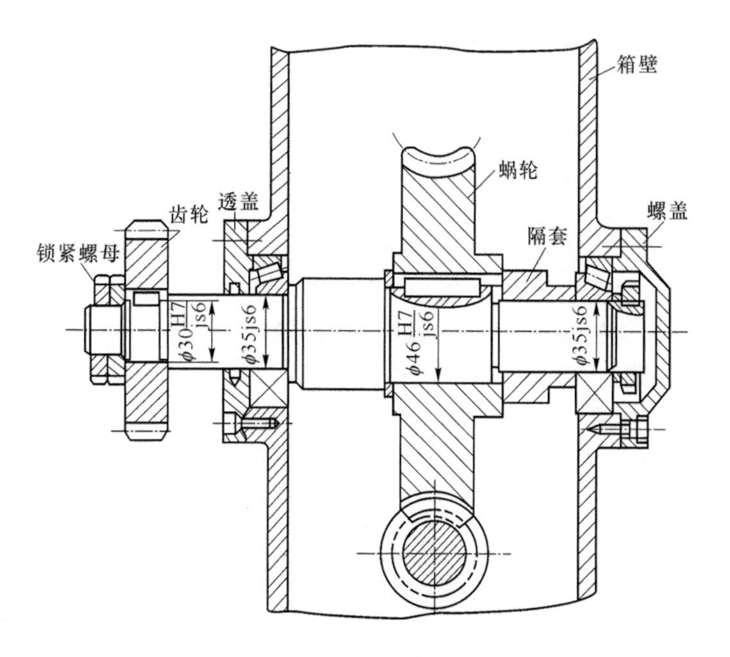

图 4-13　减速箱传动轴工作图

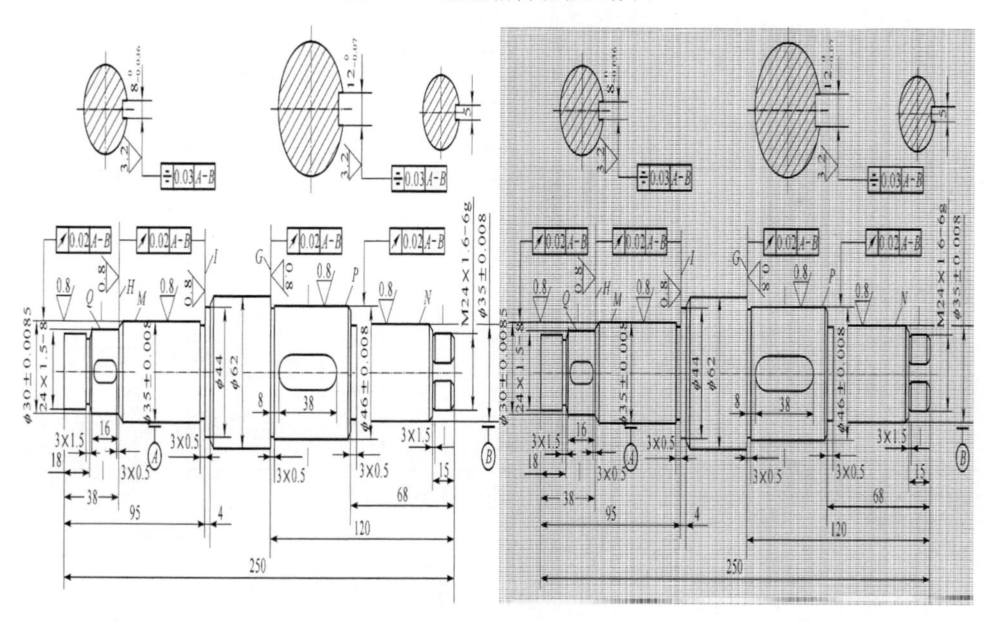

图 4-14　阶梯轴

(3) 选择定位基准

轴类零件的定位基面中最常用的是两中心孔。因为轴类零件各外圆表面、螺纹表面的同轴度及端面对轴线的垂直度是相互位置精度的主要项目,而这些表面的设计基准一般都是轴的中心线,采用两中心孔定位就能符合基准重合原则。而且,由于多数工序都采用中心孔作为定位基面,能最大限度地加工出多个外圆和端面,这也符合基准统一原则。

(4) 热处理工序的安排

该轴需进行调质处理,并应放在粗加工后、半精加工前进行。如采用锻件毛坯,必须首先安排退火或正火处理。该轴毛坯为热轧钢，可不必进行正火处理。

(5) 加工顺序安排

除了应遵循加工顺序安排的一般原则，如先粗后精、先主后次等外，还应注意以下 3 点。

① 外圆表面加工顺序应为，先加工大直径外圆，然后再加工小直径外圆，以免一开始就降低了工件的刚度。

② 轴上的花键、键槽等表面的加工应在外圆精车或粗磨之后、精磨外圆之前。轴上矩形花键的加工通常采用铣削和磨削加工，产量大时常用花键滚刀在花键铣床上加工。以外径定心的花键轴通常只磨削外径键侧，而内径铣出后不必进行磨削，但如经过淬火而使花键扭曲变形过大时，也要对侧面进行磨削加工。对于以内径定心的花键，其内径和键侧均需进行磨削加工。

③ 轴上的螺纹一般有较高的精度，如安排在局部淬火之前进行加工，则淬火后产生的变形会影响螺纹的精度。因此螺纹加工宜安排在工件局部淬火之后进行。

表 4-2 为阶梯轴的加工工艺过程。

表 4-2　阶梯轴的加工工艺过程

工序号	工序名称	工序内容	加工简图	设备
1	下料	ϕ60×265		
2	粗车	三爪卡盘夹持工件，车端面见平，钻中心孔，用尾架顶尖顶住，粗车 3 个台阶，直径、长度均留余量 2 mm	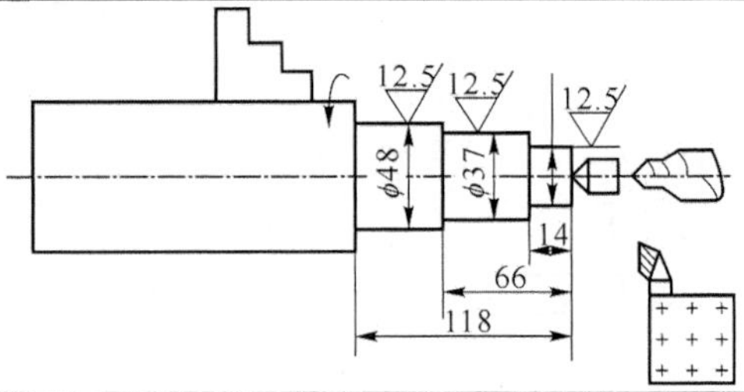 12.5 12.5 12.5 ϕ48 ϕ37 14 66 118	
		调头，三爪卡盘夹持工件另一端，车端面保证总长 250 mm，钻中心孔，用尾架顶尖顶住，粗车另外 4 个台阶，直径、长度均留 2 mm	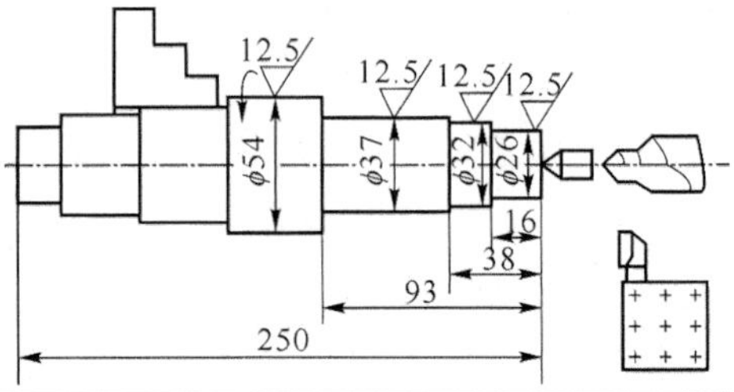 12.5 12.5 12.5 12.5 ϕ54 ϕ37 ϕ32 ϕ26 16 38 93 250	
3	热处理	调质处理 24～38HRC		
4	钳	修研两端中心孔	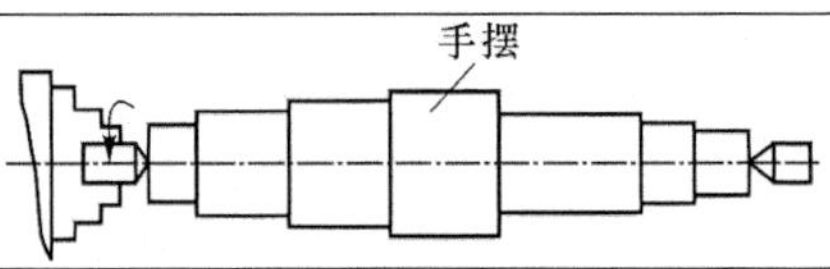 手摆	车床
5	车	双顶尖装夹，半精车 3 个台阶，螺纹大径车到 ϕ24，其余两个台阶直径上留余量 0.5 mm，车槽 3 个，倒角 3 个	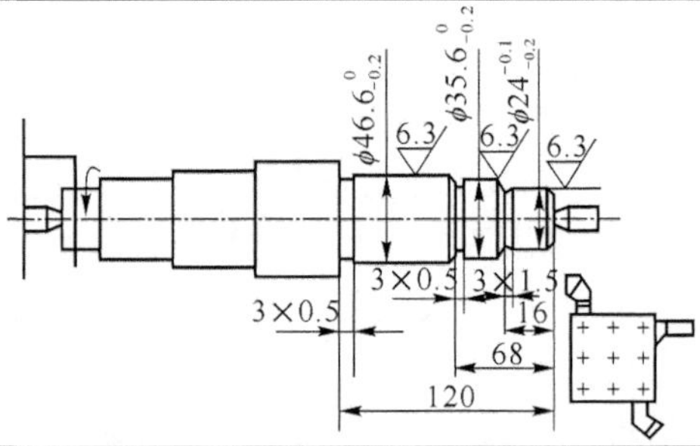 $\phi46.6_{-0.2}^{0}$ $\phi35.6_{-0.2}^{0}$ $\phi24_{-0.2}^{-0.1}$ 6.3 6.3 6.3 3×0.5 3×0.5 3×1.5 16 68 120	

续 表

工序号	工序名称	工序内容	加工简图	设备
6	车	双顶尖装夹，车一端螺纹 M24×1.5－6g。调头，双顶尖装夹，车另一端螺纹 M24×1.5－6g		
7	钳	划键槽及一个止动垫圈槽加工线		
8	铣	铣两个键槽及一个止动垫圈槽，键槽深度比图纸规定尺寸多铣 0.25 mm，作为磨削的余量		键槽铣床或立铣床
9	钳	修研两端中心孔		车床
10	磨	磨外圆 Q 和 M，并用砂轮端面靠磨台 H 和 I。调头，磨外圆 N 和 P，靠磨台肩 G		外圆磨床
11	检	检验		

2. 实例 2:空心主轴加工工艺过程及其分析

图 4-15 为车床主轴零件简图，表 4-3 为该轴生产的工艺过程。

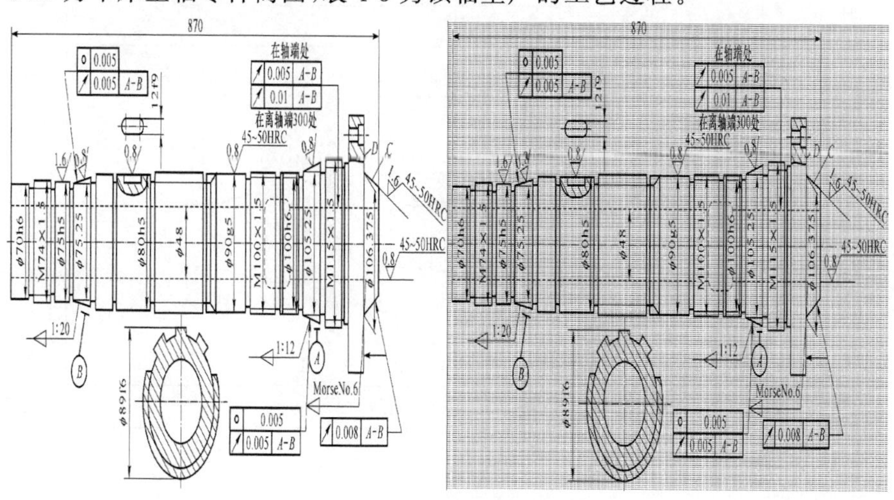

图 4-15　车床主轴零件简图

（1）主轴的主要技术条件

支承轴颈 A、B 是主轴部件的装配基准，它的制造精度直接影响主轴部件的回转精度，故对它提出的要求很高。

主轴锥孔安装顶尖和工具锥柄的中心线必须与支承轴颈的中心线严格同轴，否则会使工件产生圆度和同轴度误差。

主轴前端圆锥面、端面是安装卡盘的定位表面。为保证卡盘的定心精度，主轴前端圆锥面与支承轴颈同轴，端面与主轴的回转中心线垂直。

主轴上的螺纹是固定与调节轴承间隙的。当螺纹中径对支承轴颈歪斜时会引起锁紧螺母的端面跳动，轴承位置发生变动，引起主轴径向圆跳动，因此对螺纹的要求高。

（2）加工工艺过程

通过对主轴的技术要求和结构特点进行深入分析，根据生产批量、设备条件、工人技术水平等因素，就可以拟定其机械加工工艺过程，如表 4-3 所示。

表 4-3　CA6140 型车床主轴加工工艺过程

序号	工序名称	工序内容（工序简图或说明）	设备
1	备料		
2	锻造	自由锻，大端用胎模锻	立式精锻机
3	热处理	正火	
4	锯头	锯小端，保持总长 878±1.5	
5	铣钻	同时铣两端面、钻两端中心孔（外圆柱面定位并夹紧）	中心孔机床
6	荒车	车各外圆（一夹一顶）	卧式车床
7	热处理	调质	
8	车大端各部	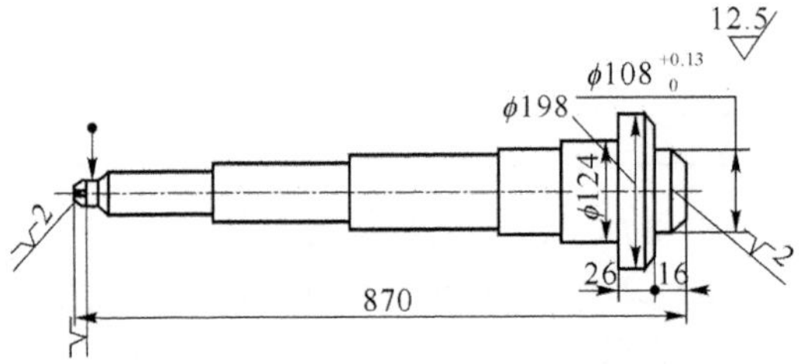	卧式车床
9	仿形车小端各部外圆	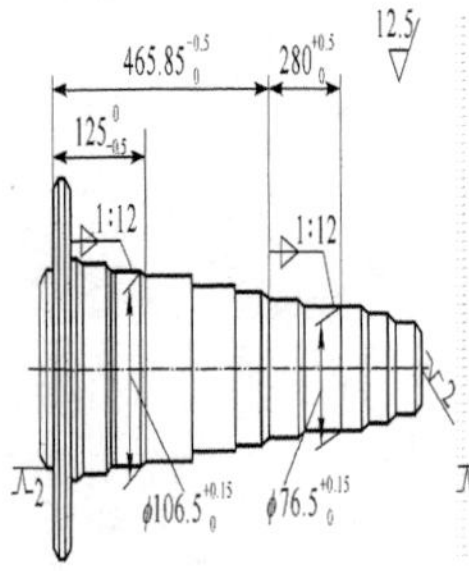 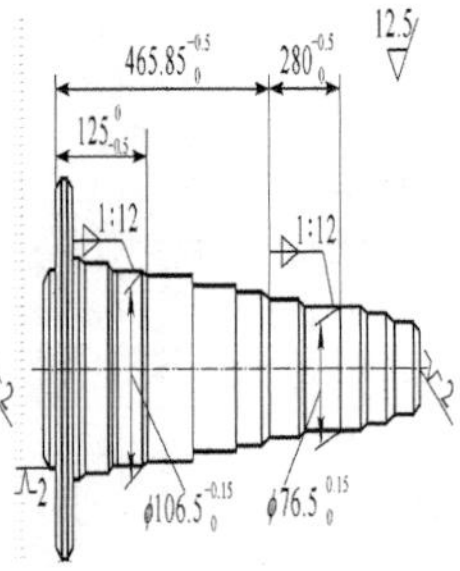	仿形车床
10	钻	在大端钻 ϕ48 mm 导向孔（一夹一托）	卧式车床
11	钻	钻 ϕ48 mm 深孔（一夹一托）	深孔钻床

续 表

序号	工序名称	工序内容(工序简图或说明)	设备
12	车小端锥孔(工艺用)	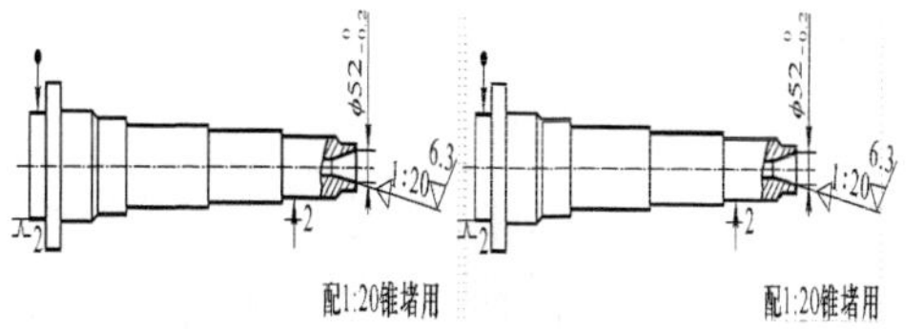 配1:20锥堵用　配1:20锥堵用	卧式车床
13	车大端锥孔	先车 ϕ56 内槽,再车大端锥孔、外短锥及端面	卧式车床
		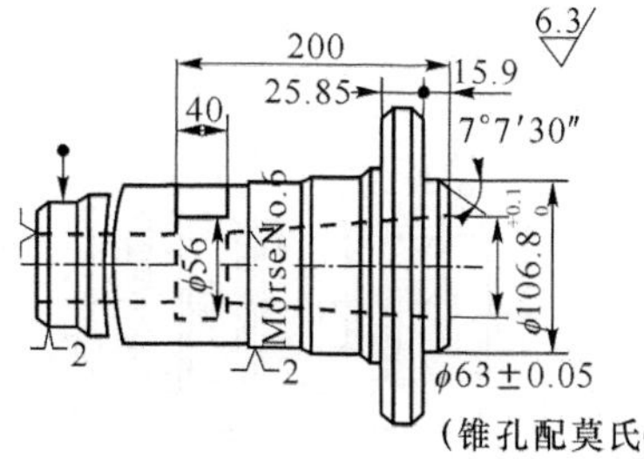 (锥孔配莫氏6号锥堵用)	
14	钻	钻大端面各孔(用钻模)	摇臂钻床
15	热处理	局部高频感应淬火 52HRC(90g5、短锥及莫氏 6 号锥孔)	高频淬火设备
16	精车	精车小端各外圆并切槽(两端配锥堵后用两顶尖装夹)	数控车床
17	检验	检验	
18	研磨	修研中心孔	卧式车床
19	磨二段外圆	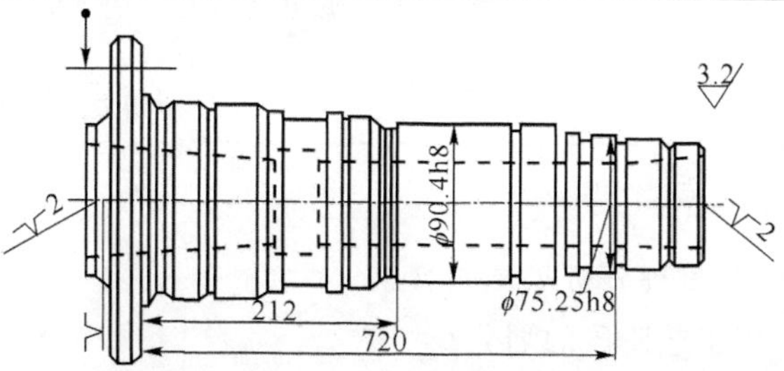	外圆磨床
20	粗磨莫氏 6 号锥孔	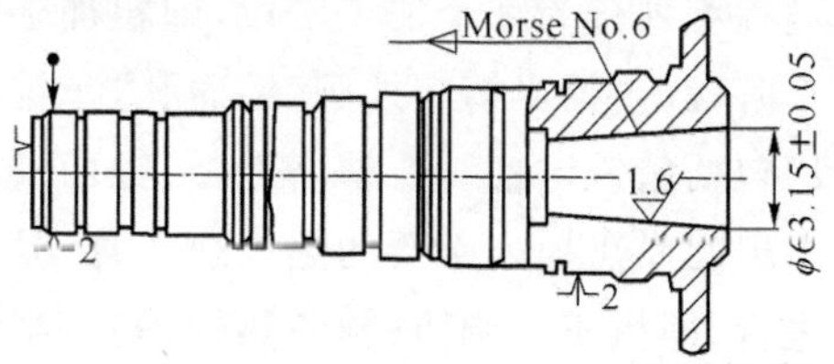 (卸去锥堵)	内圆磨床
21	检验	检验	
22	铣	铣花键(两端再配锥堵后用两顶尖装夹)	花键铣床
23	铣键槽	铣 12f9 键槽(专用夹具,以 ϕ50h5 外圆定位)	立式铣床
24	车	车大端内侧面和 3 处螺纹(配螺母)(两顶尖装夹)	卧式车床
25	研磨	修研中心孔	卧式车床

续表

序号	工序名称	工序内容(工序简图或说明)	设备
26	磨各外圆柱面至尺寸	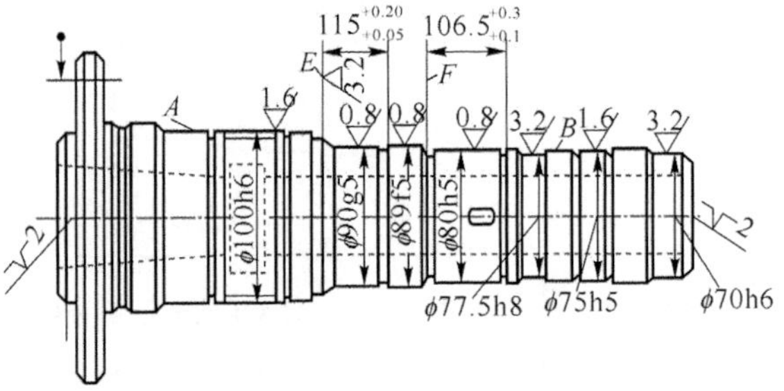 $115^{+0.20}_{+0.05}$ $106.5^{+0.3}_{+0.1}$ E F A B 1.6 3.2 0.8 0.8 0.8 3.2 1.6 3.2 $\phi100h6$ $\phi90g5$ $\phi89f5$ $\phi80h5$ $\phi77.5h8$ $\phi75h5$ $\phi70h6$ 2 2	外圆磨床
27	磨三段外圆锥面至尺寸,靠磨大端面 D	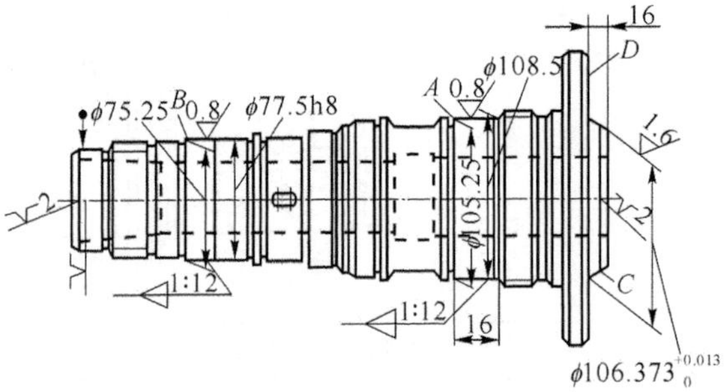 16 D $\phi108.5$ A 0.8 $\phi75.25$ B 0.8 $\phi77.5h8$ 1.6 2 2 $\phi105.25$ C 1:12 1:12 16 $\phi106.373^{+0.013}_{0}$	专用磨床
28	精磨莫氏 6 号内锥孔	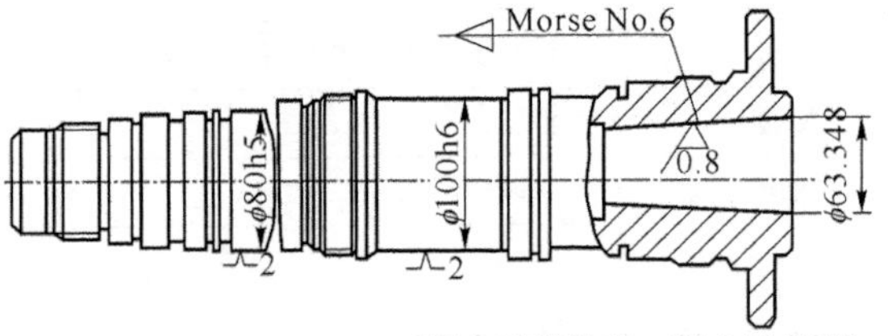 Morse No.6 0.8 $\phi80h5$ $\phi100h6$ $\phi63.348$ 2 2 (卸去两端锥堵,用专用夹具)	专用磨床
29	检验		

(3) 加工工艺过程分析

① 主轴加工工艺阶段的划分

主轴加工工艺过程可划分为 3 个加工阶段,即粗加工阶段(包括铣端面、加工顶尖孔、粗车外圆等)、半精加工阶段(包括半精车外圆,钻通孔,车锥面、锥孔,钻大头端面各孔,精车外圆等)和精加工阶段(包括精铣键槽,粗、精磨外圆、锥面、锥孔等)。

在机械加工工序中间尚需插入必要的热处理工序,这就决定了主轴加工各主要表面总是循着以下的顺序进行,即粗车→调质(预备热处理)→半精车→精车→淬火→回火(最终热处理)→粗磨→精磨。

综上所述,主轴主要表面的加工顺序安排如下:外圆表面粗加工(以顶尖孔定位)→外圆表面半精加工(以顶尖孔定位)→钻通孔(以半精加工过的外圆表面定位)→锥孔粗加工(以半精加工过的外圆表面定位,加工后配锥堵)→外圆表面精加工(以锥堵顶尖孔定位)→锥孔精加工(以精加工外圆面定位)。

当主要表面加工顺序确定后,就要合理地插入非主要表面加工工序。对主轴来说,非主要表面指的是螺孔、键槽、螺纹等。这些表面加工一般不易出现废品,所以尽量安排在后面的工序进行，主要表面加工一旦出了废品，非主要表面就不需加工了，这样可以避免浪费工时。但这些表面也不能放在主要表面精加工后，以防在加工非主要表面过程中损伤已精加工过的主要表面。

凡是需要在淬硬表面上加工的螺孔、键槽等都应安排在淬火前加工。非淬硬表面上的螺孔、键槽等一般在外圆精车之后、精磨之前进行加工。因为主轴螺纹与主轴支承轴颈之间有一定的同轴度要求，所以螺纹安排在以非淬火—回火为最终热处理工序之后的精加工阶段进行，这样半精加工后残余应力所引起的变形和热处理后的变形就不会影响螺纹的加工精度。

② 定位基准的选择

轴类零件的定位基准中最常用的是两中心孔。因为轴类零件各外圆表面、锥孔、螺纹等表面的设计基准都是轴的中心线，采用两中心孔定位，既符合基准重合原则，又符合基准统一原则。

不能用中心孔或粗加工时，采用轴的外圆表面或外圆表面与中心孔组合作为定位基准。磨、车锥孔时采用主轴的装配基准——前后支承轴颈定位，符合基准重合原则。

由于主轴是带通孔的零件，作为定位基准的中心孔，因钻出通孔而消失。为了在通孔加工之后还能使用中心孔作为定位基准，常采用带有中心孔的锥堵或锥套心轴，当主轴孔的锥度较小时(如车床主轴锥孔，锥度为 MorseNo. 6)，可使用锥堵，如图 4-3(a)所示；当主轴孔的锥度较大(如铣床主轴)或为圆柱孔时，则用锥套心轴，如图 4-3(b)所示。

采用锥堵应注意以下几点：锥堵应具有较高的精度，其中心孔既是锥堵本身制造的定位基准，又是磨削主轴的精基准，因而必须保证锥堵的锥面与中心孔有较高的同轴度。另外，在使用锥堵时，应尽量减少锥堵装夹次数。这是因为工件锥孔与锥堵的锥角不可能完全一样，重新装夹势必引起安装误差，故中、小批生产时，锥堵安装后一般不中途更换。

综上所述，空心主轴零件定位基准的使用与转换大致采用这样的方式：开始时以外圆作粗基准铣端面钻中心孔，为粗车外圆准备好定位基准。粗车外圆又为深孔加工准备好定位基准，钻深孔时采用一夹(夹一头外圆)一托(托一头外圆)的装夹方式。之后即加工好前后锥孔，以便安装锥堵，为半精加工和精加工外圆准备好定位基准。终磨锥孔之前，必须磨好轴颈表面，以便用支承轴颈定位来磨锥孔，从而保证锥孔的精度。

③ 工序顺序的安排

安排主轴加工工序的顺序时应注意以下几点。

a. 基准先行。在安排机械加工工艺时，总是先加工好定位基准面，即基准先行。主轴加工也总是首先安排铣端面钻中心孔，以便为后续工序准备好定位基准。

b. 深孔加工的安排。为了使中心孔能够在多道工序中使用，希望深孔加工安排在最后。但是，深孔加工属粗加工，余量大，发热多，变形也大，会使得加工精度难以保持，故不能放到最后。一般深孔加工安排在外圆粗车之后，以便有一个较为精确的轴颈作定位基准用来搭中心架，这样加工出的孔容易保证主轴壁厚均匀。

c. 先外后内与先大后小。先加工外圆，再以外圆定位加工内孔。如上述主轴锥孔安排在轴颈精磨之后再进行精磨；加工阶梯外圆时，先加工直径较大的，后加工直径较小的，这样可避免过早地削弱工件的刚度。加工阶梯深孔时,先加工直径较大的,后加工直径较小的,这样便于使用刚度较大的孔加工工具。

d. 次要表面加工的安排。主轴上的花键、键槽、螺纹等次要表面的加工通常均安排在外圆精车或粗磨之后、精磨外圆之前进行。如果精车前就铣出键槽,精车时因断续切削而易产生振动,既影响加工质量,又容易损坏刀具,也难控制键槽的深度。这些加工也不能放到主要表面精磨之后,否则会破坏主要表面已获得的精度。

④ 主轴中心通孔的加工。主轴的中心通孔一般都是深孔(长度与直径之比大于5)。深孔比一般孔的加工要困难和复杂得多。针对深孔加工的不利条件,要解决好刀具引导、顺利排屑和充分润滑3个关键问题,一般可采取下列措施。

a. 采用工件旋转、刀具送进的加工方式,使钻头有自定中心能力,防止孔中心线偏斜。

b. 采用特殊结构的刀具——深孔钻,以增加其导向的稳定性和断屑性能。

c. 在工件上预先加工出一段精确的导向孔,保证钻头从一开始就不引偏。

d. 采用压力输送的冷却润滑液,利用压力将冷却润滑液送入切削区域,对钻头起冷却润滑作用,并带着切屑排出。

这里要说明一下轴类零件加工时退刀槽的作用。为了便于进刀和退刀,应保留有退刀槽或者要留有足够的退刀长度。对于台阶轴来说,螺纹刀具不能加工到台阶底部。如果没有退刀槽,装配时就会不到位,产生干涉。有了退刀槽,就解决了装配干涉的问题。

4.1.4 其他典型表面的加工方法

1. 中心孔的修研方法

(1) 中心孔对加工精度的影响

中心孔是轴类零件常用的定位基准,其质量对加工精度有直接的影响。

① 中心孔深度。中心孔深度不一,影响零件在机床上的轴向位置,造成零件加工余量分布不均。对于批量生产,应当控制中心孔的深浅,使其一致。

② 两端中心孔的同轴度误差。两端中心孔不同轴,造成顶尖与中心孔接触不良,加工时出现圆度及位置度误差。图4-16所示为两中心孔因两端不同轴形成接触不良的情况。

③ 中心孔圆度。中心孔不圆将直接反映给磨削后的工件外圆。如图4-17所示,中心孔不圆,磨削时因磨削力将工件推向一方,砂轮与顶尖保持不变的距离为a,因此工件外圆形状就取决于中心孔的形状,中心孔的圆度误差被直接复映到工件外圆上去了。

(2) 中心孔的各种修研方法

要提高外圆加工质量,修研中心孔是主要手段之一。此外,在轴的加工过程中,中心孔还会出现磨损、拉毛、热处理后的氧化及变形,故需要对中心孔进行修研。常用的中心孔修研方法有以下几种。

① 用油石或橡胶砂轮修研。

② 用铸铁顶尖修研。

③ 用硬质合金顶尖修研中心孔。

④ 用中心孔磨床磨削中心孔。

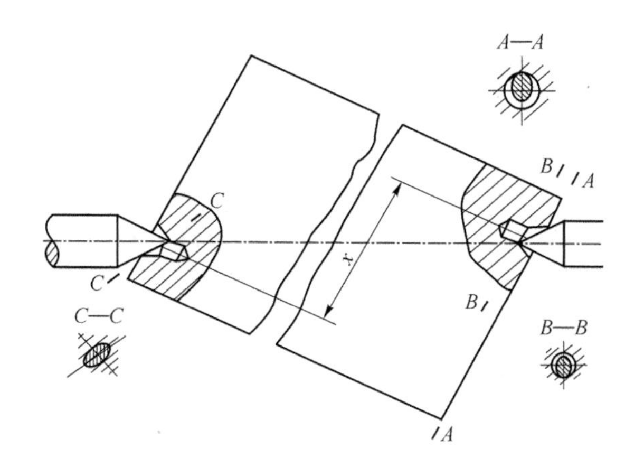

图 4-16　两中心孔不同轴时的接触情况

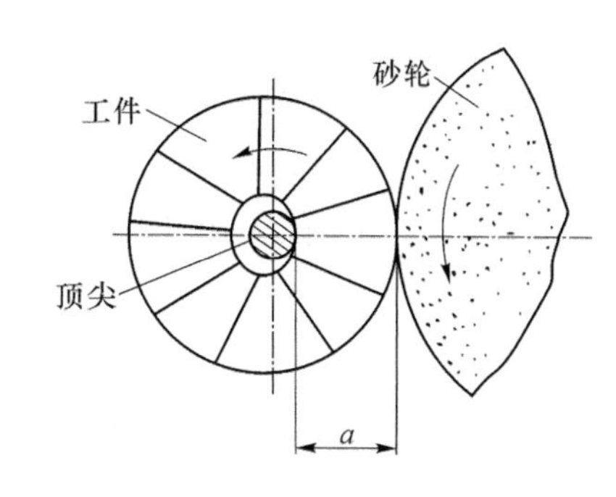

图 4-17　中心孔不圆引起外圆的圆度误差示意图

2. 花键加工方法

花键是轴类零件上的典型表面，它与单键相比，具有定心精度高、导向性能好、传递转矩大、易于互换等优点。花键按齿形可分为矩形齿、三角形齿、渐开线齿以及梯形齿，其中矩形齿使用较多；按定心方式可分为大径定心、小径定心和键侧定心。其中，由于大径定心花键的加工工艺简单（轴的大径可磨削，孔的大径可以拉削），定心精度要求不高时应用较多。对于小径定心花键，轴的小径与孔的小径在热处理后均可经磨削获得较高精度，因而定心精度要求较高时，常应用小径定心花键。现在国际标准和国内推广使用小径定心方式。

轴上花键的加工通常采用铣削和磨削。

(1) 花键的铣削加工

单件小批生产时，可采用卧式铣床、分度头与三面刃铣刀加工（如图 4-18(a)所示）。该方法加工方便，但其加工质量较差、生产率低。产量稍大时，可采用花键滚刀在花键铣床上加工（如图 4-18(b)所示），其加工质量与生产率比用三面刃铣刀要高。为了提高花键轴加工的质量和生产率，还可采用双飞刀高速铣花键，如图 4-19 所示。这种方法不仅能保证键侧的精度和表面粗糙度，而且效率比一般铣削高出数倍。

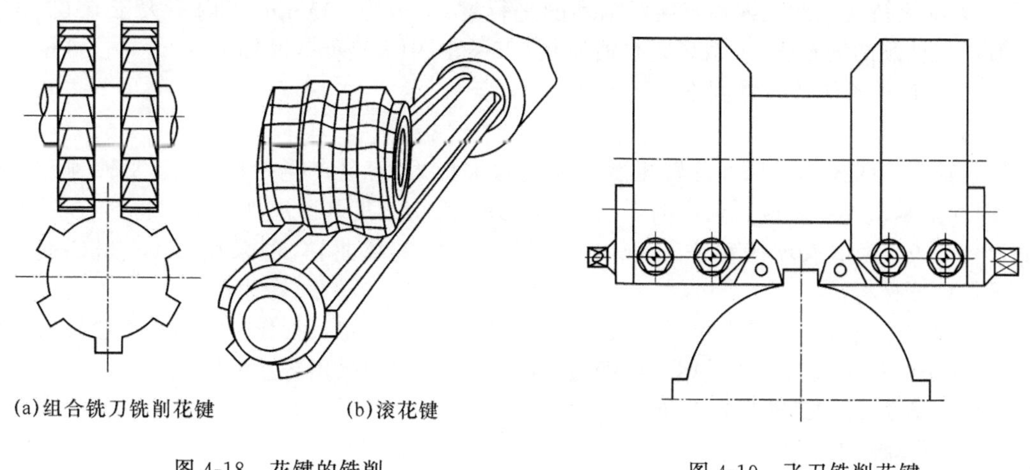

(a)组合铣刀铣削花键　　(b)滚花键

图 4-18　花键的铣削　　图 4-19　飞刀铣削花键

(2) 花键的磨削加工

以大径定心的花键轴通常只磨削大径,键侧及内径铣出后不再磨削;若经淬火而变形过大时,也要对键侧面磨削加工。

以小径定心的花键的小径和键侧均需磨削。小批生产可采用工具磨床,或借用分度头在平面磨床上,按图 4-20(a)和(b)分两次磨削。这种方法的砂轮修整简单、调整方便,尺寸 B 必须控制准确。大量生产则使用花键磨床或专用机床,利用高精度等分板分度,一次安装下将花键轴磨完,如图 4-20(c)和(d)所示。图 4-20(c)所示方法中砂轮修整简单、调节方便,要控制尺寸 A 及圆弧面;图 4-20(d)所示方法要控制尺寸 C。

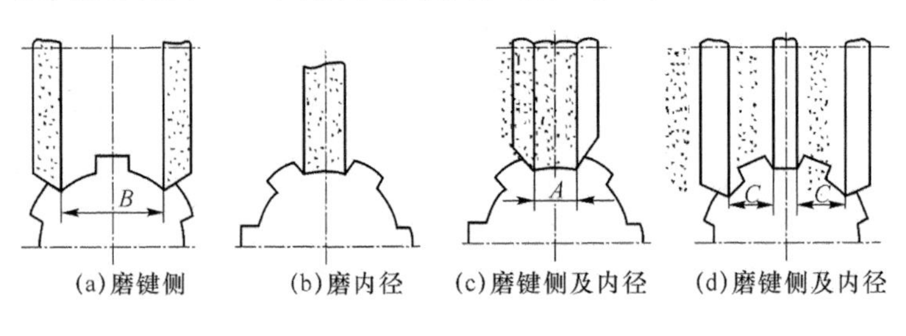

图 4-20　磨削花键

4.1.5　曲轴加工

1. 概述

(1) 曲轴的功用和结构特点

曲轴是将直线运动转变成旋转运动,或将旋转运动变成直线运动的零件。它是往复式发动机、压缩机、剪切机与冲压机械的重要零件。曲轴的结构与一般轴不同,它由主轴颈、连杆轴颈、主轴颈与连杆轴颈之间的连接板组成,其结构细长多曲拐,刚性差,因而安排曲轴加工过程应考虑到这些特点。

(2) 主要技术要求

曲轴的主要技术要求如下。

① 主轴颈、连杆轴颈本身的精度,即尺寸公差等级为 IT6,表面粗糙度为 1.25～0.63 μm。轴颈长度公差等级为 IT9～IT10。轴颈的形状公差,如圆度、圆柱度控制在尺寸公差的一半。

② 位置精度包括主轴颈与连杆轴颈的平行度:一般为 100 mm 之内不大于 0.02 mm。曲轴各主轴颈的同轴度:小型高速曲轴为 0.025 mm,中大型低速曲轴为 0.03～0.08 mm。

③ 各连杆轴颈的位置度不大于±20′。

(3) 材料与毛坯

曲轴工作时要承受很大的转矩及交变的弯曲应力,容易产生扭振、折断及轴颈磨损现象,因此要求所用材料应有较高的强度、冲击韧度、疲劳强度和耐磨性。常用材料有:一般曲轴为 35、40、45 钢或球墨铸铁 QT600-2;对于高速、重载曲轴,可采用 40Cr、35CrMoAl、42Mn2V 等材料。

曲轴的毛坯根据批量大小、尺寸、结构及材料品种来决定。批量较大的小型曲轴采用模锻;单件小批的中大型曲轴采用自由锻造;球墨铸铁材料则采用铸造毛坯。

2. 曲轴加工的工艺特点分析

(1) 曲轴加工工艺过程

以图 4-21 所示三拐曲轴为例介绍其工艺过程。

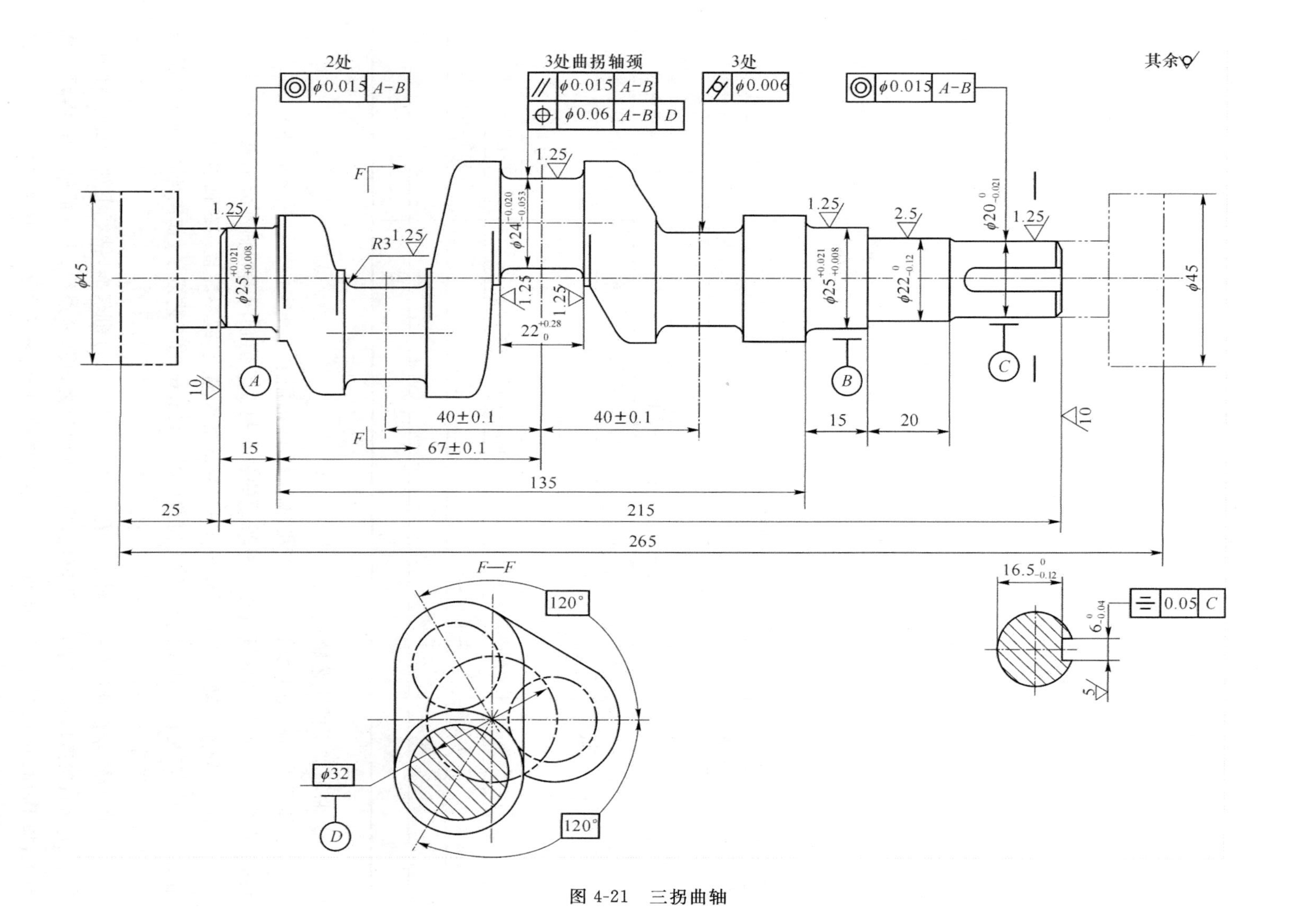

2处
φ0.015 A−B
3处曲拐轴颈
φ0.015 A−B
φ0.06 A−B D
3处
φ0.006
φ0.015 A−B
其余
F
R3
1.25
2.5
10
φ45
A
B
C
D
40±0.1
67±0.1
15
20
135
25
215
265
F—F
120°
φ32
16.5
0.05 C
5

图 4-21　三拐曲轴

三拐曲轴的工艺过程如表 4-4 所示。

表 4-4　三拐曲轴的工艺过程

工序号	工序名称	工序内容	定位及夹紧
1	铸	铸造，清理	
2	热处理	正火	
3	铣	铣两端面，总长 265 mm（两端留工艺搭子，见图 4-21 中双点化线处）	两主轴颈
4	车	套车两端工艺搭子外圆至 $\phi45$ mm（工艺要求），钻两端主轴颈中心孔	主轴颈，连杆轴颈
5	钻	在两端工艺搭子上钻 3 对连杆轴颈中心孔	主轴颈中心孔，连杆轴颈
6	检验		
7	车	车工艺搭子端面，粗、精车 $24_{-0.053}^{-0.020}$ mm 3 个连杆轴颈，留磨量 0.5 mm	对应的 3 对中心孔
8	车	粗车各处外圆，留加工余量 2 mm	主轴颈中心孔
9	车	精车各处外圆，留磨量 0.5 mm	主轴颈中心孔
10	检验		
11	磨	精磨 3 个连杆轴颈外圆至图样要求	对应的 3 对中心孔
12	磨	精磨两个主轴颈 $\phi25_{+0.008}^{+0.021}$ mm 至图样要求	两端主轴颈中心孔
13	磨	精磨 $\phi22_{-0.012}^{0}$ mm 和 $\phi20_{-0.021}^{0}$ mm 至图样要求	两端主轴颈中心孔
14	检验		
15	车	切除两端 $\phi45$ 工艺搭子	两主轴颈外圆
16	车	车两端面，取全长至 215 mm，倒角，表面粗糙度为 10 μm	两主轴颈外圆
17	铣	铣键槽至图样要求	主轴颈，连杆轴颈
18	钳	去毛刺	
19	检验		

（2）曲轴加工的工艺特点分析

① 该零件是三拐小型曲轴，生产批量不大，故选用中心孔定位。它是辅助基准，装夹方便，节省找正时间，又能保证 3 处连杆轴颈的位置精度。但轴两端的轴颈分别是 $\phi20$ mm 和 $\phi25$ mm，而 3 处连杆轴颈中心距分布在 $\phi32$ mm 的圆周上，故不能直接在轴端面上钻 3 对中心孔。于是，在曲轴毛坯制造时，预先铸造两端 $\phi45$ mm 的工艺搭子（如图 4-21 所示），这样就可以在工艺搭子上钻出 4 对中心孔，达到用中心孔定位的目的。

② 在工艺搭子端面上钻 4 对中心孔，先以两主轴颈为粗基准，钻好主轴颈的一对中心孔（工序 4）；然后以这一对中心孔定位，以连杆轴颈为粗基准划线，再将曲轴放到回转工作台上，加工 $\phi32$ mm、圆周 120°均布的 3 个连杆轴颈的中心孔（工序 5），这样就保证了它们之间的位置精度。

③ 该零件刚性较差，应按先粗后精的原则安排加工顺序，逐步提高加工精度。对于主轴颈与连杆轴颈的加工顺序是，先加工 3 个连杆轴颈，然后再加工主抽颈及其他各处的外圆（工序 7～工序 13），这样安排可以避免一开始就降低工件刚度，减少受力变形，有利于提高曲轴加工精度。

④ 由于使用了工艺搭子，铣键槽工序安排在切除中心孔后进行，故磨外圆工序必须提前在还保留工艺搭子中心孔时进行（工序 13），要注意防止已磨好的表面被碰伤。

4.2　套筒零件加工

4.2.1　概述

1. 筒类零件的功用与结构特点

套筒类零件是机械中常见的一种零件，它的应用范围很广，如支承旋转轴的各种形式的滑动轴承、夹具上引导刀具的导向套、内燃机气缸套、液压系统中的液压缸以及一般用途的套筒，如图 4-22 所示。

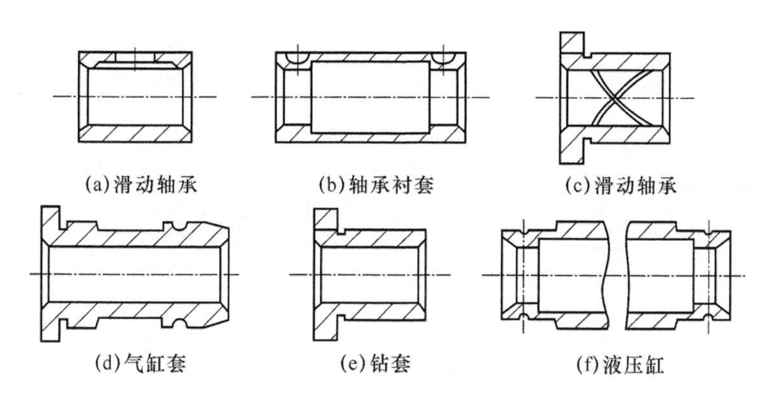

图 4-22　筒类零件

套筒类零件的加工工艺根据其功用、结构形状、材料和热处理以及尺寸大小的不同而异。就其结构形状来划分，大体可以分为短套筒和长套筒两大类。在加工中，它们的装夹方法和加工方法都有很大的差别。

各种套筒类零件虽然结构和尺寸有很大差异，但却具有以下共同特点。

(1) 外圆直径 D 一般小于其长度 L，通常长径比(L/D)小于 5。

(2) 内孔与外圆直径之差较小，即零件壁厚较小，易变形。

(3) 内外圆回转表面的同轴度公差很小。

(4) 结构比较简单。

2. 套筒类零件的技术要求、材料、毛坯

(1) 套筒类零件的技术要求

套筒类零件的主要表面是孔和外圆，图 4-23 和图 4-24 分别为长套筒和短套筒的一般技术要求示意图。

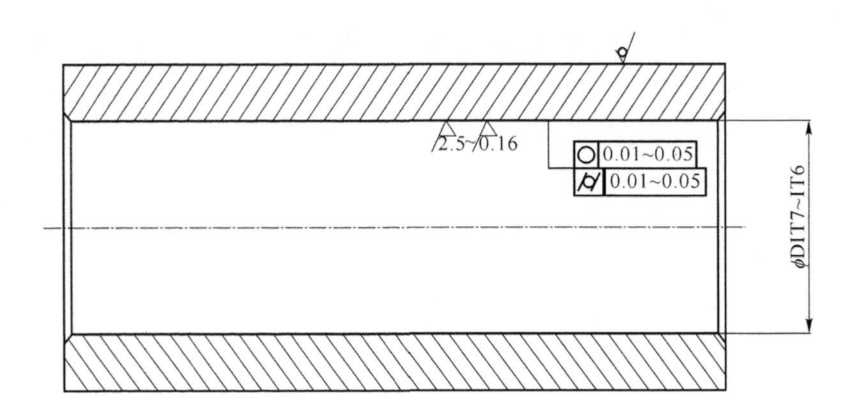

图 4-23　一般长套筒类零件的技术要求示意图

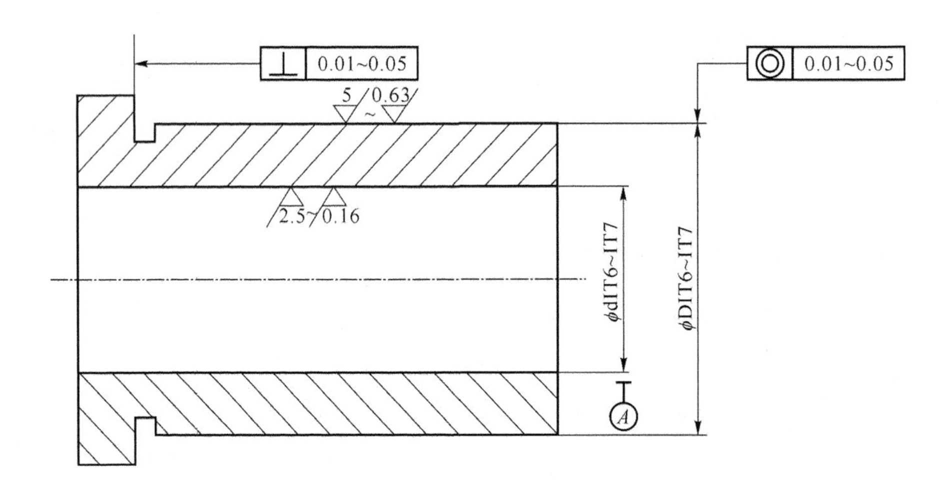

图 4-24　一般短套筒类零件的技术要求示意图

① 孔的技术要求

孔是套筒类零件起支承或导向作用的最主要表面，通常与运动的轴、刀具或活塞相配合。孔的直径尺寸公差等级一般为 IT7，精密轴套可取 IT6，气缸和液压缸由于与其配合的活塞上有密封圈，要求较低，通常取 IT9。孔的形状精度应控制在孔径公差以内，一些精密套筒控制在孔径公差的 1/2～1/3，甚至更严。对于长的套筒，除了圆度要求以外，还应注意孔的圆柱度。为了保证零件的功用和提高其耐磨性，孔的表面粗糙度 Ra 为 2.5～0.16 μm，要求高的精密套筒 Ra 可达 0.04 μm。

② 外圆表面的技术要求

外圆是套筒类零件的支承面，常以过盈配合或过渡配合与箱体或机架上的孔相连接。外径尺寸公差等级通常取 IT6～IT7，其形状精度控制在外径公差以内，表面粗糙度 Ra 为5～0.63 μm。

③ 孔与外圆的同轴度要求

当孔的最终加工是将套筒装入箱体或机架后进行时，套筒内外圆间的同轴度要求较低；若最终加工是在装配前完成的，则同轴度要求较高，一般为 ϕ0.01～ϕ0.05 mm。

④ 孔轴线与端面的垂直度要求

套筒的端面(包括凸缘端面)若在工作中承受载荷,或在装配和加工时作为定位基准,则端面与孔轴线垂直度要求较高,一般为 0.01～0.05 mm。

(2) 套筒类零件的材料与毛坯

套筒类零件一般用钢、铸铁、青铜或黄铜制成。强度高些的还可用 38CrMoAlA 等合金材料。其中焊接性能要求高的可用 20 号钢、20Cr 等低碳钢;切削性能好的用 45 号钢、40Cr 等中碳钢。有些滑动轴承采用双金属结构,以离心铸造法在钢或铸铁内壁上浇注巴氏合金等轴承合金材料,既可节省贵重的有色金属,又能提高轴承的寿命。

套筒零件毛坯的选择与其材料、结构、尺寸及生产批量有关。孔径小的套筒一般选择热轧或冷拉棒料,也可采用实心铸件;孔径较大的套筒常选择无缝钢管或带孔的铸件、锻件;大量生产时,可采用冷挤压和粉末冶金等先进的毛坯制造工艺,既可提高生产率,又可节约材料。

4.2.2　内孔表面的加工方法

内孔表面的加工方法较多,常用的有钻孔、扩孔、铰孔、镗孔、磨孔、拉孔、研磨孔、珩磨孔、滚压孔等。

1. 钻孔

如图 4-25 所示,用钻头在工件实体部位加工孔称为钻孔。钻孔属粗加工,可达到的尺寸公差等级为 IT13～IT11,表面粗糙度 *Ra* 为 50～12.5 μm。由于麻花钻长度较长,钻芯直径小而刚性差,又有横刃的影响,故钻孔有以下工艺特点:钻头容易偏斜,孔的表面质量差,钻削时轴向力大。

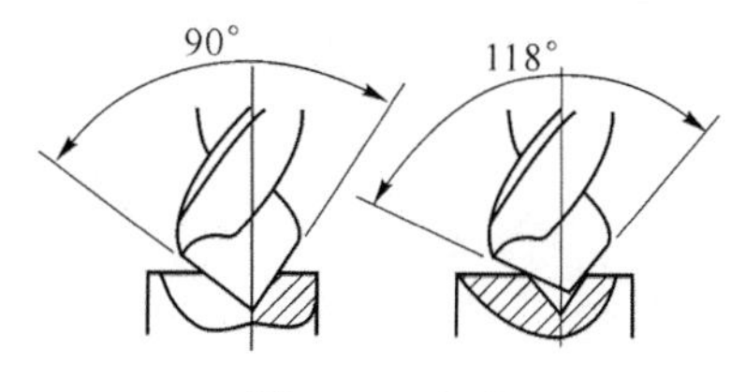

图 4-25　钻孔

2. 扩孔

扩孔是用扩孔钻对已钻出的孔做进一步加工,以扩大孔径并提高精度和降低表面粗糙度。扩孔刀的结构如图 4-26 所示。扩孔可达到的尺寸公差等级为 IT11～IT10,表面粗糙度 *Ra* 为 12.5～6.3 μm,属于孔的半精加工方法,常作铰削前的预加工,也可作为精度不高的孔的终加工。因此扩孔与钻孔相比,加工精度高,表面粗糙度较低,且可在一定程度上校正钻孔的轴线误差。此外,适用于扩孔的机床与钻孔相同。扩孔示意图如图 4-27 所示。

3. 铰孔

铰孔是在半精加工(扩孔或半精镗)的基础上对孔进行精加工的一种方法。铰孔的尺寸公差等级可达 IT9～IT6,表面粗糙度 *Ra* 可达 3.2～0.2 μm。

铰孔的方式有机铰和手铰两种。在机床上进行铰削称为机铰,如图 4-28 所示;用手工进行铰削称为手铰,如图 4-29 所示。

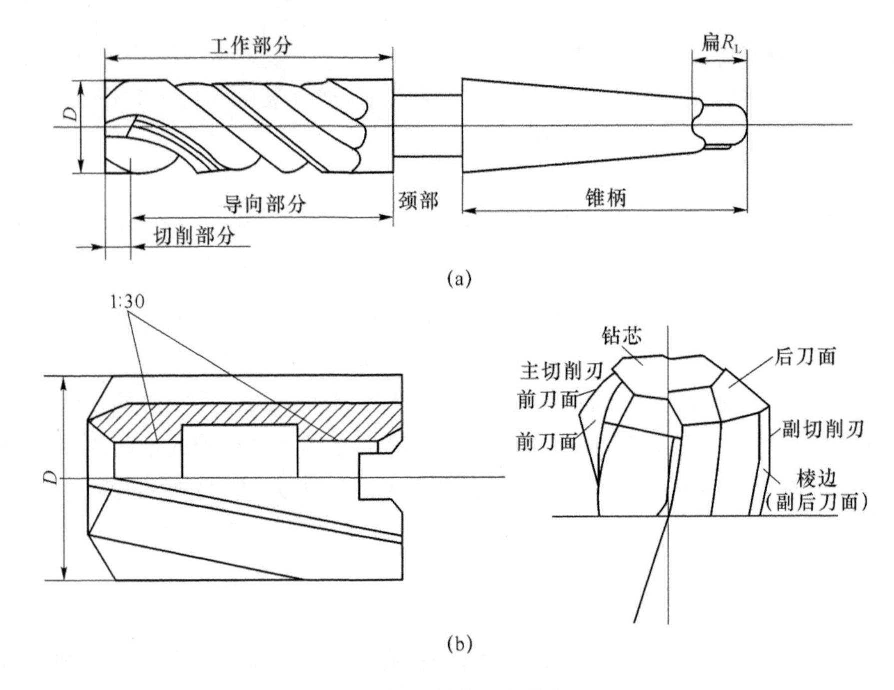

图 4-26　扩孔刀的结构

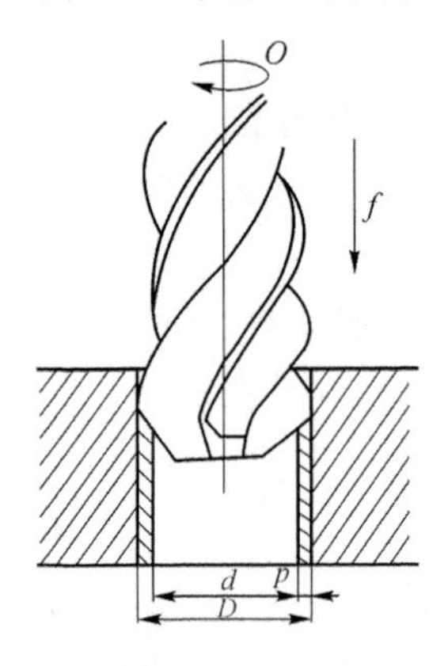

图 4-27　扩孔

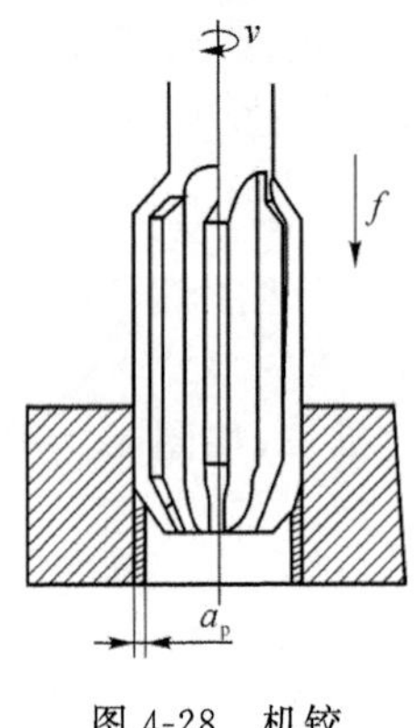

图 4-28　机铰

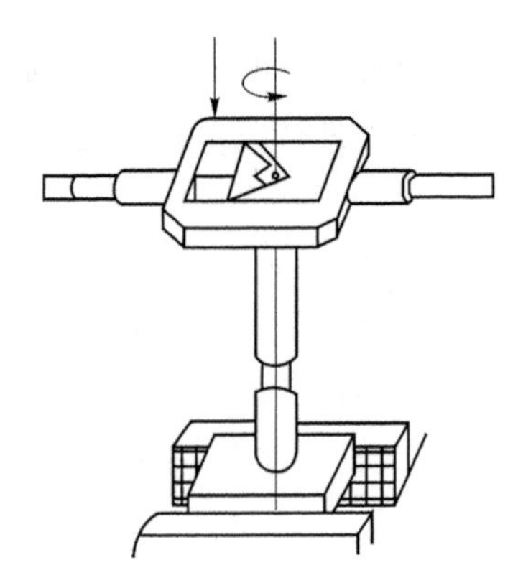

图 4-29　手铰

图 4-30 所示为铰刀的基本类型。

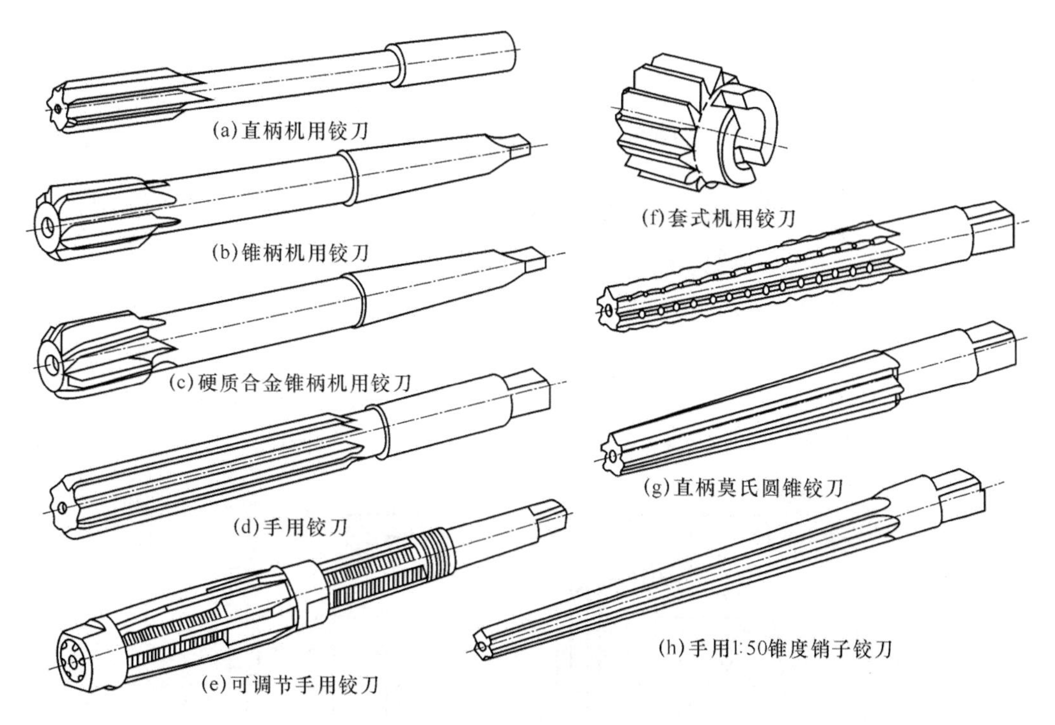

图 4-30　铰刀的基本类型

4. 镗孔、车孔

镗孔是用镗刀对已钻出、铸出或锻出的孔作进一步的加工，可在车床、镗床或铣床上进行。镗孔是常用的孔加工方法之一，可分为粗镗、半精镗和精镗。粗镗的尺寸公差等级为 IT13～IT12，表面粗糙度 Ra 为 12.5～6.3 μm；半精镗的尺寸公差等级为 IT10～IT9，表面粗糙度 Ra 为 6.3～3.2 μm；精镗的尺寸公差等级为 IT8～IT7，表面粗糙度 Ra 为 1.6～0.8 μm。图 4-31 所示为镗床镗孔方式。

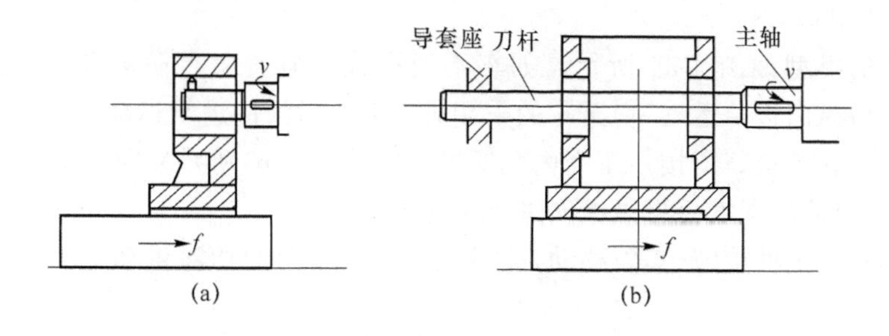

图 4-31　镗床镗孔的方式

(1) 镗床镗孔

镗床平旋盘带动镗刀旋转，工作台带动工件做纵向进给运动。图 4-32 所示的镗床平旋盘可随主轴箱上、下移动，自身又能做旋转运动。其中部件的径向刀架可做径向进给运动，也可处于所需的任一位置上。图 4-33 为利用平旋盘镗削大孔和内槽的示意图。

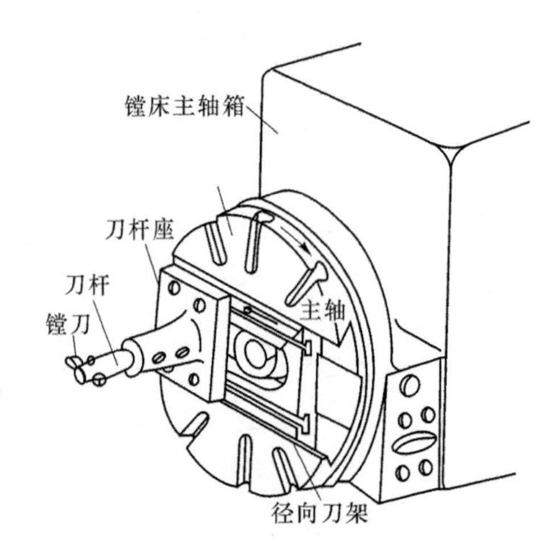

图 4-32 镗床平旋盘

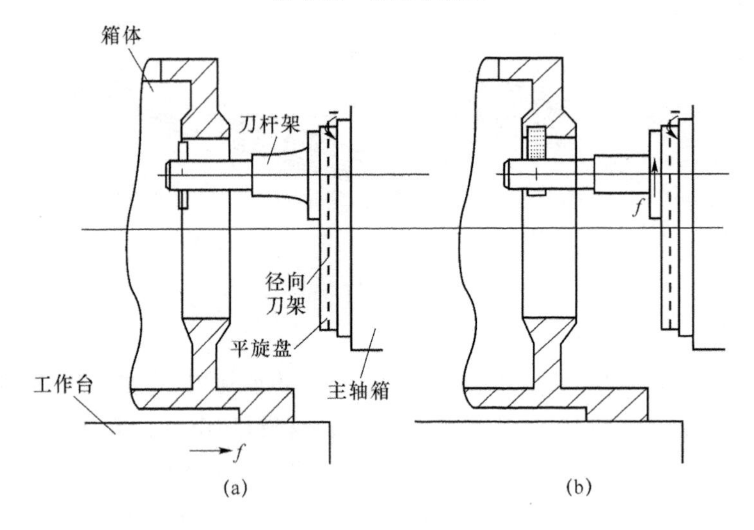

图 4-33 利用平旋盘镗削大孔和内槽

(2) 车床车孔

车床车孔的类型如图 4-34 所示。如车不通孔或具有直角台阶的孔(如图 4-34(b)所示),车刀可先做纵向进给运动,切至孔的末端时车刀改做横向进给运动,再加工内端面。这样可使内端面与孔壁良好衔接。车削内孔凹槽(如图 4-34(d)所示),将车刀伸入孔内,先做横向进刀,切至所需的深度后再做纵向进给运动。

车床上车孔是工件旋转、车刀移动,孔径大小可由车刀的切深量和走刀次数予以控制,操作较为方便。

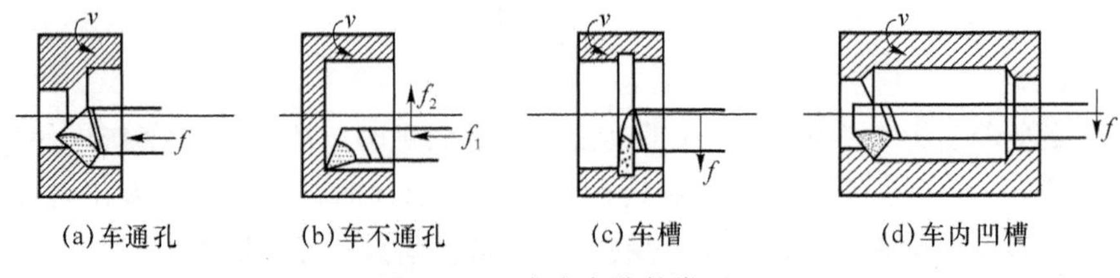

图 4-34 车床车孔的类型

车床车孔多用于加工盘套类和小型支架类零件的孔。

(3) 铣床镗孔

在卧式铣床上镗孔与镗床镗孔的方式相同，镗刀杆装在卧式铣床的主轴锥孔内做旋转运动，工件安装在工作台上做横向进给运动。

(4) 浮动镗削

车床、镗床和铣床镗孔多用单刃镗刀。在成批或大量生产时，对于孔径大(>ϕ80 mm)、孔深长、精度高的孔，均可用浮动镗刀进行精加工。

浮动镗刀也可在车床上进行加工。工作时刀杆固定在四方刀架上，浮动镗刀块装在刀杆的长方孔中，依靠两刃径向切削力的平衡自动定心，从而可以消除因刀块在刀杆上的安装误差所引起的孔径误差。

镗削的工艺特点如下。

① 镗削的适应性强。镗削可在钻孔、铸出孔和锻出孔的基础上进行；可达的尺寸公差等级和表面粗糙度的范围较广；除直径很小且较深的孔以外，各种直径和各种结构类型的孔几乎均可镗削。

② 镗削可有效地校正原孔的位置误差，但由于镗杆直径受孔径的限制，一般其刚性较差，易弯曲和振动，故镗削质量的控制(特别是细长孔)不如铰削方便。

③ 镗削的生产率低。因为镗削需用较小的切深和进给量进行多次走刀，以减小刀杆的弯曲变形，且在镗床和铣床上镗孔需调整镗刀在刀杆上的径向位置，故操作复杂、费时。

④ 镗削广泛应用于单件小批生产中各类零件的孔加工。在大批量生产中，镗削支架和箱体的轴承孔需用镗模。

5. 拉孔

拉孔是一种高效率的精加工方法。除拉削圆孔外，还可拉削各种截面形状的通孔及内键槽，如图 4-35 所示。拉削圆孔可达的尺寸公差等级为 IT9～IT7，表面粗糙度 Ra 为 1.6～0.4 μm。

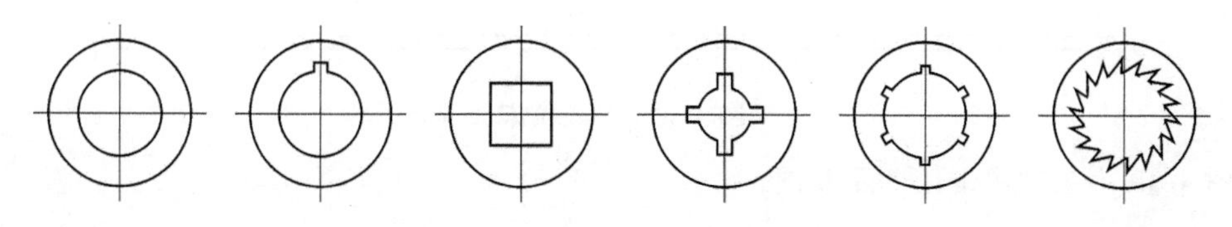

图 4-35　可拉削的各种孔的截面形状

颈部是拉床刀夹夹住拉刀的部位。拉削可看做是按高低顺序排列的多把刨刀进行的刨削，如图 4-36 所示。

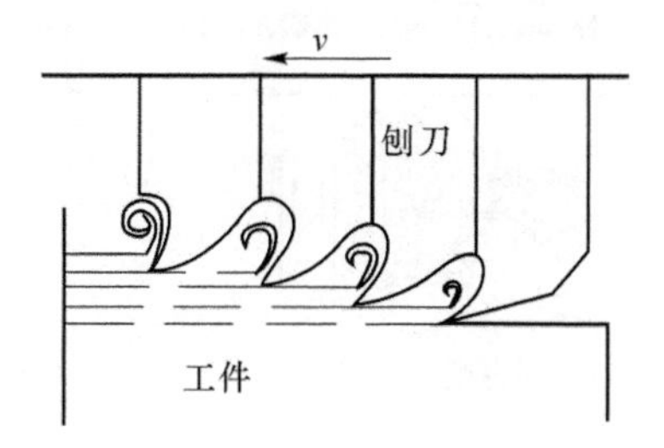

图 4-36　多刃刨刀刨削示意图

圆孔拉刀的结构如图4-37所示。柄部直径最小，当拉削力过大时，一般在此断裂，便于焊接修复。过渡锥引导拉刀进入被加工的孔中。前导部分保证工件平稳过渡到切削部分，同时可检查拉前的孔径是否过小，以免第一个刀齿负载过大而被损坏。切削部分包括粗切齿和精切齿，承担主要的切削工作。校准部分为校准齿，其作用是校正孔径，修光孔壁。当切削齿刃磨后直径减小时，前几个校准齿则依次磨成切削齿。后导部分在拉刀刀齿切离工件时，防止工件下垂刮伤已加工表面和损坏刀齿。

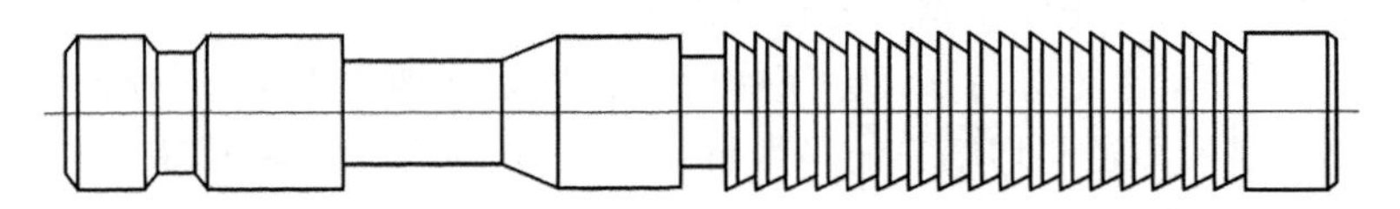

图4-37　圆孔拉刀

卧式拉床如图4-38所示。床身内装有液压驱动油缸，活塞拉杆的右端装有随动支架和刀夹，用以支承和夹持拉刀。工作前，拉刀支持在滚轮和拉刀尾部支架上，工件由拉刀左端穿入。当刀夹夹持拉刀向左做直线移动时，工件贴靠在“支撑”上，拉刀即可完成切削加工。拉刀的直线移动为主运动，进给运动是靠拉刀的每齿升高量来完成的。

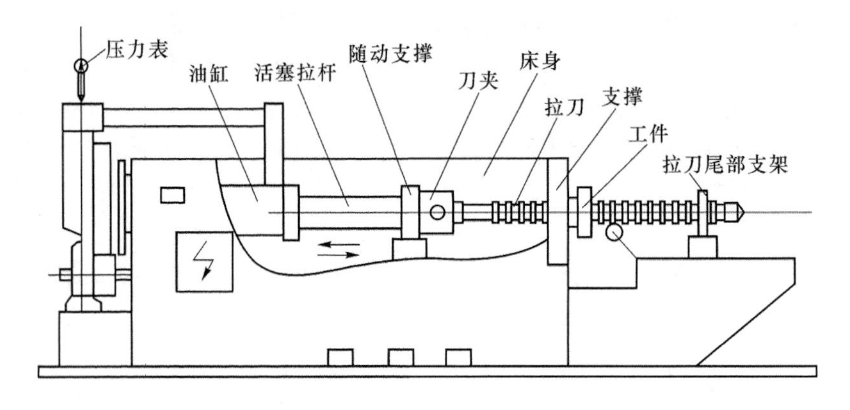

图4-38　卧式拉床

图4-39为拉削内键槽的示意图。

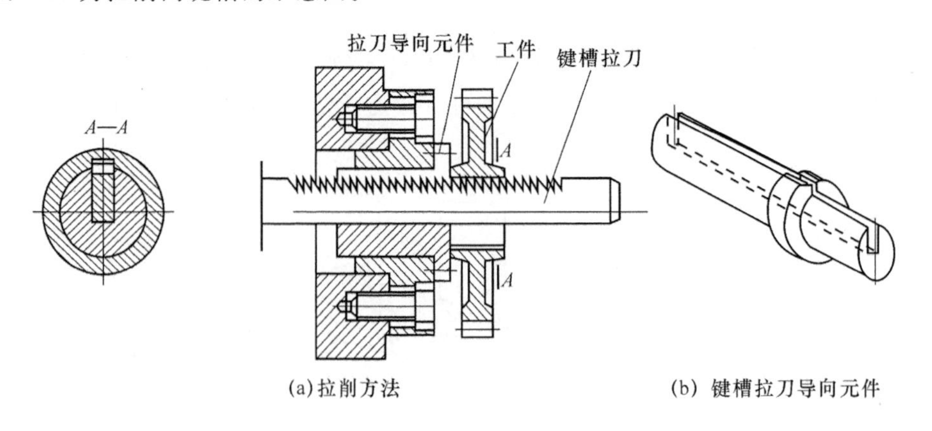

图4-39　拉削内键槽

拉削的工艺特点如下。

（1）拉削时拉刀多齿同时工作，在一次行程中完成粗精加工，因此生产率高。

（2）拉刀为定尺寸刀具，且有校准齿进行校准和修光。拉床采用液压系统，传动平稳，拉削速度很低（2～8 m/min），切削厚度薄，不会产生积屑瘤，因此拉削可获得较高的加工质量。

（3）拉刀制造复杂，成本昂贵，一把拉刀只适用于一种规格尺寸的孔或键槽，因此拉削主要用于大批大量生产或定型产品的成批生产。

（4）拉削不能加工台阶孔和盲孔。由于拉床的工作特点，某些复杂零件的孔也不宜进行拉削，如箱体上的孔。

6. 磨孔

磨孔是孔的精加工方法之一，可达到的尺寸公差等级为IT8～IT6，表面粗糙度 Ra 为0.8～0.4 μm。

磨孔可在内圆磨床或万能外圆磨床上进行。孔磨削工艺范围如图4-40所示。使用端部具有内凹锥面的砂轮可在一次装夹中磨削孔和孔内台肩面。

磨孔和磨外圆相比有以下不利的方面。

（1）表面粗糙度一般比外圆磨削略大，因为常用内圆磨头的转速一般不超过20 000 r/min，而砂轮的直径小，其圆周速度很难达到外圆磨削的35～50 m/s。

（2）磨削精度的控制不如外圆磨削方便。因为砂轮与工件的接触面积大，发热量大，冷却条件差，工件易烧伤；特别是砂轮轴细长、刚性差，容易产生弯曲变形而造成内圆锥形误差。因此，需要减小磨削深度，增加光磨行程次数。

（3）生产率较低。因为砂轮直径小，磨损快，且冷却液不容易冲走屑末，砂轮容易堵塞，需要经常修整或更换，使辅助时间增加。此外，磨削深度减少和光磨次数的增加也必然影响生产率。因此，磨孔主要用于不宜或无法进行镗削、铰削和拉削的高精度孔以及淬硬孔的精加工。

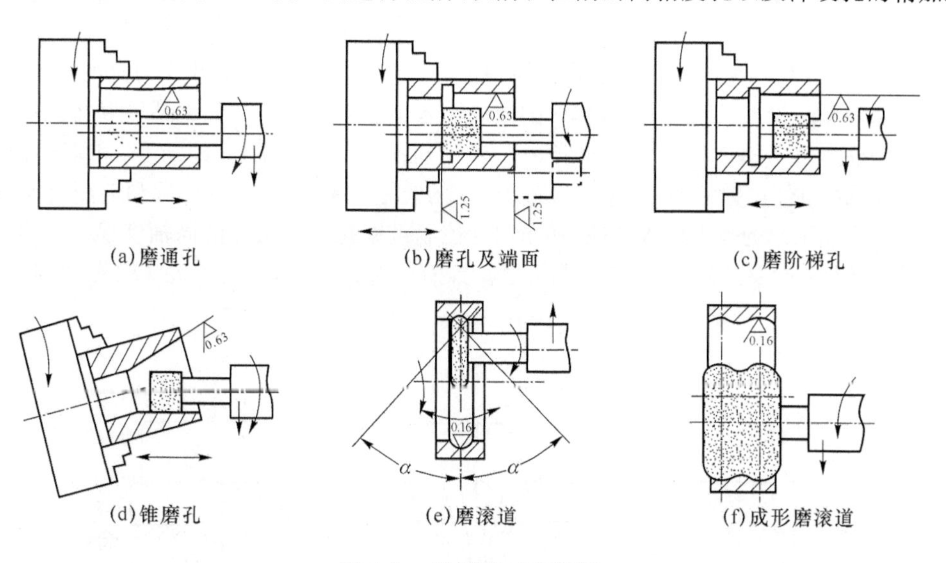

图4-40 孔磨削工艺范围

7. 复合刀具加工孔

孔加工复合刀具是由两把或两把以上同类或不同类的孔加工刀具组合成一体，同时或按先后顺序完成不同工步加工的刀具。

复合刀具的种类较多，按工艺类型可分为同类工艺复合刀具和不同类工艺复合刀具两种。同类工艺复合刀具如图 4-41 所示。不同类工艺复合刀具如图 4-42 所示。

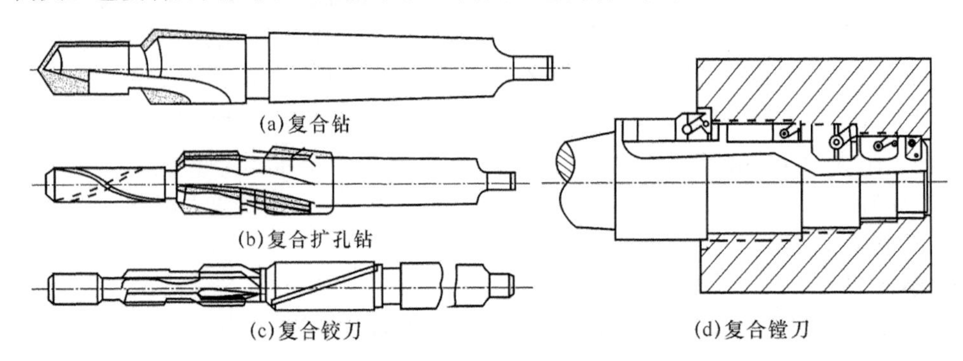

图 4-41　同类工艺复合刀具

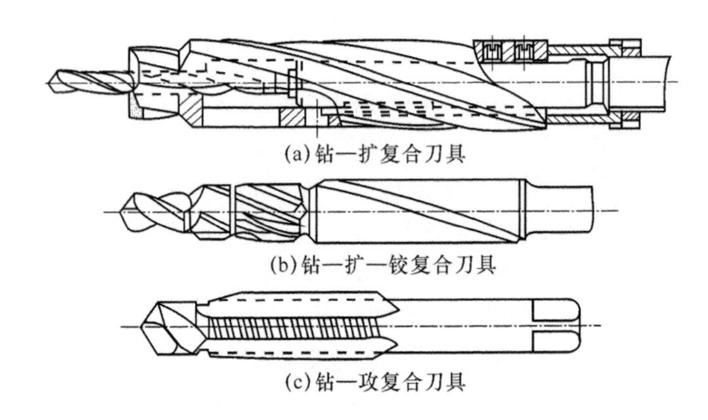

图 4-42　不同类工艺复合刀具

复合刀具结构复杂，在制造、刃磨和使用中都可能会出现问题，如各单个刀具的直径、切削时间和切削条件悬殊较大，切屑的排出和切削液的输入不够畅快等。例如锪钻可以在已加工出的孔上加工圆柱形沉头孔，如图 4-43(a)所示。锥形沉头孔(如图 4-43(b)所示)和端面凸台(如图 4-43(c)所示)也使用锪钻加工。图 4-43(a)所示的锪钻为平底锪钻，其圆周和端面上各有 3～4 个刀齿。在已加工好的孔内插入导柱，其作用为控制被锪孔与原有孔的同轴度误差。导柱一般做成可拆式，以便于锪钻端面齿的制造与刃磨。锥面锪钻的钻尖角有 60°、90°和 120° 3 种。

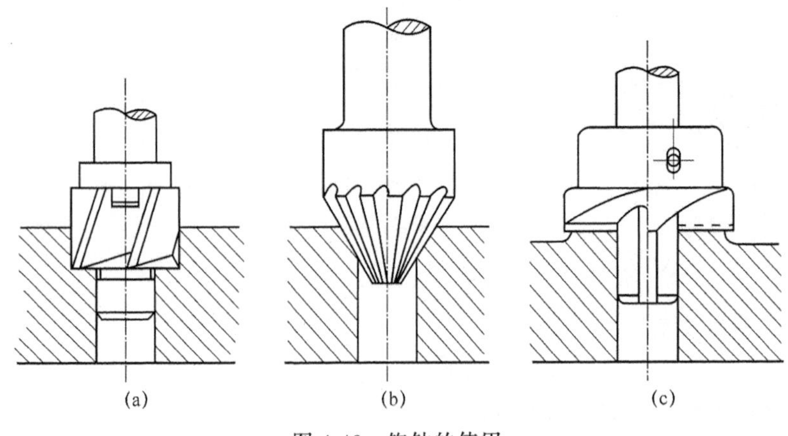

图 4-43　锪钻的使用

8. 钻夹具加工孔

该方法将在第 6 章详述。

4.2.3　孔的光整加工方法

当套筒零件内孔的加工精度和表面质量要求很高时，可进一步采用精细镗、珩磨、研磨、滚压等孔的光整加工方法。

1. 精细镗孔

精细镗与镗孔的方法基本相同，由于最初是使用金刚石作镗刀，所以又称金刚镗。这种方法常用于材料为有色金属合金和铸铁的套筒零件孔的终加工，或作为珩磨和滚压前的预加工。精细镗孔可获得精度高和表面质量好的孔，其加工的经济精度为 IT7～IT6，表面粗糙度 Ra 为 0.08～0.04 μm。

目前普遍采用硬质合金 YT30、YT15、YG3X 或人工合成金刚石和立方氮化硼作为精细镗刀具的材料。为了达到高精度与较小的表面粗糙度，减少切削变形对加工质量的影响，采用回转精度高、刚度大的金刚镗床，并选择切削速度较高（切钢为 200 m/min；切铸铁为 100 m/min；切铝合金为 300 m/min），加工余量较小（0.2～0.3 mm），进给量较小（0.03～0.08 mm/r）。

2. 珩磨

珩磨是用油石条进行孔加工的一种高效率的光整加工方法，需要在磨削或精镗的基础上进行。珩磨的加工精度高，珩磨后尺寸公差等级为 IT7～IT6，表面粗糙度 Ra 为 0.02～0.01 μm。

珩磨的应用范围很广，可加工铸铁件、淬硬和不淬硬的钢件以及青铜等，但不宜加工易堵塞油石的塑性金属。珩磨加工的孔径为 ϕ5～ϕ500 mm，也可加工 $L/D>10$ 的深孔，因此广泛用于加工发动机的汽缸、液压装置的油缸以及各种炮筒的孔。

珩磨是低速大面积接触的磨削加工，与磨削原理基本相同。珩磨所用的磨具是由几根粒度很细的油石条组成的珩磨头。珩磨时，珩磨头的油石有 3 种运动：旋转运动、往复直线运动和施加压力的径向运动，如图 4-44 所示。旋转和往复直线运动是珩磨的主要运动，这两种运动的组合使油石上的磨粒在孔的内表面上的切削轨迹成交叉而不重复的网纹，如图 4-44 所示。径向加压运动是油石的进给运动，施加压力越大，进给量就越大。

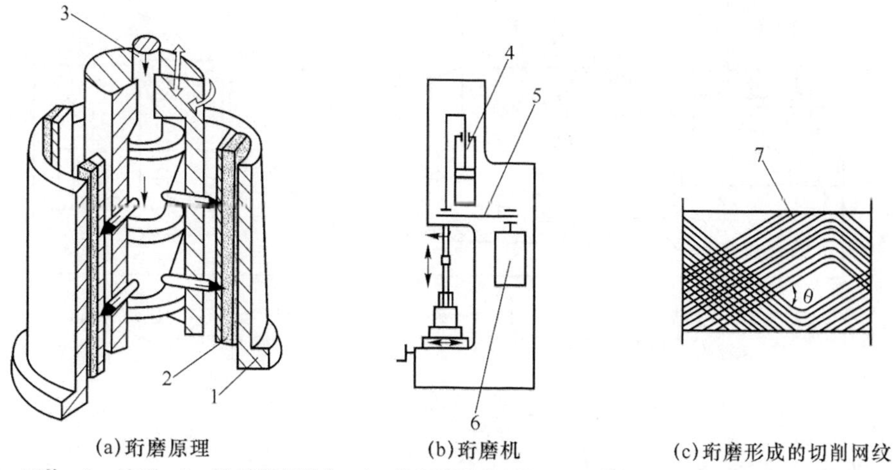

(a)珩磨原理　(b)珩磨机　(c)珩磨形成的切削网纹

1—工件；2—油石；3—进刀磨削压力；4—行程进给液压缸；5—链条；6—变速机构；7—网纹轨迹

图 4-44　珩磨

在珩磨时，油石与孔壁的接触面积较大，参加切削的磨粒很多，因而加在每颗磨粒上的切削力很小（磨粒的垂直载荷仅为磨削的 1/50～1/100），珩磨的切削速度较低（一般在 100 m/min以下，仅为普通磨削的 1/30～1/100），在珩磨过程中又施加大量的冷却液，所以在珩磨过程中发热少，孔的表面不易烧伤，而且加工变形层极薄，从而被加工孔可获得很高的尺寸精度、形状精度和表面质量。

为使油石能与孔表面均匀地接触，能切去小而均匀的加工余量，珩磨头相对工件有小量的浮动，珩磨头与机床主轴是浮动连接，因此珩磨不能修正孔的位置精度和孔的直线度，孔的位置精度和孔的直线度应在珩磨前的工序给予保证。

3. 研磨

研磨也是孔常用的一种光整加工方法，需在精镗、精铰或精磨后进行。研磨后孔的尺寸公差等级可提高到 IT6～IT5，表面粗糙度 Ra 为 0.16～0.01 μm，孔的圆度和圆柱度亦相应提高。

研磨孔所用的研具材料、研磨剂、研磨余量等均与研磨外圆类似。

壳体或缸筒类零件的大孔需要研磨时可在钻床或改装的简易设备上进行，由研磨棒同时做旋转运动和轴向移动，但研磨棒与机床主轴需成浮动连接。否则，当研磨棒轴线与孔轴线发生偏斜时，将产生孔的形状误差。

4. 滚压

孔的滚压加工原理与滚压外圆相同。由于滚压加工效率高，近年来多采用滚压工艺来代替珩磨工艺，效果较好。孔径滚压后尺寸精度在 0.01 mm 以内，表面粗糙度 Ra 为 0.16 μm 或更小，表面硬化耐磨，生产效率比珩磨提高数倍。

滚压对铸件的质量有很大的敏感性，如铸件的硬度不均匀、表面疏松、含气孔和砂眼等缺陷，对滚压有很大影响。因此，铸件油缸不可采用滚压工艺，而是选用珩磨。对于淬硬套筒的孔精加工，也不宜采用滚压。

图 4-45 所示为一加工液压缸的滚压头，滚压头表面的圆锥形滚柱 3 支承在锥套 5 上，滚压时圆锥形滚柱与工件有 0.5°～1°的斜角，使工件能逐渐弹性恢复，避免工件孔壁的表面变粗糙。

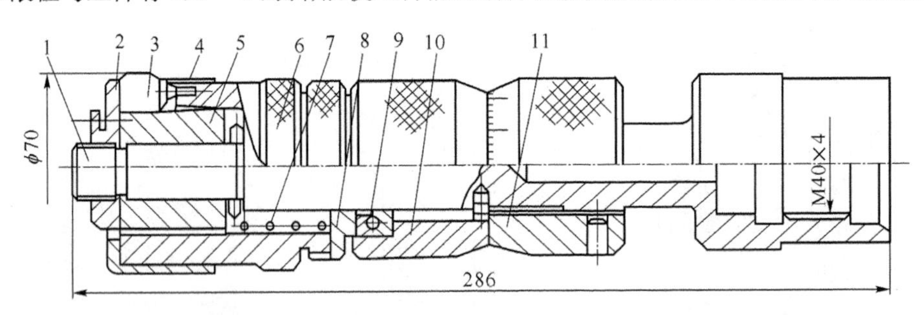

1—心轴；2—盖板；3—圆锥形滚柱；4—销子；5—锥套；6—套圈；7—压缩弹簧；8—衬套；9—推力球轴承；10—过渡套；11—调节螺母

图 4-45 加工液压缸的滚压头

4.2.4 孔加工方案及其选择

以上介绍了孔加工的常用加工方法、原理以及可达到的精度和表面粗糙度。要达到孔表面的设计要求，一般只用一种加工方法是做不到的，而是往往要由几种加工方法顺序组合，即选用合理的加工方案。第1章表1-9所示为孔的加工方案。选择加工方案时应考虑零件的结构形状、尺寸大小、材料和热处理要求以及生产条件等。

例如，表1-9中“钻－扩－铰”和“钻－扩－拉”两种加工方案能达到的技术要求基本相同，但“钻－扩－拉”加工方案在大批大量生产中采用较为合理。再如，“粗镗(扩)－半精镗(精扩)－精镗(铰)”和“粗镗(扩)－半精镗－磨孔”两种加工方案达到的技术要求也基本相同，但如果内孔表面经淬火后只能用磨孔方案，而材料为有色金属时采用精镗(铰)方案为宜，如未经淬硬的工件则两种方案均能采用，这时可根据生产现场设备等情况来决定加工方案。又如，如为大批大量生产，则可选择“钻－(扩)－拉－珩磨”的方案；如孔径较小，则可选择“钻－(扩)－粗铰－精铰－珩磨”的方案；如孔径较大，则可选择“粗镗－半精镗－精镗－珩磨”的加工方案。

4.2.5　套筒零件加工工艺过程与工艺分析

1. 实例1：轴承套(短套)加工工艺过程及其分析

如图4-46所示为轴承套，材料为ZQSn6-6-3，每批数量为200件。

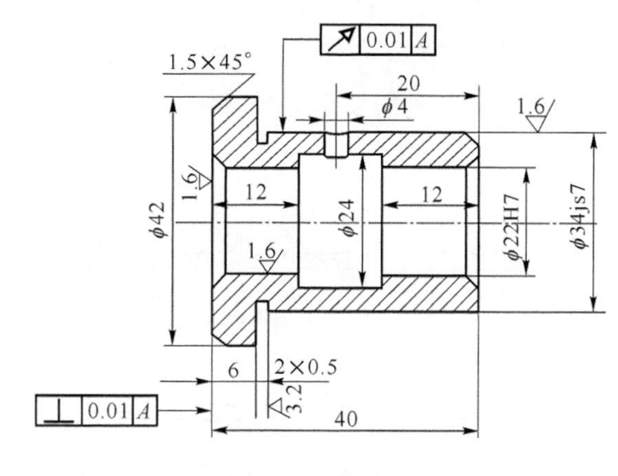

图4-46　轴承套

(1) 轴承套的技术条件和工艺分析

该轴承套属于短套筒，材料为锡青铜。其主要技术要求为：ϕ34js7外圆对ϕ22H7孔的径向圆跳动公差为0.01 mm；左端面对ϕ22H7孔轴线的垂直度公差为0.01 mm。轴承套外圆为IT7级精度，采用精车可以满足要求；内孔精度也为IT7级，采用铰孔可以满足要求。内孔的加工顺序为钻孔－车孔－铰孔。

由于外圆对内孔的径向圆跳动要求在0.01 mm内，用软卡爪装夹无法保证，因此精车外圆时应以内孔为定位基准，使轴承套在小锥度心轴上定位，用两顶尖装夹。这样可使加工基准和测量基准一致，容易达到图纸要求。

车铰内孔时，应与端面在一次装夹中加工出，以保证端面与内孔轴线的垂直度在0.01 mm以内。

(2) 轴承套的加工工艺

表4-5为轴承套的加工工艺过程。粗车外圆时，可采取同时加工5件的方法来提高生产率。

表 4-5　轴承套的加工工艺过程

序号	工序名称	工序内容	定位与夹紧
1	备料	棒料,按 5 件合一加工下料	
2	钻中心孔	车端面,钻中心孔;调头车另一端面,钻中心孔	三爪夹外圆
3	粗车	车外圆 ϕ42 长度为 6.5 mm,车外圆 ϕ34js7 为 ϕ35 mm,车空刀槽 2×0.5 mm,取总长 40.5 mm,车分割槽 ϕ20×3 mm,两端倒角 1.5×45°,5 件同时加工,尺寸均相同	中心孔
4	钻	钻孔 ϕ22H7 至 ϕ22 mm 成单件	软爪夹 ϕ42 mm 外圆
5	车、铰	车内槽 ϕ24×16 mm 至尺寸;铰孔 ϕ22H7 至尺寸;孔两端倒角	软爪夹 ϕ42 mm 外圆
6	精车	车 ϕ34js7(±0.012)至尺寸	ϕ22H7 孔心轴
7	钻	钻径向油孔 ϕ4 mm	ϕ34 mm 外圆及端面
8	检查		

2. 实例 2:液压缸(长套筒)加工工艺过程及其分析

液压缸为典型的长套筒零件,如图 4-47 所示,与短套筒零件的加工方法和工件安装方式都有较大的差别。表 4-6 为某液压缸的加工工艺过程。

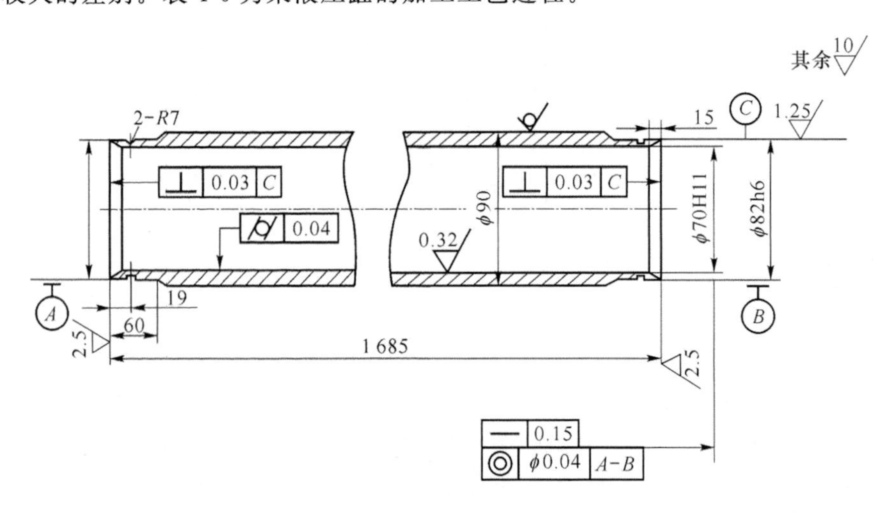

图 4-47　液压缸

液压缸的材料一般有铸铁和无缝钢管两种。图 4-47 所示为用无缝钢管材料的液压缸。为保证活塞在液压缸内移动顺利,对该液压缸内孔有圆柱度要求,对内孔轴线有直线度要求,内孔轴线与两端面间有垂直度要求,内孔轴线对两端支承外圆(ϕ82h6)的轴线有同轴度要求。除此之外还特别要求:内孔必须光洁,无纵向刻痕;若为铸铁材料时,则要求其组织紧密,不得有砂眼、针孔及疏松。

表 4-6　液压缸的加工工艺过程

序号	工序名称	工序内容	定位与夹紧
1	配料	无缝钢管切断	
2	车	1. 车 ϕ82 mm 外圆到 ϕ88 mm 及 M88×1.5 mm 螺纹(工艺用)	三爪卡盘夹一端,大头顶尖顶另一端
		2. 车端面及倒角	三爪卡盘夹一端,搭中心架托 ϕ88 mm 处
		3. 调头车 ϕ82 mm 外圆到 ϕ84 mm	三爪卡盘夹一端,大头顶尖顶另一端
		4. 车端面及倒角,取总长 1 686 mm(留加工余量 1 mm)	三爪卡盘夹一端,搭中心架托 ϕ88 mm 处
3	深孔推镗	1. 半精推镗孔到 ϕ68 mm	一端用 M88×1.5 mm 螺纹固定在夹具中,另一端搭中心架
		2. 精推镗孔到 ϕ69.85 mm	
		3. 精铰(浮动镗刀镗孔)到 $\phi(70\pm0.02)$mm,表面粗糙度 Ra 为 2.5 μm	
4	滚压孔	表面粗糙度 Ra 为 0.32 μm	一端用螺纹固定在夹具中,另一端搭中心架
5	车	1. 车去工艺螺纹,车 ϕ82h6 到尺寸,割 $R7$ 槽	软爪夹一端,以孔定位顶另一端
		2. 镗内锥孔 1°30′及车端面	软爪夹一端,中心架托另一端(百分表找正孔)
		3. 调头,车 ϕ82h6 到尺寸,割 $R7$ 槽	软爪夹一端,顶另一端
		4. 镗内锥孔 1°30′及车端面	软爪夹一端,顶另一端

4.3　箱体加工

4.3.1　概述

1. 箱体类零件的功用及结构特点

箱体类零件是机器或部件的基础零件,它将机器或部件中的轴、套、齿轮等有关零件组装成一个整体,使它们之间保持正确的相互位置,并按照一定的传动关系协调地传递运动或动力。因此,箱体的加工质量将直接影响机器或部件的精度、性能和寿命。

常见的箱体类零件有机床主轴箱、机床进给箱、变速箱体、减速箱体、发动机缸体和机座等。根据箱体零件的结构形式不同,可分为整体式箱体和分离式箱体两大类。前者是整体铸造、整体加工,加工较困难,但装配精度高;后者可分别制造,便于加工和装配,但增加了装配工作量。图 4-48 为几种箱体零件的结构简图。

箱体的结构形式虽然多种多样,但仍有共同的主要特点:形状复杂、壁薄且不均匀,内部呈腔形,加工部位多,加工难度大,既有精度要求较高的孔系和平面,也有精度要求较低的紧固孔。因此,一般中型机床制造厂用于箱体类零件的机械加工劳动量约占整个产品加工量的 15%～20%。

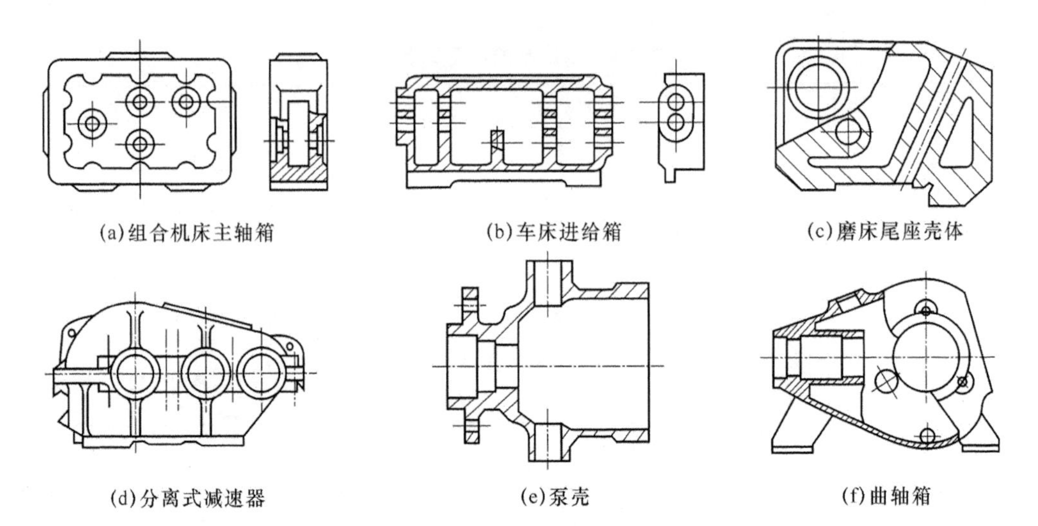

(a)组合机床主轴箱　(b)车床进给箱　(c)磨床尾座壳体

(d)分离式减速器　(e)泵壳　(f)曲轴箱

图 4-48　几种箱体零件的结构简图

2. 箱体类零件的主要技术要求

箱体类零件中以机床主轴箱的精度要求最高。如图 4-49 所示,箱体类零件的技术要求可归纳如下。

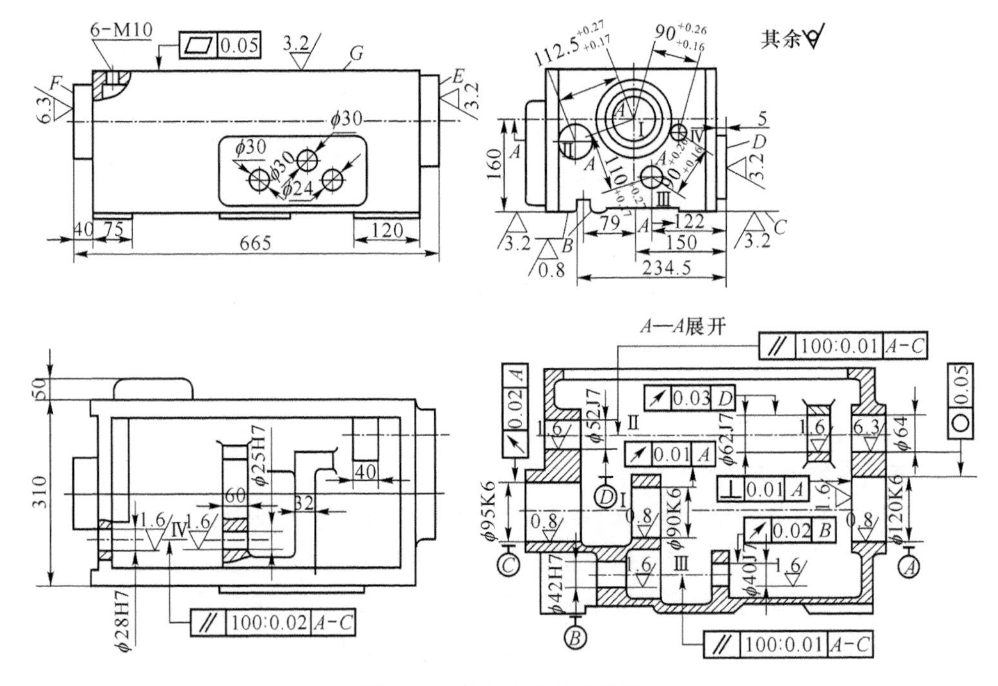

图 4-49　某车床主轴箱简图

(1) 主要平面的形状精度和表面粗糙度

主要平面有底平面和导向面,多作为装配基准面和加工基准面。箱体的主要平面是装配基准,并且往往是加工时的定位基准,所以应有较高的平面度和较小的表面粗糙度值。否则,直接影响箱体加工时的定位精度,影响箱体与机座总装时的装配精度和接触刚度及相互位置精度。一般箱体主要平面的平面度在 0.1～0.03 mm,表面粗糙度 Ra 为 2.5～0.63 μm,各主要平面对装配基准面的垂直度为 0.1/300。

(2) 孔的尺寸精度、几何形状精度和表面粗糙度

箱体上的轴承支承孔本身的尺寸精度、形状精度和表面粗糙度都要求较高,否则将影响轴承与箱体孔的配合精度,使轴的回转精度下降,也易使传动件(如齿轮)产生振动和噪声。一般机床主轴箱的主轴支承孔的尺寸精度为IT6,圆度、圆柱度公差不超过孔径公差的一半,表面粗糙度 Ra 为0.63～0.32 μm。其余支承孔尺寸精度为IT7～IT6,表面粗糙度 Ra 为2.5～0.63 μm。

(3) 主要孔和平面相互位置精度

同一轴线的孔应有一定的同轴度要求,各支承孔之间也应有一定的孔距尺寸精度及平行度要求,否则不仅装配有困难,而且会使轴的运转情况恶化,温度升高,轴承磨损加剧,齿轮啮合精度下降,引起振动和噪声,影响齿轮寿命。支承孔之间的孔距公差为0.12～0.05 mm,平行度公差应小于孔距公差,一般在全长取0.1～0.04 mm。同一轴线上孔的同轴度公差一般为0.04～0.01 mm。支承孔与主要平面的平行度公差为0.1～0.05 mm。主要平面间及主要平面对支承孔之间垂直度公差为0.1～0.04 mm。主轴孔的轴线与箱体装配基准面和导向面间要求相互平行,这项精度要求一般是在总装时通过刮研来达到的。

(4) 轴孔之间的孔距尺寸精度和相互位置精度

支撑相互啮合的齿轮传动的轴孔之间要有一定的孔距尺寸精度和平行度要求。孔距尺寸误差过大,将影响齿轮啮合精度,产生噪声和振动;孔距尺寸误差过小,会使齿轮啮合没有侧隙,甚至咬死。轴孔中心线和轴孔端面的垂直度误差会使轴和轴承装配到箱体上产生歪斜,造成主轴径向跳动和端面跳动。

3. 箱体的材料及毛坯

箱体材料一般选用HT200～400的各种牌号的灰铸铁,最常用的为HT200。灰铸铁不仅成本低,而且具有较好的耐磨性、可铸性、可切削性和阻尼特性。对于单件生产或某些简易机床的箱体,为了缩短生产周期和降低成本,可采用钢材焊接结构。此外,精度要求较高的坐标镗床主轴箱则选用耐磨铸铁。负荷大的主轴箱也可采用铸钢件。

毛坯的加工余量与生产批量、毛坯尺寸、结构、精度和铸造方法等因素有关。相关数据可查阅有关资料并根据具体情况决定。毛坯铸造时,应防止砂眼和气孔的产生。为了减少毛坯制造时产生的残余应力,应使箱体壁厚尽量均匀,箱体浇铸后应安排时效或退火工序。

4.3.2 平面加工方法和平面加工方案

平面加工方法有刨、铣、拉、磨等,刨削和铣削常用于平面的粗加工和半精加工,而磨削则用于平面的精加工。此外,还有刮研、研磨、超精加工、抛光等光整加工方法。采用哪种加工方法较合理,需根据零件的形状、尺寸、材料、技术要求、生产类型及工厂现有设备来决定。

1. 刨削

刨削是单件小批量生产的平面加工最常用的加工方法,加工精度一般可达IT9～IT7,表面粗糙度 Ra 为12.5～1.6 μm。刨削可以在牛头刨床或龙门刨床上进行,方法如图4-50所示。刨削的主运动是变速往复直线运动。因为在变速时有惯性,限制了切削速度的提高,并且在回程时不切削,所以刨削加工生产效率低。但刨削所需的机床、刀具结构简单,制造安装方便,调整容易,通用性强,因此在单件、小批生产中特别是加工狭长平面时被广泛应用。

当前,普遍采用宽刃刀精刨代替刮研,该方法能取得良好的效果。采用宽刃刀精刨,切削速度较低(2～5 m/min),加工余量小(预刨余量0.08～0.12 mm,终刨余量0.03～0.05 mm),工件发热变形小,可获得较小的表面粗糙度 Ra(0.8～0.25 μm)和较高的加工精度(直线度

为 0.02/1 000),且生产率也较高。

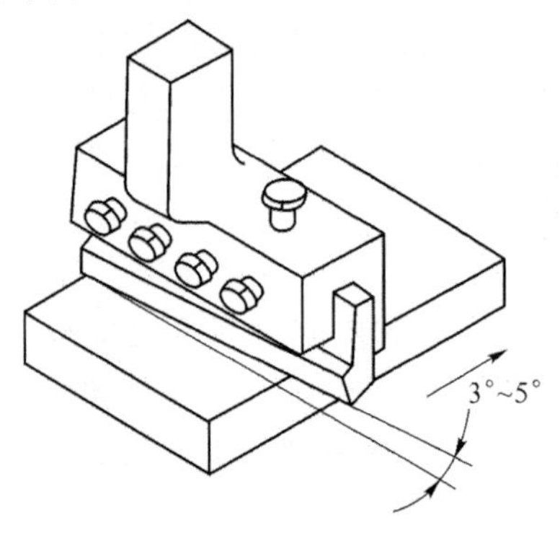

图 4-50　刨削

2. 铣削

铣削是平面加工中应用最普遍的一种方法,利用各种铣床、铣刀和附件,可以铣削平面、沟槽、弧形面、螺旋槽、齿轮、凸轮和特形面,如图 4-51 所示。一般经粗铣、精铣后,尺寸精度可达 IT9～IT7,表面粗糙度 Ra 可达 12.5～0.63 μm。

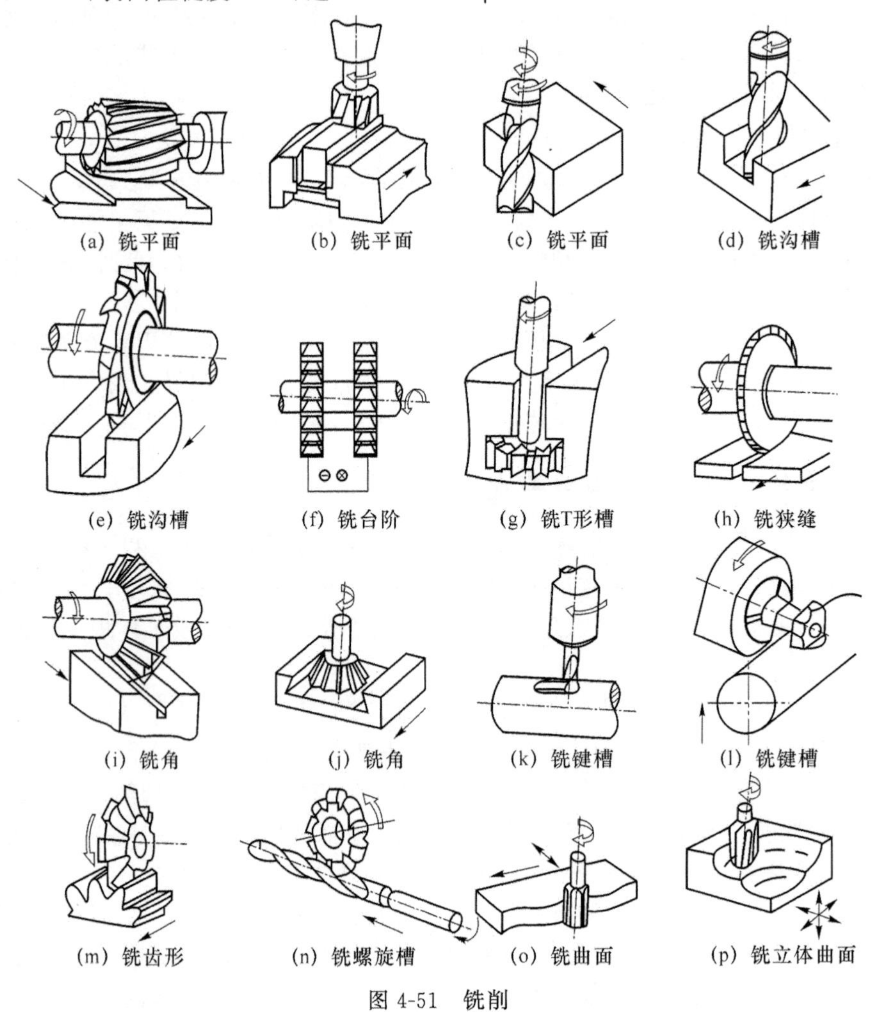

图 4-51　铣削

3. 磨削

平面磨削与其他表面磨削一样，具有切削速度高、进给量小、尺寸精度易于控制及能获得较小的表面粗糙度等特点，加工精度一般可达 IT7～IT5，表面粗糙度 Ra 可达 1.6～0.2 μm。平面磨削的加工质量比刨和铣都高，而且还可以加工淬硬零件，因而多用于零件的半精加工和精加工。生产批量较大时，箱体的平面常用磨削来精加工。工艺系统刚度较大的平面磨削时，可采用强力磨削，不仅能对高硬度材料和淬火表面进行精加工，而且还能对带硬皮、余量较均匀的毛坯平面进行粗加工。平面磨削可在电磁工作平台上同时安装多个零件，进行连续加工，因此在精加工中对需保持一定尺寸精度和相互位置精度的中小型零件的表面来说，不仅加工质量高，而且能获得较高的生产率。

平面磨削有平磨和端磨两种方式，如图 4-52 所示。

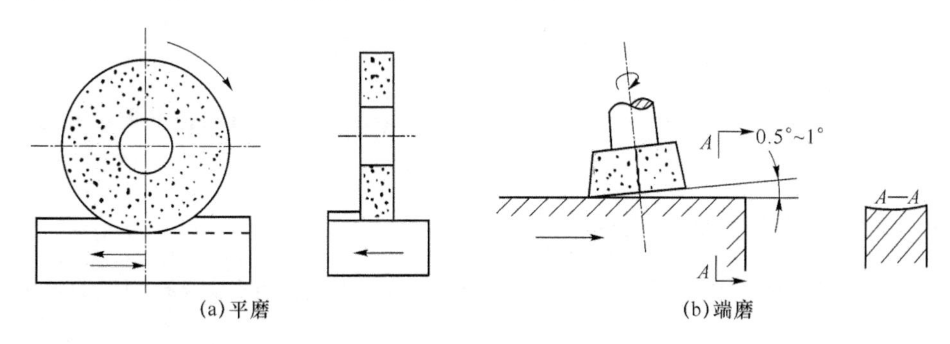

图 4-52　磨削

(1) 平磨

砂轮的工作面是圆周表面。磨削时砂轮与工件接触面积小，发热少，散热快、排屑与冷却条件好，因此可获得较高的加工精度和表面质量，通常适用于加工精度要求较高的零件。但由于平磨采用间断的横向进给，因而生产率较低。

(2) 端磨

砂轮的工作面是端面。磨削时磨头轴伸出长度短，刚性好，磨头主要承受轴向力，弯曲变形小，因此可采用较大的磨削用量。砂轮与工件接触面积大，同时参加磨削的磨粒多，故生产率高，但散热和冷却条件差，且砂轮端面沿径向各点圆周速度不等而产生磨损不均匀，故磨削精度较低。一般适用于大批生产中精度要求不太高的零件表面加工，或直接对毛坯进行粗磨。为减小砂轮与工件接触面积，将砂轮端面修成内锥面形，或使磨头倾斜一微小的角度，这样可改善散热条件，提高加工效率，磨出的平面中间略成凹形。但由于倾斜角度很小，下凹量极微。

4. 平面的光整加工

对于尺寸精度和表面粗糙度要求很高的零件，一般都要进行光整加工。平面的光整加工方法很多，一般有研磨、刮研、超精加工、抛光等。

(1) 研磨

研磨加工是应用较广的一种光整加工(前面有所介绍)。加工后精度可达 IT5 级，表面粗糙度 Ra 可达 0.1～0.006 μm。它既可加工金属材料，也可以加工非金属材料。研磨加工时，在研具和工件表面间存在分散的细粒度砂粒(磨料和研磨剂)，在两者之间施加一定的压力，并使其产生复杂的相对运动，这样经过砂粒的磨削和研磨剂的化学、物理作用，在工件表面上去掉极薄的一层，从而获得很高的精度和较小的表面粗糙度。

(2) 刮研

刮研平面用于未淬火的工件，它可使两个平面紧密接触，能获得较高的形状和位置精度，加工精度可达IT7级以上，表面粗糙度 Ra 为0.8～0.1 μm。刮研后的平面能形成具有润滑油膜的滑动面，因此能减少相对运动表面间的磨损，增强零件接合面间的接触刚度。刮研表面质量是用单位面积上接触点的数目来评定的，粗刮为1～2点/厘米^2，半精刮为2～3点/厘米^2，精刮为3～4点/厘米^2。

刮研劳动强度大，生产率低；但刮研所需设备简单，生产准备时间短，刮研力小，发热少，变形小，加工精度和表面质量高。此法常用于单件小批生产及维修工作中。

5. 平面加工方案及其选择

表1-8为常用的平面加工方案。应根据零件的形状、尺寸、材料、技术要求和生产类型等情况正确选择平面加工方案。

4.3.3 箱体零件的结构工艺性

箱体上的孔分为通孔、阶梯孔、盲孔、交叉孔等。通孔工艺性好，通孔内又以孔长 L 与孔径 D 之比 $L/D \leqslant 1 \sim 1.5$ 的短圆柱孔工艺性为最好。若 $L/D > 5$ 的深孔精度要求较高、表面粗糙度较小，加工就很困难。阶梯孔的工艺性较差，孔径相差越大，其中最小孔径又较小时，工艺性越差。相贯通的交叉孔的工艺性也较差。图4-53中 ϕ100 mm孔与 ϕ70 mm孔相交，加工时，刀具走到贯通部分，由于径向力不等会造成轴线偏斜。因此，可将 ϕ70 mm孔预先不铸通。加工 ϕ100 mm孔后再加工 ϕ70 mm孔，这样可以保证交叉孔的加工质量。盲孔的工艺性最差，因为精镗或精铰盲孔时，要用手动送进或采用特殊工具送进才行，故应尽量避免。

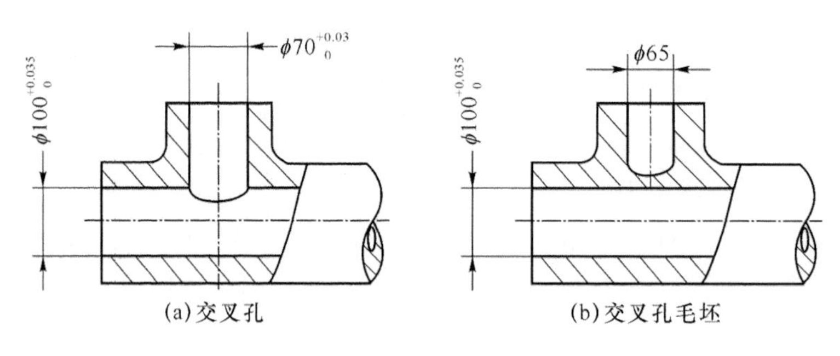

图4-53 相贯通的交叉孔的工艺性

箱体上同轴孔的孔径排列方式有3种，如图4-54所示。图4-54(a)所示为孔径大小向一个方向递减，且相邻两孔直径之差大于孔的毛坯加工余量。这种排列方式便于镗杆和刀具从一端伸入同时加工同轴线上的各孔。对于单件小批生产，这种结构加工最为方便。图4-54(b)所示为孔径大小从两边向中间递减，加工时可使刀杆从两边进入，这样不仅缩短了镗杆长度，提高了镗杆的刚性，而且为双面同时加工创造了条件，所以大批量生产的箱体常采用此种孔径分布。图 4-54(c)为孔径大小不规则排列,工艺性差,应尽量避免。

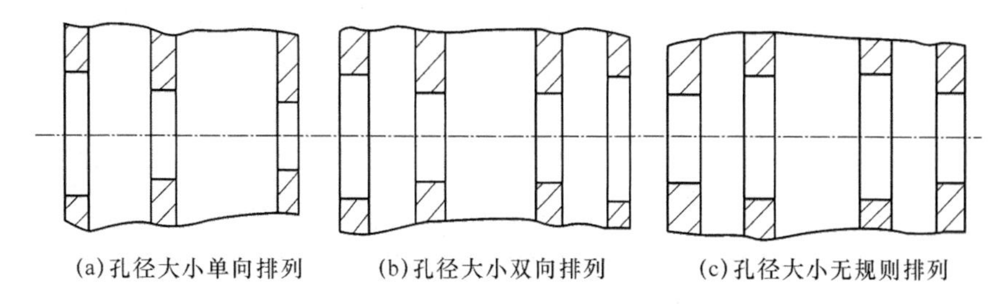

(a)孔径大小单向排列　(b)孔径大小双向排列　(c)孔径大小无规则排列

图 4-54　同轴线上孔径的排列方式

箱体内端面加工比较困难,结构上必须加工时,应尽可能使内端面尺寸小于刀具需穿过的孔加工前的直径,如图 4-55(a)所示,这样就可以避免伤及另外的孔。若如图 4-55(b)所示加工时镗杆伸进后才能装刀,镗杆退出前又需将刀卸下,加工时很不方便。当内端面尺寸过大时,还需采用专用径向进给装置。箱体的外端面凸台应尽可能在同一平面上,如图 4-56(a)所示;若采用 4-56(b)的形式,加工要麻烦一些。

箱体装配基面的尺寸应尽可能大,形状应尽量简单,以利于加工、装配和检验。箱体上紧固孔的尺寸规格应尽可能一致,以减少加工中换刀的次数。

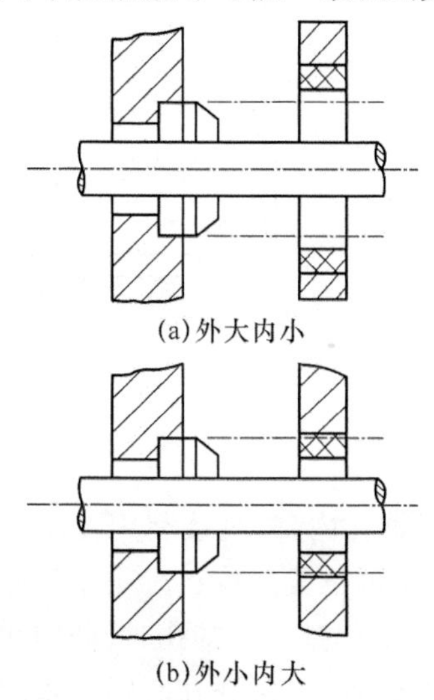

(a)外大内小

(b)外小内大

图 4-55　孔内端面的结构工艺性

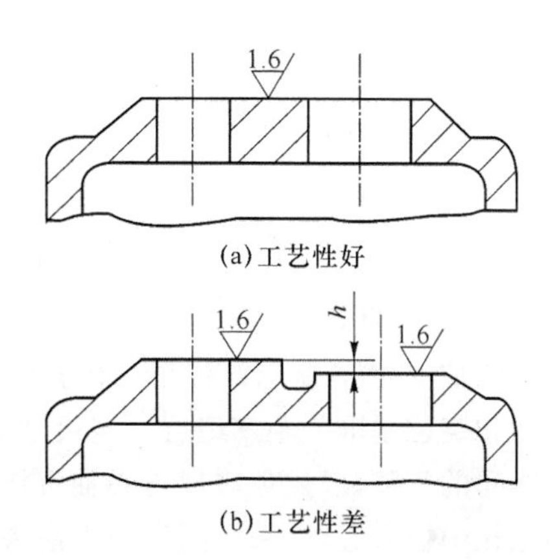

(a)工艺性好

(b)工艺性差

图 4-56　孔外端面的结构工艺性

4.3.4　箱体孔系的加工方法

箱体上一系列相互位置有精度要求的孔的组合,称为孔系。孔系可分为平行孔系、同轴孔系和交叉孔系。孔系加工不仅孔本身的精度要求较高,而且孔距精度和相互位置精度的要求也高,因此是箱体加工的关键。孔系的加工方法根据箱体批量的不同和孔系精度要求的不同而不同,现分别予以讨论。

1. 平行孔系的加工

平行孔系的主要技术要求是各平行孔中心线之间及中心线与基准面之间的距离尺寸精度和相互位置精度。生产中常采用以下几种方法进行加工。

(1) 找正法

找正法是在通用机床上,借助辅助工具来找正要加工孔的正确位置的加工方法。这种方法加工效率低,一般只适用于单件小批生产。根据找正方法的不同,找正法又可分为以下几种。

① 划线找正法

划线找正法如图 4-57 所示。加工前按照零件图在毛坯上划出各孔的位置轮廓线,然后按划线一一进行加工。划线和找正时间较长,生产率低,而且加工出来的孔距精度也低,一般在±0.5 mm 左右。为提高划线找正的精度,往往结合试切法进行。即先按划线找正镗出一孔,再按线将主轴调至第二孔中心,试镗出一个比图样要小的孔,若不符合图样要求,则根据测量结果更新调整主轴的位置,再进行试镗、测量、调整,如此反复几次,直至达到要求的孔距尺寸。此法虽比单纯的按线找正所得到的孔距精度高,但孔距精度仍然较低,且操作的难度较大,生产效率低,适用于单件小批生产。

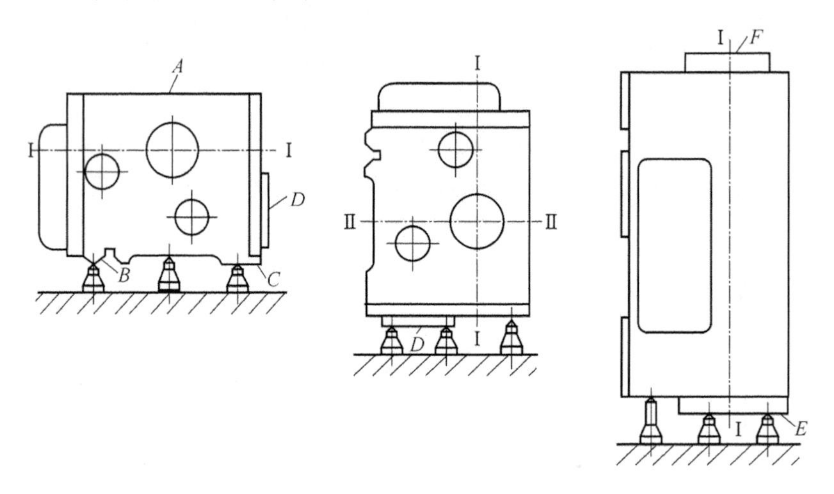

图 4-57　划线找正法

② 心轴和块规找正法

此法如图 4-58 所示。镗第一排孔时将心轴插入主轴孔内(或直接利用镗床主轴),然后根据孔和定位基准的距离组合一定尺寸的块规来校正主轴位置。校正时用塞尺测定块规与心轴之间的间隙,以避免块规与心轴直接接触而损伤块规。镗第二排孔时,分别在机床主轴和加工孔中插入心轴,采用同样的方法来校正主轴线的位置,以保证孔心距的精度。这种找正法的孔心距精度可达±0.3 mm。

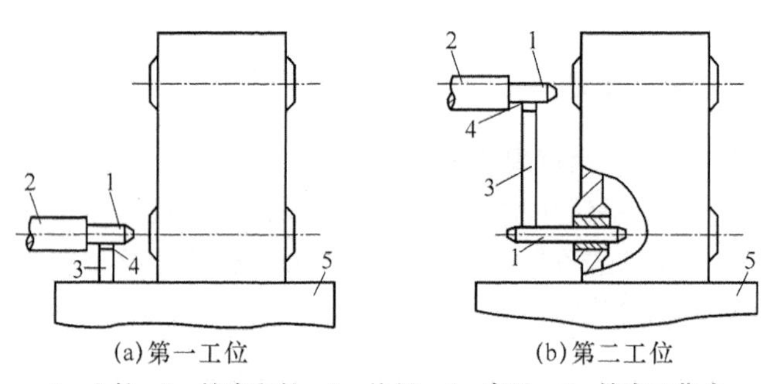

(a)第一工位　(b)第二工位

1—心轴; 2—镗床主轴; 3—块规; 4—塞尺; 5—镗床工作台

图 4-58　用心轴和块规找正法

③ 样板找正法

如图 4-59 所示，用 10～20 mm 厚的钢板制造样板，装在垂直于各孔的端面上（或固定于机床工作台上）。样板上的孔距精度较箱体孔系的孔距精度高（一般为±0.1～±0.3 mm），样板上的孔径较工件孔径大，以便于镗杆通过。样板上孔径尺寸精度要求不高，但要有较高的形状精度和较细的表面粗糙度。当样板准确地装到工件上后，在机床主轴上装一千分表，按样板找正机床主轴，找正后，即换上镗刀加工。此法加工孔系不易出差错，找正方便，孔距精度可达±0.05 mm。这种样板成本低，仅为镗模成本的 1/7～1/9，单件小批的大型箱体加工常用此法。

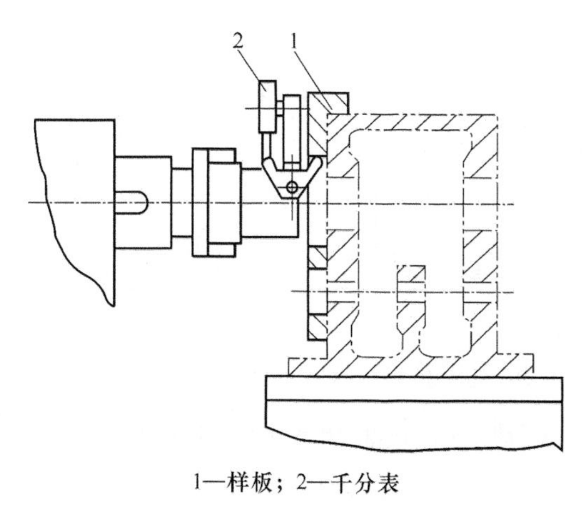

1—样板；2—千分表

图 4-59　样板找正法

（2）镗模法

镗模法即利用镗模夹具加工孔系。如图 4-60 所示，镗孔时，工件装夹在镗模上，镗杆被支承在镗模的导套里，增加了系统刚性。这样，镗刀便通过模板上的孔将工件上相应的孔加工出来。机床精度对孔系加工精度影响很小，孔距精度主要取决于镗模的制造精度，因而可以在精度较低的机床上加工出精度较高的孔系。当用两个或两个以上的支承来引导镗杆时，镗杆与机床主轴必须浮动连接。

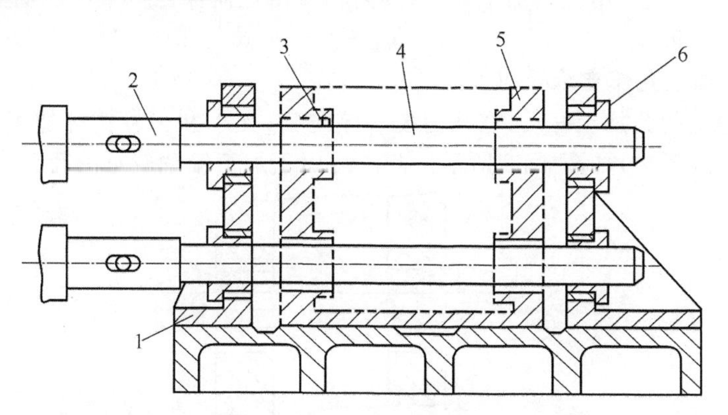

1—镗架支承；2—镗床主轴；3—镗刀；4—镗杆；5—工件；6—导套

图 4-60　用镗模加工孔系

镗模法加工孔系时镗杆刚度大大提高，定位夹紧迅速，节省了调整、找正的辅助时间，生产效率高，是中批生产、大批大量生产中广泛采用的加工方法。但由于镗模自身存在的制造误差，导套与镗杆之间存在间隙与磨损，所以孔距的精度一般可达±0.05 mm，同轴度和平行度从一端加工时可达0.02～0.03 mm；当分别从两端加工时可达0.04～0.05 mm。此外，镗模的制造要求高、周期长、成本高，对于大型箱体较少采用镗模法。用镗模法加工孔系，既可在通用机床上加工，也可在专用机床或组合机床上加工(如图4-61所示)。

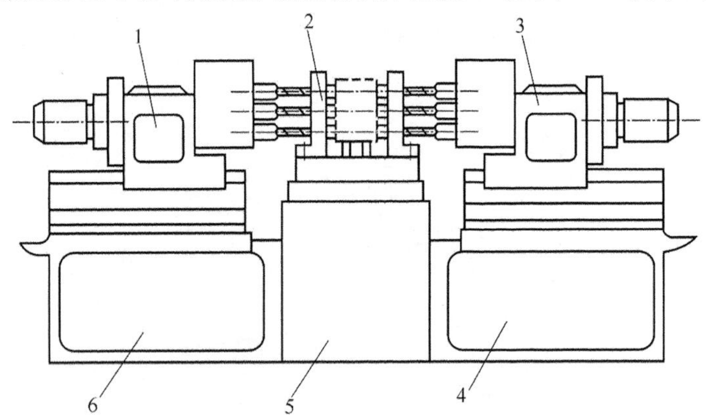

1—左动力头；2—镗模；3—右动力头；4、6—侧底座；5—中间底座

图4-61　在组合机床上用镗模加工孔系

(3) 坐标法

坐标法镗孔是在普通卧式镗床、坐标镗床或数控镗铣床等设备上，借助于测量装置，调整机床主轴与工件间在水平和垂直方向的相对位置，来保证孔距精度的一种镗孔方法。

在箱体的设计图样上，因孔与孔间有齿轮啮合关系，对孔距尺寸有严格的公差要求。采用坐标法镗孔之前，必须把各孔距尺寸及公差借助三角几何关系及工艺尺寸链规律换算成以主轴孔中心为原点的相互垂直的坐标尺寸及公差。目前许多工厂编制了主轴箱传动轴坐标计算程序，用计算机很快即可完成该项工作。

2. 同轴孔系的加工

成批生产中，一般采用镗模加工孔系，其同轴度由镗模保证。单件小批生产的同轴度用以下几种方法来保证。

(1) 利用已加工孔作支承导向

当箱体前壁上的孔加工好后，在孔内装一导向套，支承和引导镗杆加工后壁上的孔，以保证两孔的同轴度要求，如图4-62所示。此法适用于加工箱壁较近的孔。

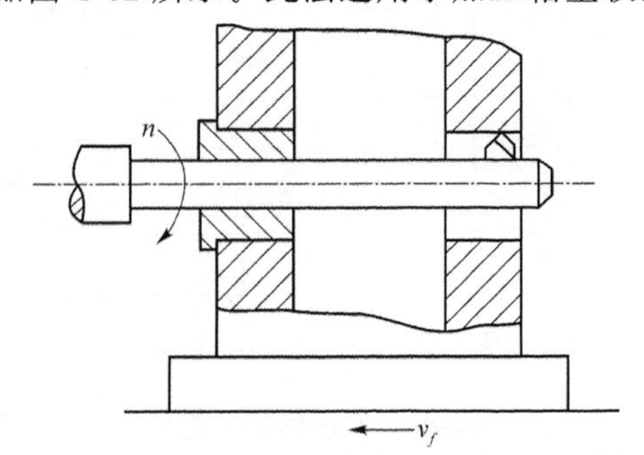

图4-62　利用已加工孔导向

(2) 利用镗床后立柱上的导向套支承镗杆

这种方法如图 4-31(b)所示的镗杆系两端支承,刚性好,但此法调整麻烦,镗杆要长,很笨重,故只适用于大型箱体的加工。

(3) 采用调头镗

当箱体箱壁相距较远时,可采用调头镗。工件在一次装夹下,镗好一端孔后,将镗床工作台回转 180°,调整工作台位置,使已加工孔与镗床主轴同轴,然后再加工孔,如图 4-63 所示。

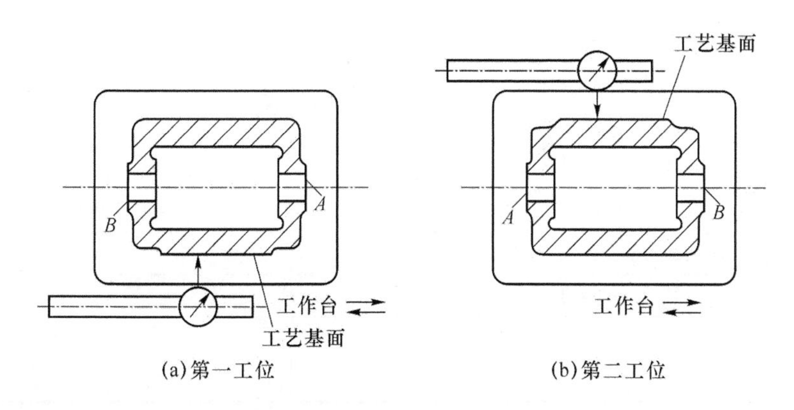

(a)第一工位　　(b)第二工位

图 4-63　调头镗孔时工件的校正

3. 交叉孔系的加工

交叉孔系的主要技术要求是控制有关孔的垂直度误差。在普通镗床上主要靠机床工作台上的 90°对准装置。因为它是挡块装置,结构简单,但对准精度低。

当有些镗床工作台 90°对准装置精度很低时,可用心棒与百分表找正来提高其定位精度,即在加工好的孔中插入心棒,工作台转位 90°,摇工作台用百分表找正,如图 4-64 所示。

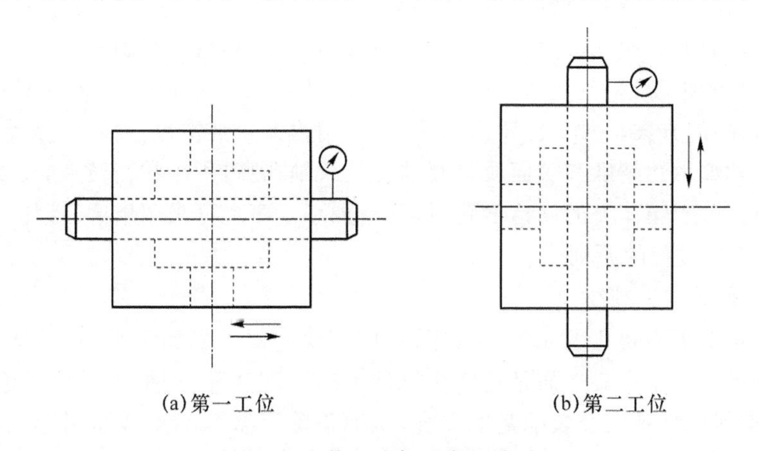

(a)第一工位　　(b)第二工位

图 4-64　找正法加工交叉孔系

4.3.5　箱体类零件机械加工工艺过程与工艺分析

1. 实例 1:整体式齿轮箱体加工工艺过程及其分析

某车床主轴箱如图 4-49 所示,其加工工艺过程如表 4-7 所示。

表 4-7　某主轴箱加工工艺过程

序号	工序内容	定位基准
1	铸造	
2	时效	
3	漆底漆	
4	划线(主轴孔应留有加工余量,并应尽量均匀),划线 C、G 及面 E、D 加工线	
5	粗、精加工顶面 G	划线找正
6	粗、精加工 B、C 及侧面 D	顶面 G 并校正主轴线
7	粗、精加工两端面 E、F	面 B、C
8	粗、半精加工各纵向孔	面 B、C
9	精加工各纵向孔	面 B、C
10	粗、精加工横向孔	面 B、C
11	加工螺孔及各次要孔	
12	清洗、去毛刺	
13	检验	

(1) 主要表面加工方法的选择

箱体的主要表面有平面和轴承支承孔。

对于中、小件,主要平面的加工一般在牛头刨床或普通铣床上进行;对于大件,一般在龙门刨床或龙门铣床上进行。刨削的刀具结构简单,机床成本低,调整方便,但生产率低。在大批、大量生产时,多采用铣削;当生产批量大且精度又较高时可采用磨削。单件小批生产精度较高的平面时,除一些高精度的箱体仍需手工刮研外,一般采用宽刃精刨。当生产批量较大或为保证平面间的相互位置精度时,可采用组合铣削和组合磨削。

箱体支承孔的加工,对于直径小于 50 mm 的孔,一般不铸出,可采用钻—扩(或半精镗)—铰(或精镗)的方案。对于已铸出的孔,可采用粗镗—半精镗—精镗(用浮动镗刀片)的方案。由于主轴轴承孔精度和表面质量要求比其余轴孔高,所以在精镗后,还要用浮动镗刀片进行精细镗。对于箱体上的高精度孔,最后精加工工序也可采用珩磨、滚压等工艺方法。

(2) 拟定工艺过程的原则

① 先面后孔的加工顺序

箱体主要是由平面和孔组成的,这也是它的主要表面。先加工平面,后加工孔,是箱体加工的一般规律。因为主要平面是箱体往机器上的装配基准,先加工主要平面后加工支承孔,使定位基准与设计基准和装配基准重合,从而消除因基准不重合而引起的误差。另外,先以孔为粗基准加工平面,再以平面为精基准加工孔,这样可为孔的加工提供稳定可靠的定位基准,并且加工平面时切去了铸件的硬皮和凹凸不平,对后序孔的加工有利,可减少钻头引偏和崩刃现象,对刀调整也比较方便。

② 粗精加工分阶段进行

粗、精加工分开的原则:对于刚性差、批量较大、要求精度较高的箱体,一般要粗、精加工分开进行,即在主要平面和各支承孔的粗加工之后再进行主要平面和各支承孔的精加工。

这样,可以消除由粗加工所造成的内应力、切削力、切削热、夹紧力对加工精度的影响,并且有利于合理地选用设备等。

粗、精加工分开进行,会使机床、夹具的数量及工件安装次数增加,从而使成本提高,所以对单件、小批生产、精度要求不高的箱体,常常将粗、精加工合并在一道工序进行,但必须采取相应措施,以减少加工过程中的变形。例如,粗加工后松开工件,让工件充分冷却,然后用较小的夹紧力、以较小的切削用量,多次走刀进行精加工。

③ 合理地安排热处理工序

为了消除铸造后铸件中的内应力,在毛坯铸造后安排一次人工时效处理,有时甚至在半精加工之后还要安排一次时效处理,以便消除残留的铸造内应力和切削加工时产生的内应力。对于特别精密的箱体,在机械加工过程中还应安排较长时间的自然时效(如坐标镗床主轴箱箱体)。箱体人工时效的方法除加热保温外,也可采用振动时效。

(3) 定位基准的选择

① 粗基准的选择

在选择粗基准时,通常应满足以下几点要求。

a. 在保证各加工面均有余量的前提下,应使重要孔的加工余量均匀,孔壁的厚薄尽量均匀,其余部位均有适当的壁厚。

b. 装入箱体内的回转零件(如齿轮、轴套等)应与箱壁有足够的间隙。

c. 注意保持箱体必要的外形尺寸。此外,还应保证定位稳定,夹紧可靠。

为了满足上述要求,通常选用箱体重要孔的毛坯孔作粗基准。由于铸造箱体毛坯时,形成主轴孔、其他支承孔及箱体内壁的型芯是装成一整体放入的,它们之间有较高的相互位置精度,因此不仅可以较好地保证轴孔和其他支承孔的加工余量均匀,而且还能较好地保证各孔的轴线与箱体不加工内壁的相互位置,避免装入箱体内的齿轮、轴套等旋转零件在运转时与箱体内壁相碰。单件小批时生产时,由于毛坯精度不高,一般采用划线找正装夹,根据主轴毛坯孔,并适当照顾到其他轴孔和平面有足够的加工余量,划出各表面的加工线和找正线。

② 精基准的选择

箱体加工精基准的选择也与生产批量大小有关。为了保证箱体零件孔与孔、孔与平面、平面与平面之间的相互位置和距离尺寸精度,箱体类零件精基准选择常用两种原则:基准统一原则和基准重合原则。

a. 单件小批生产用装配基面作定位基准。图4-49所示车床床头箱单件小批加工孔系时,选择箱体底面导轨B、C面作定位基准。B、C面既是床头箱的装配基准,又是主轴孔的设计基准,并与箱体的两端面、侧面及各主要纵向轴承孔在相互位置上有直接联系。故选择B、C面作定位基准,不仅消除了主轴孔加工时的基准不重合误差,而且用导轨面B、C定位稳定可靠,装夹误差较小。加工各孔时,由于箱口朝上,所以更换导向套、安装调整刀具、测量孔径尺寸、观察加工情况等都很方便。这种定位方式也有它的不足之处。加工箱体中间壁上的孔时,为了提高刀具系统的刚度,应当在箱体内部相应的部位设置刀杆的导向支承。由于箱体底部是封闭的,中间支承只能用图4-65所示的吊架从箱体顶面的开口处伸入箱体内,每加工一件需装卸一次。吊架与镗模之间虽有定位销定位,但吊架刚性差,制造安装精度较低,经常装卸也容易产生误差,且使加工的辅助时间增加,因此这种定位方式只适用于单件小批生产。

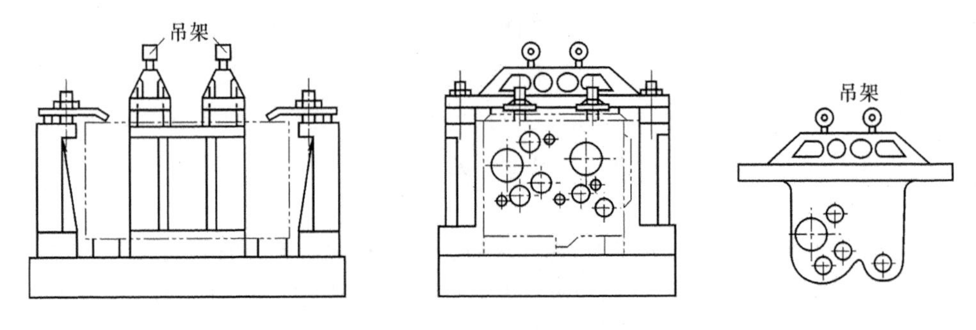

图 4-65　吊架式镗模夹具

b. 批量大时采用一面两孔作定位基准。大批量生产的主轴箱常以顶面和两定位销孔为精基准,如图 4-66 所示。这种定位方式是加工时箱体口朝下,中间导向支架可固定在夹具上。由于简化了夹具结构,提高了夹具的刚度,同时工件的装卸也比较方便,因而提高了孔系的加工质量和劳动生产率。

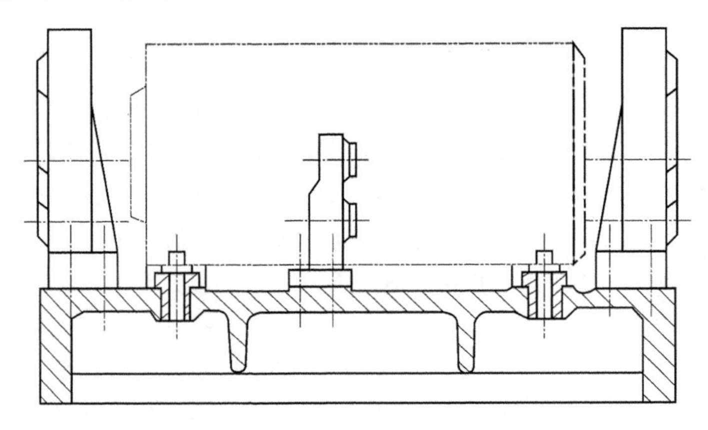

图 4-66　用箱体顶面及两个销孔定位的镗模

在多数工序中,箱体利用底面(或顶面)及其上的两孔作定位基准,加工其他的平面和孔系,以避免由于基准转换而带来的累积误差。

这种定位方式的不足之处在于定位基准与设计基准不重合,产生了基准不重合误差。为了保证箱体的加工精度,必须提高作为定位基准的箱体顶面和两定位销孔的加工精度。另外,由于箱口朝下,加工时不便于观察各表面的加工情况,因此不能及时发现毛坯是否有砂眼、气孔等缺陷,而且加工中不便于测量和调刀。所以,用箱体顶面和两定位销孔作精基准加工时,必须采用定径刀具(扩孔钻和铰刀等)。

上述两种方案的对比分析仅仅是针对类似床头箱而言,对于许多其他形式的箱体,采用一面两孔的定位方式时,上面所提及的问题也不一定存在。实际生产中,一面两孔的定位方式在各种箱体加工中应用十分广泛。这种定位方式很简便地限制了工件 6 个自由度,定位稳定可靠;在一次安装下,可以加工除定位以外的所有 5 个面上的孔或平面,也可以作为从粗加工到精加工的大部分工序的定位基准,实现"基准统一";此外,这种定位方式夹紧方便,工件的夹紧变形小;易于实现自动定位和自动夹紧。因此,在组合机床与自动线上加工箱体时,多采用这种定位方式。由此而引起的基准不重合误差可采用适当的工艺措施去解决。

2. 实例 2:分离式齿轮箱体加工工艺过程及其分析

为了制造与装配的方便,一般减速箱常做成可分离的,如图 4-67 所示。箱盖如图 4-68 所示,底座如图 4-69 所示,箱体合装后如图 4-70 所示。箱盖、底座和合箱后的加工工艺过程分别如表 4-8、表 4-9 和表 4-10 所示。

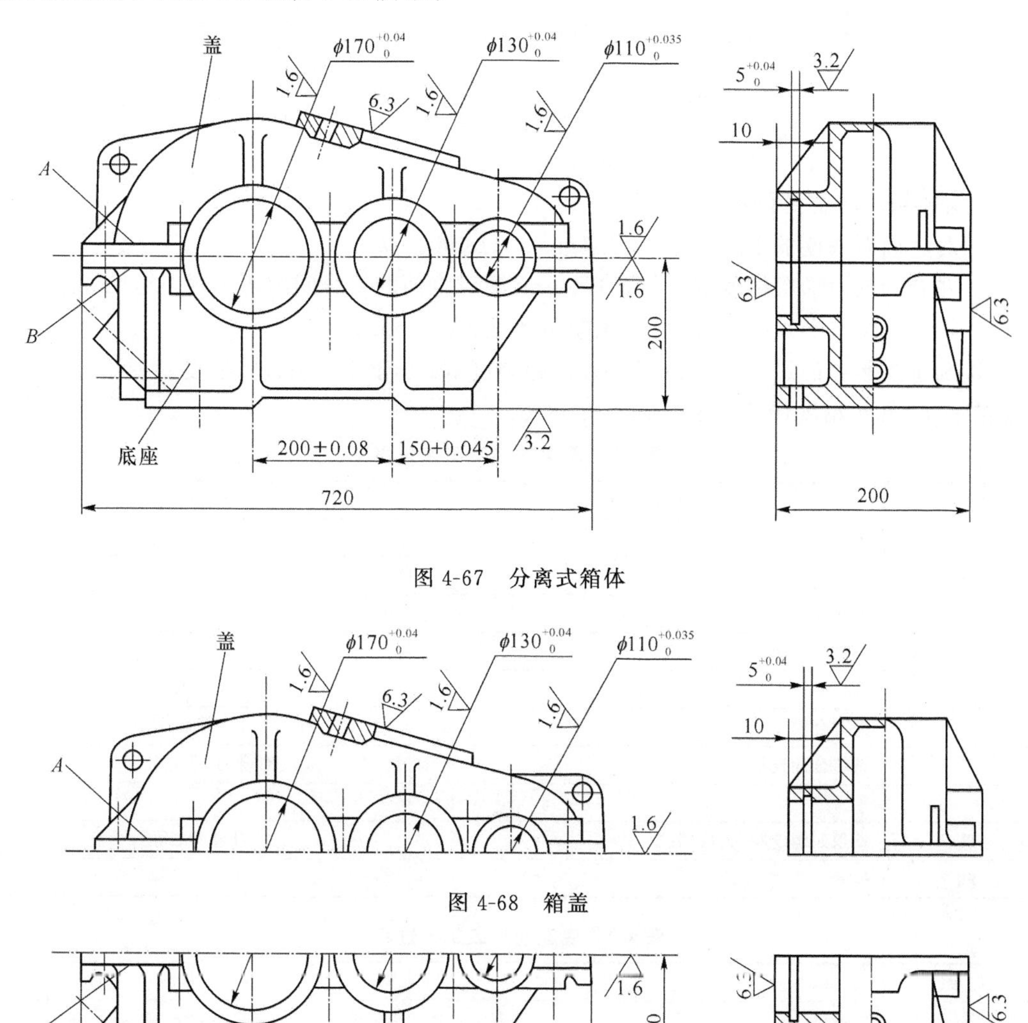

图 4-67　分离式箱体

图 4-68　箱盖

图 4-69　底座

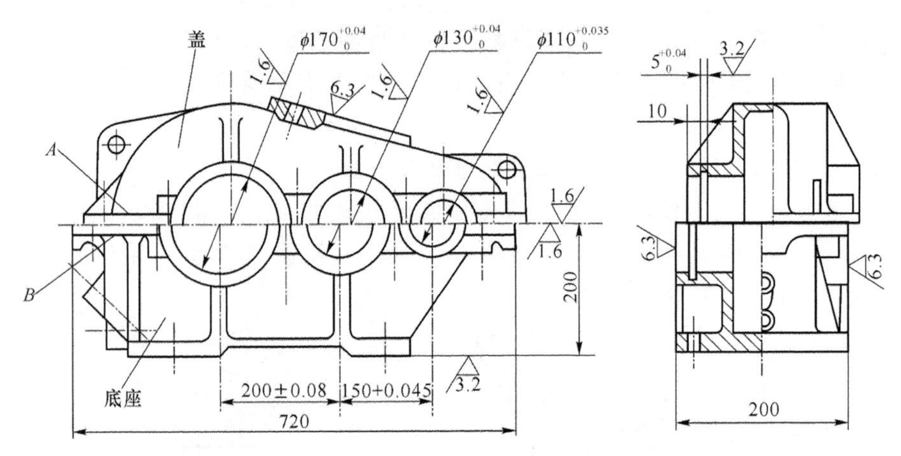

图 4-70　箱体合装

分离式箱体的主要技术要求如下。

① 对合面对底座的平行度误差不超过 0.5/1 000。

② 对合面的表面粗糙度 Ra 小于 1.6 μm,两对合面的接合间隙不超过 0.03 mm。

③ 轴承支承孔必须在对合面上,误差不超过±0.2 mm。

④ 轴承支承孔的尺寸公差为 H7,表面粗糙度 Ra 小于 1.6 μm,圆柱度误差不超过孔径公差的一半,孔距精度误差为±0.05～0.08 mm。

表 4-8　箱盖的加工工艺过程

序号	工序内容	定位基准
10	铸造	
20	时效	
30	涂底漆	
40	粗刨对合面	凸缘 A 面
50	刨顶面	对合面
60	磨对合面	顶面
70	钻结合面连接孔	对合面、凸缘轮廓
80	钻顶面螺纹底孔、攻螺纹	对合面二孔
90	检验	

表 4-9　底座的加工工艺过程

序号	工序内容	定位基准
10	铸造	
20	时效	
30	涂底漆	
40	粗刨对合面	凸缘 B 面
50	刨底面	对合面
60	钻底面 4 孔、锪沉孔、铰 2 个工艺孔	对合面、端面、侧面
70	钻侧面测油孔、放油孔、螺纹底孔、锪沉孔、攻螺纹	底面、二孔
80	磨对合面	底面
90	检验	

表 4-10　箱体合装后的工艺过程

序号	工序内容	定位基准
10	将盖与底座对准合拢夹紧、配钻、铰二定位销孔，打入锥销，根据盖配钻底座，结合面的连接孔，锪沉孔	
20	拆开盖与底座，修毛刺、重新装配箱体，打入锥销，拧紧螺栓	
30	铣两端面	底面及两孔
40	粗镗轴承支承孔，割孔内槽	底面及两孔
50	精镗轴承支承孔，割孔内槽	底面及两孔
60	去毛刺、清洗、打标记	
70	检验	

由表可见，分离式箱体虽然遵循一般箱体的加工原则，但是由于结构上的可分离性，其在工艺路线的拟订和定位基准的选择方面均有一些特点。

(1) 加工路线

分离式箱体的工艺路线与整体式箱体的主要区别在于：整个加工过程分为两个大的阶段。第一阶段先对箱盖和底座分别进行加工，主要完成对合面及其他平面、紧固孔和定位孔的加工，为箱体的合装作准备；第二阶段在合装好的箱体上加工孔及其端面。在两个阶段之间安排钳工工序，将箱盖和底座合装成箱体，并用两销定位，使其保持一定的位置关系，以保证轴承孔的加工精度和拆装后的重复精度。

(2) 定位基准

① 粗基准的选择。分离式箱体最先加工的是箱盖和箱座的对合面。分离式箱体一般不能以轴承孔的毛坯面作为粗基准，而是以凸缘不加工面为粗基准，即箱盖以凸缘 A 面、底座以凸缘 B 面为粗基准。这样可以保证对合面凸缘厚薄均匀，减少箱体合装时对合面的变形。

② 精基准的选择。分离式箱体的对合面与底面(装配基面)有一定的尺寸精度和相互位置精度要求，轴承孔轴线应在对合面上，与底面也有一定的尺寸精度和相互位置精度要求。为了保证以上几项要求，加工底座的对合面时，应以底面为精基准，使对合面加工时的定位基准与设计基准重合；箱体合装后加工轴承孔时，仍以底面为主要定位基准，并与底面上的两定位孔组成典型的“一面两孔”定位方式。这样，对于轴承孔的加工，其定位基准既符合“基准统一”原则，也符合“基准重合”原则，有利于保证轴承孔轴线与对合面的重合度及与装配基面的尺寸精度和平行度。

4.4　圆柱齿轮加工

4.4.1　概述

1. 齿轮的功用与结构特点

齿轮传动在现代机器和仪器中的应用极为广泛，其功用是按规定的速比传递运动和动力。

由于使用要求不同，齿轮具有各种不同的形状。从工艺角度可将齿轮看成是由齿圈和轮体两部分构成的。按照齿圈上轮齿的分布形式，齿轮可分为直齿、斜齿、人字齿等；按照轮体的结构特点，齿轮大致分为盘形齿轮、套筒齿轮、轴齿轮、扇形齿轮和齿条等，如图 4-71 所示。

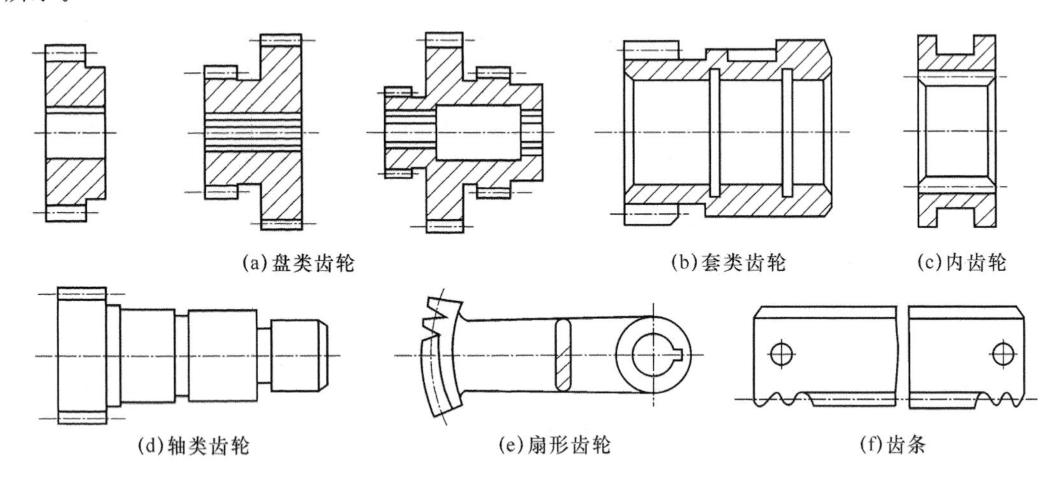

图 4-71　齿轮的种类

各种齿轮中，以盘形齿轮应用最广。盘形齿轮的内孔多为精度较高的圆柱孔和花键孔。其轮缘具有一个或几个齿圈。

单齿圈齿轮的结构工艺性最好，可采用任何一种齿形加工方法加工轮齿。对于双联或三联等多齿圈齿轮，当其轮缘间的轴向距离较小时，小齿圈齿形加工方法的选择就受到限制，通常只能选用插齿。如果小齿圈精度要求高，需要精滚或磨齿加工，而轴向距离在设计上又不允许加大时，可将此多齿圈齿轮做成单齿圈齿轮的组合结构，以改善加工的工艺性。

2. 齿轮的技术要求

齿轮本身的制造精度对整个机器的工作性能、承载能力及使用寿命都有很大的影响。根据其使用条件，齿轮传动应满足以下几个方面的要求。

(1) 传递运动的准确性

要求齿轮较准确地传递运动，传动比恒定。即要求齿轮在一转中的转角误差不超过一定范围，保证从动件与主动件运动协调一致。

(2) 传递运动的平稳性

要求齿轮传递运动平稳，以减小冲击、振动和噪声。即要求限制齿轮转动时瞬间传动比的变化。因为瞬间传动比的突然变化会引起齿轮冲击，产生噪声和振动。

(3) 载荷分布的均匀性

要求齿轮工作时，齿面接触要均匀，以使齿轮在传递动力时不致因载荷分布不均而使接触应力过大，引起齿面过早磨损。接触精度除了包括齿面接触均匀性以外，还包括接触面积和接触位置。

(4) 传动侧隙的合理性

要求齿轮工作时，非工作齿面间留有一定的间隙，以贮存润滑油，补偿因温度、弹性变形所引起的尺寸变化和加工、装配时的一些误差。

齿轮的制造精度和齿侧间隙主要根据齿轮的用途和工作条件而定。对于分度传动用的齿轮，主要要求齿轮的运动精度较高；对于高速动力传动用齿轮，为了减少冲击和噪声，对工作平稳性精度有较高要求；对于重载低速传动用的齿轮，则要求齿面有较高的接触精度，以保证齿轮不致过早磨损；对于换向传动和读数机构用的齿轮，则应严格控制齿侧间隙，必要时，需消除间隙。

3. 精度等级与公差组

齿轮及齿轮副分为 12 个精度等级，从 1～12 顺次降低。其中 1～2 级是有待发展的精度等级，3～5 级为高精度等级，6～8 级为中等精度等级，9 级以下为低精度等级。每个精度等级都有 3 个公差组，分别规定各项公差和偏差项目。

按齿轮各项误差对传动性能的主要影响，将齿轮的各项公差分为 3 个公差组：Ⅰ、Ⅱ、Ⅲ，如表 4-11 所示。

表 4-11　各公差组对传动性能的主要影响

公差组	公差及偏差项目	对传动性能的影响
Ⅰ	$F''_i, F_p, F''_{pk}, F''_i, F_r, F_w$	传递运动准确性
Ⅱ	$f''_i, f_f, f_{pt}, f_{pb}, f''_i, f_{f\beta}$	传动平稳性、噪声、振动
Ⅲ	F''_β, F_b, F''_{px}	承载均匀性

4.4.2　齿轮的材料、热处理和毛坯

1. 齿轮的材料与热处理

(1) 材料的选择

齿轮应按照使用时的工作条件选用合适的材料。齿轮材料的合适与否对齿轮的加工性能和使用寿命都有直接的影响。

一般来说，对于低速、重载的传力齿轮和有冲击载荷的传力齿轮，齿面受压易产生塑性变形和磨损，且轮齿易折断，应选用机械强度、硬度等综合力学性能较好的材料（如 20CrMnTi），经渗碳淬火，芯部具有良好的韧性（外硬里韧）；对于线速度高的传力齿轮，齿面容易产生疲劳点蚀，所以齿面应有较高的硬度，可用 38CrMoAlA 氮化钢；非传力齿轮可以选用不淬火钢、铸铁、夹布胶木、尼龙等非金属材料；一般用途的齿轮均用 45 钢等中碳结构钢和低碳结构钢（如 20Cr、40Cr）等。

(2) 齿轮的热处理

齿轮加工中根据不同的目的，安排两类热处理工序。

① 毛坯热处理

在齿坯加工前后安排预备热处理：正火或调质。其主要目的是消除锻造及粗加工所引起的残余应力，改善材料的切削性能，提高综合力学性能。

② 齿面热处理

齿形加工完毕后，为提高齿面的硬度和耐磨性，常进行渗碳淬火、高频淬火、碳氮共渗和氮化热处理等热处理工序。

2. 齿轮毛坯

齿轮毛坯的形式主要有棒料、锻件和铸件。棒料用于小尺寸、结构简单且对强度要

求不太高的齿轮。当齿轮强度要求高，并要求耐磨损、耐冲击时，多用锻件毛坯。当齿轮的直径大于 $\phi400\sim\phi600$ 时，常用铸造齿坯。为了减少机械加工量，对于大尺寸、低精度的齿轮，可以直接铸出轮齿；对于小尺寸、形状复杂的齿轮，可以采用精密铸造、压力铸造、精密锻造、粉末冶金、热轧和冷挤等新工艺制造出具有轮齿的齿坯，以提高劳动生产率，节约原材料。

3. 齿坯加工

齿形加工之前的齿轮加工称为齿坯加工。齿坯的内孔（或轴颈）、端面或外圆经常是齿轮加工、测量和装配的基准，齿坯的精度对齿轮的加工精度有着重要的影响。因此，齿坯加工在整个齿轮加工中占有重要的地位，应重点分析。

(1) 齿坯加工精度

齿坯加工中，主要要求保证的是基准孔（或轴颈）的尺寸精度和形状精度、基准端面相对于基准孔（或轴颈）的位置精度。

(2) 齿坯加工方案

齿坯加工方案的选择主要与齿轮的轮体结构、技术要求和生产批量等因素有关。对于轴、套筒类齿轮的齿坯，其加工工艺与一般轴、套筒零件的加工工艺类似。

盘齿轮的齿坯加工方案如下。

① 中、小批生产的齿坯加工

中、小批生产尽量采用通用机床加工。对于圆柱孔齿坯，可采用粗车—精车的加工方案。

a. 在卧式车床上粗车齿轮各部分。

b. 在一次安装中精车内孔和基准端面，以保证基准端面对内孔的跳动要求。

c. 以内孔在心轴上定位，精车外圆、端面及其他部分。对于花键孔齿坯，采用粗车—拉—精车的加工方案。

② 大批量生产的齿坯加工

大批量生产中，无论花键孔或圆柱孔均采用高生产率的机床（如拉床、多轴自动或多刀半自动车床等），其加工方案如下。

a. 以外圆定位加工端面和孔（留拉削余量）。

b. 以端面支承拉孔。

c. 以孔在心轴上定位，在多刀半自动车床上粗车外圆、端面和切槽。

d. 不卸下心轴，在另一台车床上续精车外圆、端面、切槽和倒角。

4. 圆柱齿轮齿形的加工方法和加工方案

一个齿轮的加工过程是由若干工序组成的。为了获得符合精度要求的齿轮，整个加工过程都是围绕着齿形加工工序服务的。齿形加工方法很多，按加工中有无切削，可分为无切削加工和有切削加工两大类。无切削加工包括热轧齿轮、冷轧齿轮、精锻、粉末冶金等新工艺。无切削加工具有生产率高，材料消耗少、成本低等一系列优点，目前已推广使用。但其加工精度较低，工艺不够稳定，特别是生产批量小时难以采用，这些缺点限制了它的使用。齿形的有切削加工具有良好的加工精度，目前仍是齿形的主要加工方法。按其加工原理可分为成形法和展成法两种。

(1) 成形法

成形法的特点是所用刀具的切削刃形状与被切齿轮轮槽的形状相同。用成形原理加工齿形的方法有用齿轮铣刀在铣床上铣齿、用成形砂轮磨齿、用齿轮拉刀拉齿等。由于这些方法存在分度误差及刀具的安装误差，所以加工精度较低，一般只能加工出 9～10 级精度的齿轮。此外，加工过程中需作多次不连续分齿，生产率也很低。因此，成形法主要用于单件小批量生产和修配工作中加工精度不高的齿轮。

(2) 展成法

展成法是应用齿轮啮合的原理来进行加工的，用这种方法加工出来的齿形轮廓是刀具切削刃运动轨迹的包络线。齿数不同的齿轮只要模数和齿形角相同，都可以用同一把刀具来加工。用展成原理加工齿形的方法有滚齿、插齿、剃齿、珩齿和磨齿等。其中，剃齿、珩齿和磨齿属于齿形的精加工方法。展成法的加工精度和生产率都较高，刀具通用性好，所以在生产中应用十分广泛。

4.4.3　齿形加工方法

1. 滚齿

滚齿是齿形加工方法中生产率较高、应用最广的一种加工方法。在滚齿机上用齿轮滚刀加工齿轮的原理相当于一对螺旋齿轮作无侧隙强制性的啮合，如图 4-72 所示。滚齿加工的通用性较好，既可加工圆柱齿轮，又能加工蜗轮；既可加工渐开线齿形，又可加工圆弧、摆线等齿形；既可加工大模数齿轮，又可加工大直径齿轮。滚齿可直接加工 8～9 级精度的齿轮，也可用做 7 级以上齿轮的粗加工及半精加工。滚齿可以获得较高的运动精度，但因滚齿时齿面是由滚刀的刀齿包络而成的，参加切削的刀齿数有限，所以齿面的表面粗糙度较大。为了提高滚齿的加工精度和齿面质量，宜将粗精滚齿分开。

2. 插齿

(1) 插齿的原理及运动

从插齿过程的原理上分析，插齿刀相当于一对轴线相互平行的圆柱齿轮相啮合。插齿刀实质上就是一个磨有前后角并具有切削刃的齿轮。

插齿时的主要运动如图 4-73 所示。

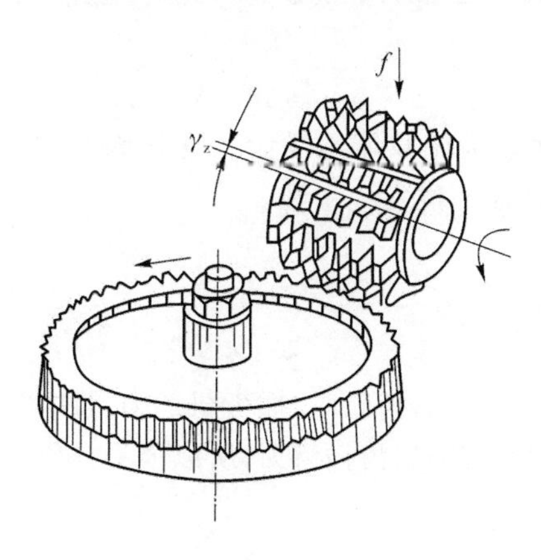

图 4-72　齿轮滚刀的工作原理

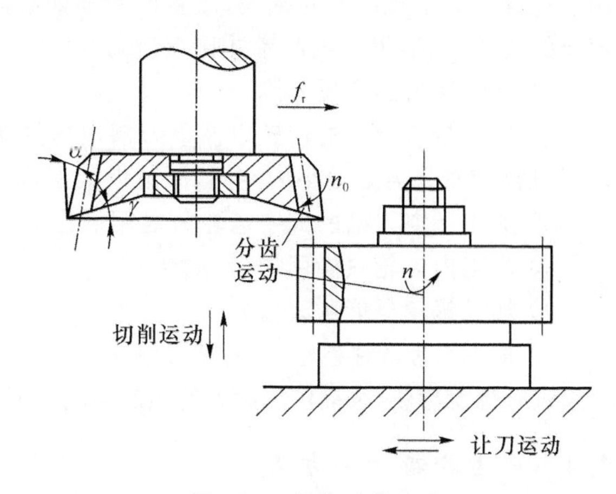

图 4-73　插齿时的运动

① 切削运动:插齿刀的上下往复运动。

② 分齿展成运动:插齿刀与工件间应保持正确的啮合关系。插齿刀每往复一次,工件相对刀具在分度圆上转过的弧长为加工时的圆周进给运动,故刀具与工件的啮合过程也就是圆周进给过程。

③ 径向进给运动:插齿时,为逐步切至全齿深,插齿刀应有径向进给运动 f_r。

④ 让刀运动:插齿刀做上下往复运动时,向下是工作过程。为了避免刀具擦伤已加工的齿面并减少刀齿磨损,在插齿刀向上运动时,工作台带动工件沿径向退出切削区一段距离,插齿刀工作行程时,工件恢复原位。在较大规格的插齿机上,让刀运动由插齿刀刀架部件来完成。

(2) 插齿的工艺特点

与滚齿相比,插齿在加工质量、生产率和应用范围等方面都有其特点。

① 插齿的齿形精度比滚齿高。原因是:制造插齿刀时,可通过高精度磨齿机获得精确的渐开线齿形。

② 插齿后齿面的粗糙度比滚齿细。原因是:滚齿时,滚刀在齿向方向上做间断切削,形成鱼鳞状波纹;而插齿时插齿刀沿齿向方向的切削是连续的。所以插齿时齿面粗糙度较小。

③ 插齿的运动精度比滚齿差。原因是:插齿机的传动链比滚齿机多了一个刀具蜗轮副,即多了一部分传动误差。另外,插齿刀的一个刀齿相应切削工件的一个齿槽,因此插齿刀本身的周节累积误差必然会反映到工件上。而滚齿时,因为工件的每一个齿槽都是由滚刀相同的 2～3 圈刀齿加工出来的,故滚刀的齿距累积误差不影响被加工齿轮的齿距精度,所以滚齿的运动精度比插齿高。

④ 插齿的齿向误差比滚齿大。插齿时的齿向误差主要决定于插齿机主轴回转轴线与工作台回转轴线的平行度误差。由于插齿刀工作时往复运动的频率高,主轴与套筒之间的磨损大,因此插齿的齿向误差比滚齿大。所以就加工精度来说,对运动精度要求不高的齿轮可直接用插齿来进行齿形精加工,而对于运动精度要求较高的齿轮和剃前齿轮(剃齿不能提高运动精度),则用滚齿较为有利。

(3) 插齿的生产率

切制模数较大的齿轮时,插齿速度要受到插齿刀主轴往复运动惯性和机床刚性的制约;切削过程又有空程的时间损失,故生产率不如滚齿高。只有在加工小模数、多齿数并且齿宽较窄的齿轮时,插齿的生产率才比滚齿高。

(4) 滚、插齿的应用范围

① 加工带有台肩的齿轮以及空刀槽很窄的双联或多联齿轮只能用插齿。这是因为:插齿刀"切出"时只需要很小的空间,而滚齿滚刀则会与大直径部位发生干涉。

② 加工无空刀槽的人字齿轮只能用插齿。

③ 加工内齿轮只能用插齿。

④ 加工蜗轮只能用滚齿。

⑤ 加工斜齿圆柱齿轮,两者都可用,但滚齿比较方便。插齿斜齿轮时,插齿机的刀具主轴上须设有螺旋导轨,来提供插齿刀的螺旋运动,并且要使用专门的斜齿插齿刀,所以很不方便。

4.4.4 齿轮精加工方法

在齿形已加工出来的基础上,进行齿形精加工的方法有剃齿、珩齿、磨齿、挤齿等。

1. 剃齿

(1) 剃齿的原理

剃齿加工是根据一对轴线交叉的斜齿轮啮合时，沿齿向有相对滑动而建立的一种加工方法。如图4-74所示，剃齿刀与被切齿轮的轴线空间交叉一个角度，剃齿刀为主动轮1，被切齿轮为从动轮2，它们的啮合为无侧隙双面啮合的自由展成运动。在啮合传动中，由于轴线交叉角的存在，齿面间沿齿向产生相对滑移，此滑移速度 $v_{切}=(v_{t2}-v_{t1})$ 即为剃齿加工的切削速度。剃齿刀的齿面开槽而形成刀刃，通过滑移速度将齿轮齿面上的加工余量切除。由于是双面啮合，剃齿刀的两侧面都能进行切削加工，但由于两侧面的切削角度不同，一侧为锐角，切削能力强；另一侧为钝角，切削能力弱，以挤压擦光为主，故对剃齿质量有较大影响。为使齿轮两侧获得同样的剃削条件，则在剃削过程中，剃齿刀做交替正反转运动。

剃齿加工需要有以下几种运动。

① 剃齿刀带动工件的高速正、反转运动——基本运动。

② 工件沿轴向往复运动——使齿轮全齿宽均能剃出。

③ 工件每往复一次做径向进给运动——以切除全部余量。

综上所述，剃齿加工的过程是剃齿刀与被切齿轮在轮齿双面紧密啮合的自由展成运动中，实现微细切削过程，而实现剃齿的基本条件是轴线存在一个交叉角，当交叉角为零时，切削速度为零，剃齿刀对工件没有切削作用。

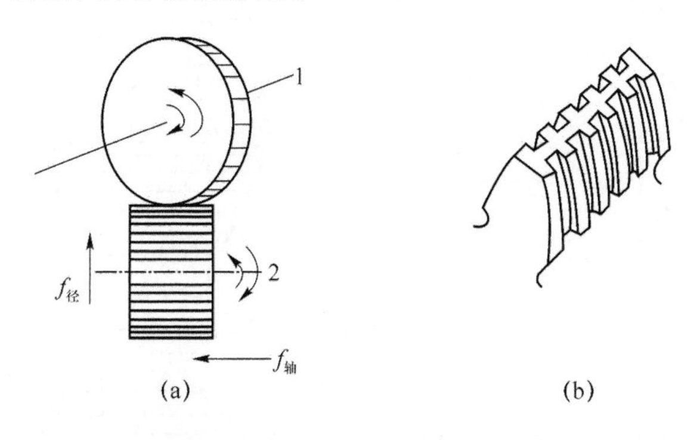

图4-74　剃齿原理

(2) 剃齿的特点

① 剃齿加工精度一般为6～7级，表面粗糙度 Ra 为0.8～0.4 μm，用于未淬火齿轮的精加工。

② 剃齿加工的生产率高，加工一个中等尺寸的齿轮一般只需2～4 min，与磨齿相比较，生产率可提高10倍以上。

③ 由于剃齿加工是自由啮合，机床无展成运动传动链，故机床结构简单，调整容易。

(3) 保证剃齿质量应注意的问题

① 剃前齿轮材料。要求材料密度均匀，无局部缺陷，韧性不得过大，以免出现滑刀和啃切现象，影响表面粗糙度。剃前齿轮硬度在22～32HRC范围内较合适。

② 剃前齿轮精度。由于剃齿是"自由啮合"，无强制的分齿运动，故分齿均匀性无法控制。由于剃前齿圈有径向误差，在开始剃齿时，剃齿刀只能与工件上距旋转中心较远的齿廓

做无侧隙啮合的剃削，而与其他齿则变成有齿侧间隙，但此时无剃削作用。连续径向进给，其他齿逐渐与刀齿做无侧隙啮合。结果齿圈原有的径向跳动减少了，但齿廓的位置沿切向发生了新的变化，公法线长度变动量增加。故剃齿加工不能修正公法线长度变动量。虽对齿圈径向跳动有较强的修正能力，但为了避免由于径向跳动过大而在剃削过程中导致公法线长度的进一步变动，从而要求剃前齿轮的径向误差不能过大。除此以外，剃齿对齿轮其他各项误差均有较强的修正能力。

2. 珩齿

淬火后的齿轮轮齿表面有氧化皮，影响齿面粗糙度，热处理的变形也影响齿轮的精度。由于工件已淬硬，除可用磨削加工外，也可以采用珩齿进行精加工。珩齿原理与剃齿相似，珩轮与工件类似于一对螺旋齿轮呈无侧隙啮合，利用啮合处的相对滑动，并在齿面间施加一定的压力来进行珩齿。

珩齿时的运动和剃齿相同，即珩轮带动工件高速正、反向转动，工件沿轴向往复运动及工件径向进给运动。与剃齿不同的是，开车后一次径向进给到预定位置，故开始时齿面压力较大，随后逐渐减小，直到压力消失时珩齿便结束。

珩轮由磨料（通常 80＃～180＃粒度的电刚玉）和环氧树脂等原料混合后在铁芯浇铸而成。珩齿是齿轮热处理后的一种精加工方法，其原理如图 4-75 所示。

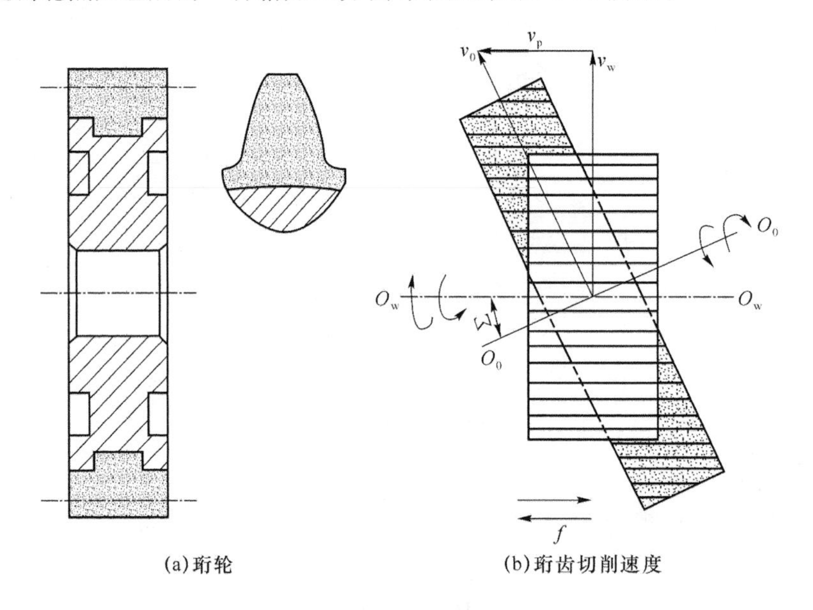

(a)珩轮　　(b)珩齿切削速度

图 4-75　珩磨原理

珩齿具有以下工艺特点。

(1) 珩轮结构和磨轮相似，但珩齿速度甚低（通常为 1～3 m/s），加之磨粒粒度较细，珩轮弹性较大，故珩齿过程实际上是一种低速磨削、研磨和抛光的综合过程。

(2) 珩齿时，齿面间隙沿齿向有相对滑动外，沿齿形方向也存在滑动，因而齿面形成复杂的网纹，提高了齿面质量，其表面粗糙度 Ra 可从 1.6 μm 降到 0.8～0.4 μm。

(3) 珩轮弹性较大，对珩前齿轮的各项误差修正作用不强。因此，对珩轮本身的精度要求不高，珩轮误差一般不会反映到被珩齿轮上。

(4) 珩轮主要用于去除热处理后齿面上的氧化皮和毛刺。珩齿余量一般不超过 0.025 mm，珩轮转速达到 1 000 r/min 以上，纵向进给量为 0.05～0.065 mm/r。

(5) 珩轮生产率甚高，一般一分钟珩一个，通过 3～5 次往复即可完成。

3. 磨齿

磨齿是目前齿形加工中精度最高的一种方法。它既可磨削未淬硬齿轮，也可磨削淬硬的齿轮。磨齿精度为 4～6 级，齿面粗糙度 Ra 为 0.8～0.2 μm。其对齿轮误差及热处理变形有较强的修正能力，多用于硬齿面高精度齿轮及插齿刀、剃齿刀等齿轮刀具的精加工。其缺点是生产率低，加工成本高，故适用于单件小批生产。

根据齿面渐开线的形成原理，磨齿方法分为成形法和展成法两类。成形法磨齿是用成形砂轮直接磨出渐开线齿形，是磨内齿轮和特殊齿轮采用的方法，目前应用甚少；展成法磨齿是将砂轮工作面制成假想齿条的两侧面，通过与工件的啮合运动包络出齿轮的渐开线齿面。锥形砂轮磨齿如图 4-76 所示。

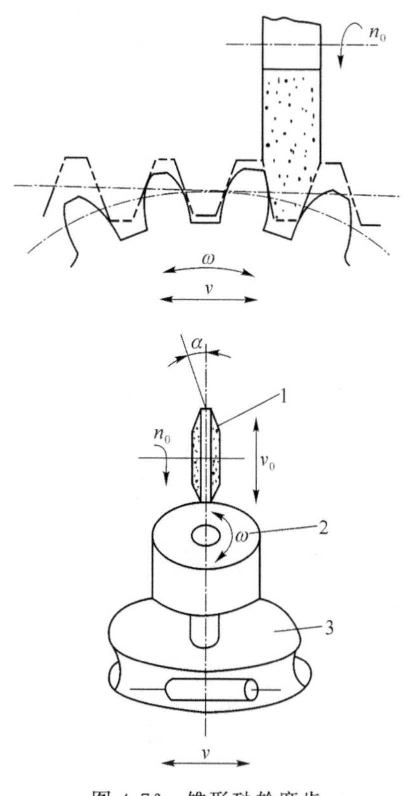

图 4-76　锥形砂轮磨齿

4. 挤齿

挤齿是无切削加工新工艺，可以替代剃齿，其过程是挤轮与工件之间在一定压力下按无侧隙啮合的自由对滚过程，按展成原理的无切削精加工。挤轮是一个高精度的圆柱齿轮，挤轮的宽度大于被挤齿轮的宽度，加工过程中只需进给，无需轴向移动。挤轮有一定的强度和耐磨性。作为齿轮淬火前的齿形精加工方法，其精度达 6 级，表面粗糙度 Ra 为 0.04～0.01 μm。因为挤齿是平行轴转动，所以挤多联齿轮不受限制。

4.4.5　齿轮的机械加工工艺过程与工艺分析

1. 实例 1：圆柱齿轮的加工工艺过程与工艺分析

齿轮加工的工艺路线是根据齿轮材质和热处理要求、齿轮结构及尺寸大小、精度要求、生产批量和车间设备条件而定的。一般可归纳成如下的工艺路线：毛坯制造—齿坯热处理—齿坯加工—齿形加工—齿圈热处理—齿轮定位表面精加工—齿圈的精整加工。下面我们将以此工艺路线展开分析。

以下是常见的普通精度、成批生产齿轮的典型工艺方案。它采用滚齿(或插齿)、剃齿、珩齿工艺。图 4-77 是某齿轮零件图，表 4-12 是该齿轮的技术参数，表 4-13 是该齿轮的机械加工工艺过程。

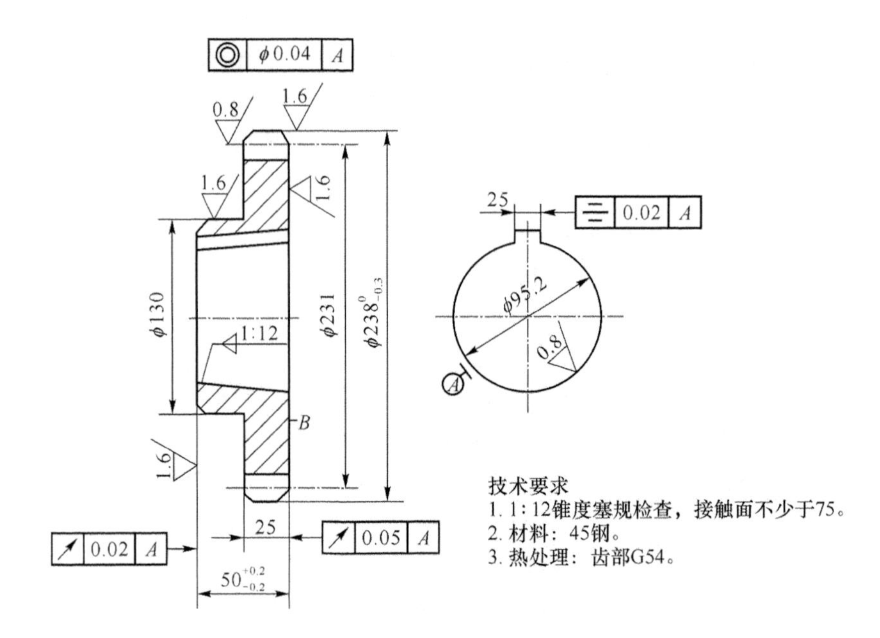

图 4-77 某齿轮零件图

表 4-12 某齿轮的技术参数

模数	m	3.5 mm
齿数	z	66 mm
齿形角	a	20°
变为系数	x	0
精度等级	766KM	
公法线长度变动公差	F_w	0.036 mm
径向综合公差	F''_z	0.08 mm
一齿径向综合公差	f''_i	0.016 mm
齿向公差	F_β	0.009 mm
公法线平均长度	$W=80.72^{-0.14}_{-0.19}$	

表 4-13 某齿轮机械加工工艺过程

序号	工序内容及要求	定位基准	设备
1	锻造		
2	正火		
3	粗车各部，均放余量 1.5 mm	外圆、端面	转塔车床
4	精车各部，内孔至锥孔塞规刻线外 6～8 mm，其余达图样要求	外圆、内孔、端面	C616
5	滚齿 $F_w=0.036$ mm；$F''_i=0.10$ mm；$f''_i=0.022$ mm；$F_\beta=0.011$ mm；$W=80.84^{-0.14}_{-0.19}$ mm；齿面 Ra 为 2.5 μm	内孔、B 端面	Y38

续表

序号	工序内容及要求	定位基准	设备
6	倒角	内孔、B端面	倒角机
7	插键槽达图样要求	外圆、B端面	插床
8	去毛刺		
9	剃齿	内孔、B端面	Y5714
10	热处理:齿面淬火后硬度达50～55HRC		
11	磨内锥孔,磨至锥孔塞规小端平	齿面、B端面	M220
12	珩齿达图样要求	内孔、B端面	Y5714
13	终结检验		

(1) 定位基准的确定

齿轮加工时的定位基准应尽可能与设计基准相一致,以免由于基准不重合而产生的误差,即要符合“基准重合”原则。在齿轮加工的整个过程中也应尽量采用相同的定位基准,即选用“基准统一”原则。

定位基准的精度对齿形加工精度有直接的影响。轴类齿轮的齿形加工一般选择顶尖孔定位,某些大模数的轴类齿轮多选择齿轮轴颈和一端面定位,符合“基准重合”原则;带孔的齿轮(如盘套类齿轮)常以内孔和一个端面组合作为定位基准,既符合“基准重合”原则,又符合“基准统一”原则。

(2) 齿坯加工

4.4.2节已分析过。

(3) 齿形加工

齿圈上齿形加工方案的选择主要取决于齿轮的精度等级、生产批量和热处理方法等。下面是齿形加工方案选择时的几条原则,以供参考。

① 对于8级及8级以下精度的不淬硬齿轮,可用铣齿、滚齿或插齿直接达到加工精度要求。

② 对于8级及8级以下精度的淬硬齿轮,需在淬火前将精度提高一级,其加工方案可采用滚(插)齿－齿端加工－齿面淬硬－修正内孔。

③ 对于6～7级精度的不淬硬齿轮,其齿轮加工方案为滚齿－剃齿。

④ 对于6～7级精度的淬硬齿轮,其齿形加工一般有两种方案。

a. 剃－珩磨方案:滚(插)齿－齿端加工－剃齿－齿面淬硬－修正内孔－珩齿。

b. 磨齿方案:滚(插)齿－齿端加工－齿面淬硬－修正内孔－磨齿。

剃－珩磨方案生产率高,广泛用于7级精度齿轮的成批生产中。磨齿方案生产率低,一般用于6级精度以上的齿轮。

⑤ 对于5级及5级精度以上的齿轮,一般采用磨齿方案。

总之,加工的第一阶段是齿坯最初进入机械加工的阶段。由于齿轮的传动精度主要决定于齿形精度和齿距分布均匀性,而这与切齿时采用的定位基准(孔和端面)的精度有着直接的关系,所以这个阶段主要是为下一阶段加工齿形准备精基准,使齿的内孔和端面的精度基本达到规定的技术要求。在这个阶段中除了加工出基准外,齿形以外的次要表面的加工也应尽量在这一阶段的后期完成。

第二阶段是齿形的加工。对于不需要淬火的齿轮，一般来说这个阶段也就是齿轮的最后加工阶段，经过这个阶段就应当加工出完全符合图样要求的齿轮来。对于需要淬硬的齿轮，必须在这个阶段中加工出能满足齿形的最后精加工所要求的齿形精度，所以这个阶段的加工是保证齿轮加工精度的关键阶段，应予以特别注意。

加工的第三阶段是热处理阶段。在这个阶段中主要是对齿面的淬火处理，使齿面达到规定的硬度要求。

加工的最后阶段是齿形的精加工阶段。这个阶段的目的是修正齿轮经过淬火后所引起的齿形变形，进一步提高齿形精度和降低表面粗糙度，使之达到最终的精度要求。在这个阶段中首先应对定位基准面（孔和端面）进行修整，因淬火以后齿轮的内孔和端面均会产生变形，如果在淬火后直接采用这样的孔和端面作为基准进行齿形精加工，是很难达到齿轮精度的要求的。以修整过的基准面定位进行齿形精加工，可以使定位准确可靠，余量分布也比较均匀，以便达到精加工的目的。

（4）齿端加工

如图 4-78 所示，齿轮的齿端加工有倒圆、倒尖、倒棱和去毛刺等。倒圆、倒尖后的齿轮沿轴向滑动时容易进入啮合。倒棱可去除齿端的锐边，这些锐边经渗碳淬火后很脆，在齿轮传动中易崩裂。

用铣刀进行齿端倒圆，如图 4-79 所示。倒圆时，铣刀在高速旋转的同时沿圆弧做往复摆动（每加工一齿往复摆动一次）。加工完一个齿后工件沿径向退出，分度后再送进加工下一个齿端。

齿端加工必须安排在齿轮淬火之前，通常多在滚（插）齿之后。

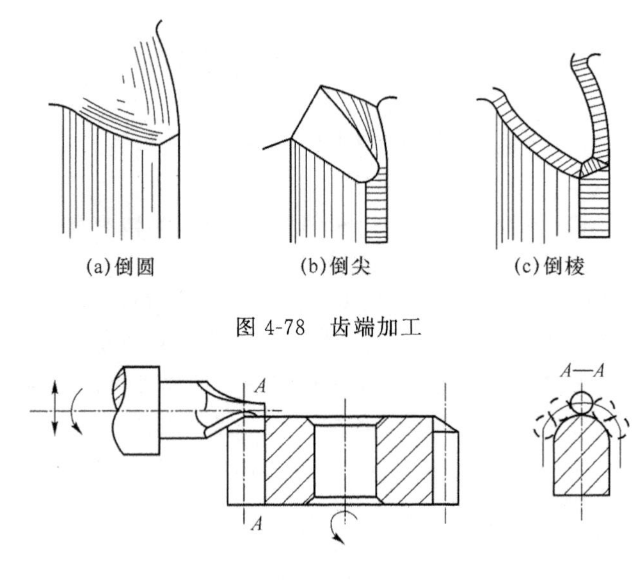

图 4-78　齿端加工

图 4-79　齿端倒圆

（5）精基准修正

齿轮淬火后基准孔产生变形，为保证齿形精加工质量，对基准孔必须给予修正。

对外径定心的花键孔齿轮通常用花键推刀修正。推孔时要防止歪斜，有的工厂采用加长推刀前引导来防止歪斜，已取得较好效果。

对圆柱孔齿轮的修正可采用推孔或磨孔，推孔生产率高，常用于未淬硬齿轮；磨孔精度高，但生产率低，对于整体淬火后内孔变形大、硬度高的齿轮或内孔较大、厚度较薄的齿轮，则以磨孔为宜。

磨孔时一般以齿轮分度圆定心，这样可使磨孔后的齿圈径向跳动较小，对以后磨齿或珩齿有利。为提高生产率，有的工厂以金刚镗代替磨孔也取得了较好的效果。

圆柱齿轮加工常因齿轮的结构形状、精度等级、生产批量及生产条件不同而采用不同的工艺方案。下面列出精度要求不同的齿轮典型工艺过程供分析比较。

2. 实例2：双联齿轮加工工艺过程分析

图4-80所示为一双联齿轮，材料为40Cr，精度为7—6—6级，其加工工艺过程大致要经过如下几个阶段：毛坯热处理、齿坯加工、齿形加工、齿端加工、齿面热处理、精基准修正及齿形精加工等，其技术参数如表4-14所示。双联齿轮加工工艺过程如表4-15所示。

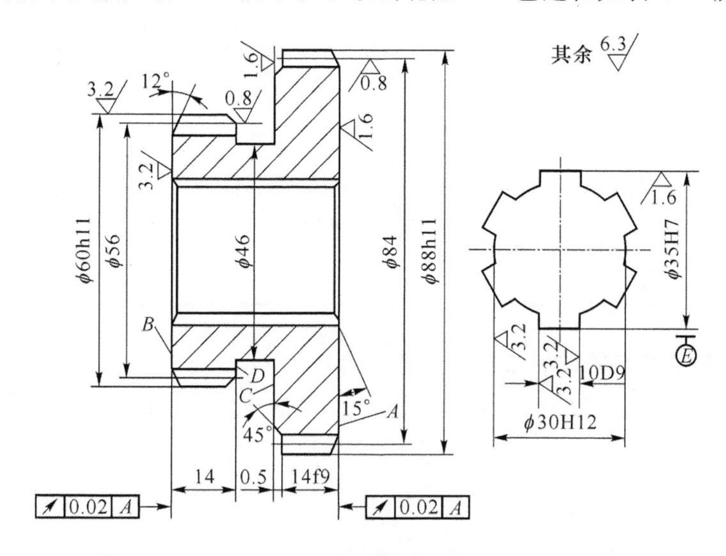

图4-80　某双联齿轮简图

表4-14　某双联齿轮的技术参数

齿号	Ⅰ	Ⅱ	齿号	Ⅰ	Ⅱ
模数	2	2	基节偏差	±0.016	±0.016
齿数	28	42	齿形公差	0.017	0.018
精度等级	7GK	7JL	齿向公差	0.017	0.017
公法线长度变动量	0.039	0.024	公法线平均长度	$21.36_{-0.05}^{0}$	$27.6_{-0.05}^{0}$
齿圈径向跳动	0.050	0.042	跨齿数	4	5

表4-15　双联齿轮加工工艺过程

序号	工序内容	定位基准
1	毛坯锻造	
2	正火	

续 表

序号	工序内容	定位基准
3	粗车外圆及端面，留余量 1.5～2 mm，钻镗花键底孔至尺寸 ϕ30H12	外圆及端面
4	拉花键孔	ϕ30H12 孔及 A 面
5	钳工去毛刺	
6	上心轴，精车外圆、端面及槽至要求	花键孔及 A 面
7	检验	
8	滚齿（z=42），留剃余量 0.07～0.10 mm	花键孔及 B 面
9	插齿（z=28），留剃余量 0.04～0.06 mm	花键孔及 A 面
10	倒角（Ⅰ、Ⅱ齿 12°牙角）	花键孔及端面
11	钳工去毛刺	
12	剃齿（z=42），公法线长度至尺寸上限	花键孔及 A 面
13	剃齿（z=28），采用螺旋角度为 5°的剃齿刀，剃齿后公法线长度至尺寸上限	花键孔及 A 面
14	齿部高频淬火：G52	
15	推孔	花键孔及 A 面
16	珩齿	花键孔及 A 面
17	总检入库	

3. 实例 3：高精度齿轮加工工艺过程及其分析

图 4-81 是高精度齿轮零件图，表 4-16 是该齿轮的技术参数，表 4-17 是该齿轮的机械加工工艺过程。

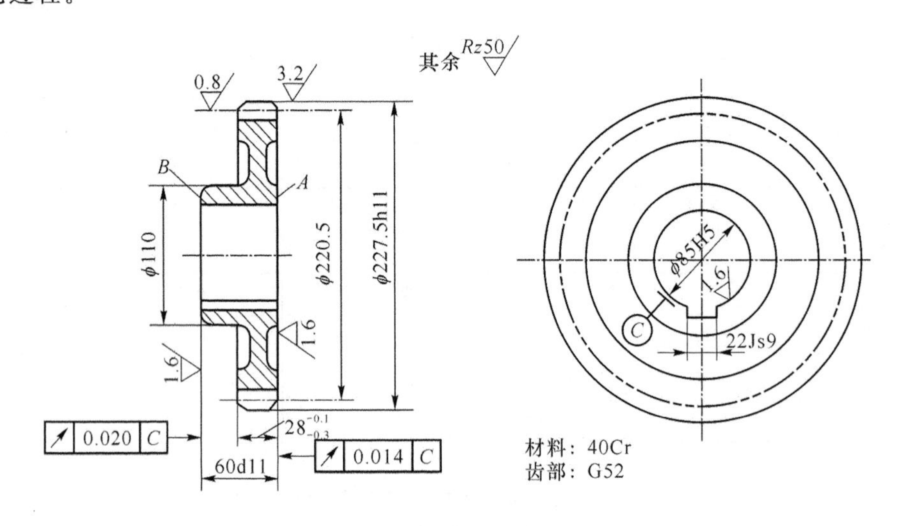

图 4-81 高精度齿轮

表 4-16　齿轮的技术参数

模数	3.5	基节累积误差	0.045	齿向公差	0.007
齿数	63	基节极限偏差	±0.006 5	公法线平均长度	$70.13_{-0.05}^{0}$
精度等级	655KM	齿形公差	0.007	跨齿数	7

表 4-17　高精度齿轮加工工艺过程

序号	工序内容	定位基准
1	毛坯锻造	
2	正火	
3	粗车各部分，留余量 1.5～2 mm	外圆及端面
4	精车各部分，内孔至 ϕ84.8H7，总长留加工余量 0.2 mm，其余至尺寸	外圆及端面
5	检验	
6	滚齿（齿厚留磨加工余量 0.10～0.15 mm）	内孔及 *A* 面
7	倒角	内孔及 *A* 面
8	钳工去毛刺	
9	齿部高频淬火：G52	
10	插键槽	*A* 面内孔（找正用）及 *A* 面
11	磨内孔至 ϕ85H5	分度圆和 *A* 面（找正用）
12	靠磨大端 *A* 面	内孔
13	平面磨 *B* 面至总长度尺寸	*A* 面
14	磨齿	内孔及 *A* 面
15	总检入库	

高精度齿轮加工工艺具有以下特点。

(1) 定位基准的精度要求较高。由图 4-81 可见，作为定位基准的内孔的尺寸精度标注为 ϕ85H5，基准端面的粗糙度较小，为 1.6 μm，它对基准孔的跳动为 0.014 mm，这几项均比一般精度的齿轮要求高。因此，在齿坯加工中，除了要注意控制端面与内孔的垂直度外，还需留一定的余量进行精加工。精加工孔和端面采用磨削，先以齿轮分度圆和端面作为定位基准磨孔，再以孔为定位基准磨端面，控制端面跳动要求，以确保齿形精加工用的精基准的精确度。

(2) 齿形精度要求高。图上标注 6－5－5 级。为满足齿形精度要求，其加工方案应选择磨齿方案，即滚（插）齿－齿端加工－高频淬火－修正基准－磨齿。磨齿精度可达 4 级，但生产率低。本例齿面热处理采用高频淬火，变形较小，故留磨余量可缩小到 0.1 mm 左右，以提高磨齿效率。

思考题

4-1　主轴的结构特点和技术要求有哪些？为什么要对其进行分析？它对制定工艺过

程起什作用？

4-2 轴类零件常用的毛坯有哪几种？各适用于什么场合？

4-3 轴类零件常用的热处理方法有哪些？各起什么作用？

4-4 拟定 CA6140 车床主轴主要表面的加工顺序时，可以列出以下 4 种方案。

(1) 钻通孔—外表面粗加工—锥孔粗加工—外表面精加工—锥孔精加工。

(2) 外表面粗加工—钻深孔—外表面精加工—锥孔粗加工—锥孔精加工。

(3) 外表面粗加工—钻深孔—锥孔粗加工—锥孔精加工—外表面精加工。

(4) 外表粗加工—钻深孔—锥孔粗加工—外表面精加工—锥孔精加工。

试分析比较上述各方案的特点，指出最佳方案并说明理由。

4-5 外圆常用的加工方法有哪些？光整加工方法有哪些？并叙述各自特点。

4-6 曲轴的结构特点是什么？有哪些主要的技术要求？为什么要规定这些技术要求？

4-7 套筒零件的技术要求有哪些？

4-8 套筒零件常用的材料与毛坯有哪些？

4-9 套筒零件的孔加工方法有哪几种？孔加工方案的选择通常考虑哪些因素？

4-10 孔的精加工方法有哪些？比较各自的应用场合及特点。

4-11 箱体加工顺序安排中应遵循哪些基本原则？箱体孔系加工有哪些加工方法？它们各有何特点？

4-12 在镗床上镗削直径较大的箱体孔时，影响孔在纵、横截面内形状精度的主要因素是什么？镗削长度较大的气缸体时，为什么粗镗常采用双向加工曲轴孔和凸轮轴孔，而精镗则采用单向加工？

4-13 在卧式铣镗床上加工箱体内孔，可采用图 4-82 所示的几种方案：图(a)为工件进给，图(b)为镗杆进给，图(c)为工件进给、镗杆加后支承，图(d)为镗杆进给并加后支承，图(e)采用镗模夹具、工件进给等。若只考虑镗杆受切削力变形的影响，试分析各种方案加工后箱体孔的加工误差。

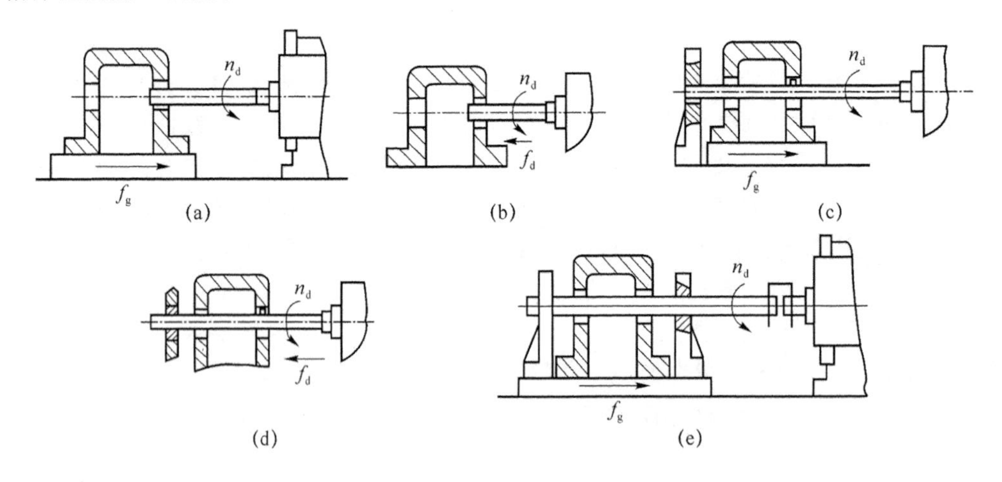

图 4-82 题 4-13 图

4-14 齿形加工的精基准有哪些方案？它们各有什么特点？对齿坯加工的要求有何不同？齿轮淬火前精基准的加工与淬火后精基准的修正通常采用什么方法？

4-15　试比较滚齿与插齿、剃齿与冷挤、磨齿与珩齿的加工原理、工艺特点及适用场合有何异同？

4-16　齿轮的典型加工工艺过程由哪几个加工阶段所组成？其中毛坯热处理与齿面热处理各起什么作用？应安排在工艺过程的哪一阶段？

4-17　剃齿前的切齿工序是滚齿或插齿合适吗？若齿轮的公法线长度变动量需严格控制，插齿后的精加工应选择哪种加工方法？

4-18　剃齿加工能提高被加工齿轮的传动平稳性，其原因何在？为什么珩齿的齿形表面质量高于剃齿，而其修正误差的能力又低于剃齿？

第5章　装配工艺基础

学习本章的目的是能从保证产品质量的要求出发，分析装配工艺与机械加工工艺的关系，初步具备主管产品工艺的能力。

5.1　概　　述

5.1.1　装配的基本概念

1. 机械的组成

一台机械产品往往由上千个至上万个零件组成，为了便于组织装配工作，必须将产品分解为若干个可以独立进行装配的装配单元，以便按照单元次序进行装配，并有利于缩短装配周期。装配单元通常可划分为5个等级。

(1) 零件

零件是组成机械和参加装配的最基本单元。大部分零件都是预先装成合件、组件和部件再进入总装的。

(2) 合件

合件是比零件大一级的装配单元。下列情况皆属合件。

① 两个以上零件，由不可拆卸的连接方法(如铆、焊、热压装配等)连接在一起。

② 少数零件组合后还需要合并加工，如齿轮减速箱体与箱盖、柴油机连杆与连杆盖，都是组合后镗孔的，零件之间对号入座，不能互换。

③ 以一个基准零件和少数零件组合在一起，图5-1(a)所示就属于合件，其中蜗轮为基准零件。

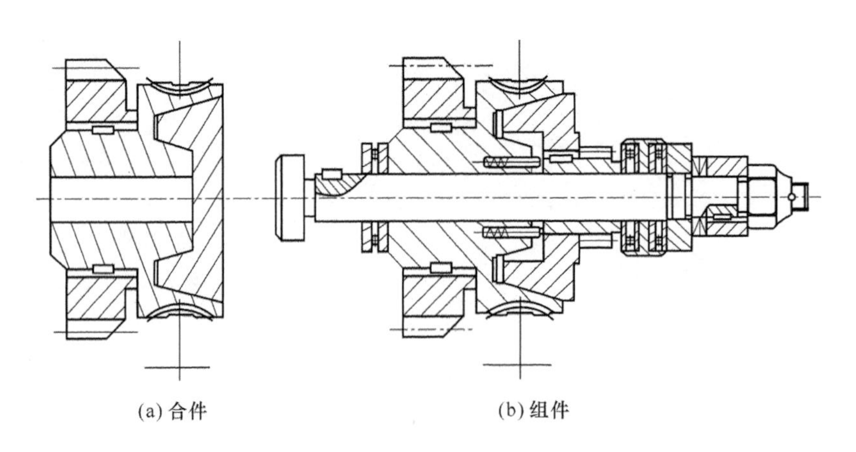

(a) 合件　　(b) 组件

图5-1　合件和组件

(3)组件

组件是一个或几个合件与若干个零件的组合。图 5-1(b)所示即属于组件,其中蜗轮与齿轮为一个先装好的合件,而后以阶梯轴为基准件,与合件和其他零件组合为组件。组件是在一个基准零件上装上若干套件及零件构成的,如机床主轴箱中的主轴,就是在基准轴件上装上齿轮、套、垫片、键及轴承的组合件。

(4) 部件

部件是由一个基准件和若干个组件、合件和零件组成的。部件在机器中能完成一定的、完整的功用。例如,车床的主轴箱装配就是部件装配。

(5) 机械产品

它是由上述全部装配单元组成的整体。

2. 装配的定义

根据规定的要求,将若干零件、组件装配成部件的过程称为部装;根据规定的技术要求,将零件、组件和部件进行配合和连接,使之成为半成品或成品的过程,称为装配。例如,卧式车床就是以床身为基准零件,装上主轴箱、进给箱、溜板箱等部件及其他组件、合件、零件所组成的。

机器的装配是机器制造过程中的最后一个环节,它包括装配、调整、检验和试验等工作。装配过程使零件、合件、组件和部件间获得一定的相互位置关系,所以装配过程也是一种工艺过程。

3. 装配工作的基本内容

机械装配是产品制造的最后阶段,装配过程不是将合格零件简单地连接起来,而是要通过采取一系列工艺措施,才能最终达到产品的质量要求。常见的装配工作有以下几项。

(1) 清洗

清洗目的是去除零件表面或部件中的油污及机械杂质。

(2) 连接

连接的方式一般有两种:可拆连接和不可拆连接。

可拆连接在装配后可以很容易拆卸而不致损坏任何零件,且拆卸后仍可重新装配在一起,如螺纹连接、键连接等。

不可拆连接在装配后一般不再拆卸,如果拆卸就会损坏其中的某些零件,如焊接、铆接等。

(3) 调整

调整包括校正、配作、平衡等。

校正是指产品中相关零、部件间相互位置找正,并通过各种调整方法保证达到装配精度要求等。

配作是指两个零件装配后确定其相互位置的加工,如配钻、配铰,或为改善两个零件表面结合精度的加工,如配刮及配磨等。配作是校正、调整工作结合进行的。

为防止使用中出现振动,装配时,应对其旋转零、部件进行平衡。平衡包括静平衡和动平衡两种方法。

(4) 检验和试验

机械产品装配完后,应根据有关技术标准和规定,对产品进行较全面的检验和试验工作，合格后才准出厂。

除上述装配工作外，油漆、包装等也属于装配工作。

4. 装配的意义

装配是整个机械制造工艺过程中的最后一个环节。装配工作对机械的质量影响很大。若装配不当，即使所有零件加工合格，也不一定能够装配出合格的高质量的机械；反之，当零件制造质量不十分良好时，只要装配中采用合适的工艺方案，也能使机械达到规定的要求。因此，装配质量对保证机械质量起了极其重要的作用。

5.1.2 装配精度

1. 装配精度的概念

机器或部件装配后的实际几何参数与理想几何参数的符合程度称为装配精度。它一般包括尺寸精度、位置精度、相对运动精度、接触精度。

尺寸精度是指零部件的距离精度和配合精度，如卧式车床前、后两顶尖对床身导轨的等高度。

位置精度是指相关零件的平行度、垂直度和同轴度等方面的要求，如台式钻床主轴对工作台台面的垂直度。

相对运动精度是指产品中有相对运动的零、部件间在运动方向上和相对速度上的精度，如滚齿机滚刀与工作台的传动精度。

接触精度是指两配合表面、接触表面和连接表面间达到规定的接触面积大小和接触点分布情况，如齿轮啮合、锥体、配合以及导轨之间的接触精度。

2. 装配精度与零件精度的关系

各种机器或部件都是许多零件有条件地装配在一起的。各个相关零件的误差累积起来就反映到装配精度上。因此，机器的装配精度受零件特别是关键零件的加工精度影响很大。

为了合理地确定零件的加工精度，必须对零件精度和装配精度的关系进行综合分析，而进行综合分析的有效手段就是建立和分析产品的装配尺寸链。

机械及其部件都是由零件组成的，装配精度与相关零、部件制造误差的累积有关，特别是关键零件的加工精度。例如，卧式车床尾座移动对溜板移动的平行度就主要取决于床身上溜板移动的导轨 A 与尾座移动的导轨 B 的相互平行度，如图 5-2 所示，或者说只要保证床身导轨 A 与 B 的相互平行即可。又如，车床主轴锥孔轴心线和尾座套筒锥孔轴心线的等高度(A_0)即主要取决于主轴箱、尾座及座板的 A_1、A_2 及 A_3 的尺寸精度，如图 5-3 所示。

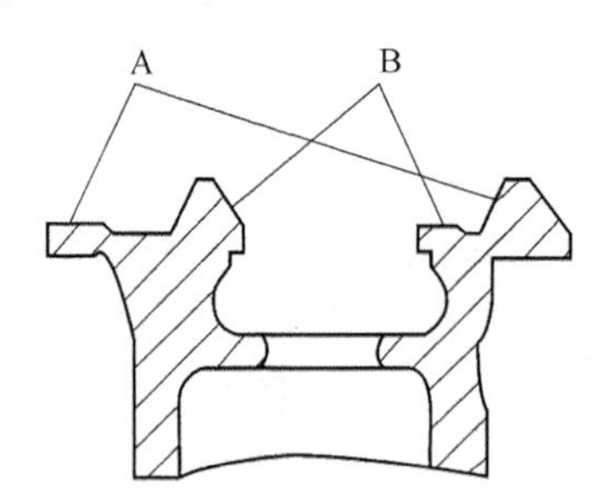

A—床鞍移动导轨；B—尾座移动导轨

图 5-2 床身导轨

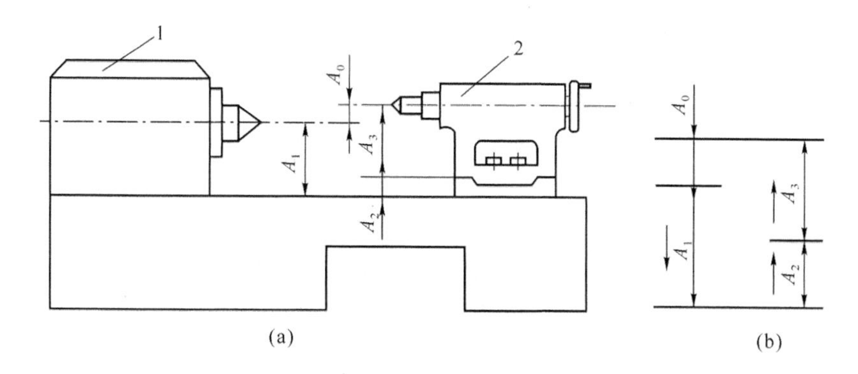

1—主轴箱；2—尾座

图 5-3　主轴箱主轴中心尾座套筒中心等高示意图

另外，装配精度又取决于装配方法，在单件小批生产及装配精度要求较高时装配方法尤为重要。例如，图 5-3 中所示的等高度要求是很高的，如果靠提高尺寸 A_1、A_2 及 A_3 的尺寸精度来保证是不经济的，甚至在技术上也是很困难的。比较合理的办法是在装配中通过检测对某个零部件进行适当的修配来保证装配精度。

总之，机械的装配精度不但取决于零件的精度，而且取决于装配方法。

5.2　机器结构的装配工艺

机器结构的装配工艺性是指机器结构能保证装配过程中使相互连接的零件不用或少用修配和机械加工，用较少的劳动量、花费较少的时间按产品的要求顺利地装配起来。

装配工艺的基本要求如下。

(1) 结构的继承性好和"三化"程度高

能继承已有结构和"三化"(标准化、通用化和系列化)程度高的结构，装配工艺的准备工作较少，装配时工人对产品比较熟悉，既容易保证质量，又能减少劳动消耗。

(2) 机器结构应能分解成独立的装配单元

机器结构应能分解成独立的装配单元，即产品可由若干个独立的部件总装而成，部件可由若干个独立的组件组装而成。对于这样的产品，装配时可组织平行作业，扩大装配的工作面积，大批大量生产时可按流水的原则组织装配生产，因而能缩短生产周期，提高生产效率。由于平行作业时各部件能预先装好、调试好，以较完善的状态送去总装，保证装配质量。另外，还有利于企业间的协作，组织专业化生产。

例如，图 5-4(a)中箱体的孔径 D_1 小于齿轮直径 d_2，装配时必须先把齿轮放入箱体内，在箱体内装配齿轮，再将其他零件逐个装在轴上。图 5-4(b)中的 $D_1 > d_2$，装配时，可将轴及其上零件组成独立组件后再装入箱体内，并可通过带轮上的孔将法兰拧紧在箱体上。由前面的分析可知，图 5-4(b)所示结构的装配工艺性好。

衡量产品能否分解成独立装配单元，可用产品结构装配性系数 K_a 表示，其计算公式为

$$K_a = 产品各独立部件中零件数之和/产品零件总和$$

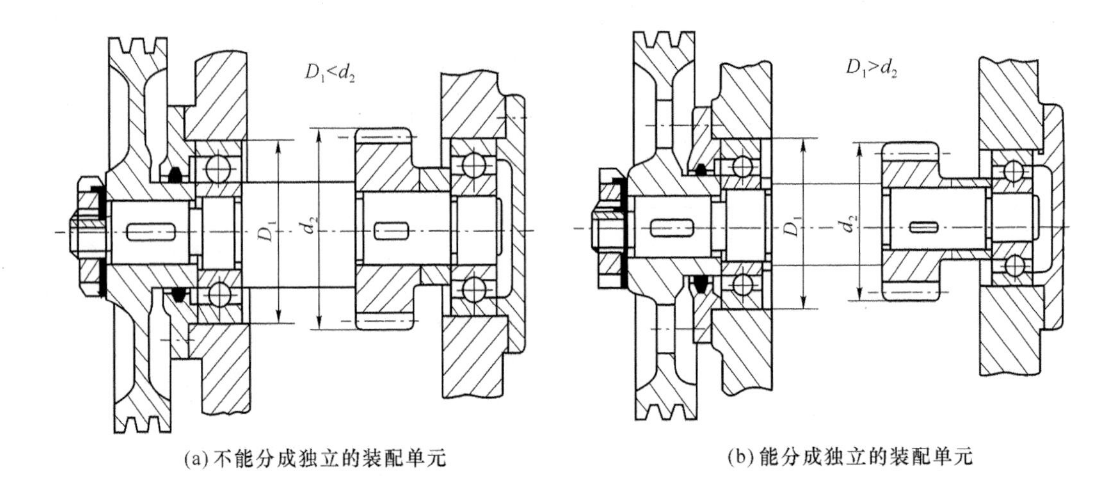

(a) 不能分成独立的装配单元　　(b) 能分成独立的装配单元

图 5-4　传动轴的装配工艺性

(3) 各装配单元要有正确的装配基准

装配的过程是先将待装配的零件、组件和部件放到正确的位置,然后再坚固和连接。这个过程类似于加工时的定位与夹紧。所以,在装配时,零件、组件和部件必须要有正确的装配基准,以保证它们之间的正确位置,并减少装配时找正的时间。装配基准的选择也要用夹具中的“六点定位”原理。

例如,图 5-5 所示是锥齿轮轴承座组件图,轴承座组件装进壳体 1 时,装配基准是轴承座两柱面和法兰端面,符合装配要求。因此,图 5-5(a)和(b)都有正确的装配基准。

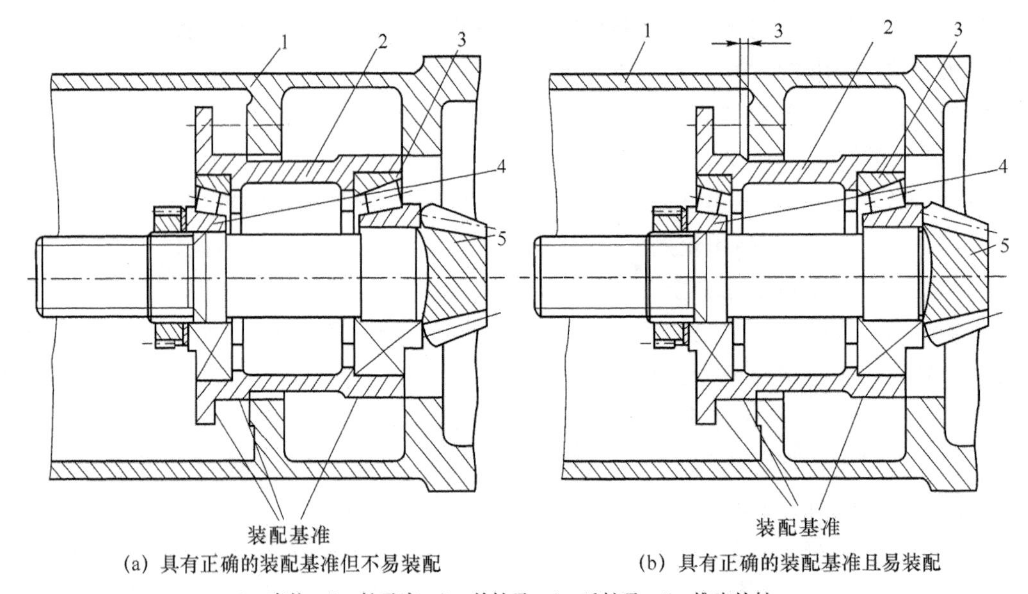

(a) 具有正确的装配基准但不易装配　　(b) 具有正确的装配基准且易装配

1—壳体; 2—轴承座; 3—前轴承; 4—后轴承; 5—锥齿轮轴

图 5-5　轴承座组件的装配基准及两种设计方案

实际上,调整法装配时就是缺少某些装配基准,所以装配时比较费时。

(4) 要便于拆装和调整

装配过程中,当发现问题或进行调整时,需要进行中间拆装。因此,若结构能便于装拆和调整，就能节省装配时间，提高生产率。具有正确的装配基准也是便于装配的条件之一。下面再举几个便于装拆和调整的实例。

① 图5-5(a)所示结构是轴承座2的两段外圆柱面(装配基准)同时进入壳体1的两配合孔内，由于不易同时对准两圆柱孔，所以装配较困难；图5-5(b)所示结构是当轴承座2右端外圆柱面进入壳体1的配合孔中3 mm，并具有良好的导向后，左端外圆柱面再进入配合，所以装配较方便，工艺性好。

② 在机器设计过程中，一些容易被忽视的小问题如果处理不好，会给装配过程造成较大的困难。如图5-6所示，扳手空间过小，造成扳手放不进去或旋转范围过小，螺栓拧紧困难；螺栓长度大于箱体凹入部分的高度，螺栓无法装入螺孔中；螺栓长度过短，拧入深度不够，连接不牢固。

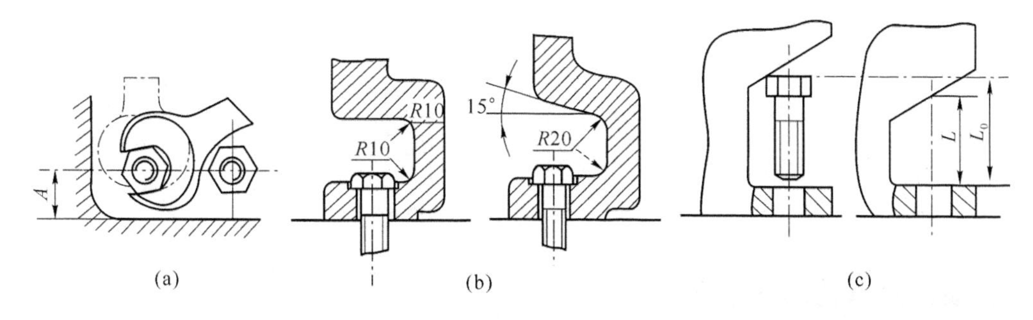

图5-6　装配时应考虑装配工具与连接件的位置

③ 图5-7所示为箱体上圆锥滚子轴承靠肩的3种形式。图5-7(a)所示的靠肩内径小于轴承外环的最小直径，当轴承压入后，外环就无法卸下。图5-7(b)所示的靠肩内径大于轴承外环的最小直径，图5-7(c)所示将靠肩做出2～4个缺口的结构，都能方便地拆卸外环，所以工艺性好。

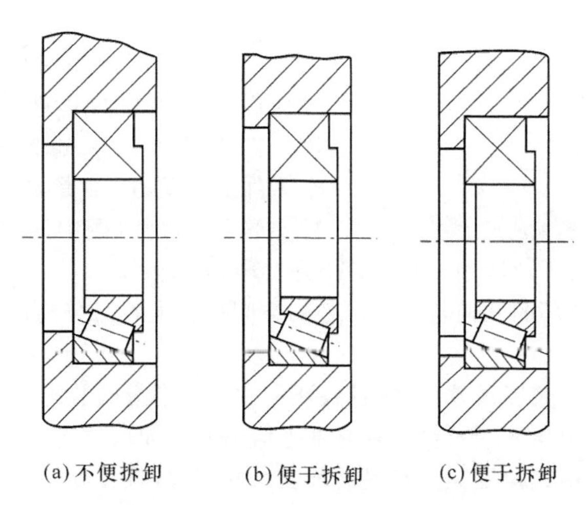

图5-7　箱体上轴承靠肩的3种形式

④ 图5-8所示为端面有调整垫(补偿环)的锥齿轮结构。为了便于拆卸，在锥齿轮上加工两个螺孔，旋入螺栓即可卸下锥齿轮。图5-9(a)所示为定位销和底板孔过盈配合的结构，因没有通气孔，故当销子压入时内存空气不易排出而影响装配工作。合理的结构是在销子上开孔或在底板上开槽，也可采用如图5-9(b)所示结构，将底板孔钻通，孔钻通后还有利于

销子的拆卸。当底板不能开通孔时，则可用带螺孔的定位销，即如图 5-9(c)所示结构，以便需要时用取销器取出定位销。

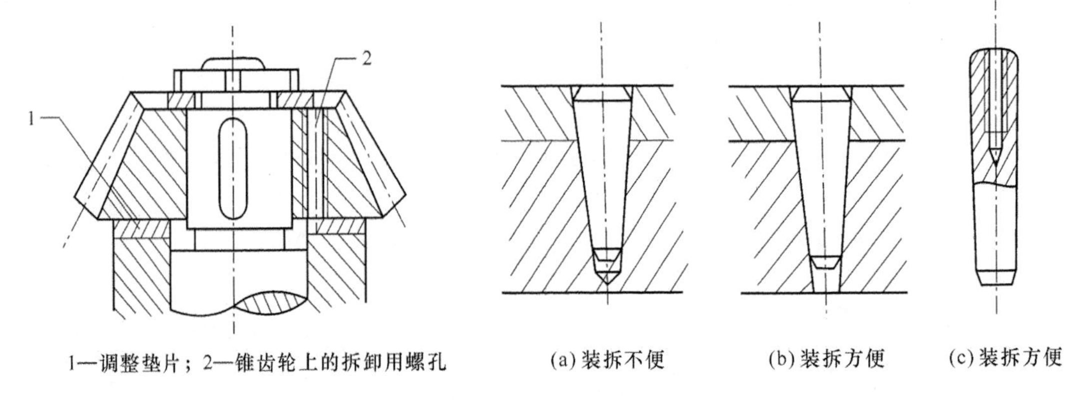

图 5-8　带有便于拆卸螺孔的锥齿轮结构

图 5-9　定位销和底板孔过盈连接的两种结构

5.3　装配尺寸链

1. 装配尺寸链的基本概念

装配尺寸链是产品或部件在装配过程中，由相关零件的有关尺寸(表面或轴线间距离)或相互位置关系(平行度、垂直度或同轴度等)所组成的尺寸链。其基本特征是具有封闭性，即由一个封闭环和若干个组成环所构成的尺寸链呈封闭图形，如图 5-10 所示。其封闭环不是零件或部件上的尺寸，而是不同零件或部件的表面或轴心线间的相对位置尺寸，它不能独立地变化，而是装配过程最后形成的，即为装配精度。例如，图 5-3 中 A_0 的各组成环不是在同一个零件上的尺寸，而是与装配精度有关的各零件上的有关尺寸(图中的 A_1、A_2)。装配尺寸链各环的定义及特征同第 1 章所述。显然，A_1 是增环，A_2 是减环。

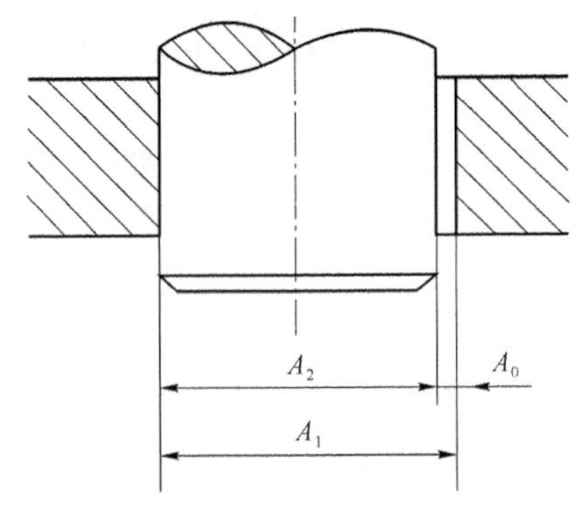

图 5-10　轴、孔装配的尺寸链

装配尺寸链按照各环的几何特征和所处的空间位置大致可分为以下 3 种。常见的是前两种。

(1) 直线尺寸链：由长度尺寸组成，且各环尺寸相互平行的装配尺寸链。

(2) 角度尺寸链：由角度、平行度、垂直度等组成的装配尺寸链。

(3) 平面尺寸链：由成角度关系布置的长度尺寸构成，且各环处于同一或彼此平行的平面内。

装配尺寸链的封闭环就是装配所要保证的装配精度或技术要求。装配精度(封闭环)是零部件装配后才最后形成的尺寸或位置关系。在装配关系中，对装配精度有直接影响的零、部件的尺寸和位置关系都是装配尺寸链的组成环。如同工艺尺寸链一样，装配尺寸链的组成环也分为增环和减环。

2. 装配尺寸链的建立——线性尺寸链(直线尺寸链)

应用装配尺寸链分析和解决装配精度问题,首先是查明和建立尺寸链,即确定封闭环,并以封闭环为依据查明各组成环,然后确定保证装配精度的工艺方法和进行必要的计算。查明和建立装配尺寸链的步骤如下。

(1) 确定封闭环

在装配过程中,要求保证的装配精度就是封闭环。

(2) 查明组成环,画装配尺寸链图

从封闭环任意一端开始,沿着装配精度要求的位置方向,将与装配精度有关的各零件尺寸依次首尾相连,直到与封闭环另一端相接为止,形成一个封闭形的尺寸图,图上的各个尺寸即是组成环。

3. 判别组成环的性质

画出装配尺寸链图后,按第 1 章所述的定义判别组成环的性质,即增、减环。

在建立装配尺寸链时,除满足封闭性、相关性原则外,还应符合下列要求。

(1) 组成环数最少原则

从工艺角度出发,在结构已经确定的情况下,标注零件尺寸时,应使一个零件仅有一个尺寸进入尺寸链,即组成环数目等于有关零件数目。如图 5-11(a)所示,轴只有 A_1 一个尺寸进入尺寸链,是正确的。图 5-11(b)的标注法中,轴有 a、b 两个尺寸进入尺寸链,是不正确的。

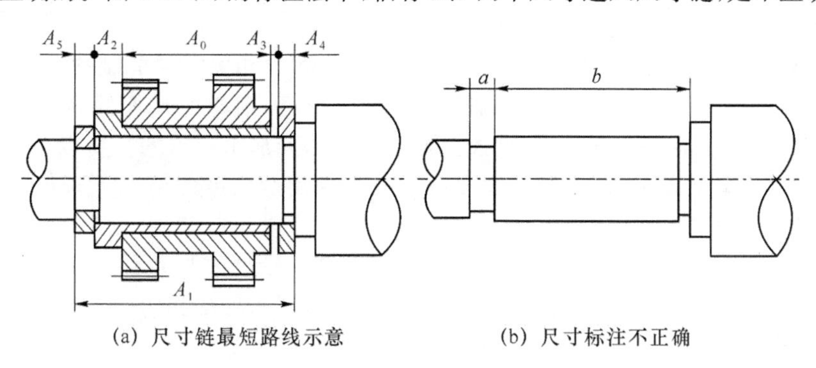

(a) 尺寸链最短路线示意　　(b) 尺寸标注不正确

图 5-11　组成环尺寸的标注法

(2) 按封闭环的不同位置和方向,分别建立装配尺寸链

例如常见的蜗杆副结构,为保证正常啮合,对蜗杆副两轴线的距离(啮合间隙)、蜗杆轴线与蜗轮中间平面的对称度均有一定要求,这是两个不同位置方向的装配精度,因此需要在两个不同的方向分别建立装配尺寸链。

4. 装配尺寸链的计算

(1) 计算类型

① 正计算法:已知组成环的基本尺寸及偏差,将其代入公式,求出封闭环的基本尺寸偏差。计算比较简单,不再赘述。

② 反计算法:已知封闭环的基本尺寸及偏差,求各组成环的基本尺寸及偏差。利用“协调环”解算装配尺寸链的基本步骤为:在组成环中,选择一个比较容易加工或在加工中受到限制较少的组成环作为“协调环”。其计算过程是先按经济精度确定其他环的公差及偏差,然后利用公式算出“协调环”的公差及偏差。具体步骤见互换装配法例 5-1。

③ 中间计算法:已知封闭环及组成环的基本尺寸及偏差,求另一组成环的基本尺寸及

偏差，计算也较简便，不再赘述。

无论哪一种情况，其解算方法都有两种，即极值法（极大极小法）和概率法。

（2）计算方法

① 极值法

极值法是在各组成环误差处于极端情况下来确定封闭环与组成环关系的一种计算方法。这种方法简单可靠，但在封闭环公差较小、组成环环数较多时，各组成环公差可能会很小，使加工困难，零件制造成本增加。因此，其主要适用于组成环的环数少或组成环的环数虽多但封闭环公差较大的场合。

② 概率法

概率法是指在大批大量生产中，组成环尺寸按概率原理分布，处于极端情况下的可能性很小，从而可用概率论理论来确定封闭环和组成环关系的一种计算方法。当组成环环数较多时，可以更合理地分配封闭环公差，便于零件的制造，但计算较极值法复杂，因而使其应用受到一定的限制。

显然，极值法是以缩小组成环公差为代价换取装配中极少出现的极端情况的产品合格，是不经济的，而以概率论原理为基础建立的尺寸链计算方法即概率法比极值法更合理。

5.4 保证装配精度的装配方法及其选择

机械的装配首先应当保证装配精度和提高经济效益。相关零件的制造误差必然要累积到封闭环上，构成了封闭环的误差。因此，装配精度越高，则相关零件的精度要求也越高。这对机械加工来说是很不经济的，有时甚至是不可能达到加工要求的。所以，对不同的生产条件，采取适当的装配方法，在不过高地提高相关零件制造精度的情况下来保证装配精度，是装配工艺的首要任务。

在长期的装配实践中，人们根据不同的机械、不同的生产类型条件，创造了许多巧妙的装配工艺方法，归纳起来有互换装配法、分组装配法、修配装配法和调整装配法 4 种。

1. 互换装配法

互换装配法就是在装配时各配合零件（各组成环）不经修理、选择或改变其大小和位置，即可达到装配精度的方法。

根据互换的程度不同，互换装配法又分为完全互换装配法和不完全互换装配法两种。

（1）完全互换装配法

这种方法的实质是在满足各环经济精度的前提下，依靠控制零件的制造精度来保证的。在一般情况下，完全互换装配法的装配尺寸链按极值法计算，即各组成环的公差之和等于或小于封闭环的公差。

完全互换装配法具有如下优点。

① 装配过程简单，生产率高。

② 对工人技术水平要求不高。

③ 便于组织流水作业和实现自动化装配。

④ 容易实现零部件的专业协作、成本低。

⑤ 便于备件供应及机械维修工作。

由于其具有上述优点，所以只要当组成环分得的公差满足经济精度要求时，无论何种生产类型都应尽量采用完全互换装配法进行装配。如果封闭环要求较严和组成环数较多时，会提高零件的精度要求，加工比较困难。

（2）不完全互换装配法（大数互换装配法）

大数互换装配法是指在绝大多数产品中，装配时各配合零件（各组成环）不经修理、选择或改变其大小和位置，即可达到装配精度的方法。

当装配精度要求较高，尤其是组成环的数目较多时，若应用极值法确定组成环的公差，则组成环的公差将会很小，这样就很难满足零件的经济精度要求。因此，在大批量生产的条件下，就可以考虑不完全互换装配法，即用概率法解算装配尺寸链，采用统计公差计算。为保证装配精度的要求，尺寸链中封闭环的统计公差应小于或等于封闭环的公差要求值。

不完全互换装配法与完全装配法相比，其优点是零件公差可以放大些，从而使零件加工容易、成本低，也能达到互换性装配的目的。其缺点是将会有一部分产品的装配精度超差。这时就需要采取补救措施或进行经济论证。

2. 分组装配法

分组装配法是指在成批大量生产中，将产品各配合副的零件按实测尺寸分组，装配时按组进行互换装配以达到装配精度的方法。

分组装配在机床装配中用得很少，但在内燃机、轴承等大批大量生产中有一定应用。例如，对于图5-12所示活塞与活塞销的连接情况，根据装配技术要求，活塞销孔与活塞销外径在冷态装配时应有0.002 5～0.007 5 mm的过盈量，与此相应的配合公差仅为0.005 mm。若活塞与活塞销采用完全互换法装配，且销孔与活塞直径公差按“等公差”分配，则它们的公差只有0.002 5 mm。如果配合采用基轴制原则，则活塞销外径尺寸$d=\phi28^{0}_{-0.0025}$ mm，相应的销孔直径$D=\phi28^{-0.0050}_{-0.0075}$ mm。显然，制造这样精确的活塞销和活塞销孔是很困难的，也是不经济的。生产中采用的办法是先将上述公差值都增大4倍，这样即可采用高效率的无心磨和金刚镗去分别加工活塞外圆和活塞销孔，然后用精度量仪进行测量，并按尺寸大小分成4组，涂上不同的颜色，以便进行分组装配。具体分组情况如表5-1所示。

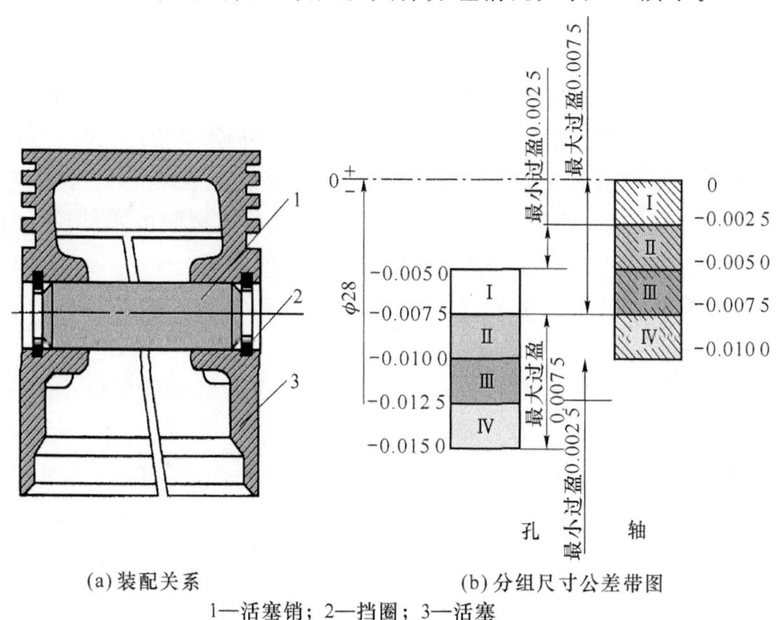

(a) 装配关系　　(b) 分组尺寸公差带图

1—活塞销；2—挡圈；3—活塞

图5-12　活塞销与活塞销孔的配合

表 5-1　活塞销与活塞销孔直径分组

组别	活塞销直径 $\phi 28^{0}_{-0.010}$	标记颜色	活塞销孔直径 $\phi 28^{-0.005}_{-0.015}$	配合情况	
				最小过盈	最大过盈
1	$\phi 28^{0}_{-0.0025}$	蓝	$\phi 28^{-0.0050}_{-0.0075}$	−0.002 5	−0.007 5
2	$\phi 28^{-0.0025}_{-0.0050}$	黄	$\phi 28^{-0.0075}_{-0.0100}$		
3	$\phi 28^{-0.0050}_{-0.0075}$	红	$\phi 28^{-0.0100}_{-0.0125}$		
4	$\phi 28^{-0.0075}_{-0.0100}$	紫	$\phi 28^{-0.0125}_{-0.0150}$		

从表 5-1 可以看出，各组的公差和配合性质与原来的要求相同。

采用分组装配法时应注意以下几点。

(1) 配合件的公差应相等，公差要向同方向增大，增大的倍数应等于分组数。

(2) 由于装配精度取决于分组公差，故配合件的表面粗糙度和形状公差均需与分组公差相适应，不能随尺寸公差的增大而放大。表面粗糙度和形状公差一般应小于分组公差的50%。因此，分组法的组数不能任意增加，它受零件表面粗糙度和形状公差的限制。

(3) 为保证对应组内相配件的数量配套，相配件的尺寸分布应相同，如同为正态分布或同方向的偏态分布，否则将产生剩余零件。

3. 修配装配法

在零件上预留修配量，在装配过程中用手工锉、刮、研等方法修去该零件上的余量，以满足装配精度。

在单件生产和成批生产中，对那些装配精度要求很高的多环尺寸链，若按互换法装配，对组成环的公差要求过严，造成加工困难，则采用修配装配法来保证装配精度。修配装配法是指各组成环先按经济精度加工，在装配时修去指定零件上预留的修配量达到装配精度的方法。

由于修配装配法的尺寸链中各组成环的尺寸均按经济精度加工，装配时封闭环的误差会超过规定的允许范围。为补偿超差部分的误差，必须修配加工尺寸链中的某一组成环。被修配的零件叫修配件。被修配的零件尺寸叫修配环或补偿环(因为这一组成环的修配是为补偿其他组成环的累积误差以保证装配精度，故又称为补偿环)。一般应选形状比较简单，修配面小，便于修配加工，便于装卸，并对其他尺寸链没有影响的零件尺寸作修配环。修配环在零件加工时应留有一定量的修配量(被去除材料的厚度)。

生产中通过修配达到装配精度的方法很多，常见的有以下 3 种。

(1) 单件修配法

这种方法是将零件按经济精度加工后，装配时将预定的修配环用修配加工来改变其尺寸，以保证装配精度。

如图 5-13 所示，卧式车床前后顶尖对床身导轨的等高要求为 0.06 mm(只许尾座高)，此尺寸链中的组成环有 3 个：主轴箱主轴中心到底面高度 $A_1=201$ mm、尾座底板厚度 $A_2=49$ mm 和尾座顶尖中心到底面距离 $A_3=156$ mm。A_1 为减环，A_2、A_3 为增环。若用完全互换法装配，则各组成环平均公差为 $T_{avj}=T_0/3=0.06/3=0.02$ mm，这样小的公差将使加工困难，所以一般采用修配法，各组成环仍按经济精度加工。根据镗孔的经济加工精度，取 $T_1=0.1$ mm，$T_3=0.1$ mm，根据半精刨的经济加工精度，取 $T_2=0.15$ mm。由于在装配中修刮尾座底板的下表面是比较方便，修配面也不大，所以选尾座底座板为修配件。

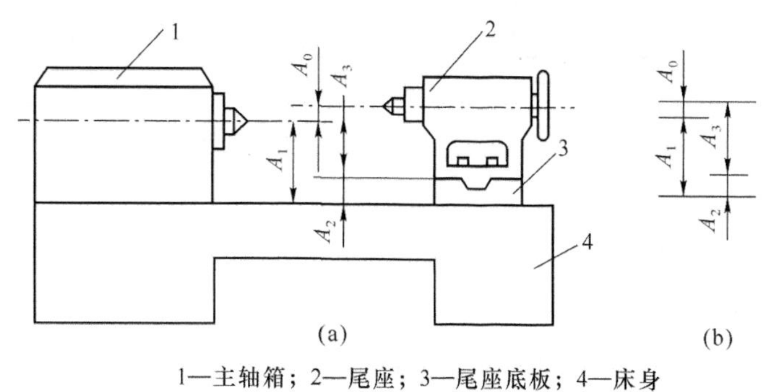

1—主轴箱；2—尾座；3—尾座底板；4—床身

图 5-13　主轴箱主轴与尾座套筒中心线等高结构示意图

(2) 合并修配法

这种方法是将两个或多个零件合并在一起进行加工修配。合并加工所得的尺寸可看做一个组成环，这样减少了组成环的环数，就相应减少了修配的劳动量。

如上例中，为了减少对尾座底板的修配量，一般先把尾座和底板配合加工后，配刮横向小导轨，然后再将两者装配为一体，以底板的底面为基准，镗尾座的套筒孔，直接控制尾座套筒孔至底板面的尺寸公差。这样组成环 A_2、A_3 合并成一环，仍取公差为 0.1 mm，其最多修配量 $= \sum T_i - T_0 = (0.1 + 0.1) - 0.06 = 0.14$ mm。修配工作量相应减少了。

合并加工修配法由于零件要对号入座，给组织装配生产带来一定麻烦，因此多用于单件小批生产中。

(3) 自身加工修配法

在机床制造中，有一些装配精度要求较高，若单纯依靠限制各零件的加工误差来保证，势必要求各零件有很高的加工精度，甚至无法加工，而且不易选择适当的修配件。在总装时利用机床本身的加工能力，“自己加工自己”，可以很简捷地解决上述问题，这即是自身加工修配法。

该方法的特点是各组成环零、部件的公差可以扩大，按经济精度加工，从而使制造容易，成本低。装配时可利用修配件的有限修配量达到较高的装配精度要求，但装配中零件不能互换，装配劳动量大(有时需拆装几次)，生产率低，难以组织流水生产，装配精度依赖于工人的技术水平。自身加工修配法适用于单件和成批生产中精度要求较高的装配。

如图 5-14 所示，在转塔车床上 6 个安装刀架的大孔中心线必须保证和机床主轴回转中心线重合，而 6 个平面又必须和主轴中心线垂直。若将转塔作为单独零件加工出这些表面，在装配中达到上述两项要求，是非常困难的。当采用自身加工修配法时，这些表面在装配前不进行加工，而是在转塔装配到机床上后，在主轴上装镗杆，使镗刀旋转，转塔做纵向进给运动，依次精镗出转塔上的 6 个孔；再在主轴上装个能径向进给的小刀架，刀具边旋转边径向进给，依次精加工出转塔的 6 个平面。这样可方便地保证上述两项精度要求。车床上加工自身三爪自定心卡盘的卡爪，保证主轴回转轴线和三爪自定心卡盘定位面的同轴度。牛头刨、龙门刨、龙门铣总装后，刨铣自己的工作台，可较易保证工作台面和导轨面的同平行度。

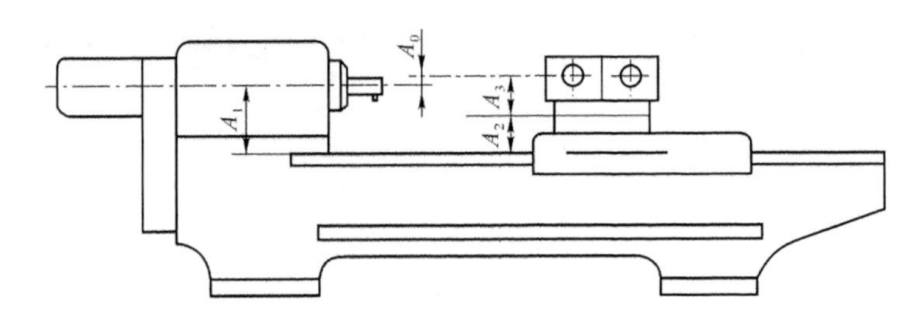

图 5-14　转塔车床转塔自身加工修配

4. 调整装配法

对于装配精度要求很高的多环尺寸链的产品或部件，不能采用互换法装配时，除可用修配法外，还可采用调整装配法。

装配时用改变调整件在机器结构中的相对位置或选用合适的调整件来达到装配精度的装配方法，称为调整装配法。调整装配法与修配装配法的原理基本相同。在以装配精度要求为封闭环建立的装配尺寸链中，除调整环外各组成环均以加工经济精度制造，由于扩大组成环制造公差累积造成的封闭环过大的误差通过调节调整件(或称补偿件)相对位置的方法消除，最后达到装配精度要求。

调节调整件相对位置的方法有固定调整法、可动调整法和误差抵消调整法 3 种。可动调整法和误差抵消调整法适用于小批生产，固定调整法则主要适用于大批量生产。

(1) 固定调整法

固定调整法是预先制造各种尺寸的固定调整件(如不同厚度的垫圈、轴套、垫片和圆环等)，装配时根据实际累积误差，选定所需尺寸的调整件装入，以保证装配精度要求。如图 5-15 所示，传动轴组件装入箱体时，使用适当厚度的调整垫圈 D(补偿件)补偿积累误差，保证箱体内侧面与传动轴组件的轴向间隙。

(2) 可动调整法

用改变调整件的相对位置来达到装配精度的方法叫做可动调整法。调整过程中不需要拆卸零件，比较方便。采用可动调整法可以调整由于磨损、热变形、弹性变形等所引起的误差。所以它适用于高精度和组成环在工作中易于变化的尺寸链。机械制造中采用可动调整法的例子较多。图 5-16 所示为通过调整螺钉使楔块上下移动，改变两螺母间距，以调整传动丝杠和螺母的轴向间隙。图 5-17 所示为用螺钉调整轴承间隙。

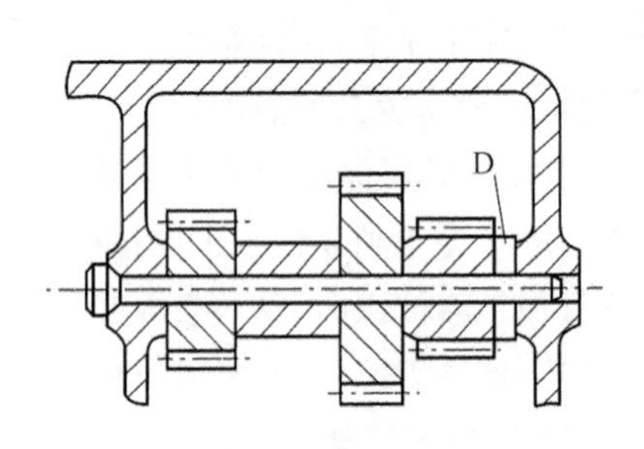

图 5-15　用调整垫圈调整轴向间隙

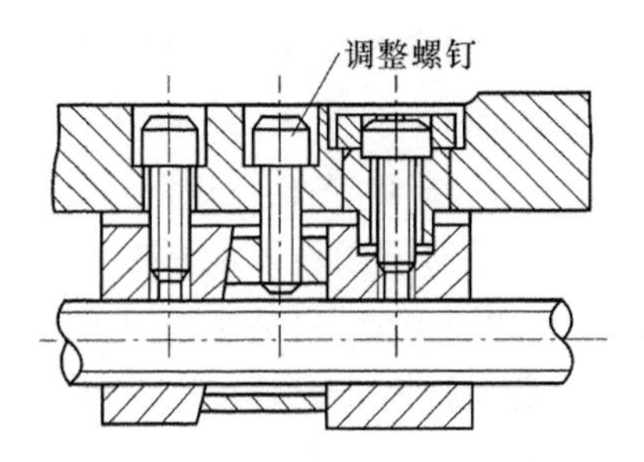

图 5-16　用螺钉、楔块调整丝杠、螺母的轴向间隙

(3) 误差抵消调整法

误差抵消调整法是通过调整某些相关零件误差的方向，使其互相抵消。这样各相关零

件的公差可以扩大，同时又保证了装配精度。除单件小批生产的工艺装备和精密机床采用此种方法外，一般很少采用。

调整装配法可获得很高的装配精度，并且可以随时调整因磨损、热变形或弹性及塑性变形等原因所引起的误差。其不足是增加了零件数量及较复杂的调整工作量。

例 5-1　图 5-18 所示为齿轮部件的装配，轴是固定不动的，齿轮在上面旋转，要求齿轮与挡圈的轴向间隙为 0.1～0.35 mm。已知 $A_1=30$ mm，$A_2=5$ mm，$A_3=43$ mm，$A_4=3(0\sim0.05)$ mm（标准件），$A_5=5$ mm。现采用完全互换法装配，试确定各组成环的公差和极限偏差。

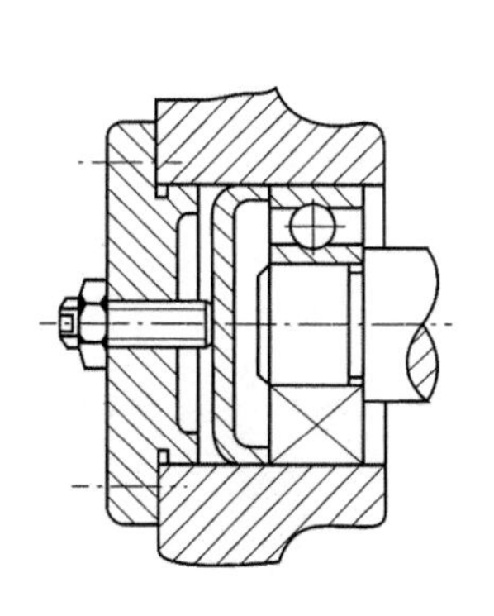

图 5-17　轴承间隙的调整

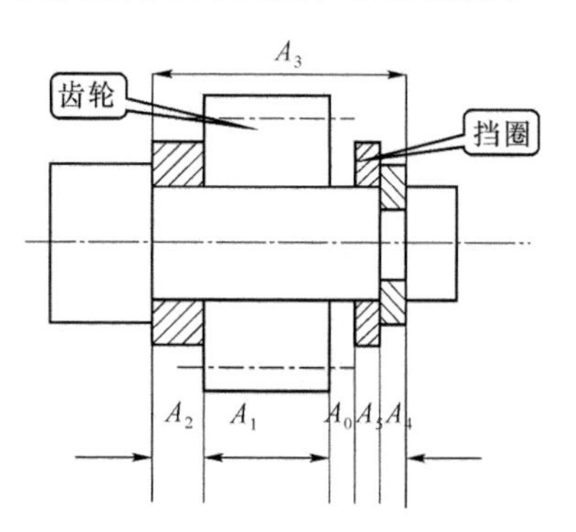

图 5-18　齿轮部件

解：(1)画装配尺寸链图，校验各环基本尺寸。

根据题意，要保证的轴向间隙 0.1～0.35 mm 是最后获得尺寸，也是装配精度要求，确定为封闭环，即 $A_0=0(0.10\sim0.35)$ mm，$T_0=0.25$ mm。相关尺寸 A_1、A_2、A_3、A_4、A_5 是组成环，建立装配尺寸链图如图 5-19 所示。用箭头方向判定组成环性质，其中 A_3 箭头方向和封闭环 A_0 箭头方向相反，是增环；A_1、A_2、A_4、A_5 箭头方向和封闭环 A_0 箭头方向相同，是减环。

封闭环的基本尺寸为

$$A_0=A_3-(A_1+A_2+A_4+A_5)=43-(30+5+3+5)=0\ \text{mm}$$

即组成环的基本尺寸的已定数值无误。

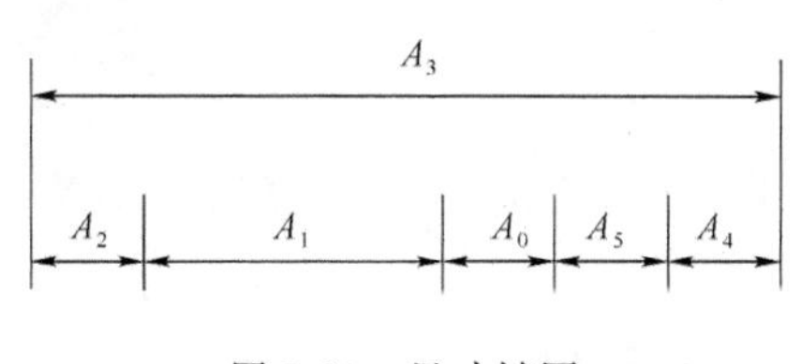

图 5-19　尺寸链图

(2) 确定各组成环的公差和极限偏差。

先计算各组成环的平均公差 T_p：

$$T_p=T_0/m$$

因 $T_0=0.25$ mm，$m=5$（即组成环数），故 $T_p=T_0/m=0.25/5=0.05$ mm。A_1 为齿轮，按 IT9 级制造，取 $T_1=0.06$ mm（在平均公差基础上放宽 0.01 mm）。A_3 较难保证，取 $T_3=0.07$ mm（在平均公差基础上放宽 0.02 mm）。A_4 是标准件尺寸，为已定值，$T_4=0.05$ mm（等于平均公差）。A_5 为挡圈，装拆方便，易于加工，且可用通用量具测量，故选它为补偿环。

按入体原则确定各组成环极限偏差，即 $A_1=30_{-0.06}^{\ 0}$ mm，$A_2=5_{-0.04}^{\ 0}$ mm，$A_3=43_{\ 0}^{+0.070}$ mm，$A_4=3_{-0.05}^{\ 0}$ mm，公差等级约为 IT9。

(3) 计算补偿环公差和极限偏差。

协调环 A_5 的公差为

$$T_5=T_0-(T_1+T_2+T_3+T_4)=0.25-(0.06+0.04+0.07+0.05)=0.03\ \text{mm}$$

封闭环的中间偏差为

$$\Delta_0=\frac{\text{ES}(A_0)+\text{EI}(A_0)}{2}=\frac{0.35+0.1}{2}=0.225\ \text{mm}$$

各组成环的中间偏差为

$$\Delta_1=\frac{0-0.06}{2}=-0.03\ \text{mm}$$

$$\Delta_2=\frac{0-0.04}{2}=-0.02\ \text{mm}$$

$$\Delta_3=\frac{0.07+0}{2}=0.035\ \text{mm}$$

$$\Delta_4=\frac{0-0.05}{2}=-0.025\ \text{mm}$$

协调环 A_5 的中间偏差为

$$\begin{aligned}\Delta_5&=\Delta_3-\Delta_0-\Delta_1-\Delta_2-\Delta_4\\&=0.035-0.225-(-0.03)-(-0.02)-(-0.025)=-0.115\ \text{mm}\end{aligned}$$

协调环 A_5 的极限偏差为

$$\text{ES}(A_5)=\Delta_5+\frac{T_5}{2}=-0.115+\frac{0.03}{2}=-0.10\ \text{mm}$$

$$\text{EI}(A_5)=\Delta_5-\frac{T_5}{2}=-0.115-\frac{0.03}{2}=-0.13\ \text{mm}$$

所以，补偿环 $A_5=5_{-0.13}^{-0.10}$ mm。

5.5 装配工作方法与典型部件的装配

5.5.1 装配前的准备工作

(1) 应当熟悉机械各零件的相互连接关系及装配技术要求。

(2) 确定适当的装配工作地点，准备好必要的设备、仪表、工具和装配时所需的辅助材料，如纸垫、毛毡、铁丝、垫圈、开口销等。

(3) 装配前零件必须进行清洗。对于经过钻孔、铰削、镗销等机加工的零件，一定要把金属屑末清除干净，因为任何脏物或尘粒的存在都会加速配合件表面的磨损。

(4) 零部件装配前应进行检查、鉴定。凡不符合技术要求的零部件不能装配。

5.5.2 装配的一般工艺要求

(1) 装配时应注意装配方法与顺序，注意采用合适的工具及设备，遇到有装配困难的情况，应分析原因，排除障碍，禁止乱敲猛打。

(2) 过盈配合件装配时，应先涂润滑油脂，以利于装配和减少配合表面的磨损。

(3) 装配时,应核对零件的各种安装记号,防止装错。

(4) 对某些装配技术要求,如装配间隙、过盈量(紧度)、灵活度、啮合印痕等,应边安装边检查,并随时进行调整,避免装后返工。

(5) 对于旋转的零件,检修后由于金属组织密度不均、加工误差、本身形状不对称等原因,可能使零部件的重心与旋转中心发生偏移。在高速旋转时,该零件会因重心偏移而产生很大的离心力,引起机械振动,加速零件磨损,严重时可损坏机械。所以在装配前,应对旋转零件按要求进行静平衡或动平衡试验,合格后方允许装配。

(6) 运动零件的摩擦面均应涂润滑油脂,一般采用与运转时所用的润滑油相同的润滑油。油脂的盛具必须清洁、加盖,以防沙尘进入。盛具应定期清洗。

(7) 所有附设之锁紧制动装置,如开口销、弹簧垫圈、保险垫片、制动铁丝等,必须按机械原定要求配齐,不得遗漏。垫圈安放数量不得超过规定。开口销、保险垫片及制动铁丝一般不准重复使用。

(8) 为了保证密封性,安装各种衬垫时,允许涂抹机油。

(9) 所有皮质的油封在装配前应浸入 60 ℃的机油与煤油各半的混合液中 5～8 min,安装时可在铁壳外围或座圈内涂以新白漆。

(10) 装定位销时,不准用铁器强迫打入,应在其完全适当的配合下轻轻打入。

(11) 每一部件装配完毕,必须仔细检查和清理,防止有遗漏和未装的零件。防止将工具、多余零件密封在箱壳之中造成事故。

5.5.3　典型部件装配

1. 实例 1:可拆卸连接装配

常见的可拆卸连接有螺纹连接、平键连接、销连接等。

(1) 螺纹连接件的装配

① 主要技术要求

螺纹连接件装配的主要技术要求是:有合适、均衡的预紧力,连接后有关零件不发生变形,螺钉、螺母不产生偏斜和弯曲,防松装置可靠等。

② 装配作业要点

a. 装配时,螺纹件通常采用各种扳手(呆扳手、活动扳手、套筒扳手等)拧紧,拧紧力矩应适当,太小会降低连接强度,太大则可能扭断螺纹件。对于需要控制拧紧力矩的螺纹连接件,必须采用限力矩扳手或测力扳手拧紧。

b. 成组螺纹连接件装配时,为了保证各螺钉(或螺母)具有相等的预紧力,使连接零件均匀受压,紧密贴合,必须注意各螺钉(或螺母)拧紧的顺序。如图 5-20 所示,各组螺纹连接均采用对称拧紧的顺序。

③ 螺纹连接的防松措施

作紧固用的螺纹连接一般具有自锁作用,但在受到冲击、振动或变载荷作用时,有可能松动,因此应采取相应的防松措施。常用的方法是设置锁紧螺母、弹簧垫圈、串联钢丝和使用开口销与带槽螺母等防松装置。

(2) 平键连接的装配

① 主要技术要求

平键连接装配的主要技术要求是:保证平键与轴及轴上零件键槽的配合要求,能平稳地传递运动与转矩。

普通平键连接的结构及剖面尺寸如图 5-21 所示。

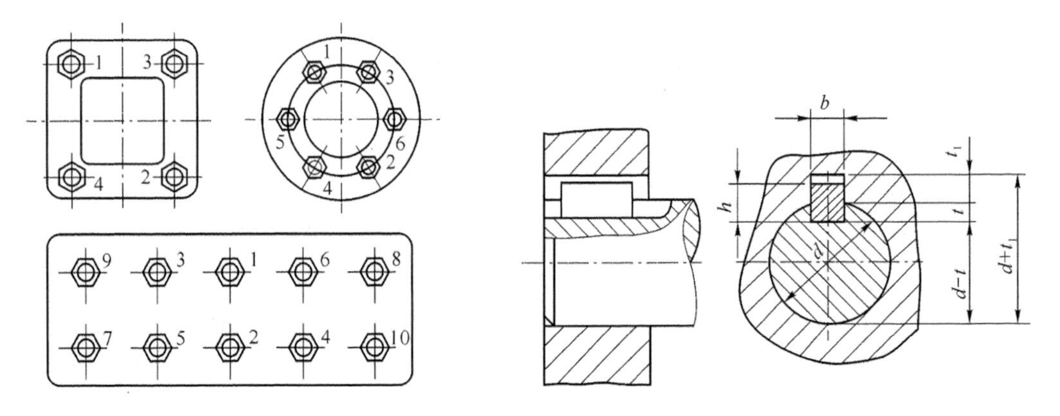

图 5-20　螺母(或螺钉)的拧紧顺序　　　　图 5-21　普通平键连接的结构

② 装配作业要点

对于成批、大量生产中的平键连接，平键采用标准件，轴与轴上零件的键槽均按标准加工，装配后即可保证配合要求。单件、小批生产中，常用手工修配的方法达到配合要求，其作业要点如下。

a. 以轴上键槽为基准，配锉平键的两侧面，使其与轴槽的配合有一定的过盈；同时配锉键长，使键端与轴槽有 0.1 mm 左右的间隙。

b. 将轴槽锐边倒钝，用铜棒或台虎钳(使用软钳口)将平键压入轴槽，并使键底面与槽底贴合。

c. 配装轴上零件(齿轮、带轮等)，平键顶面与轴上零件键槽底面必须留有一定的间隙，并注意不要破坏轴与轴上零件原有的同轴度。平键两侧面与轴上零件键槽侧面间应有一定过盈，若配合过紧，可修整轴上零件键槽的侧面，但不允许有松动，以保证平稳地传递运动和转矩。

(3) 销连接的装配

① 主要技术要求

销连接在机械中主要起定位、紧固、传递转矩、保护等作用，如图 5-22 所示。

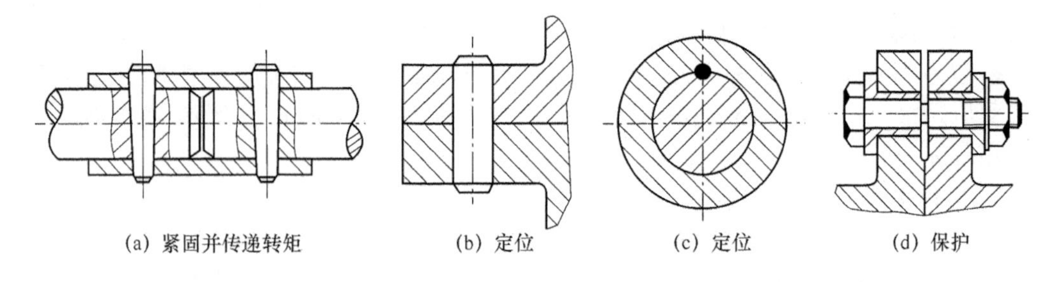

(a) 紧固并传递转矩　(b) 定位　(c) 定位　(d) 保护

图 5-22　销连接的应用

销连接装配的主要技术要求是：销通过过盈紧固在销孔中，保证被连接零件具有正确的相对位置。

② 装配作业要点

a. 将被连接的两个零件按规定的相对位置装配，达到位置精度要求后予以固定。

b. 将零件组合在一起钻孔、铰孔，以保证两零件销孔位置的一致性。对于圆柱销孔，应选用正确尺寸的铰刀铰孔，以保证与圆柱销的过盈配合要求；对于圆锥销孔(锥度 1∶50)，铰孔时应将圆锥销塞入销孔试配，以圆锥销大端露出零件端面 3～4 mm 为宜(如图 5-23 所示)。铰削后的销孔表面粗糙度 Ra 应不大于 1.6 μm。

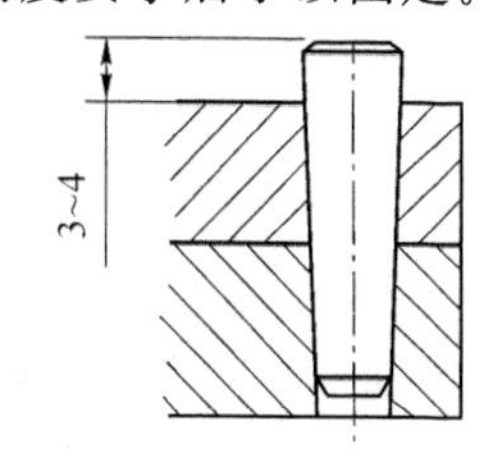

图 5-23　用圆锥销试配销孔尺寸

c. 装配时，在圆柱销或圆锥销上涂油，使用铜锤将销敲入销孔，使销子仅露出倒角部分。有的圆锥销大端制有螺孔，便于拆卸时用拔销器(如图5-24所示)将销取出。

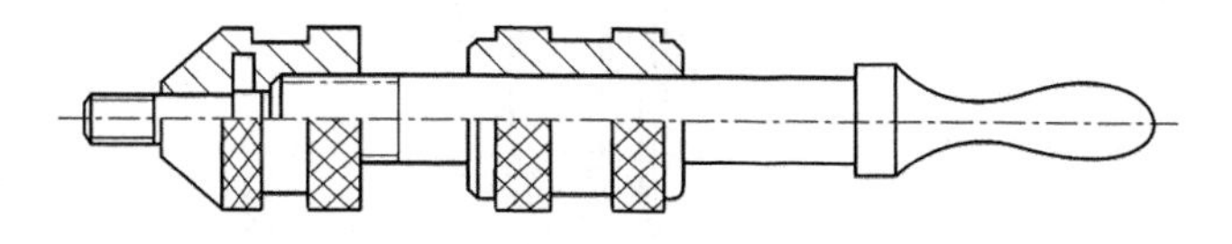

图 5-24　拔销器

2. 实例 2:滚动轴承的装配

(1) 主要技术要求

滚动轴承装配的主要技术要求是:保证轴承内圈与轴颈、轴承外圈与轴承座孔的正确配合;径向、轴向游隙符合要求;回转灵活，噪声和温升值符合规定要求。

滚动轴承为标准产品，装配前应先将滚动轴承去除油封，轴承和与之相配合的零件用煤油清洗干净，并在配合表面上涂以润滑油。需要用润滑脂润滑的轴承在清洗后按要求涂上洁净的润滑脂。

滚动轴承的内圈与轴颈一般采用过盈配合，外圈与轴承座孔(或箱体孔)一般采用过渡配合。装配时使用锤子或压力机压装。由于轴承的内、外圈较薄，装配时容易变形，因此应使用铜质或软质钢材制造的装配套筒垫在内、外圈上，使压装时内、外圈受力均匀，并保证滚动体不受任何装配力作用，如图 5-25 所示。如果轴承内圈与轴颈配合的过盈量较大，可将轴承放入有网格的油箱(以保证受热均匀)中加热后装配;小型轴承则可用挂钩挂在油中加热。

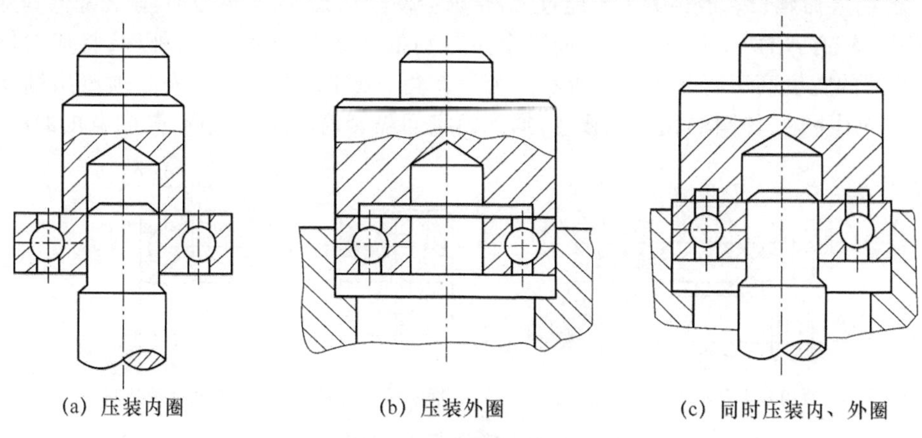

(a) 压装内圈　(b) 压装外圈　(c) 同时压装内、外圈

图 5-25　滚动轴承的压装

(2) 常用滚动轴承装配作业要点

① 深沟球轴承

这种轴承的游隙不能调整。轴承内圈以过盈配合装到轴颈上后,会引起直径扩大而减小游隙。因此,装配时应注意控制其实际过盈量,以保证装配后仍有合适的游隙。

② 圆锥滚子轴承

轴承的内、外圈分开安装,内圈、保持架和滚动体装在轴颈上,外圈装在轴承座孔中。轴承的游隙通过调整内、外圈的轴向相对位置控制。常用的调整方法有用垫圈调整、用螺钉通过带凸缘的垫片调整、用螺纹圆环调整 3 种,如图 5-26 所示。

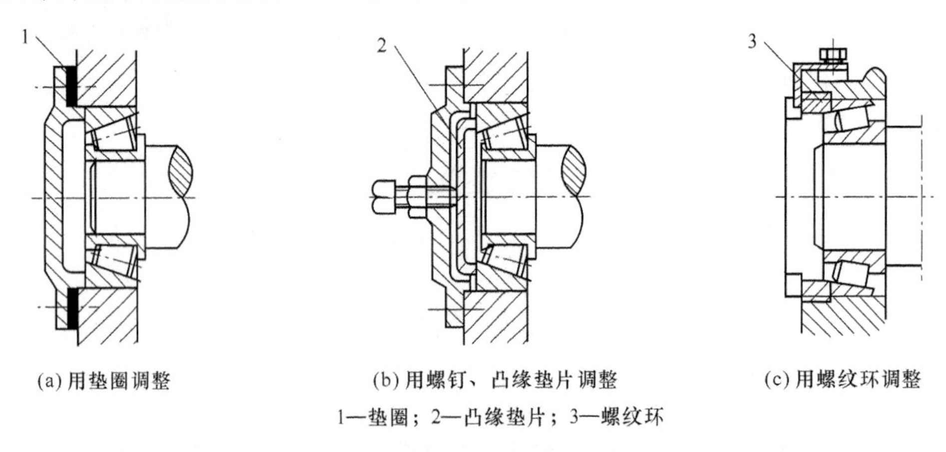

(a) 用垫圈调整　(b) 用螺钉、凸缘垫片调整　(c) 用螺纹环调整

1—垫圈;2—凸缘垫片;3—螺纹环

图 5-26　圆锥滚子轴承的间隙调整

③ 推力角接触球轴承

这种轴承可承受径向和单向轴向载荷,通常成对使用,常用在转速较高、回转精度要求较高的场合,如机床主轴、蜗轮减速器等。为了提高轴承的刚度和回转精度,常在装配时给轴承内、外圈加一预载荷,使轴承内、外圈产生轴向相对位移,消除轴承的游隙,使滚动体与内、外圈滚道产生初始的接触弹性变形,这种方法称为预紧,如图 5-27 所示。预紧后,滚动体与滚道的接触面积增大,承载的滚动体数量增多,各滚动体受力较均匀,因此轴承刚度增大,寿命延长。但预紧力不能过大,否则会使轴承磨损,发热增加,显著降低其寿命。

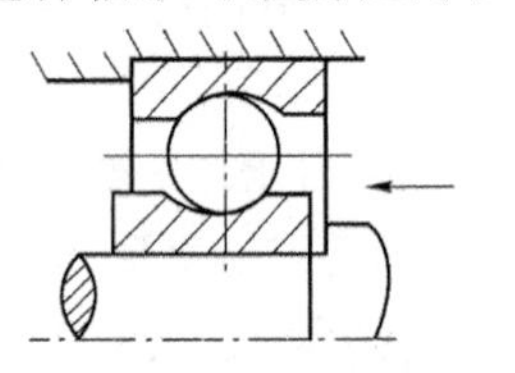

图 5-27　推力角接触球轴承的预紧

预紧方法有:用两个长度不等的间隔套筒分别抵住成对轴承的内、外圈;将成对轴承的内圈或外圈的宽度磨窄,如图 5-28 所示。为了获得一定的预紧力,事先必须测出轴承在给定预紧力作用下内、外圈的相对偏移量,据此确定间隔套筒的尺寸或内、外圈宽度的磨窄量。

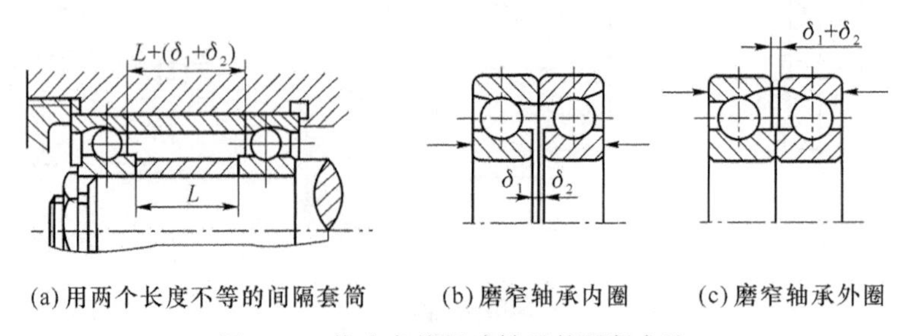

(a) 用两个长度不等的间隔套筒　(b) 磨窄轴承内圈　(c) 磨窄轴承外圈

图 5-28　推力角接触球轴承的预紧方法

④ 推力球轴承

这种轴承只能承受轴向载荷，且不宜高速工作(高速时常用推力角接触球轴承替代)。装配时，内径较小的紧圈与轴颈过盈配合并紧靠轴肩，以保证与轴颈无相对运动，内径较大的松圈则紧靠在轴承座孔的端面上，不能装反，如图5-29所示。

3. 实例3:滑动轴承的装配

(1) 主要技术要求

滑动轴承装配的主要技术要求是：轴颈与轴承配合表面达到规定的单位面积接触点数；配合间隙符合规定要求，以保证工作时得到良好的润滑；润滑油通道畅通，孔口位置正确。

普通的向心滑动轴承有整体、对开和锥形表面3种结构形式。整体式结构简单，轴套与轴承座用过盈配合连接，轴套内孔分为光滑圆柱孔和带油槽圆柱孔两种形式，如图5-30所示。轴套与轴颈之间的间隙不能调整，机构安装和拆卸时必须沿轴向移动轴或轴承，很不方便。对开式轴承的轴瓦与轴颈之间的间隙可以调整，安装简单，维修方便。锥形表面轴承的轴套有外柱内锥与外锥内柱两种结构，轴套与轴颈之间的间隙通过轴与轴套的轴向相对位移调整。

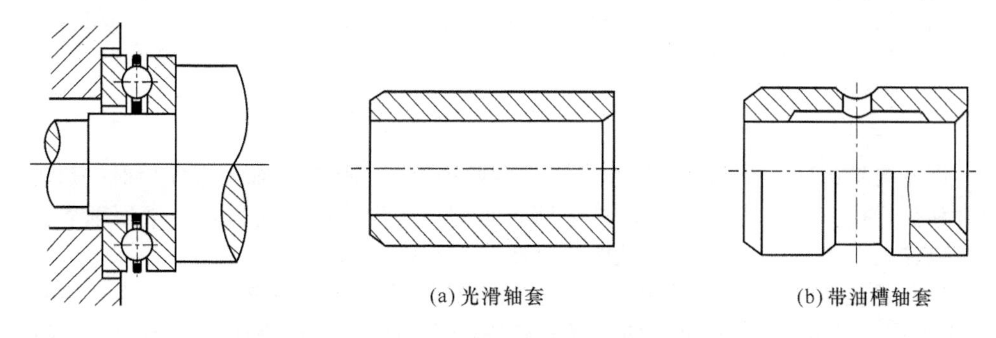

图5-29　推力球轴承的安装　　图5-30　整体式滑动轴承的轴套

(2) 整体式轴承装配作业要点

① 压装轴套

压装前，应清洁配合表面并涂润滑油。有油孔的轴套压前应与轴承座上的油孔轴向位置对齐，不带凸肩的轴套压入轴承座后应与座孔端面齐平。压装轴套可用锤子敲入或用压力机压入，均应注意防止轴套歪斜。常用的压装方法有3种，如图5-31所示。

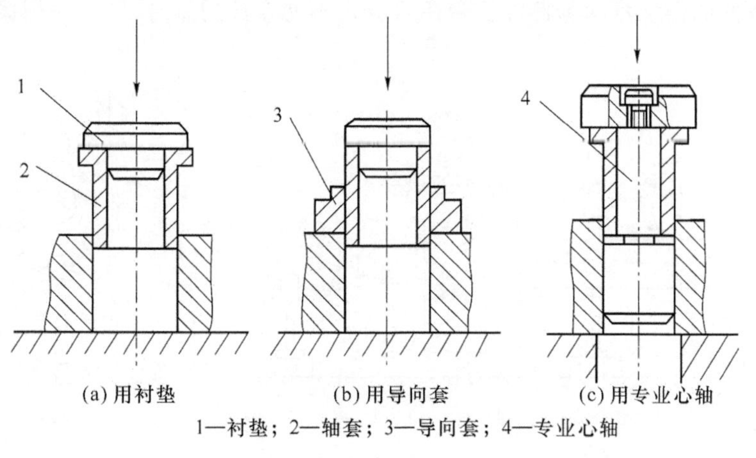

1—衬垫；2—轴套；3—导向套；4—专业心轴

图5-31　轴套的压装方法

a. 使用衬垫压入:在轴套 2 上垫以衬垫 1,用锤子直接将其敲入轴承座。衬垫的作用主要是避免击伤轴套。这种方法简单,但容易发生轴套歪斜现象。

b. 使用导向套压入:在使用衬垫的同时采用导向套 3,由导向套控制压入方向,防止轴套歪斜。

c. 使用专用心轴:使用专用心轴导向,主要用于薄壁轴套的压装。

② 轴套孔壁的修正

轴套压入后,其内孔容易发生变形,如尺寸变小,圆度、圆柱度误差增大等,此外箱体(机体)两端轴承轴套孔的同轴度误差也会增大。因此,应检查轴承与轴的配合情况,并根据轴套与轴颈之间规定的间隙和单位面积接触点数的要求进行修正,直至达到规定要求。轴套孔壁修正常采用铰孔、刮削或滚压等方法。

4. 实例 4:齿轮传动机构的装配

圆柱齿轮传动机构是齿轮传动中最常见、应用最普遍的一种。

(1) 主要技术要求

圆柱齿轮传动机构装配的主要技术要求是:保证两齿轮间严格的传动比;轮齿之间的侧隙和齿面的接触质量符合规定要求;齿宽的错位误差小于规定值。

(2) 装配作业要点

① 齿轮的安装

齿轮与轴的连接有固定连接和空套连接两种方式。齿轮与轴固定连接时一般采用过渡配合和键连接;齿轮空套在轴上时则采用间隙配合。齿轮的轴向位置通常用轴肩保证。齿轮压装在轴上后,须检查径向和端面圆跳动,应不超过允差。

齿轮圆跳动的检查方法如图 5-32 所示,将齿轮轴架在 V 形架上,把适当规格的圆柱规 2 放在齿轮的齿槽内,百分表 1 的测量杆垂直抵在圆柱规工作表面的最高处,记录读数,每隔 3～4 齿检测一次。齿轮回转一周百分表最大读数与最小读数之差就是径向圆跳动值。检查端面圆跳动时应防止齿轮轴向移动。

② 齿轮副侧隙的保证

齿轮啮合时应具有规定要求的侧隙。侧隙在齿轮零件加工时用控制齿厚的上、下偏差来保证,也可在装配时通过调整中心距来达到。装配时,侧隙可用塞尺或百分表直接测量。用百分表直接测量时,应先将一齿轮固定,再将百分表测量杆抵在另一齿轮的齿面上,测出的可动齿轮齿面的摆动量即为侧隙。若用百分表不便直接测量时,则可使用拨杆进行,如图 5-33 所示。

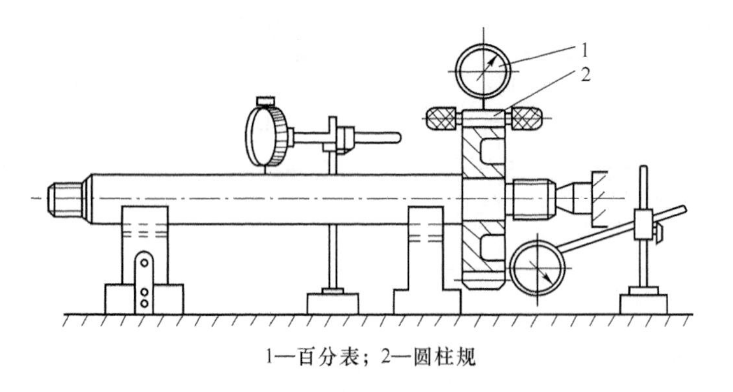

1—百分表;2—圆柱规

图 5-32　齿轮圆跳动的检查

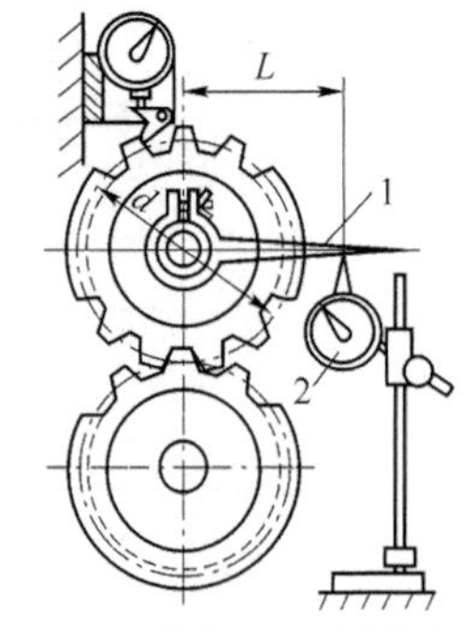

1—拨杆;2—百分表

图 5-33　齿轮副侧隙的检查

侧隙值可通过下式换算：

$$j_0=\frac{cd}{2L}$$

式中，j_0 为齿轮副法向侧隙(mm)；c 为摆动齿轮时百分表读数差(mm)；d 为齿轮分度圆直径(mm)；L 为拨杆长(测量点至齿轮中心的距离)(mm)。

大模数齿轮副的侧隙较大，可用压扁软金属丝的方法测量，方法如下：将直径适当的软金属丝垂直于齿轮轴线方向放置在齿面上，齿轮啮合时被压扁的软金属丝厚度即为侧隙(如图5-34所示)。

③ 齿轮副的接触质量

齿轮副啮合的接触质量用接触斑点的大小及位置来衡量，用涂色法经无载荷跑合后检查。好的接触质量其接触斑点大小按高度方向量度一般为40%～55%，按长度(齿宽)方向量度一般为50%～80%，接触斑点应在齿面的中部，如图5-35(a)所示。

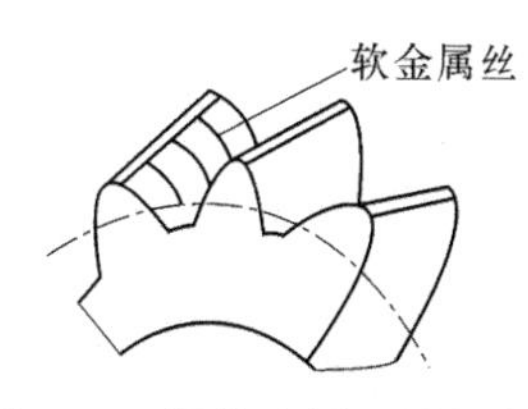

图5-34　用软金属丝测量侧隙

中心距太大接触斑点上移，中心距太小接触斑点下移，两齿轮轴线不平行则接触斑点偏向齿宽方向一侧，如图5-35(b)、(c)、(d)所示。如出现上述情形，可在中心距允差的范围内通过刮削轴瓦或调整轴承座改善。

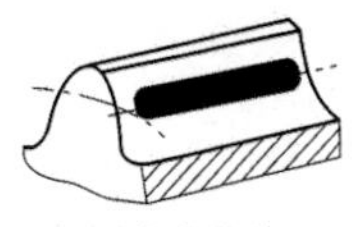

(a)正确啮合

(b)中心距太大

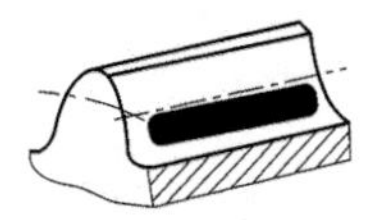

(c)中心距太小

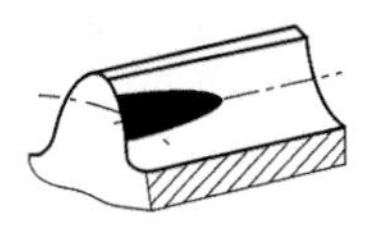

(d)两轴线歪斜

图5-35　圆柱齿轮副的接触斑点

5.6　装配工艺规程的制定

1. 制定装配工艺规程的基本原则

(1) 保证产品的装配质量，以延长产品的使用寿命。

(2) 合理安排装配顺序和工序，尽量减少钳工手工劳动量，缩短装配周期，提高装配效率。

(3) 尽量减少装配占地面积。

(4) 尽量减少装配工作的成本。

制定装配工艺规程的主要依据有产品的装配图样及验收技术条件、产品的生产纲领以及现有的生产条件和标准资料。

2. 制定装配工艺规程的步骤

(1) 研究产品的装配图及验收技术条件。

① 审核产品图样的完整性、正确性。

② 分析产品的结构工艺性。

③ 审核产品装配的技术要求和验收标准。

④ 分析和计算产品装配尺寸链。

(2) 确定装配方法与组织形式。

① 装配方法主要取决于产品结构的尺寸大小和重量，以及产品的生产纲领。

② 装配组织形式。

a. 固定式装配:全部装配工作在一固定的地点完成,适用于单件小批生产和体积、重量大的设备的装配。

b. 移动式装配:将零部件按装配顺序从一个装配地点移动到下一个装配地点,分别完成一部分装配工作,各装配点工作的总和就是整个产品的全部装配工作。该方法适用于大批量生产。

(3) 划分装配单元,确定装配顺序。

① 将产品划分为套件、组件和部件等装配单元,进行分级装配。

② 确定装配单元的基准零件。

③ 根据基准零件确定装配单元的装配顺序。

(4) 划分装配工序。

① 划分装配工序,确定工序内容(如清洗、刮削、平衡、过盈连接、螺纹连接、校正、检验、试运转、油漆、包装等)。

② 确定各工序所需的设备和工具。

③ 制定各工序装配操作规范,如过盈配合的压入力等。

④ 制定各工序装配质量要求与检验方法。

⑤ 确定各工序的时间定额,平衡各工序的工作节拍。

(5) 编制装配工艺文件。

思考题

5-1　装配的概念是什么?装配包括哪些内容?

5-2　装配工艺的基本要求有哪些?

5-3　装配精度有哪几类?它们之间的关系如何?怎样确定装配精度要求?

5-4　装配尺寸链和工艺尺寸链有何区别?

5-5　何为装配单元?为什么要把机器划分为独立的装配单元?

5-5　试归纳总结 5 种装配方法的特点及应用场合。

5-6　产品结构的装配工艺性包括哪些内容?举例说明。

5-7　简述制定装配工艺规程的步骤。

第6章 机床夹具

机床夹具是在机械制造过程中用来固定加工对象，使之占有正确位置，以接受加工或检测并保证加工要求的机床附加装置，简称为夹具。

6.1 机床夹具的组成、作用和分类

6.1.1 机床夹具的组成

1. 定位元件

由于夹具的首要任务是对工件进行定位和夹紧，因此无论何种夹具都必须有用以确定工件正确加工位置的定位元件。如图6-1中的圆柱销5、菱形销9和支承板4都是定位元件，通过它们使工件在夹具中占据了正确位置。

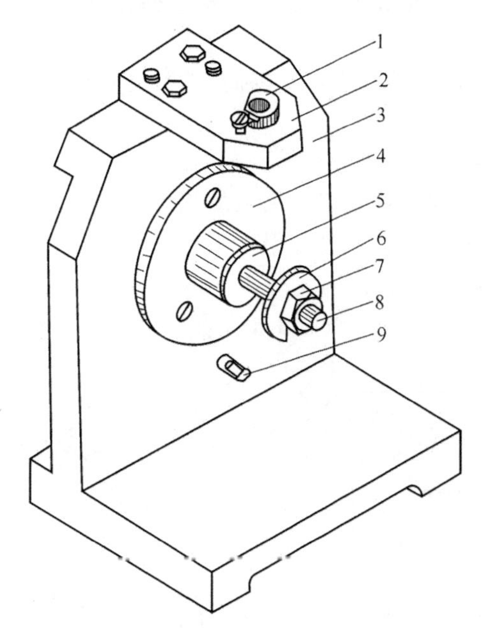

1—钻套；2—钻模板；3—夹具体；4—支承板；
5—圆柱销；6—开口垫圈；7—螺母；8—螺杆；9—菱形销

图6-1 后盖钻夹具

2. 夹紧装置

夹紧装置的作用是将工件在夹具中压紧夹牢，保证工件在加工过程中受到外力作用时，其正确的定位位置保持不变。图6-1所示的夹具就利用压板、螺栓、螺母将工件压紧在夹具体上，它们构成了夹紧装置。

3. 夹具体

夹具上的所有组成部分都需要通过一个基础件连接成为一个整体，这个基础件称为夹具体，如图 6-1 中的件 3。

4. 其他装置或元件

除了定位元件、夹紧装置和夹具体外，各种夹具还根据需要设置一些其他装置或元件，如分度装置、引导装置、对刀元件等。图 6-1 中的钻套 1 和钻模板 2 就是为了引导钻头而设置的引导装置。

6.1.2 机床夹具的作用

1. 保证工件的加工精度

采用夹具后，工件各有关表面的相互位置精度是由夹具来保证的，比划线找正所达到的精度高很多，并且质量稳定。

2. 提高劳动生产率

采用夹具能使工件迅速地定位和夹紧，不仅省去了划线找正所花费的大量时间，而且简化了工件的安装工作，显著地提高了劳动生产率。

3. 改善工人劳动条件，保障生产安全

用夹具装夹工件方便、省力、安全。采用气动、液动等夹紧装置，可大大减轻工人的劳动强度。夹具在设计时采取了安全保证措施，用以保证操作者的人身安全。

4. 降低生产成本

在批量生产中使用夹具时，劳动生产率提高，并且允许使用技术等级较低的工人操作，可显著地降低生产成本。

5. 扩大机床工艺范围

采用夹具可使本来不能在某些机床上加工的工件变为可能，以减轻生产条件受限的压力。如图 6-2(a)中所示的异形杠杆零件如果不采用专用夹具，ϕ10H7 孔在车床上将无法加工。现采用图 6-2(b)所示的专用夹具，工件以 ϕ20h7 外圆为定位基准面，在 V 形块 2 上定位，用可调 V 形块 6 作辅助支承，采用铰链压板 1 和两个螺钉 5 夹紧，保证尺寸(50±0.01)mm 和平行度公差的要求。

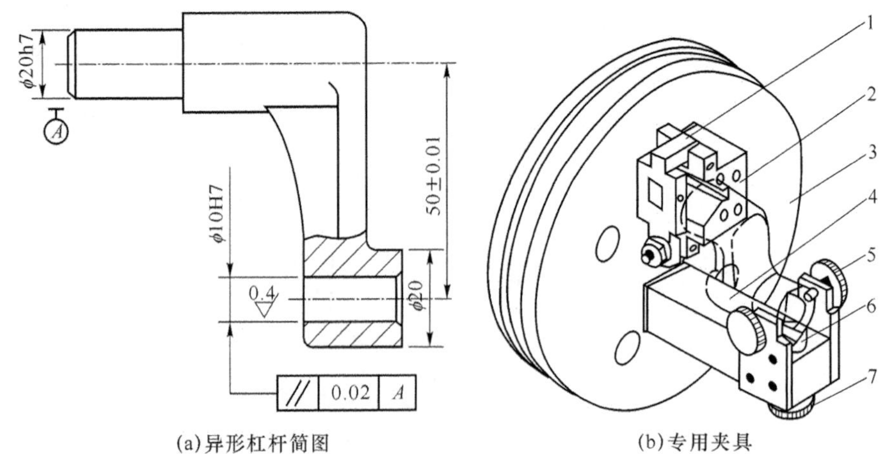

(a)异形杠杆简图 (b)专用夹具

1—铰链压板；2—V形块；3—夹具体；4—支架；5—螺钉；6—可调V形块；7—螺杆

图 6-2 加工杠杆零件的车床夹具

6.1.3　机床夹具的分类

1. 按夹具的通用特性分类

(1) 通用夹具

通用夹具是指结构、尺寸已规格化，具有一定通用性的夹具，如三爪卡盘、四爪卡盘、平口虎钳、万能分度头、顶尖、中心架、电磁吸盘等。这类夹具由专门的生产厂家生产和供应，其特点是使用方便，通用性强，但加工精度不高，生产率较低，且难以装夹形状复杂的工件，仅适用于单件小批量生产。

(2) 专用夹具

专用夹具是针对某一工件某一工序的加工要求专门设计和制造的夹具，其特点是针对性很强，没有通用性。在批量较大的生产和形状复杂、精度要求高的工件加工中，常用各种专用夹具，可获得较高的生产率和加工精度。

(3) 可调夹具

可调夹具是针对通用夹具和专用夹具的不足而发展起来的一类夹具。对不同类型和尺寸的工件，只需调整或更换原来夹具上的个别定位元件和夹紧元件便可使用。它一般又分为通用可调和成组夹具两种。例如，图6-3所示是生产系列化产品所用的铣销轴端部台肩的夹具。台肩尺寸相同但长度规格不同的销轴可用一个可调夹具加工。

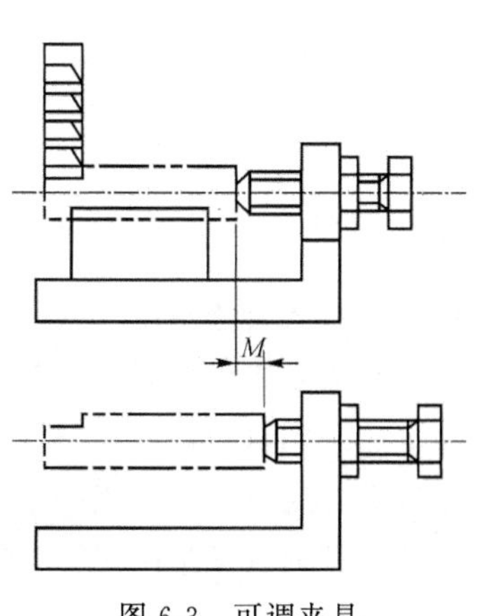

图6-3　可调夹具

(4) 组合夹具

组合夹具是一种模块化的夹具。标准的模块化元件具有较高的精度和耐磨性，可组装成各种夹具，夹具使用完后即可拆卸，留待组装新的夹具。图6-4所示为车削管状工件的组合夹具，组装时选用90°圆形基础板1为夹具体，以长、圆形支承4、6、9和直角槽方支承2、简式方支承5等组合成夹具的支架，工件在支承9、10和V形支承8上定位，用螺钉3、11夹紧，各主要元件由平键和槽通过方头螺钉紧固连接成一体。

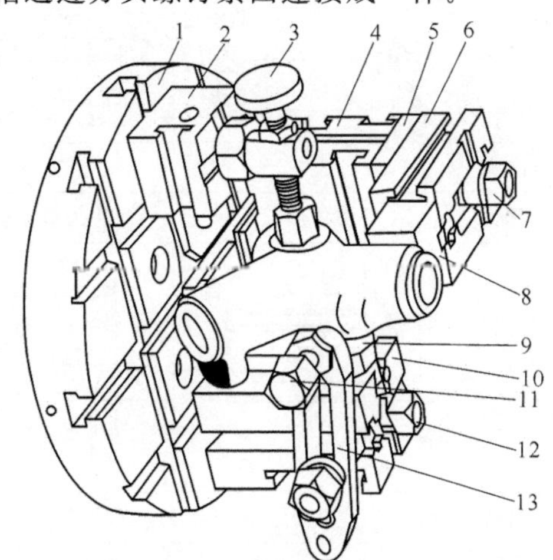

1—90°圆形基础板；2—直角槽方支承；3、11—螺钉；
4、6、9、10—长、圆形支承；5—简式方支承；
7、12—螺母；8—V形支承；13—连接板

图6-4　组合夹具

2. 按夹具的使用机床分类

这是专用夹具设计所用的分类方法。例如,在车床、铣床、钻床、镗床等机床上使用的夹具,就称为车床夹具、铣床夹具、钻床夹具、镗床夹具等。

3. 按夹具的动力源分类

按夹具所使用的动力源可分为手动夹具、气动夹具、液动夹具、气液夹具、电动夹具、电磁夹具等。各种夹具不论结构如何,其基本原理都是一样的。本章主要介绍专用夹具的结构设计原理。

6.2 定位方法和定位元件

6.2.1 工件定位方案的确定和对定位元件的要求

1. 工件定位方案的确定

工件在夹具中定位时,起定位支承点作用的是一定形状的定位元件。不同的定位元件所能提供的限制自由度数也不同,所以必须根据工件定位所需限制的自由度数目和工件的结构合理选择定位元件。当一个定位元件所提供的支承点不能满足定位要求时,必须考虑多个定位元件的合理搭配,使之既能满足定位要求,又不能过定位,而且结构应简单、工艺性好。表 6-1 列出了常用定位元件的结构形式以及所对应的限制自由度,供设计夹具定位方案时参考。

表 6-1 典型定位元件的定位分析

工件的定位面	夹具的定位元件				
平面	支承钉	定位情况	一个支承钉	两个支承钉	三个支承钉
		图示	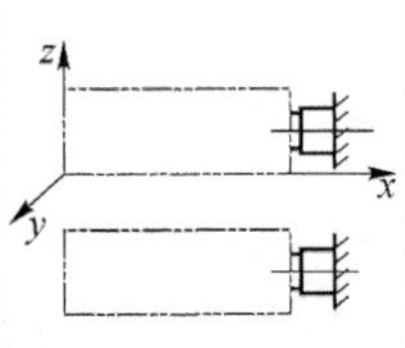	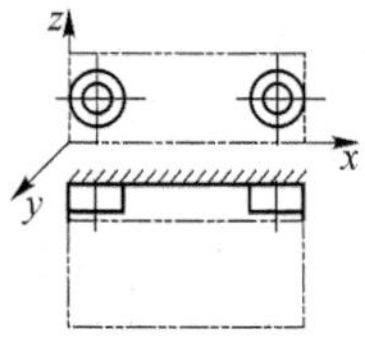	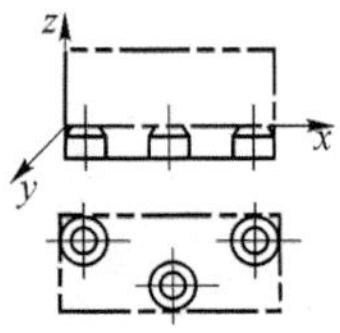
		限制自由度	$\vec{x}$	$\vec{y}\ \overset{\frown}{z}$	$\vec{z}\ \overset{\frown}{x}\ \overset{\frown}{y}$
平面	支承板	定位情况	一块条形支承板	两块条形支承板	一块矩形支承板
		图示	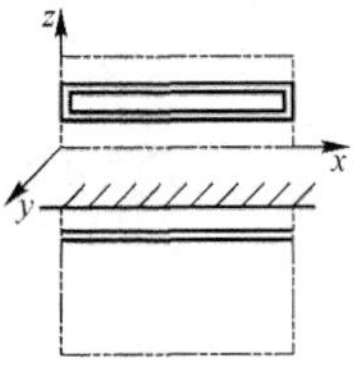	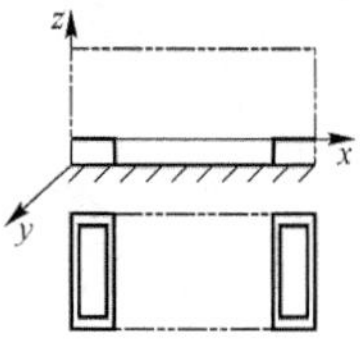	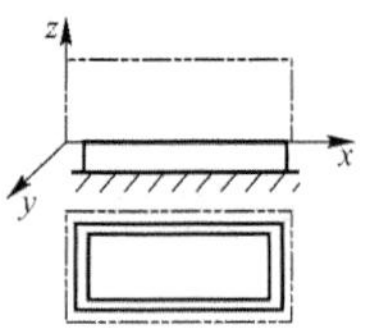
		限制自由度	$\vec{y}\ \overset{\frown}{z}$	$\vec{z}\ \overset{\frown}{x}\ \overset{\frown}{y}$	$\vec{z}\ \overset{\frown}{x}\ \overset{\frown}{y}$

续表

工件的定位面	夹具的定位元件				
圆	圆柱销	定位情况	短圆柱销	长圆柱销	两段短圆柱销
		图示	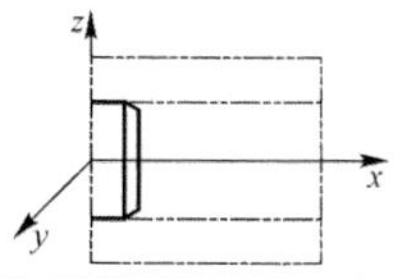	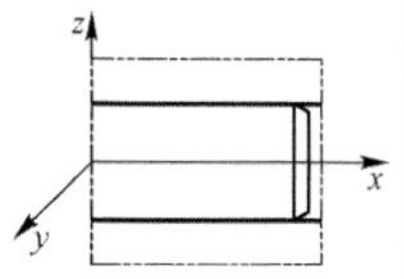	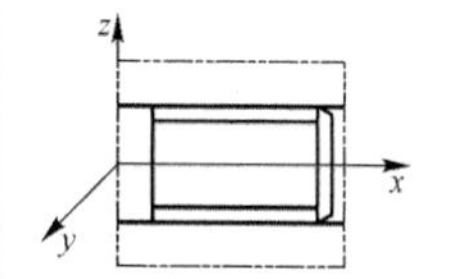
		限制自由度	$\vec{y}\ \vec{z}$	$\vec{y}\ \vec{z}\ \overset{\frown}{x}\ \overset{\frown}{y}$	$\vec{y}\ \vec{z}\ \overset{\frown}{x}\ \overset{\frown}{y}$
		定位情况	菱形销	长销小平面组合	短销大平面组合
		图示	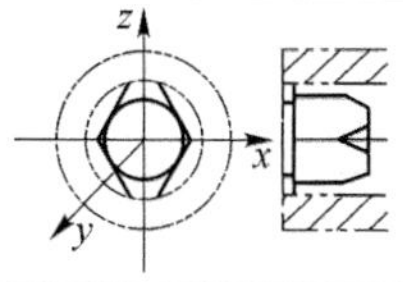	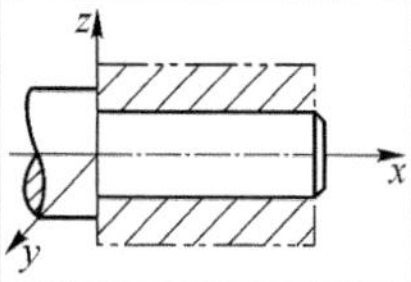	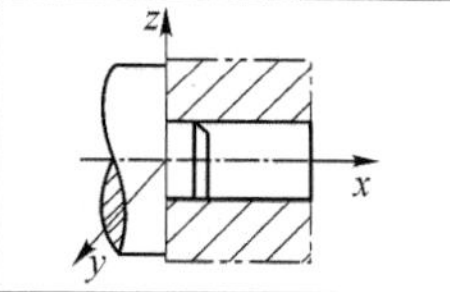
		限制自由度	$\vec{z}$	$\vec{x}\ \vec{y}\ \vec{z}\ \overset{\frown}{y}$	$\vec{x}\ \vec{y}\ \vec{z}\ \overset{\frown}{y}$
孔	圆锥销	定位情况	固定锥销	浮动锥销	固定锥销和浮动锥销组合
		图示	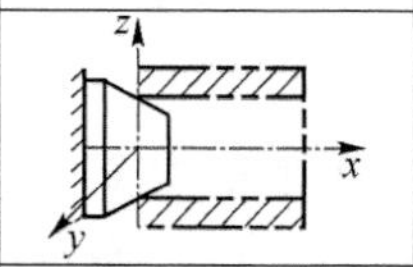	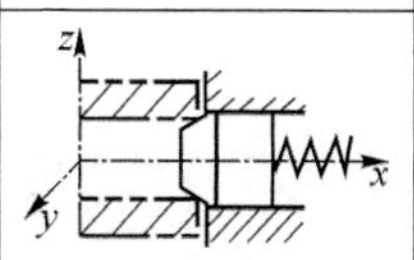	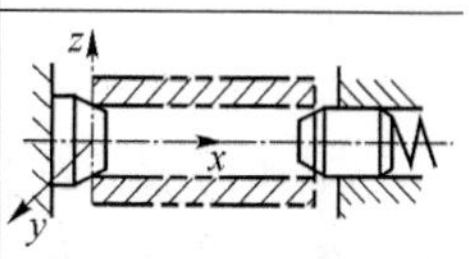
		限制自由度	$\vec{x}\ \vec{y}\ \vec{z}$	$\vec{y}\ \vec{z}$	$\vec{x}\ \vec{y}\ \vec{z}\ \overset{\frown}{y}\ \overset{\frown}{z}$
外圆柱面	V形块	定位情况	一块短V形块	两块短V形块	一块长V形块
		图示	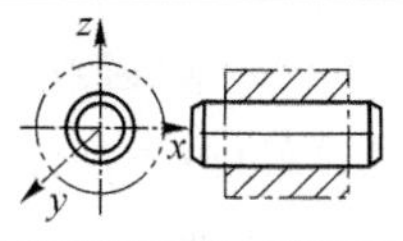	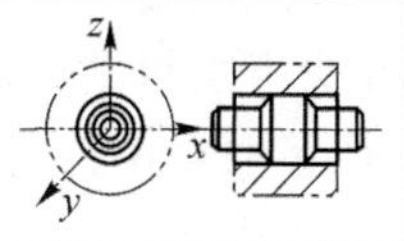	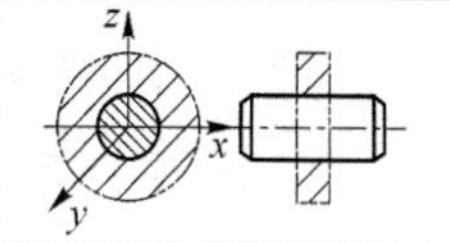
		限制自由度	$\vec{x}\ \vec{z}$	$\vec{x}\ \vec{z}\ \overset{\frown}{x}\ \overset{\frown}{z}$	$\vec{x}\ \vec{z}\ \overset{\frown}{x}\ \overset{\frown}{z}$
	定位套	定位情况	一个短定位套	两个短定位套	一个长定位套
		图示	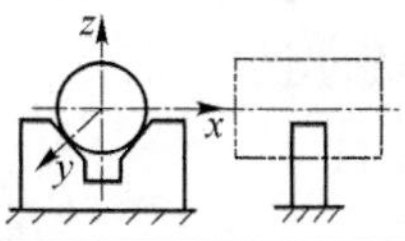	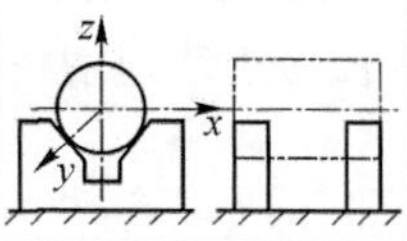	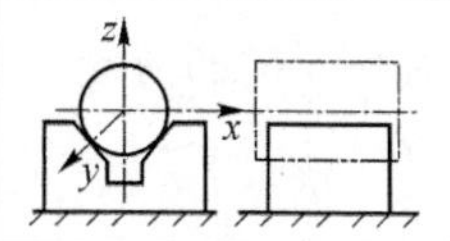
		限制自由度	$\vec{x}\ \vec{z}$	$\vec{x}\ \vec{z}\ \overset{\frown}{x}\ \overset{\frown}{z}$	$\vec{x}\ \vec{z}\ \overset{\frown}{x}\ \overset{\frown}{z}$
圆锥孔	锥顶尖和锥度心轴	定位情况	固定顶尖	浮动顶尖	锥度心轴
		图示	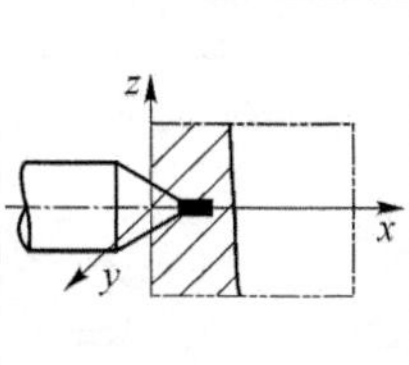	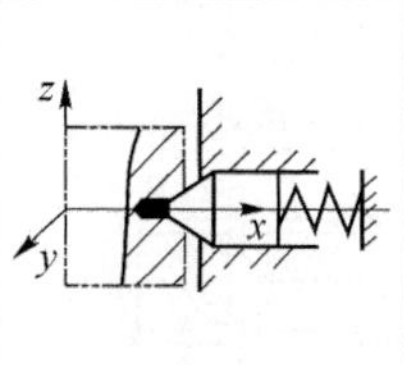	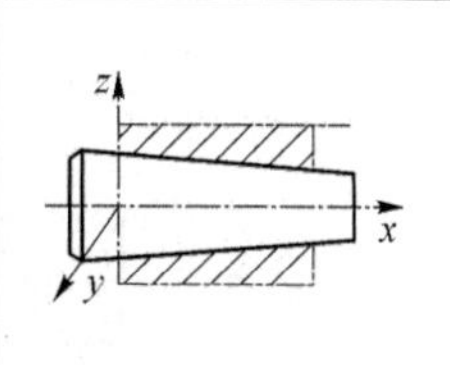
		限制自由度	$\vec{x}\ \vec{y}\ \vec{z}$	$\vec{y}\ \vec{z}$	$\vec{x}\ \vec{y}\ \vec{z}\ \overset{\frown}{y}\ \overset{\frown}{z}$

2. 对定位元件的基本要求

工件在夹具中定位时，一般不允许将工件直接放在夹具体上，而应放在定位元件上，因此对定位元件提出下列要求。

(1) 高的精度。定位元件的精度直接影响工件定位误差的大小。一般来说,定位元件的制造公差应比工件上相应尺寸的公差小,否则会降低定位精度,但也要注意不能定得太严格,否则会给加工带来困难。

(2) 高的耐磨性。工件的装卸会磨损定位元件表面,导致定位精度下降。为了延长定位元件的更换周期,提高夹具的使用寿命,定位元件应有高的耐磨性。

(3) 足够的刚度和强度。定位元件不仅要限制工件的自由度,还要支承工件、承受夹紧力和切削力,因此应有足够的强度和刚度,以免使用中变形或损坏。

(4) 良好的工艺性。定位元件的结构应力求简单,便于加工、装配和更换。定位元件在夹具中的布置要合理、适当,以保证工件的定位可靠、稳定。

6.2.2 常用定位方法和定位元件

1. 工件以平面定位

在机械加工过程中,有许多工件是以平面作为定位基准在夹具中定位的。例如箱体、机座、支架、圆盘、板状等类工件,在加工其平面和孔时,一般都要用平面作为定位基准。根据是否起限制自由度作用,用平面定位的定位元件有主要支承和辅助支承两种。

(1) 主要支承

工作时起限制自由度作用的支承称为主要支承。根据结构和应用方式的不同,主要支承又分为以下 3 种。

① 固定支承

支承高度固定不变的支承称为固定支承,有支承钉和支承板两种形式,如图 6-5 所示。其中,图 6-5(b)所示球头支承钉和图 6-5(c)所示齿纹头支承钉主要用于粗基准定位,前者通过减少接触面来保证接触点位置相对稳定;后者能增大接触面间的摩擦力,以防工件受力偏移。图 6-5(a)所示平头支承钉、图 6-5(d)所示光面支承板和图 6-5(e)所示带斜槽支承板用于精基准定位。平头支承钉用于接触面积较小处,支承板用于接触面积较大处。图 6-5(d)所示支承板的结构简单,制造方便,但切屑不易清除干净,故适用于侧面和顶面定位;而图 6-5(e)所示支承板易于清理切屑,适用于底面定位。

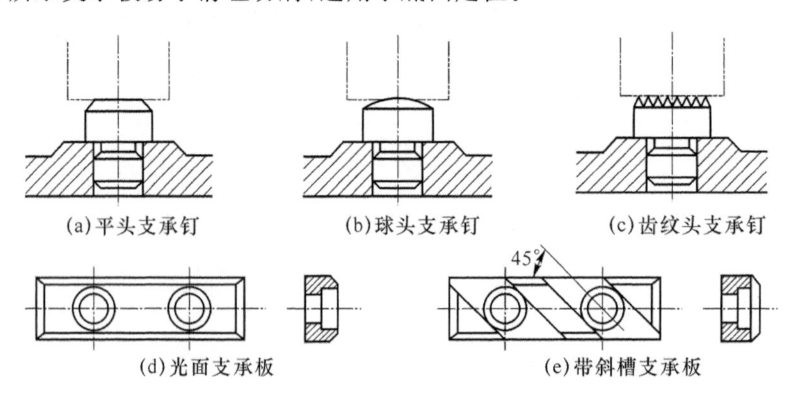

图 6-5 支承钉与支承板

支承钉常以过盈配合方式安装在夹具体上,支承板则用圆柱头螺钉紧固。支承钉和支承板都已标准化,其结构尺寸、公差配合、材料和热处理等可查阅《机床夹具设计手册》。当几个支承钉或支承板装配后要求等高时，应在装配后最终磨平工作表面，以保证它们在同一平面上。

② 可调支承

支承点位置可根据需要调整的支承称为可调支承。图 6-6 所示为几种常见的可调支承结构。这类可调支承的结构基本上都是螺钉、螺母形式。图 6-6(a)所示的支承结构可直接用手或扳杆拧动圆柱头来进行调节，一般适用于轻型工件；图 6-6(b)、(c)所示的支承结构需用扳手进行调节，适用于重型工件；图 6-6(d)所示的支承结构用来在侧面进行调节。可调支承一般每加工一批工件需要调整一次，高度一经调好，就相当于一个固定支承，另外还必须用锁紧螺母锁紧，以防止松动。

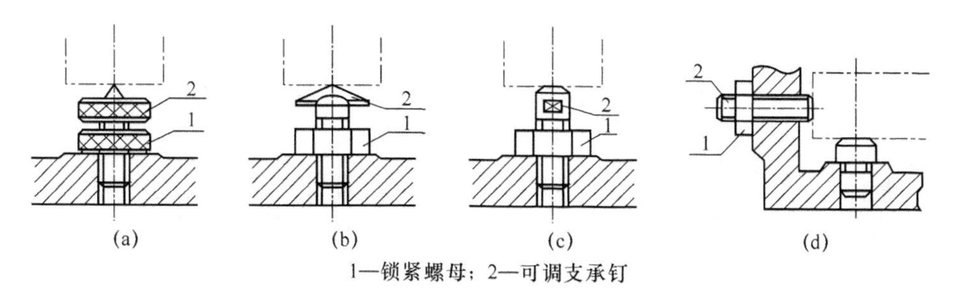

1—锁紧螺母；2—可调支承钉

图 6-6 可调支承

可调支承主要用于工件以粗基准定位、分批制造的毛坯余量变化较大的情况。例如图 6-7 所示的箱体工件，第一道工序是铣顶面，若以未加工的箱体底面作为粗基准定位，由于毛坯质量不高，对于不同毛坯而言，其底面与毛坯孔中心的尺寸 L 的变化量 ΔL 很大，使得加工出来的各批工件其顶面到毛坯孔中心的距离由 H_1 到 H_2 变化。这样，以后以顶面定位镗孔时，就会使镗孔余量偏在一边，加工余量极不均匀，严重影响镗孔质量。最严重的情况是可能造成单边没有加工余量，使工件报废。在这种情况下，就应根据不同批毛坯尺寸 L 调节下面可调支承的高度，以满足加工要求。

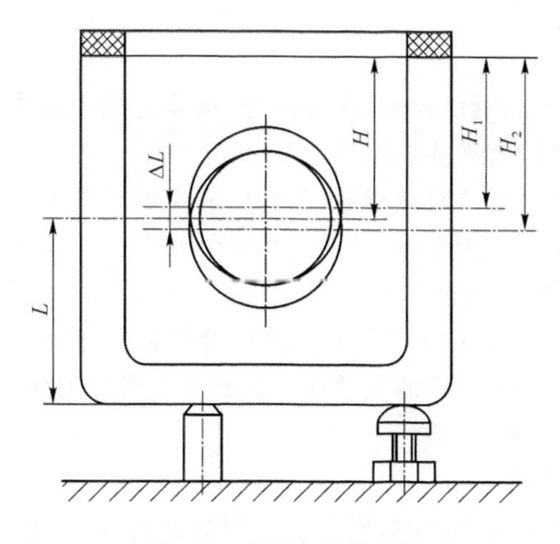

图 6-7 可调支承的应用

一般夹具在同一平面上只有一个可调支承，最多用两个。可调支承的结构形式已经标准化。

③ 自位支承(或称浮动支承)

具有几个可自由活动支承点的支承称为自位支承。活动支承点能在定位过程中随着工件定位基面位置的变化而自动调节其位置,直至各点都与定位基面接触。图 6-8 所示为各种常见自位支承结构。尽管每一种自位支承与工件有 2 点或 3 点接触,但其作用仍相当于一个固定支承点,只限制一个自由度。

采用自位支承,增加了支承与工件的接触点,提高了支承稳定性和支承刚度,消除了过定位。其主要用于工件以粗基准定位或工件刚度较差的场合。

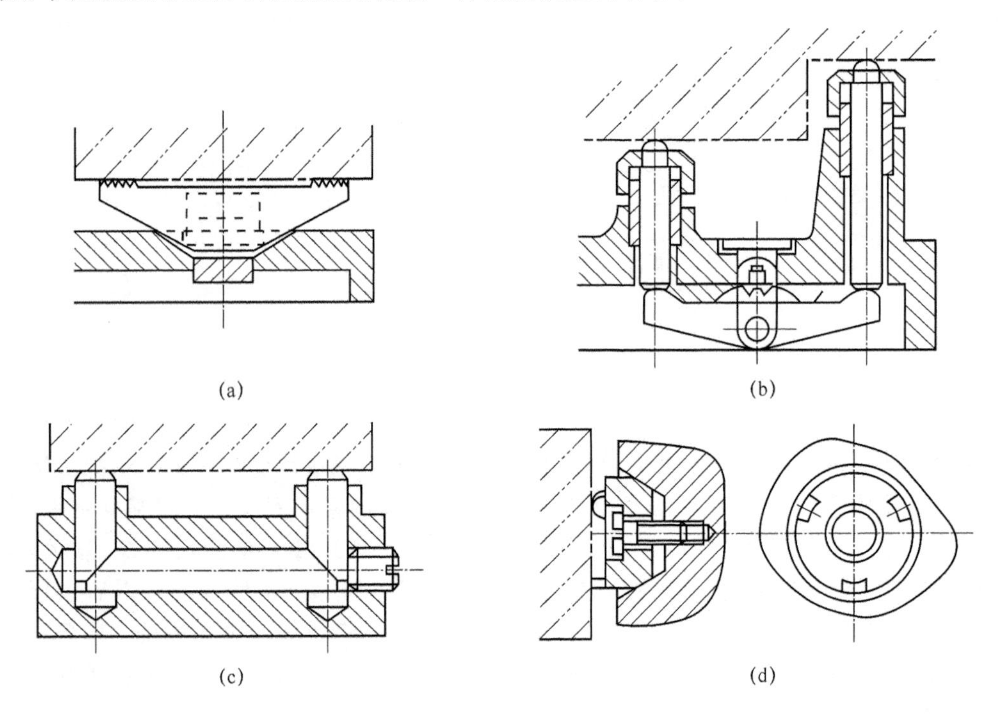

图 6-8　自位支承

(2) 辅助支承

工件定位后,往往由于其刚性较差,在切削力、夹紧力或工件本身重力作用下会引起变形,从而影响加工质量,这时就需要增设辅助支承。

辅助支承的结构形式与可调支承相似,但它们的作用却不同。辅助支承不起定位作用,必须在工件定位夹紧后才参与工作,故辅助支承对每一个工件都需重新调整。

辅助支承的典型结构如图 6-9 所示。其中,图 6-9(a)、(b)所示是用于小批量生产的螺旋式辅助支承,图 6-9(c)所示是用于大批量生产的弹性辅助支承,图 6-9(d)所示是用于大批量生产的推引式辅助支承。各种辅助支承在每次卸下工件后必须松开,装上工件后再调整到支承表面并锁紧。

2. 工件以外圆柱面定位

工件以外圆柱面作为定位基准时,常见的定位方式有 V 形块定位、圆孔定位和锥孔定位等。

(1) 在 V 形块中定位

V 形块的结构形式如图 6-10 所示。图 6-10(a)所示结构用于较短的精基准定位;图

6-10(b)所示结构用于较长的粗基准或阶梯轴定位;图 6-10(c)所示结构用于较长的精基准或相距较远的两个定位面;图 6-10(d)所示结构是在铸铁座上镶淬硬钢垫或硬质合金板,用于直径和长度较大的基准面定位。

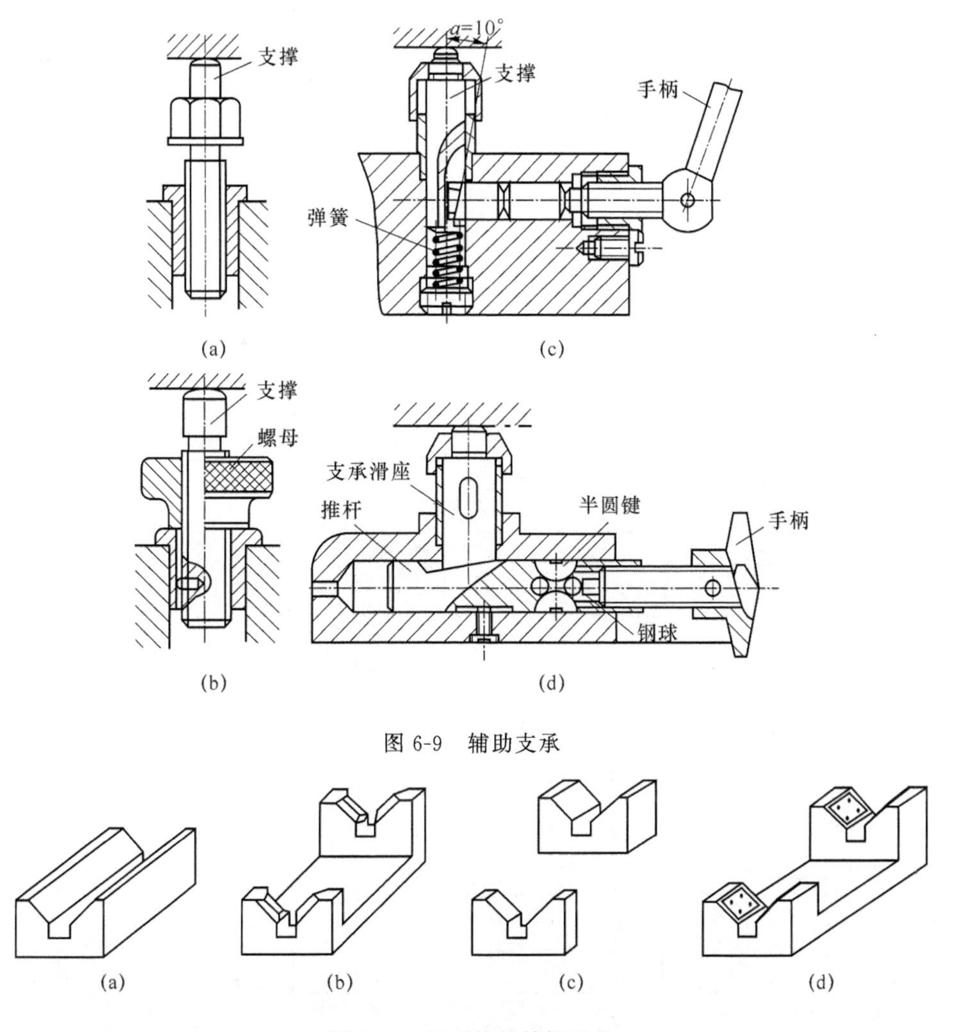

图 6-9　辅助支承

图 6-10　V 形块的结构形式

由于 V 形块的两半角对称布置,所以工件以外圆柱面在 V 形块上定位时的突出优点是对中性好,即工件上定位用的外圆柱面轴线始终处在 V 形块两斜面的对称面上,且水平方向不受定位基准直径误差的影响,定位精度较高。

夹具中常用的 V 形定位块有固定和活动两种安装方式。例如图 6-11 所示夹具中,固定式 V 形块起主要定位作用,它用两个螺钉和两个销钉固定安装在夹具体上,装配时一般是将 V 形块位置精确调整好,拧上螺钉,再按 V 形块上销孔的位置与夹具体一同配钻、配铰,然后打入销钉;活动式 V 形块一般除作定位用外,还可兼作夹紧元件,它定位时限制的自由度与固定安装的 V 形块是不同的。

V 形块的结构尺寸如图 6-12 所示,其中关键尺寸有下面几个。

① D——V 形块标准心轴直径(工件定位用的外圆直径)。

② H——V 形块的高度。

③ α——V 形块两工作平面间夹角。其有 60°、90°、120° 3 种，以 90°的应用最广。

④ N——V 形块开口尺寸(供划线和粗加工用)。

⑤ T——V 形块的标准定位高度，即标准心轴中心高。V 形块工作图上必须标注此尺寸，用其检验 V 形块的制造精度。

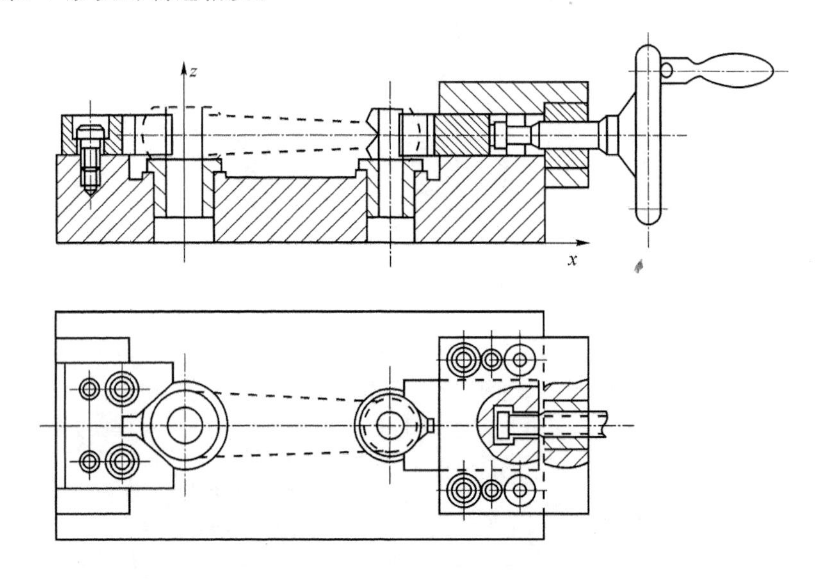

图 6-11　活动式和固定式 V 形块的应用

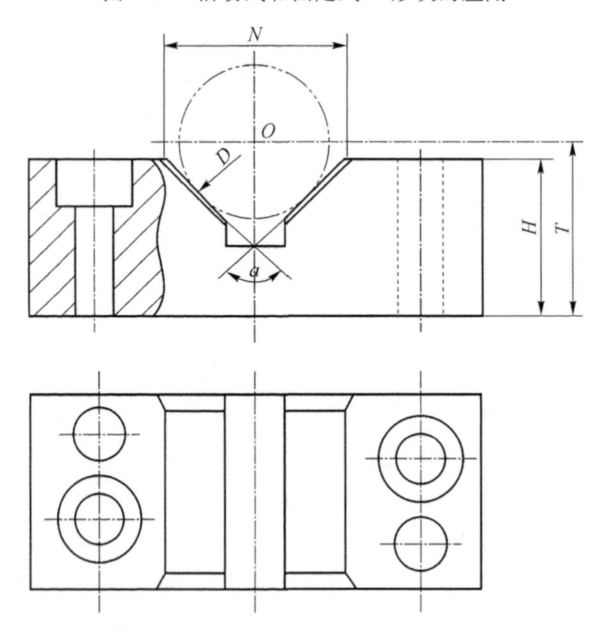

图 6-12　V 形块的结构尺寸

V 形块已标准化，一般 D 值确定后，可从《机床夹具设计手册》中查到 H、N 值，也可按结构需要由下式计算确定。

① 尺寸 N：当 $\alpha=90^\circ$ 时，$N=1.41D-2a$；当 $\alpha=120^\circ$ 时，$N=2D-3.46a$。其

中，$a=(0.14\sim0.16)D$。

② 尺寸 H：用于大直径定位时，取 $H\leqslant0.5D$；用于小直径定位时，取 $H\leqslant1.2D$。

③ N、H 值确定后，T 的计算方法如下：当 $\alpha=90°$ 时，$T=H+0.707D-0.5N$；当 $\alpha=120°$ 时，$T=H+0.578D-0.289N$。

(2) 在定位套和半圆套中定位

工件定位的外圆直径较小时，可用定位套作定位元件，如图 6-13 所示。套在夹具体上的安装可用螺钉紧固(如图 6-13(a)所示)或过盈配合(如图 6-13(b)所示)。套的内孔轴线应与工件轴线重合，故只用于精基准定位，且要求工件定位外圆不低于 IT8～IT7。为了限制工件的自由度，常与端面联合定位，这样就要求定位套的端面与其孔轴线具有较高的垂直度。

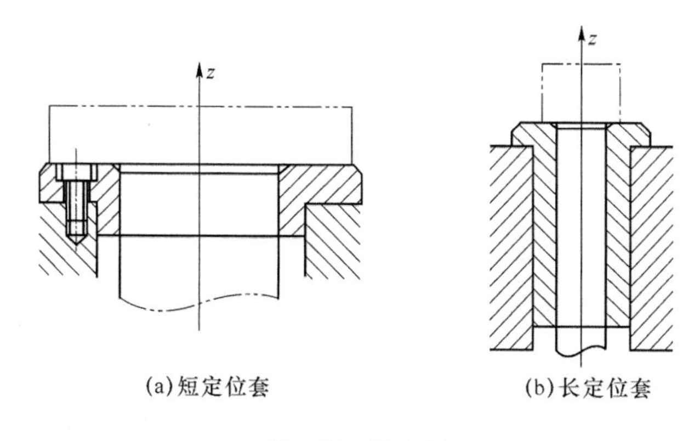

(a)短定位套　(b)长定位套

图 6-13　定位套

工件在半圆套中的定位如图 6-14 所示，半圆套的定位面置于工件的下方。这种定位方式类似于 V 形块，常用于大型轴类工件的精基准定位，其稳固性比 V 形块更好，定位精度取决于定位基面的精度。通常工件轴颈精度一般不低于 IT8～IT7。半圆孔定位主要用于不适宜用孔定位的大型轴类工件，如曲轴、蜗轮轴等。

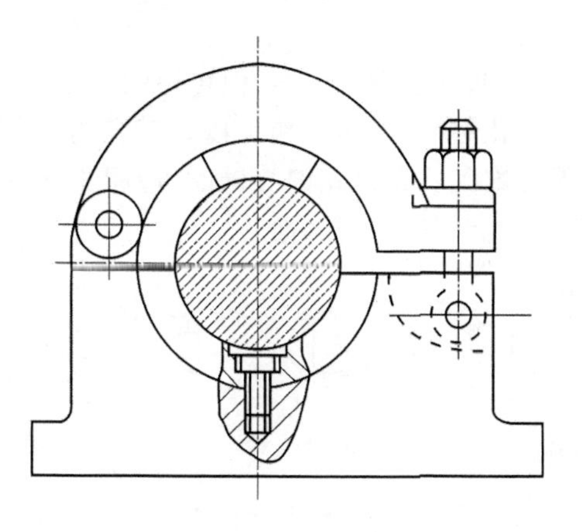

图 6-14　半圆套

3. 工件以圆柱孔定位

工件以内孔定位时，常见的定位元件有定位销和心轴。

（1）定位销

图 6-15 所示为常用的定位销结构。其中，图 6-15(a)所示定位销因直径较小，通常在销子定位端根部倒成大圆角，以增加其抗剪能力。夹具体上安装定位销处应设计沉头孔，以便定位销的圆角部分沉入孔内而不妨碍工件的定位。图 6-15(b)所示定位销直接做成带肩式，利用销体的轴肩来形成销端面定位，提高两面组合定位的质量。图 6-15(c)所示定位销用于较大圆柱孔的定位，定位销 A 端面与圆柱销轴线有较高的垂直度，以便安装在夹具体定位板孔中时，保证销与定位面有较好的垂直度。以上几种类型都是固定式定位销，直接用过盈配合装在夹具体上。对于大批大量生产中所用的定位销，因为工件装卸次数极为频繁，定位销容易磨损而丧失定位精度，因而需采用图 6-15(d)所示的可更换式定位销。为便于装入工件，所有定位销头部均做成 15°倒角。固定式定位销和可更换式定位销的标准结构可查阅《机床夹具设计手册》。

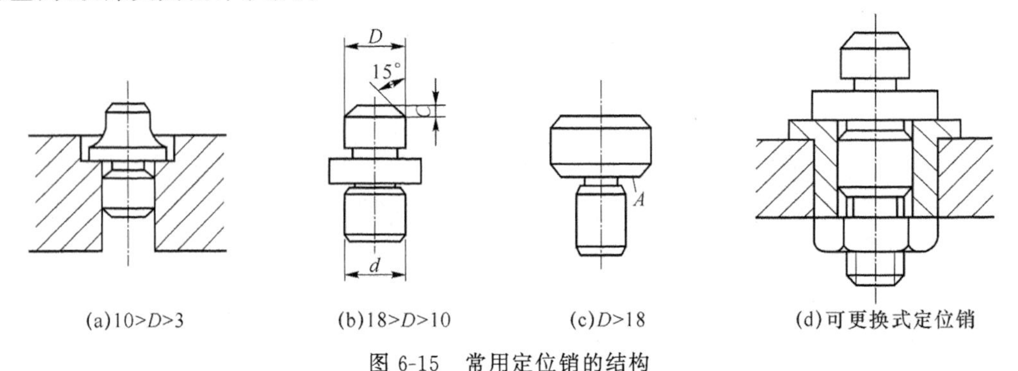

图 6-15　常用定位销的结构

（2）心轴

心轴广泛应用于车、铣、磨床上加工套筒及盘类零件。图 6-16 为常用的心轴结构。其中，图 6-16(a)所示为圆柱心轴(间隙配合心轴)，心轴定位部分与工件定位部分为间隙配合，其直径可按 h6、g6 或 f7 制造。这种心轴结构简单，装卸工件方便，但定位精度较低。该心轴还可做成过盈配合，其过盈量一般不大于 H7/r6。这种心轴定位精度高，但装卸工件费时，且易损伤工件定位基准孔，多用来加工批量不大的较小工件。图 6-16(b)所示为锥度心轴，为防止工件在心轴上倾斜，一般锥度很小($K=1/1\ 000 \sim 1/5\ 000$)。工作时心轴可胀紧在工件孔内，且不需要夹紧，因此定心精度较高，但传递的力矩不大，常用于外圆面的精车或磨削加工。图 6-16(c)所示为花键心轴，用于加工以花键孔为定位基准的工件，对于长径比较大的工件，工作部分可稍带锥度。设计花键心轴时，应根据工件是以花键外径、内径还是以花键齿侧面定位来确定心轴上相应的配合面。

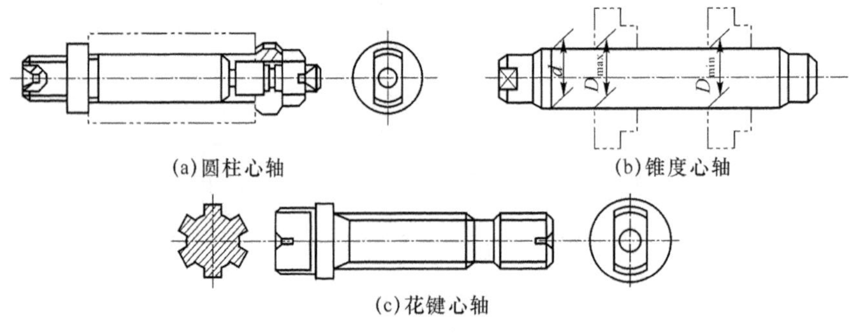

图 6-16　常用心轴的结构

4. 工件以组合表面定位

当工件以单一表面定位不能满足所需限制的自由度时，常以组合表面来定位。

实际生产中，在加工箱体、壳体工件时，为实现基准统一，应用最多也是最典型的组合表面定位形式是“一面两孔”定位。工件的底平面在支承板上定位，限制了工件的 $\vec{z}$、$\widehat{x}$、$\widehat{y}$ 三个自由度；孔 1 与圆柱销配合限制 $\vec{x}$、$\vec{y}$ 两个自由度；若孔 2 也与圆柱销配合，销 2 不仅限制了 $\widehat{z}$ 自由度，同时重复限制了 $\vec{x}$ 自由度，出现了过定位。由于工件与夹具都有一定的制造误差，当两孔、销配合出现最小间隙，孔间距为最大尺寸、销间距为最小尺寸(或者反之)时，将会发生干涉而使工件无法顺利装入，如图 6-17(a)所示；如果缩小销 2 的直径，增大孔 2 与销的配合间隙，则会引起转角误差的增大，使 $\widehat{z}$ 自由度得不到有效的限制，如图6-17(b)所示。合理的方法是采用如图 6-18 所示的方法：将销 2 在 x 方向削边，使 x 方向的间隙增大，而 y 方向的间隙不变，因此消除了销 2 对 $\vec{x}$ 自由度的限制，避免了过定位。

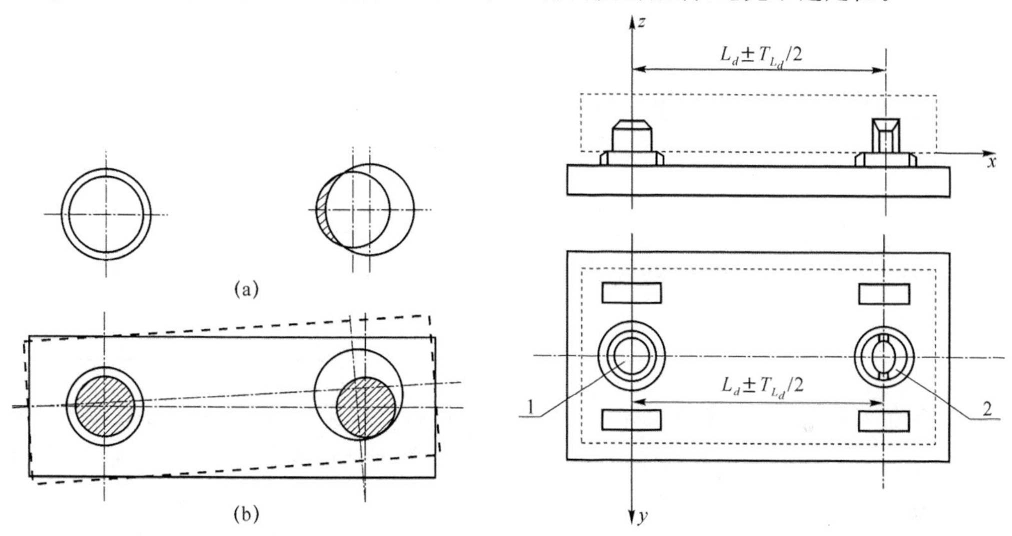

图 6-17　两销安装的干涉和转角误差

图 6-18　一面两销定位

削边销常见的形状如图 6-19 所示，其中，图 6-19(a)为菱形销，用于定位孔直径为 $\phi3 \sim \phi50$ mm的场合，图 6-19(b)用于定位孔直径大于 $\phi50$ mm 的场合。削边销宽度部分可以修圆，以进一步增大连心线方向的间隙，如图 6-19(c)所示，其中尺寸 b 为削边销留下来的宽度，尺寸 b_1 为修圆后留下的圆柱部分宽度。各种削边销的具体结构和尺寸可查阅《机床夹具设计手册》。

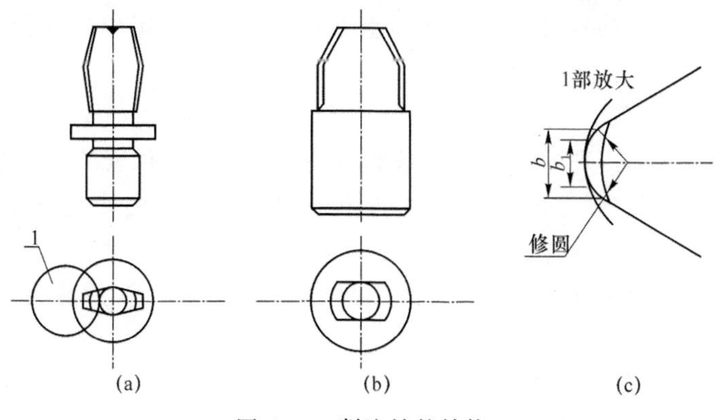

图 6-19　削边销的结构

采用一面两销定位时定位元件的设计步骤如下。

(1) 根据工件上两定位孔的距离和精度 $L_D \pm \frac{T_{L_D}}{2}$ 确定两定位销中心距 $L_d \pm \frac{T_{L_d}}{2}$。两销中心距的基本尺寸应为工件两孔中心距的平均尺寸，其公差应取孔间距公差的 $\frac{1}{2} \sim \frac{1}{5}$，偏差按对称分布。

(2) 根据销孔配合精度，确定第一个圆柱销直径 d_1 及偏差。销 1 的基本尺寸取与之配合的工件孔的最小尺寸，公差带一般取 g6 或 f7。

(3) 根据工件另一个定位孔的尺寸及精度、销孔配合时的最小间隙和配合精度确定第二个销(削边销)的直径 d_2 及偏差，即

$$d_{2\max} = d_2 = D_{2\min} - x_{2\min}$$

$$x_{2\min} = \frac{b(T_{L_D} - T_{L_d})}{D_{2\min}}$$

式中，b 为削边销留下的宽度，可按工件孔的直径查表 6-2 确定；$x_{\min}$ 为削边销与定位孔 2 配合的最小间隙；$D_{2\min}$ 为工件孔 2 的最小尺寸。d_2 的直径公差一般取 h6。

表 6-2　削边销尺寸　　(单位:mm)

D	>3~6	>6~8	>8~20	>20~25	>25~32	>32~40	>40~50	>50
b_1	1	2	3	3	3	4	5	—
b	2	3	4	5	5	6	8	14

上述定位元件的尺寸和公差是否合适，还需要进行定位误差的分析计算，如果其定位过程中产生的误差不超过该工件工序尺寸公差的 1/3，则认为所确定的两销尺寸公差是合适的。否则，应重新调整两销及两销中心距的尺寸公差。

需特别注意的是，安装削边销时要使其削边方向垂直于两定位孔间的连心线。

6.2.3　定位误差的分析与计算

1. 定位误差产生的原因

(1) 基准不重合误差 Δ_B

关于基准不重合误差的概念我们已经讨论过，此处不再重复。值得注意的是，如果定位尺寸的方向与加工尺寸方向不同，则基准不重合误差 Δ_B 应为定位尺寸公差在加工尺寸方向的投影。

(2) 基准位移误差 Δ_Y

工件在夹具中定位时，理论上其定位基准与夹具定位元件代表的定位基准(又称限位基准)应该是重合的，然而实际定位时，由于工件上的定位基面与夹具上定位元件上的限位基面存在制造公差和最小配合间隙，从而使一批工件在夹具中定位时，其定位基准相对于限位基准发生位置移动，此位置移动就会造成加工尺寸的误差，这个误差称为基准位移误差，用 Δ_Y 表示。

图 6-20(a)是圆套铣键槽的工序简图，工序尺寸为 A 和 B。图 6-20(b)是加工示意图，工件以内孔 D 在圆柱心轴上定位，O 是心轴中心(限位基准)，O_1 是工件定位孔的中心(定位

基准),C 是对刀尺寸。尺寸 A 的工序基准是内孔轴线,定位基准也是内孔轴线,两者重合,$\Delta_B=0$。加工时刀具的位置是按心轴中心(限位基准)位置来调整的,且调整好位置后在加工一批工件过程中不再变动。由于工件内孔与心轴均有制造公差,并且它们中间存在配合间隙,定位基准(工件内孔轴线)的位置与限位基准(心轴轴线)不能重合,并在一定范围内变动。由图 6-20(b)可知,一批工件定位基准的最大变动量应为

$$\Delta_i=A_{\max}-A_{\min}=\frac{D_{\max}-d_{\min}}{2}-\frac{D_{\min}-d_{\max}}{2}=\frac{T_D}{2}+\frac{T_d}{2}$$

式中,Δ_i 为一批工件定位基准的最大变动量,也是工序尺寸 A 的变动量;T_D 为工件定位直径公差;T_d 为定位心轴直径公差。

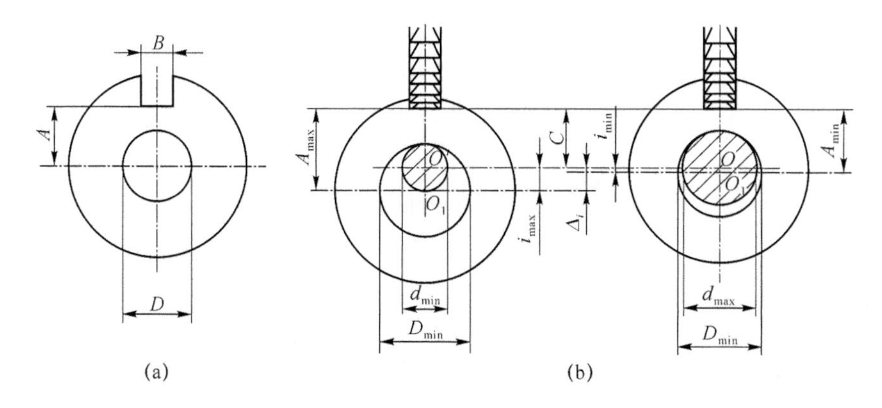

图 6-20　基准位移误差

上述定位基准的位置变动会造成工序尺寸 A 的大小不一,产生误差。由于这项误差是由工件定位时基准的位置变动引起的,所以叫基准位移误差,其大小等于因定位基准与限位基准不重合所造成的工序尺寸的最大变动量。对上述例子来说,

$$\Delta_Y=\Delta_i=\frac{T_D+T_d}{2}$$

如果定位基准的变动方向与工序尺寸的方向不同,则基准位移误差等于定位基准的变动量在工序尺寸方向的投影。

2. 定位误差 Δ_D 的计算方法

根据前面的分析可知,定位误差的大小由基准不重合误差 Δ_B 和基准位移误差 Δ_Y 两项因素决定。一般在计算时,先分别计算出 Δ_B 和 Δ_Y,然后按一定的规律将两者合成得到 Δ_D。计算时通常有下列几种情况。

(1) $\Delta_Y\neq0$,$\Delta_B=0$ 时,$\Delta_D=\Delta_Y$。

(2) $\Delta_Y=0$,$\Delta_B\neq0$ 时,$\Delta_D=\Delta_B$。

(3) $\Delta_Y\neq0$,$\Delta_B\neq0$ 时,两者的合成要看工序基准是否在定位基面上。

① 如果工序基准不在定位基面上,则 $\Delta_D=\Delta_Y+\Delta_B$。

② 如果工序基准在定位基面上,则 $\Delta_D=\Delta_Y\pm\Delta_B$。

式中正、负号判断的方法和步骤如下:分析定位基面直径由小变大(或由大变小)时,定位基准的变动方向;当定位基面直径作相同变化时,设定位基准的位置不动,分析工序基准的变动方向;如果两者的变动方向相同,则取"+"号,如果两者的变动方向相反,则取"−"号。

3. 定位误差计算实例

例 6-1 图 6-21 是在金刚镗床上镗活塞销孔示意图，活塞销孔轴线对活塞裙部内孔轴线的对称度要求为 0.2 mm。现以裙部内孔及端面定位，内孔与定位销的配合为 $\phi 95\dfrac{H7}{g6}$mm，求对称度的定位误差。

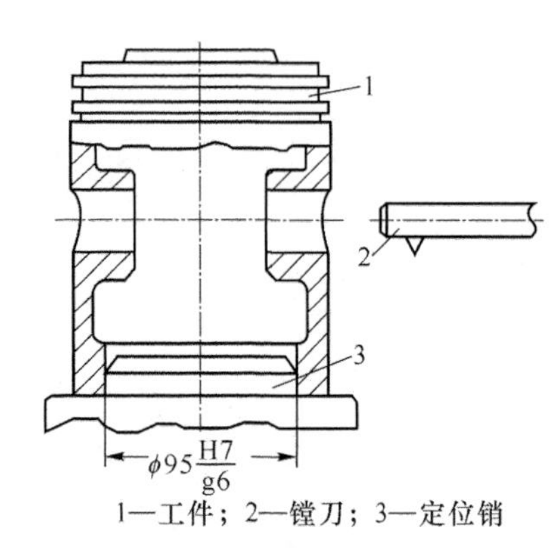

1—工件；2—镗刀；3—定位销

图 6-21 镗活塞销孔示意图

解:查表知，

$$\phi 95\text{H7}=\phi 95^{+0.035}_{0}\ \text{mm}$$

$$\phi 95\text{g6}=\phi 95^{-0.012}_{-0.034}\ \text{mm}$$

(1) 对称度的工序基准是裙部内孔轴线，定位基准也是裙部内孔轴线，两者重合，$\Delta_B=0$。

(2) 定位基准与限位基准不重合，定位基准可向任意方向移动，但基准位移误差的大小应为定位基准变动范围在对称度方向上的投影，所以

$$\Delta_Y=T_D+T_d+x_{min}$$

式中，x_{min}为定位所需最小间隙，由设计给定。本例 $x_{min}=0.012$ mm。

$$\Delta_Y=\Delta_i=(0.035+0.022+0.012)\ \text{mm}=0.069\ \text{mm}$$

$$\Delta_D=\Delta_Y=0.069\ \text{mm}$$

例 6-2 铣图 6-22(a)所示工件上的键槽，以圆柱面 d_0-T_d 在 $\alpha=90°$的 V 形块上定位，求加工尺寸分别为 A_1、A_2、A_3 时的定位误差。

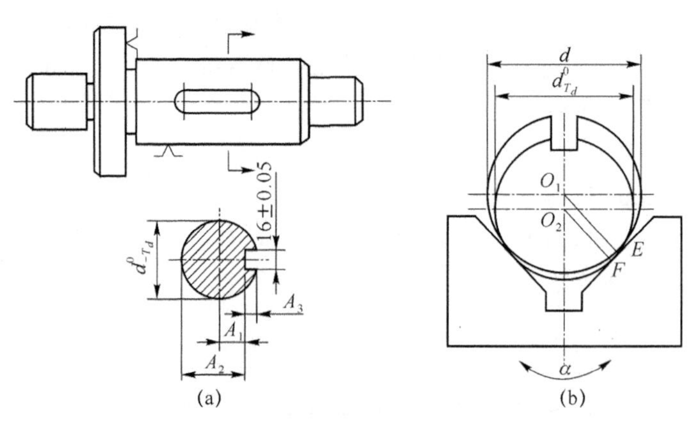

图 6-22 轴上铣键槽安装加工示意图

解:(1) 工序尺寸为 A_1 时的定位误差。

工序基准是圆柱轴线,定位基准也是圆柱轴线,两者重合,$\Delta_B=0$。

定位基准与限位基准不重合,由图 6-22(b)可知,

$$\Delta_Y=O_1O_2=\frac{d}{2\sin\frac{\alpha}{2}}-\frac{d-T_d}{2\sin\frac{\alpha}{2}}=\frac{T_d}{2\sin\frac{\alpha}{2}}$$

$$\Delta_D=\Delta_Y=\frac{T_d}{2\sin\frac{\alpha}{2}}$$

(2) 当工序尺寸为 A_2 时的定位误差。

工序基准是圆柱下母线,定位基准是圆柱轴线,两者不重合,且两基准之间的距离为轴的半径,因此有

$$\Delta_B=\frac{T_d}{2}$$

由前面分析已知,

$$\Delta_Y=\frac{T_d}{2\sin\frac{\alpha}{2}}$$

$\Delta_B\neq0$,$\Delta_Y\neq0$,工序基准在定位基面上。当定位基面直径由大变小时,定位基准朝下变动;当定位直径仍然由大变小,设定位基准不动时,工序基准朝上变动,两者的变动方向相反,取“－”号,所以有

$$\Delta_D=\Delta_Y-\Delta_B=\frac{T_d}{2\sin\frac{\alpha}{2}}-\frac{T_d}{2}=\frac{T_d}{2}\left(\frac{1}{\sin\alpha/2}-1\right)$$

(3) 当工序尺寸为 A_3 时的定位误差。

工序基准是圆柱上母线,定位基准是圆柱轴线,两者不重合,仍然有

$$\Delta_B=\frac{T_d}{2}$$

同前分析,

$$\Delta_Y=\frac{T_d}{2\sin\frac{\alpha}{2}}$$

工序基准在定位基面上,当定位基面直径由大变小时,定位基准朝下变动;当定位直径做同样变化,设定位基准不动时,工序基准也朝下变动。两者的变动方向相同,取“＋”号,所以

$$\Delta_D=\Delta_Y+\Delta_B=\frac{T_d}{2\sin\frac{\alpha}{2}}+\frac{T_d}{2}=\frac{T_d}{2}\left(\frac{1}{\sin\alpha/2}+1\right)$$

例 6-3　如图 6-23 所示,钻连杆盖上的 4 个定位销孔。按加工要求,用平面 A 及 $2-\phi12^{+0.027}_{0}$ 两螺栓孔定位。已知夹具上两定位销的直径分别为 $d_1=\phi12^{-0.006}_{-0.007}$ mm,$d_2=\phi12^{-0.080}_{-0.091}$(削边),两销心距为 $L_d=(59\pm0.02)$mm,计算定位误差。

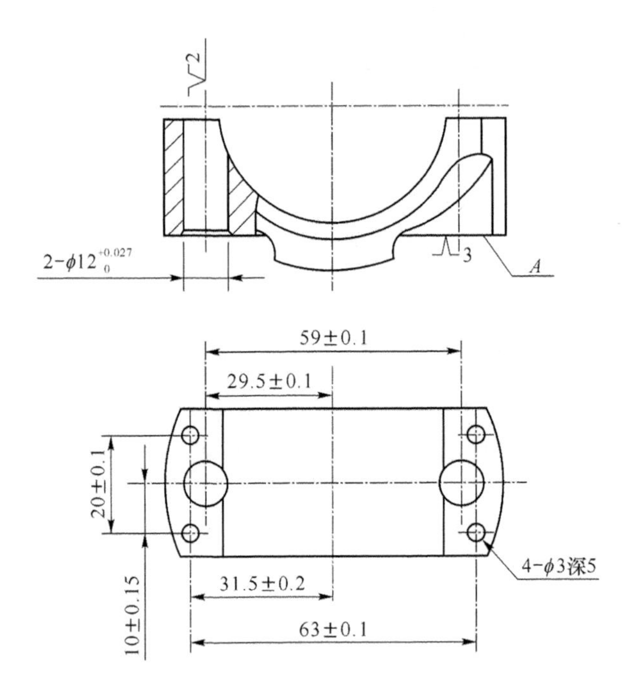

图 6-23　连杆盖工序示意图

解:在本例中,连杆盖的加工尺寸较多,除了 4 孔的直径和深度外,还有(63±0.1)mm、(20±0.1)mm、(31.5±0.2)mm 和(10±0.15)mm。其中,(63±0.1)mm 和(20±0.1)mm 的大小主要取决于钻套间的距离,与工件定位无关,所以没有定位误差;而(31.5±0.2)mm 和(10±0.15)mm 均受工件定位的影响,存在定位误差。

(1) 加工尺寸(31.5±0.2)mm 的定位误差。

由于定位基准与工序基准不重合,定位尺寸为(29.5±0.1)mm,所以 $\Delta_B=0.2$ mm。

由于尺寸(31.5±0.2)mm 的方向与两定位孔连心线平行,此时该方向的位移误差取决于两对配合孔、销中最大间隙较小的一边,所以有

$$\Delta_Y=x_{1\max}=D_{1\max}-d_{1\min}=0.027+0.017=0.044\ \text{mm}$$

由于工序基准不在定位基面上,所以

$$\Delta_D=\Delta_B+\Delta_Y=0.2+0.044=0.244\ \text{mm}$$

(2) 加工尺寸(10±0.15)mm 的定位误差。

因为定位基准与工序基准重合,故 $\Delta_B=0$。

定位基准与限位基准不重合将产生基准位移误差,位移的极限位置有 4 种情况:两孔两销同侧接触,如图 6-24(a)所示;两孔和两销上下错移接触,如图 6-24(b)所示。此时对加工尺寸(10±0.15)mm 的影响是最大转角误差,它大于两孔和两销同一侧接触的位移量。所以,最大转角误差 $\Delta\alpha$ 所产生的基准位移量是基准位移误差。

由图 6-24(b)可得

$$\tan\Delta\alpha=\frac{O_1O_1'+O_2O_2'}{L}=\frac{x_{1\max}+x_{2\max}}{2L}$$

式中,$x_{1\max}$为定位销与孔之间的最大配合间隙;$x_{2\max}$为削边销与孔之间的最大配合间隙。所以

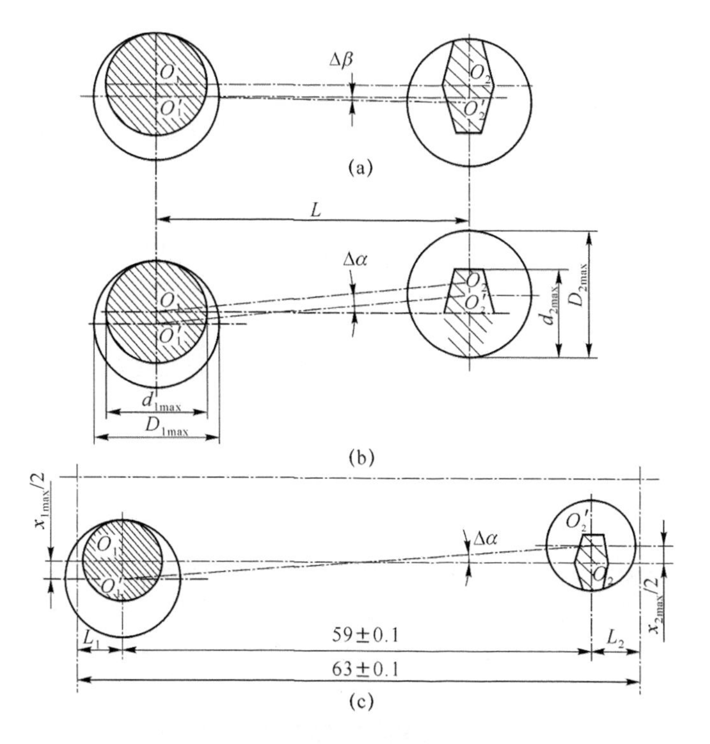

图 6-24　一面两销组合定位的定位误差

$$\Delta\alpha=\arctan\frac{x_{1\max}+x_{2\max}}{2L}$$

代入数值计算得

$$\tan\Delta\alpha=\frac{x_{1\max}+x_{2\max}}{2L}=\frac{0.044+0.118}{2\times 59}=0.001\ 38\ \mathrm{mm}$$

工件还可能向另一方向偏转，因此转角误差应当是$\pm\Delta\alpha$。

实际上，基准位移既有直线位移，又有上述所分析的角位移，因此，工件上左边两小孔的基准位移误差（如图 6-24(c)所示）为

$$\Delta_{Y_1}=x_{1\max}+2L_1\tan\Delta\alpha=0.044+2\times 2\times 0.001\ 38=0.05\ \mathrm{mm}$$

右边两小孔的基准位移误差为

$$\Delta_{Y_2}=x_{2\max}+2L_2\tan\Delta\alpha=0.118+2\times 2\times 0.001\ 38=0.124\ \mathrm{mm}$$

式中，L_1、L_2 为两小孔与定位孔间的距离，即 31.5－29.5＝2 mm。

由于(10±0.15)mm 是对 4 个小孔的统一要求，因此其定位误差为

$$\Delta_D=\Delta_{Y_2}=0.124\ \mathrm{mm}$$

6.3　工件的夹紧

6.3.1　夹紧装置的基本要求及组成

1. 夹紧装置的基本要求

(1) 夹紧要可靠

夹紧装置的基本功能是夹固工件，以使工件在各种外力作用下，仍能稳固地维持其定位

位置不动，保证切削加工的顺利、安全进行。故夹紧可靠是对夹紧装置所提出的首要要求。

(2) 夹紧不允许破坏定位

夹紧应保证维持工件的精确定位，而不允许破坏工件的原有定位状态。

(3) 夹紧变形要尽量小，且不能压伤工件

对工件的夹紧不应引起工件的较大夹紧变形，以免松开夹紧后的弹性恢复造成加工表面的形状、位置精度下降。另外，要求夹紧不能造成工件表面的压伤，以免影响工件表面质量。当夹紧力较大时，应选择适当的压紧点或采用垫块、压脚等结构，以防压溃工件表面。

(4) 操作要方便

夹具的操作机构应力求方便、省力、安全，有利于快速装卸工件，减轻工人的劳动强度，以提高工作效率。

2. 夹紧装置的组成

夹紧装置的种类很多，其结构一般由两部分组成。

(1) 动力装置

夹紧力的来源一是人力，二是某种装置所产生的力。能产生力的装置称为夹具的动力装置。常用的动力装置有气动装置、液压装置、电动装置、电磁装置、气—液联动装置和真空装置等。由于手动夹具的夹紧力来自人力，所以它没有动力装置。

(2) 夹紧机构

夹紧机构指接受和传递原始作用力使之变为夹紧力并执行夹紧任务的部分，一般由下列机构组成。

① 接受原始作用力的机构，如手柄、螺母或用来连接气缸活塞杆的机构等。

② 中间传力机构，如铰链、杠杆等。

③ 夹紧元件，如各种螺钉、压板等。

其中，中间传力机构在传递原始作用力至夹紧元件的过程中可以起到诸如改变作用力的方向、大小以及自锁等作用。

6.3.2 实施夹紧力和布置夹紧点的基本原则

1. 夹紧力的方向和作用点

(1) 夹紧力应朝向主要基准面

对工件只施加一个夹紧力，或施加几个方向相同的夹紧力时，夹紧力的方向应尽可能朝向主要基准面。如图 6-25 所示，其中图 6-25(a)为加工工件的工序简图，工件上被镗的孔与左端面有一定的垂直度要求，因此夹紧力应朝向主要基准面 A，以有利于保证镗孔轴线与 A 面垂直，如图 6-25(d)所示。如果按图 6-25(b)、(c)所示布置，则由于工件左端面与底面的夹角误差，夹紧时将破坏工件的定位或引起工件的变形，影响孔与左端面的垂直度要求。

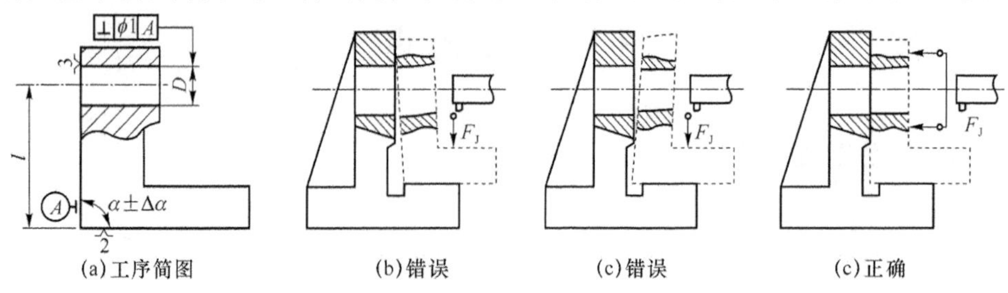

图 6-25 夹紧力应指向主要基准面

(2) 夹紧力的作用点应落在定位支承范围内

如图 6-26 所示，夹紧力的作用点如果落到了定位元件的支承范围之外，夹紧时夹紧力与支反力形成了翻转力偶，将破坏工件的定位，因而是错误的。

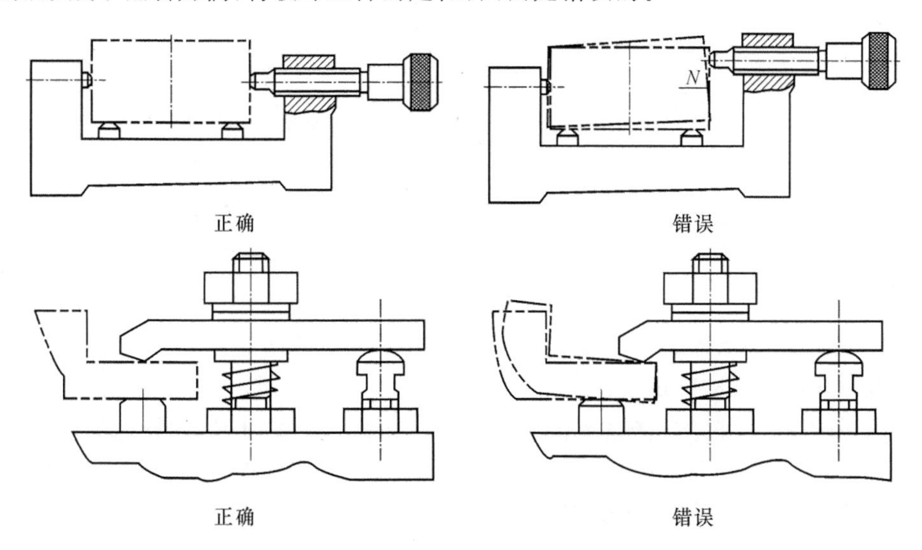

图 6-26 作用点与定位支承的位置关系

(3) 夹紧力的作用点应落在工件刚度较好的方向和部位

为使工件受“拉压”力而不受“弯矩”作用，夹紧力的作用点应落在工件刚度高的方向和部位，这一原则对刚度低的工件特别重要。如图 6-27(a)所示，薄壁套的轴向刚度比径向高，沿轴向施加夹紧力变形就会小得多；夹紧如图 6-27(b)所示薄壁箱体时，夹紧力应作用在刚度较好的凸边上；箱体没有凸边时，可如图 6-27(c)所示的那样将单点夹紧改为三点夹紧，使着力点落在刚度较好的箱壁上。

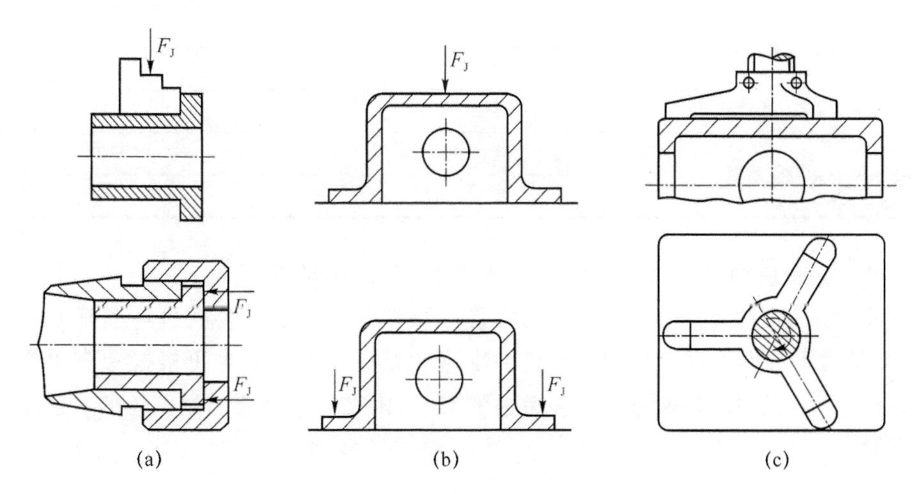

图 6-27 夹紧力作用点与夹紧变形的关系

(4) 夹紧力作用点应靠近工件的加工表面

如图 6-28 所示，在拨叉上铣槽，由于主要夹紧力的作用点距加工表面较远，故在靠近加工表面的地方设置了辅助支承，同时增加夹紧力 F_J'。这样不仅提高了工件的装夹刚度，还

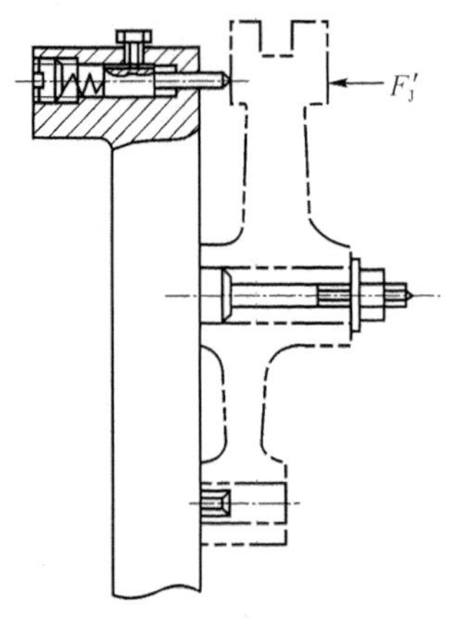

图 6-28　夹紧力作用点靠近加工表面

减少了加工时工件的振动。

2. 夹紧力大小的估算

加工过程中，工件受到切削力、离心力、惯性力及重力的作用。理论上，夹紧力的作用应与上述力(矩)的作用平衡。而实际上，夹紧力的大小还与工艺系统的刚度、夹紧机构的传递效率等有关，而且切削力的大小在加工过程中是变化的，因此，夹紧力一般只能进行粗略的估算。估算时应找出对夹紧最不利的瞬时状态，估算此状态下所需的夹紧力，并只考虑主要因素在力系中的影响，略去次要因素在力系中的影响。估算步骤如下。

(1) 按照切削原理中的指数公式计算切削力。

(2) 按照理论力学的方法建立理论夹紧力 $F_{J理}$ 与最大切削力 F_C 的静力平衡方程，即

$$F_{J理}=f(F_C)$$

(3) 计算出 $F_{J理}$ 后，再乘以合适的安全系数 K，即得实际需要的夹紧力 $F_{J需}$，即

$$F_{J需}=KF_{J理}$$

安全系数可按下式计算：

$$K=K_0K_1K_2K_3$$

各种因素的安全系数如表 6-3 所示。

表 6-3　各种因素的安全系数

考虑因素		系数值
K_0——基本安全系数(考虑工件材质，余量是否均匀)		1.2～1.5
K_1——加工性质系数	粗加工	1.2
	精加工	1.0
K_2——刀具钝化系数		1.1～1.3
K_3——切削特点系数	连续切削	1.0
	断续切削	1.2

(4) 校核夹紧机构产生的夹紧力 F_J。夹紧力 F_J 应满足 $F_J \geqslant F_{J需}$。

由于实际加工中切削力是一个变值，并且计算切削力大小的公式也与实际不可能完全一致，故夹紧力不可能通过这种计算而得到准确的结果。生产中也可根据一定生产经验用类比的方法估算夹紧力，如果是一些关键性的夹具，则往往还需要通过试验的方法来确定所需要的夹紧力。

6.3.3　基本夹紧机构

1. 斜楔夹紧机构

采用斜楔作为传力元件或夹紧元件的夹紧机构称为斜楔夹紧机构。图 6-29 所示为几种常用斜楔夹紧机构夹紧工件的实例。图 6-29(a)所示是在工件上钻互相垂直的 ϕ8F8、

ϕ5F8两组孔。工件装入后，锤击斜楔大头或小头，即可夹紧或松开工件。由于用斜楔直接夹紧工件的夹紧力较小，且操作费时，所以实际生产中应用不多，多数情况下是将斜楔与其他机构联合起来使用。图6-29(b)所示是将斜楔与滑柱组合使用的一种夹紧机构，既可以手动，也可以气压驱动。图6-29(c)所示是由端面斜楔与压板组合而成的夹紧机构。

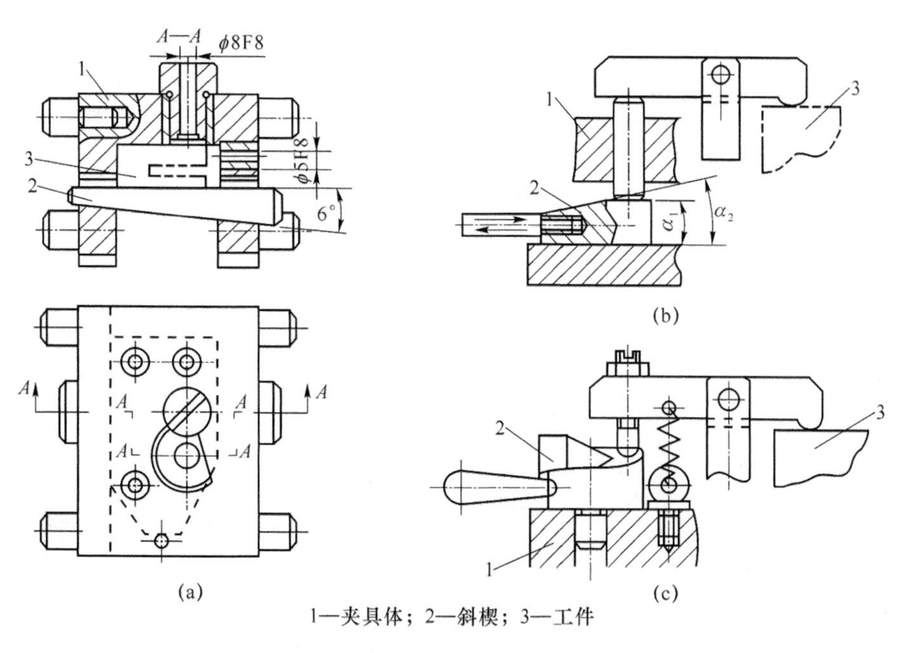

1—夹具体；2—斜楔；3—工件

图6-29 斜楔夹紧机构

直接采用斜楔夹紧时可获得的夹紧力为

$$F_J=\frac{F_S}{\tan\phi_1+\tan(\alpha+\phi_2)}$$

式中，F_J 为可获得的夹紧力(N)；F_S 为作用在斜楔上的原始力(N)；ϕ_1 为斜楔与工件之间的摩擦角(°)；ϕ_2 为斜楔与夹具之间的摩擦角(°)；α 为斜楔的夹角(°)。

为了保证加在斜楔上的作用力去除后工件仍能可靠地被夹紧而不松开，必须使夹紧机构具有自锁能力。斜楔的自锁条件是：斜楔的夹角小于斜楔与工件、斜楔与夹具体之间的摩擦角之和，即

$$\alpha\leqslant\phi_1+\phi_2$$

为保证自锁可靠，手动夹紧机构一般取 $\alpha=6°\sim8°$。用气压或液压装置驱动的斜楔不需要自锁，可取 $\alpha=15°\sim35°$。

斜楔夹紧具有结构简单、增力比大、自锁性能好等特点，因此获得了广泛应用。

2. 螺旋夹紧机构

(1) 单个螺旋夹紧机构

图6-30(a)、(b)所示是直接用螺钉或螺母夹紧工件的机构，称为单个螺旋夹紧机构。在图6-30(a)中，螺钉头直接与工件表面接触，螺钉转动时可能损伤工件表面或带动工件旋转。克服这一缺点的方法是在螺钉头部装上如图6-31所示的摆动压块。当摆动压块

与工件接触后，由于压块与工件间的摩擦力矩大于压块与螺钉间的摩擦力矩，因而压块不会随螺钉一起转动。图6-31(a)所示的压块端面是光滑的，用于夹紧已加工表面；图6-31(b)所示的端面有齿纹，用于夹紧毛坯面；当要求螺钉只移动不转动时，可采用图6-31(c)所示结构。

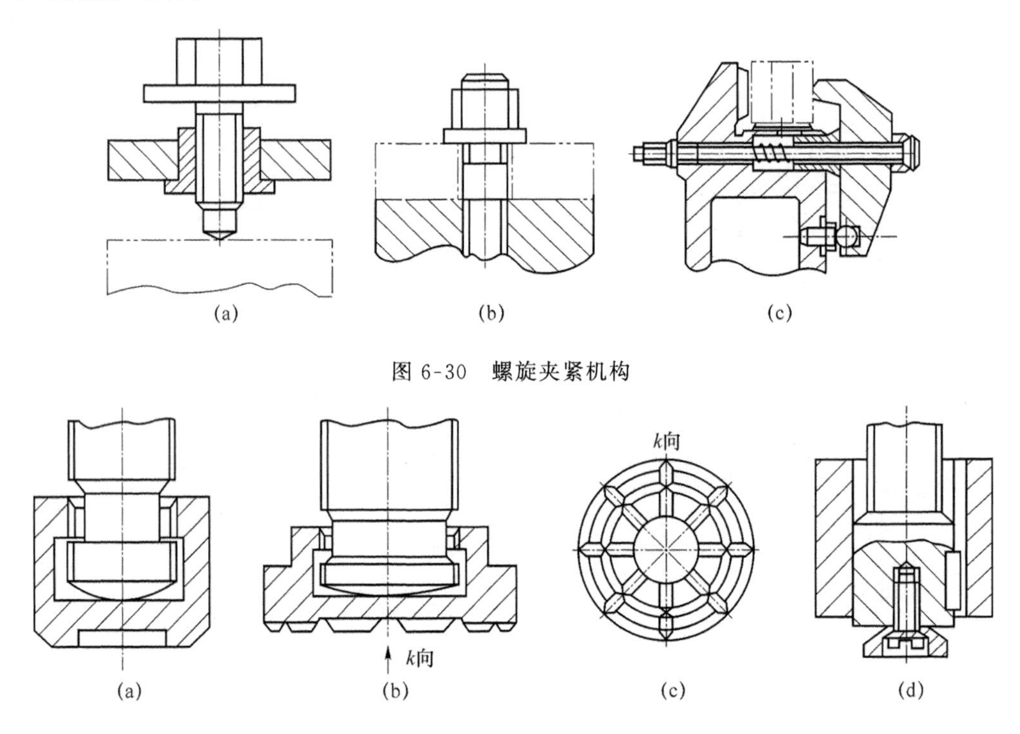

图 6-30 螺旋夹紧机构

图 6-31 摆动压板

为克服单个螺旋夹紧机构夹紧动作慢、工件装卸费时的缺点，常采用各种快速接近、退离工件的方法。图 6-32 列出了常见的几种快速螺旋夹紧机构。其中，图 6-32(a)使用了开口垫圈；图 6-32(b)中，夹紧轴 1 上的直槽连着螺旋槽，先推动手柄 2，使摆动压块迅速靠近工件，继而转动手柄，用螺旋槽段夹紧工件并自锁；图 6-32(c)采用了快卸螺母；图 6-32(d)中的手柄 5 带动螺母 4 旋转时，因补偿块手柄 6 的限制，螺母不能右移，致使螺杆带着摆动压块 3 往左移动，从而夹紧工件。松开时，只要反转手柄 5，稍微松开后，即可使补偿块手柄 6 摆开，为手柄 5 的快速右移让出空间。

(2) 螺旋压板机构

夹紧机构中，螺旋压板的使用是非常普遍的。图 6-33 所示是几种常见的螺旋压板的典型结构。其中，图 6-33(a)、(b)是移动压板，在这两种机构中，其施力螺钉位置不同。图 6-33(a)为螺钉夹紧方式，可通过压板的移动来调整压板的杠杆比，实现增大夹紧力和夹紧行程的目的；图 6-33(b)为螺母夹紧方式，夹紧力小于作用力，主要用于夹紧力不大和夹紧行程需调节的场合；图 6-33(c)为回转压板，使用方便；图 6-33(d)是铰链压板机构，主要用于增大夹紧力的场合。图 6-34 所示是螺旋钩形压板机构，其特点是结构紧凑，使用方便，主要用于安装夹紧机构的位置受到限制的场合，并使工件方便从上方装卸。

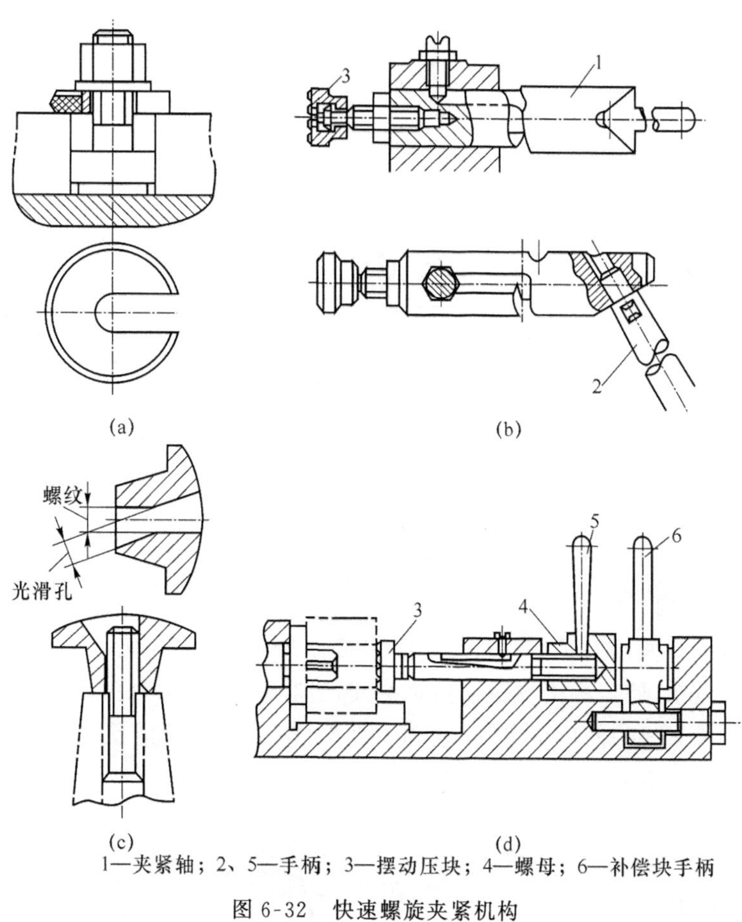

1—夹紧轴；2、5—手柄；3—摆动压块；4—螺母；6—补偿块手柄

图 6-32　快速螺旋夹紧机构

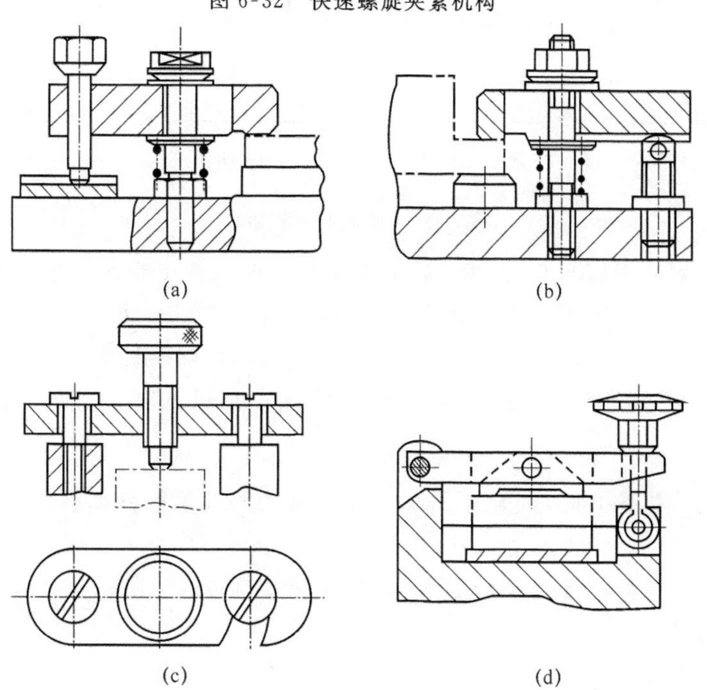

图 6-33　螺旋压板

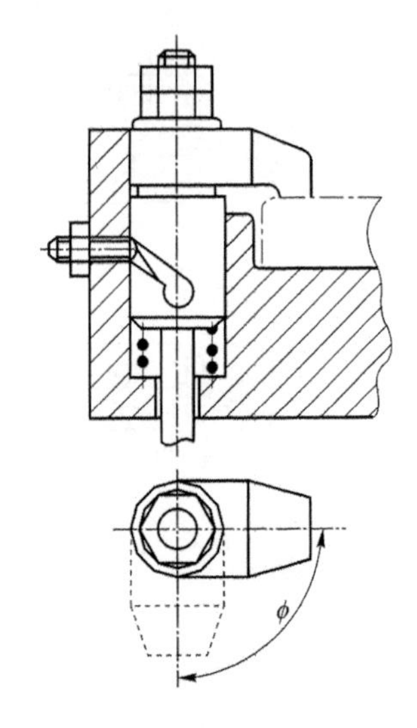

图 6-34　螺旋钩形压板

3. 偏心夹紧机构

用偏心件直接或间接夹紧工件的机构称为偏心夹紧机构。偏心件有两种形式，即圆偏心和曲线偏心。其中，圆偏心机构因结构简单、制造容易而得到广泛应用。图 6-35 所示是几种常见的偏心夹紧机构的应用实例。其中，图 6-35(a)、(b)用的是圆偏心轮，图 6-35(c)用的是偏心轴，图 6-35(d)用的是偏心叉。

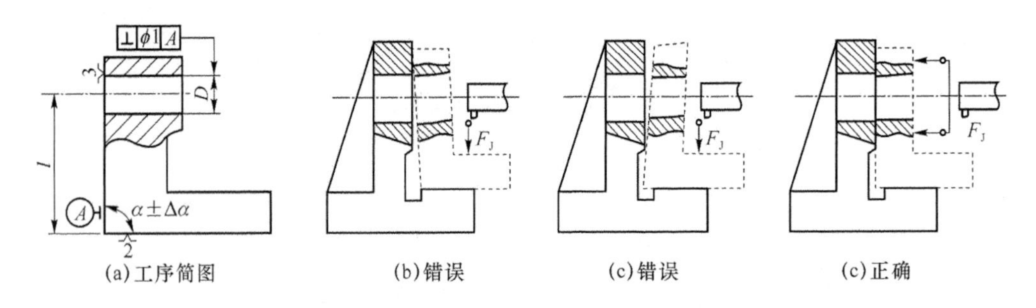

图 6-35　圆偏心压板机构

偏心轮的夹紧原理如图 6-36 所示，O_1 为偏心轮的几何中心，O_2 为回转中心。若以回转中心 O_2 为圆心，r 为半径画圆(虚线圆)，这个圆所表示的部分可以称做“基圆盘”，偏心轮剩余部分是对称的两个弧形楔。当偏心轮绕回转中心 O_2 顺时针方向旋转时，相当于一个弧形楔逐渐楔入“基圆盘”和工件之间，从而夹紧工件。所以，偏心夹紧的自锁条件与斜楔夹紧应该是相同的。

偏心夹紧机构操作方便，夹紧迅速，缺点是夹紧力和夹紧行程都小，一般用于切削力不大、振动小、没有离心力影响的加工中。

圆偏心轮结构已经标准化，设计时可参考《机床夹具设计手册》。

4. 其他夹紧机构

(1) 定心夹紧机构

按定心作用原理的不同，定心夹紧机构有两种类型。一种是依靠传动机构使定心夹紧

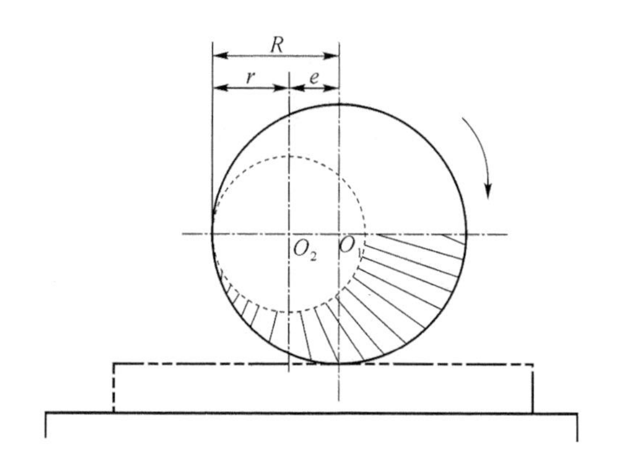

图 6-36 偏心轮的工作原理

元件同时做等速移动，从而实现定心夹紧，常见的有螺旋式、杠杆式、楔式机构等。图 6-37 所示的就是一种螺旋式定心夹紧机构，其结构简单，工作行程大，通用性好，但定心精度不高，主要适用于粗加工或半精加工。另一种是定心夹紧元件本身做均匀弹性变形，从而实现定心夹紧，如弹簧筒夹（如图 6-38 所示）、膜片卡盘、波纹套、液性塑料等。这种定心夹紧机构结构简单、体积小、操作方便迅速，定心精度较高，一般用于轴、套类零件的精加工或半精加工场合。

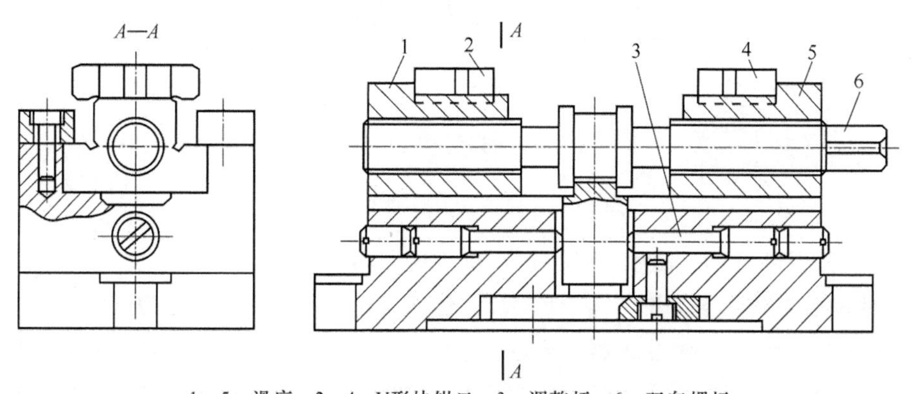

1、5—滑座；2、4—V形块钳口；3—调整杆；6—双向螺杆

图 6-37 螺旋式定心夹紧机构

(2) 联动夹紧机构

利用一个原始作用力实现单件或多件的多点、多向同时夹紧的机构，称为联动夹紧机构，如图 6-39 所示。由于该机构能有效提高生产率，因而在自动线和各种高效夹具中得到了广泛的应用。

(3) 气动和液动夹紧机构

近年来，随着自动化加工技术迅猛发展，尤其是在数控机床、加工中心及由高度自动化设备构成的加工系统中，以压缩空气和液压力为动力源的机床夹具得到了广泛使用。在气动和液动夹具中，采用动力传动装置代替人力进行夹紧，这样的夹紧称为机动夹紧。机动夹

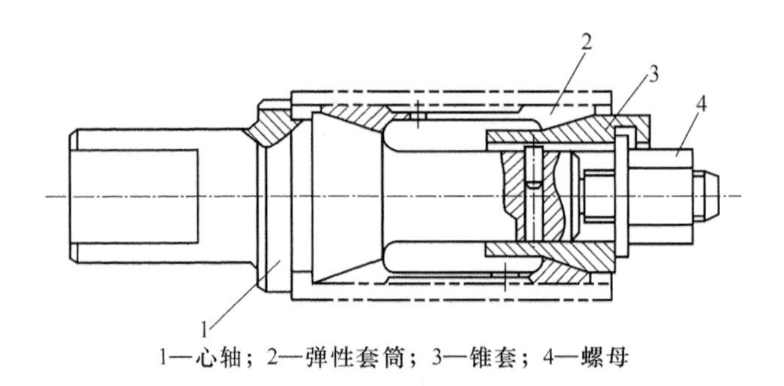

1—心轴；2—弹性套筒；3—锥套；4—螺母

图 6-38　弹簧筒夹

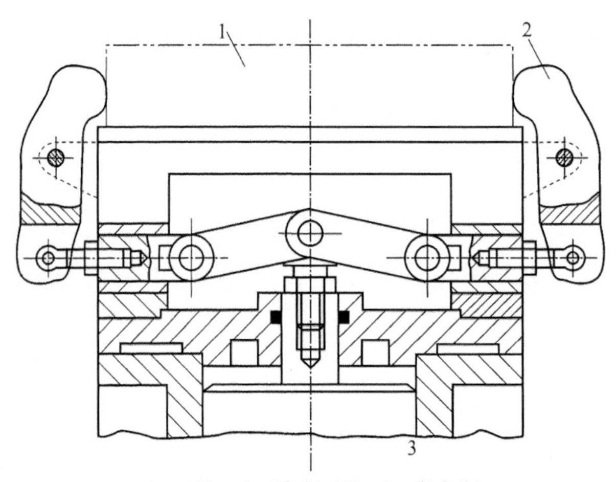

1—工件；2—浮动压板；3—活塞杆

图 6-39　单件对向联动夹紧机构

紧时，原始夹紧力可以连续使用，夹紧可靠，机构可以不必自锁。

气压传动装置的组成如图 6-40 所示。它包括 3 个部分：第一部分为气源，包括空气压缩机 2、冷却器 3、储气罐 4、过滤器 5 等，这一部分一般集中在压缩空气站内；第二部分为控制部分，包括分水滤气器 6(降低湿度)、调压阀 7、油雾器 9(将油雾化润滑元件)、单向阀 10、配气阀 11、调速阀 12 等，这些气压元件一般安装在机床附近或机床上；第三部分为执行部分，如气缸 13 等，它们通常直接装在机床夹具上与夹紧机构相连。在气压传动装置中，各元件的结构和尺寸都已标准化、系列化和规格化，设计时可查阅有关设计资料和设计手册。

图 6-41 所示是镗削衬套上阶梯孔的气动夹具。工件以 ϕ100 外圆及端面在夹具定位套的内孔和端面上定位。回转气缸(图中未画出)通过连杆 1 安装在主轴末端，加工时，卡盘和回转气缸随主轴一起旋转。

用于机床夹具的液压系统一般有两种驱动方式：一种是随机驱动方式，即由机床自身的液压系统分出一个支路，通过一个液压阀传给夹具；另一种是独立驱动方式，即为一台或多台夹具设置一个液压系统。

图 6-42(a)所示是 YJZ 型液压泵站的外形图，图 6-42(b)所示为其油路系统。油液经

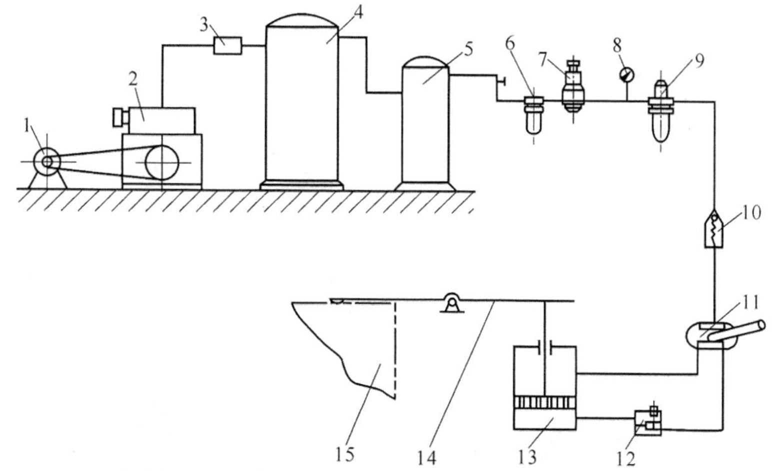

1—电动机；2—空气压缩机；3—冷却器；4—储气罐；5—过滤器；
6—分水滤气器；7—调压阀；8—压力表；9—油雾器；10—单向阀；
11—配气阀；12—调速阀；13—气缸；14—压板；15—工件

图 6-40　气压传动装置的组成

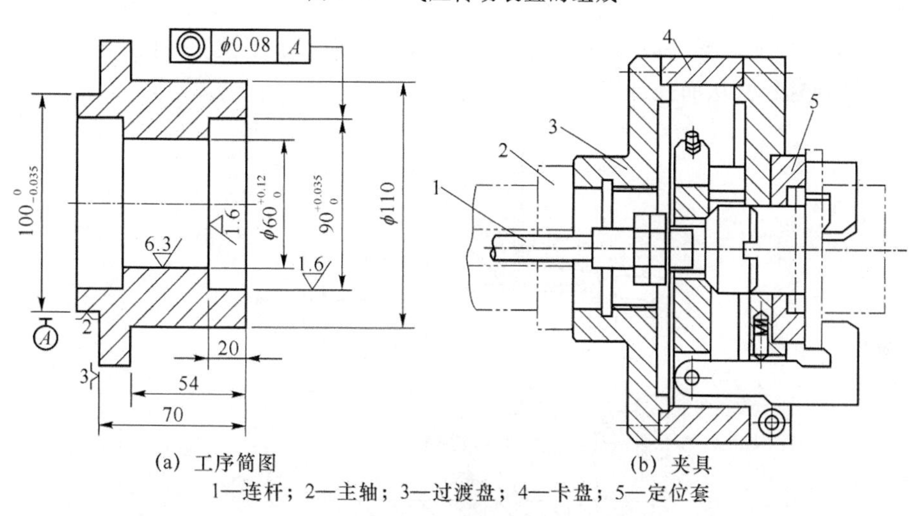

(a) 工序简图　　(b) 夹具

1—连杆；2—主轴；3—过渡盘；4—卡盘；5—定位套

图 6-41　镗孔气动夹具

滤油器 12 进入柱塞泵 8，通过单向阀 7 与快换接头 3 进入夹具液压缸 1。液压泵站输出的液压油油压高(最高工作压力为 16～23 MPa)，工作液压缸直径尺寸小。

6.4　夹具的其他装置

6.4.1　导向装置

夹具的导向装置一般用来引导刀具进入正确的加工位置，并在加工过程中防止或减少由于切削力等因素引起的刀具偏移，尤其是对于一些刀具刚性较差的加工场合，比如钻孔和镗孔。因此，在钻床夹具和镗床夹具上都设有导向装置。

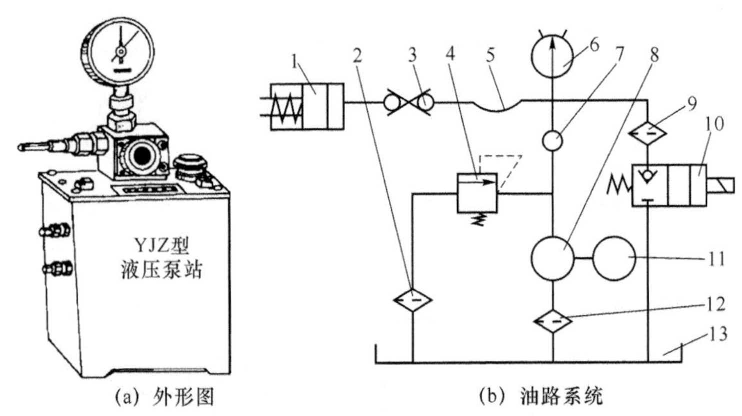

(a) 外形图　　(b) 油路系统

1—夹具液压缸；2、9、12—滤油器；3—快换接头；4—溢流阀；
5—高压软管；6—电接点压力表；7—单向阀；8—柱塞泵；
10—电磁卸荷阀；11—电动机；13—油箱

图 6-42　YJZ 型液压泵站

图 6-43 为一钻床夹具,用其加工工件上均布的 6 个径向孔。将工件安装在可以回转分度的心轴 3 上,心轴及分度盘由锁紧螺母 7 锁紧,固定在夹具体 6 上的钻模板 1 上装有钻套 2,它作为刀具的导向装置,其作用就是引导钻头进入正确的加工位置,并防止刀具在加工过程中发生偏斜或振动,从而保证工件的加工质量。

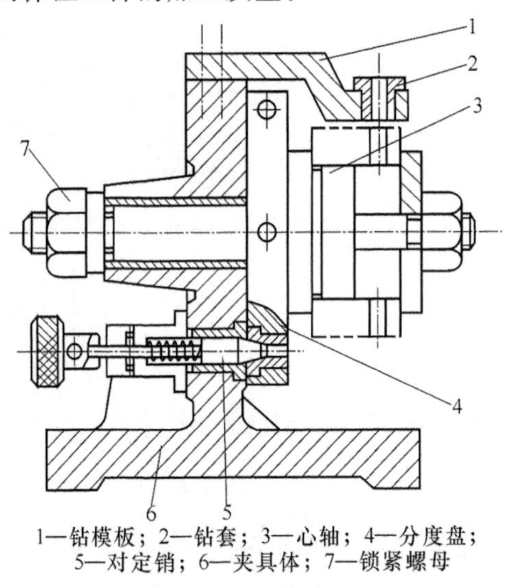

1—钻模板；2—钻套；3—心轴；4—分度盘；
5—对定销；6—夹具体；7—锁紧螺母

图 6-43　回转式钻床夹具

图 6-44 为一典型的镗床夹具,它与钻床夹具非常相似,除具有一般夹具的各种元件外,也采用了引导刀具的导套——镗套 2,同时增加刀杆的刚性,防止弯曲变形。不论是钻套还是镗套,它们都是按照被加工工件孔的坐标位置安置在导向支架上,这个支架零件在钻床夹具中称为钻模板(如图 6-43 所示件 1),在镗床夹具中称为镗模架(如图 6-44 所示件 1)。

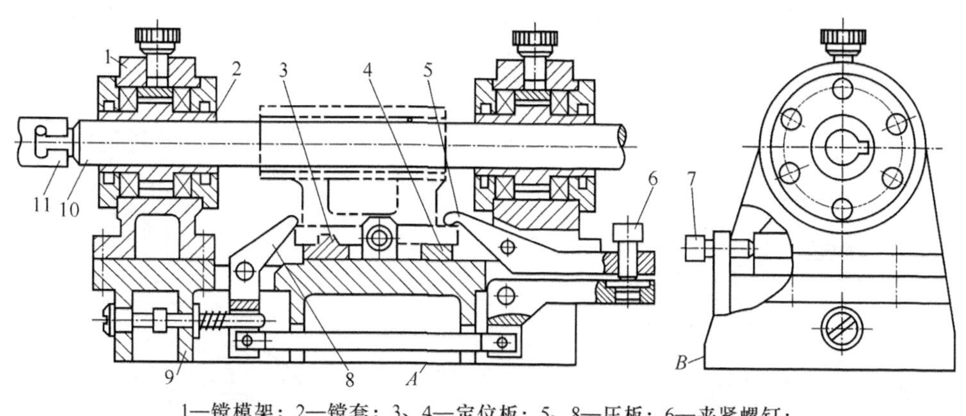

1—镗模架；2—镗套；3、4—定位板；5、8—压板；6—夹紧螺钉；
7—可调支承钉；9—镗模底座；10—镗刀杆；11—浮动接头

图 6-44　车床尾座孔镗模

1. 钻套

(1) 固定钻套

图 6-45 为固定钻套的结构,分为 A 型和 B 型两种。为防止使用时钻屑及油污进入钻套,A 型钻套在压入安装孔时,其上端应稍突出钻模板;B 型固定钻套为带凸缘式结构,上端凸缘直接确定了钻套的压入位置,为安装提供方便,并提高钻套上端孔口的强度,防止钻头等在移动中撞坏钻套上口。

固定式钻套与安装孔间的配合一般选为 H7/n6 或 H7/r6。因钻套不易更换,故常用于中小批量生产中,或用来加工孔距较小及孔的位置精度要求较高的孔。

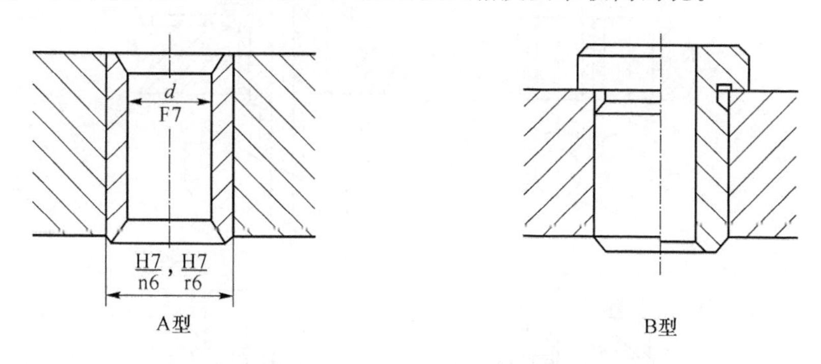

图 6-45　固定钻套

(2) 可换钻套

如图 6-46 所示,可换钻套外圆用 H6/g5 或 H7/g6 的间隙配合装入衬套孔中,衬套的外圆与钻模板底孔的配合则采用 H7/n6 或 H7/r6 的过盈配合。用紧固螺钉压紧凸边,防止钻套随刀具转动或被切屑顶出。大批量生产中,钻套磨损后旋出螺钉即可更换。

(3) 快换钻套

如图 6-47 所示,快换钻套为一种可以进行快速更换的钻套,其配合与可换钻套相同。为了能够快速更换,钻套上除专门设置有压紧台阶外,还将钻套铣出一个缺口。当更换钻套时,松开压紧螺钉,只需将快换钻套逆时针旋转,使螺钉位于缺口处,就可向上拔出钻套。快换钻套广泛用于成批大量生产中一道工序用几种刀具(如钻、扩、铰、锪等)依次连续加工的情况。

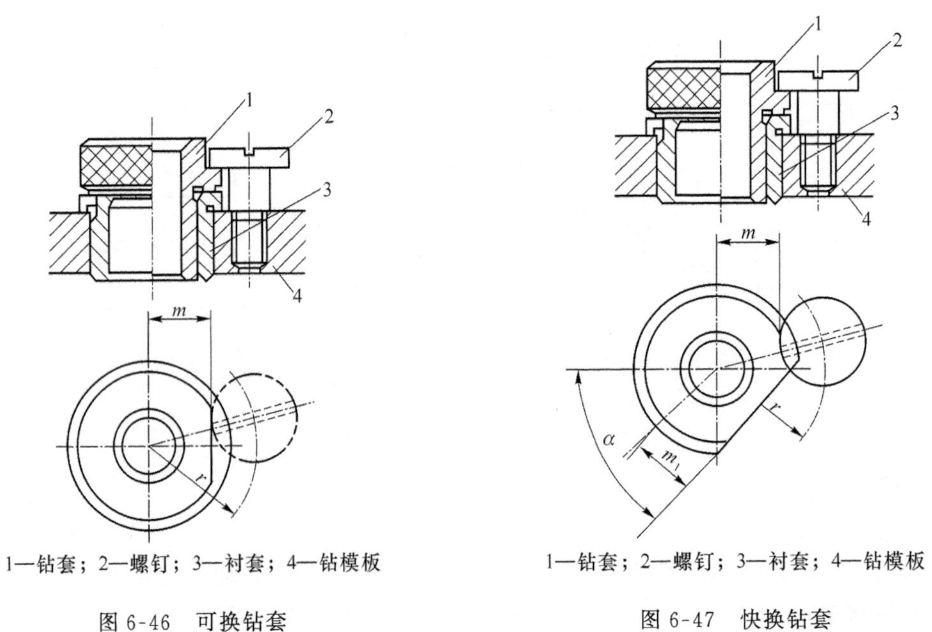

1—钻套; 2—螺钉; 3—衬套; 4—钻模板

图 6-46　可换钻套

1—钻套; 2—螺钉; 3—衬套; 4—钻模板

图 6-47　快换钻套

(4) 特殊钻套

有时由于孔的结构或位置特殊,标准钻套无法满足加工要求,此时可根据需要设计一些特殊钻套,图 6-48 就是几个特殊钻套的例子。

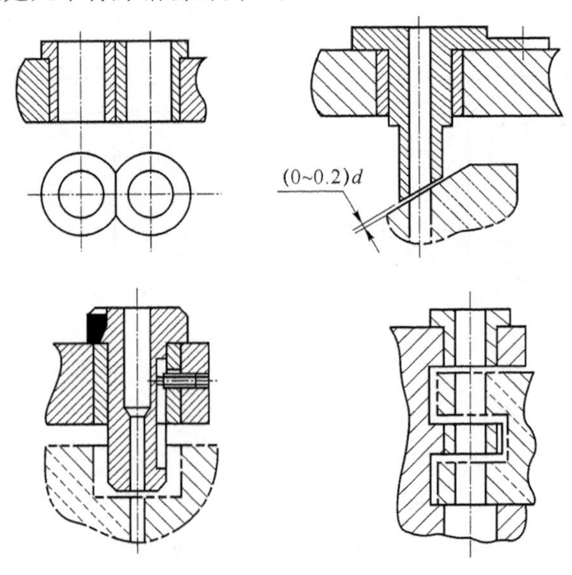

图 6-48　特殊钻套

设计钻套时,要注意下面两个问题(如图 6-49 所示)。

① 钻套的导向高度 H 越大,则导向性能越好,但钻套与刀具的磨损加剧。因此一般按经验公式 $H=(1\sim3)d$(d 为被加工孔的孔径)选取。对于加工孔的位置精度要求较高、被加工孔径较小或在斜面、弧面上钻孔时,钻套的导向高度应取较大值,反之取较小值。

② 为了及时排除切屑,防止切屑积聚过多将钻套顶出、划伤工件甚至折断钻头,应恰当留出排屑空间 S,但 S 过大又会使刀具的引偏量增大。一般按经验公式选取:$S=(0\sim1.5)d$。系数选取原则是:崩碎切屑选小,带状切屑选大;加工深孔可让切屑从钻头螺旋槽排出,系数越小越好;弧面、斜面钻孔,系数越小越好,最好为零。

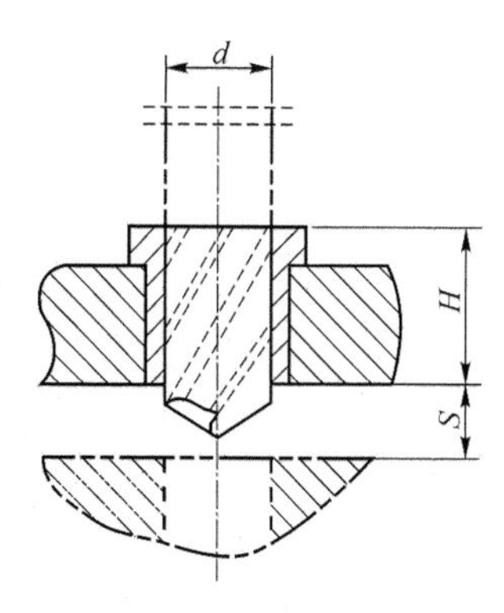

图 6-49　导向和排屑

钻套工作时必须安装在钻模板上,而钻模板又与夹具体之间有各种连接方式,有固定式的(如图 6-43 所示)、可拆卸式的(如图 6-50(a)所示)、铰链式的(如图 6-50(b)所示)、盖板式的(如图 6-50(c)所示)等。

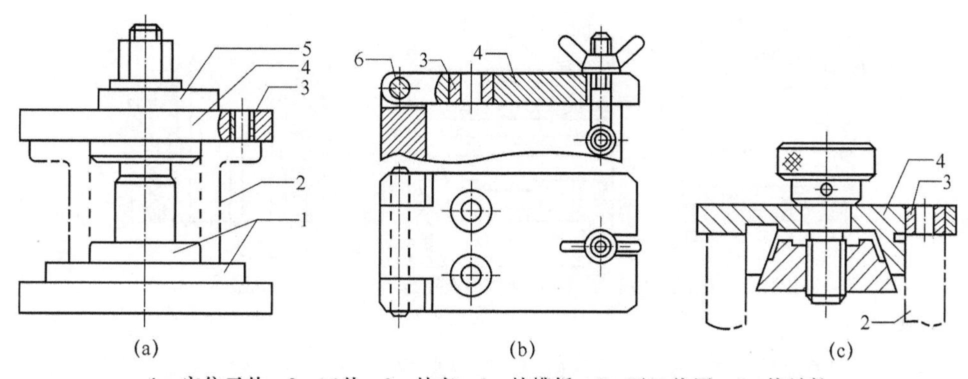

1—定位元件; 2—工件; 3—钻套; 4—钻模板; 5—开口垫圈; 6—铰链轴

图 6-50　各种钻模板及钻床夹具

2. 镗套

(1) 固定式镗套

固定式镗套被固定安装在夹具镗模支架上,不能随镗杆一起转动,因此在镗削过程中,镗杆在镗套中既有轴向的相对移动,又有较高的相对转动。镗套容易摩擦磨损而失去引导精度,只适用于线速度 $v<0.3$ m/s 的低速情况下使用。

图 6-51 为固定式镗套的结构。根据镗套润滑方式的不同,分为 A 型和 B 型两种。A 型为无润滑油槽式,需依靠模杆上的供油系统或滴油来润滑;B 型备有油杯、油槽结构,可实现较好的自润滑。

(2) 回转式镗套

回转式镗套在镗孔过程中随同镗杆一起回转(图 6-44 中的镗套就属此类),因此镗套内壁与镗杆没有相对转动,从而减少镗套内壁的磨损和发热,可长期维持其引导精度,比较适合于高速镗孔,一般应用于孔径较大、线速度 $v>0.3$ m/s 的场合。

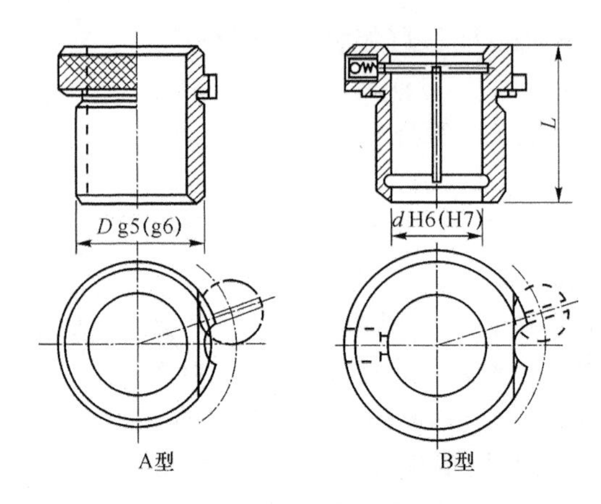

图 6-51　固定式镗套

图 6-52 所示为回转式镗套的结构，图 6-52(a)所示为滑动式回转镗套，其回转结构采用滑动轴承，这种结构径向尺寸小，结构紧凑，回转精度很高，承载能力强，在充分润滑条件下，具有良好的减振性，常用于精镗加工；图 6-52(b)、(c)所示为滚动式回转镗套，镗套与支架间由滚动轴承支承，允许转速较高，径向尺寸较大，回转精度受到滚动轴承精度影响，承载能力较低。

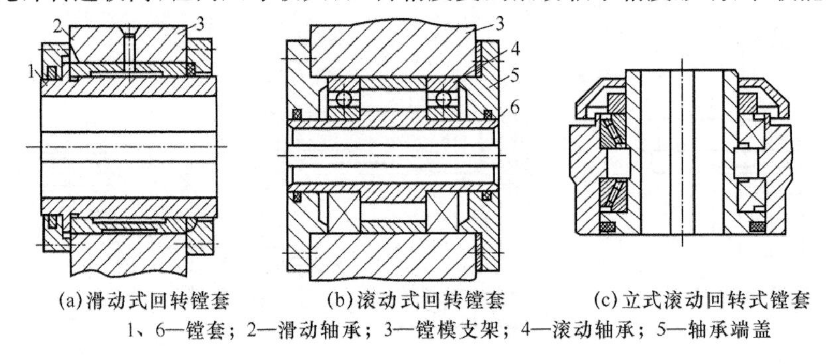

1、6—镗套；2—滑动轴承；3—镗模支架；4—滚动轴承；5—轴承端盖

图 6-52　回转式镗套

按照镗套相对刀具设置位置的不同，镗模导向装置的布置方式可分为单套前引导、单套后引导、双套单向引导、前后单套引导(图 6-44 所示镗床夹具即为这种布置形式)和前后双套引导 5 种结构形式，如图 6-53 所示。设计时应根据零件结构、孔的位置及孔径大小和孔深比等来选择。

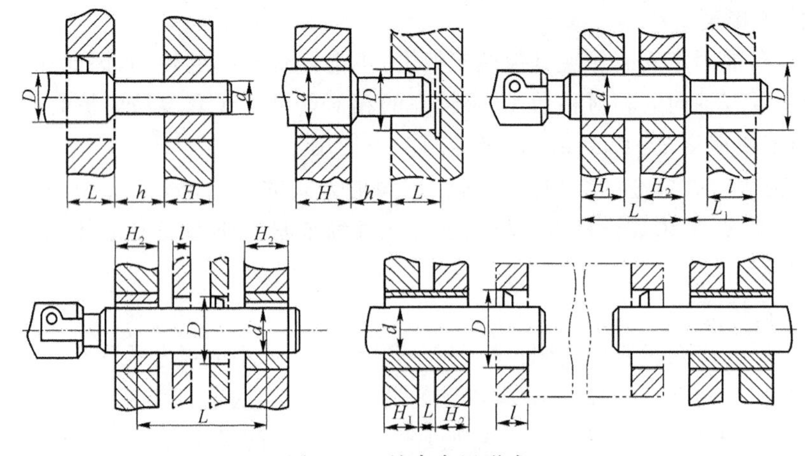

图 6-53　镗套布置形式

在镗床夹具中，镗套要安装在镗模支架上(如图 6-44 所示件 1)，镗模支架连接在夹具体上。

6.4.2 对刀装置

在铣床和刨床夹具中，大多数都有对刀装置，以便快速地调整刀具的相对位置。图 6-54所示为加工壳体零件两侧面所用铣床夹具，工件以一面两孔作为定位基准在夹具的定位元件 6 和削边销 10 上定位，夹具的一侧设置了一个对刀块 5 用来确定刀具的正确位置，可以实现快速对刀。

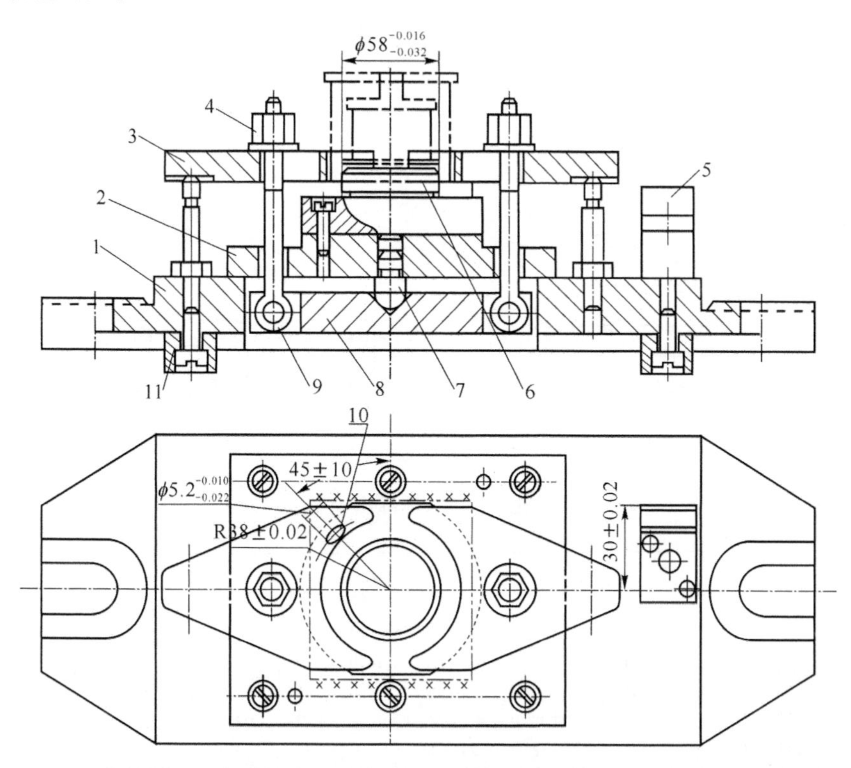

1—夹具体；2—支承板；3—压板；4—螺母；5—对刀块；6—定位销；7—支承钉；8—铰接板；9—螺杆；10—菱形销；11—定向键

图 6-54 加工壳体的铣床夹具

对刀装置主要由基座、专用对刀块和对刀塞尺来组成。基座是整个装置的安装基础，可根据具体结构和高度来专门设计，对刀块和对刀塞尺均已经标准化。

对刀装置的结构形式取决于加工表面的形状。图 6-55 所示为几种常用的标准对刀块，其中，图 6-55(a)所示为圆形对刀块，用于加工平面；图 6-55(b)所示为方形对刀块，用于调整组合铣刀的位置；图 6-55(c)所示为直角对刀块，用于加工两相互垂直面或铣槽时的对刀；图 6-55(d)所示为侧装对刀块。这些标准对刀块的结构参数均可从有关手册中查取。

为了较准确地感知调刀精确位置，并防止对刀时碰伤刀刃和对刀块，一般在刀具和对刀块之间塞一规定尺寸的塞尺，通过抽动塞尺并感觉塞尺和刀具接触的松紧程度来判断刀具的调整是否到位。标准塞尺有平塞尺和圆柱塞尺，如图 6-56 所示。平塞尺有 1 mm、2 mm、3 mm、4 mm 和 5 mm 五种规格，圆柱塞尺有 3 mm 和 5 mm 两种规格。图 6-57 所示为各种对刀块的应用情况。

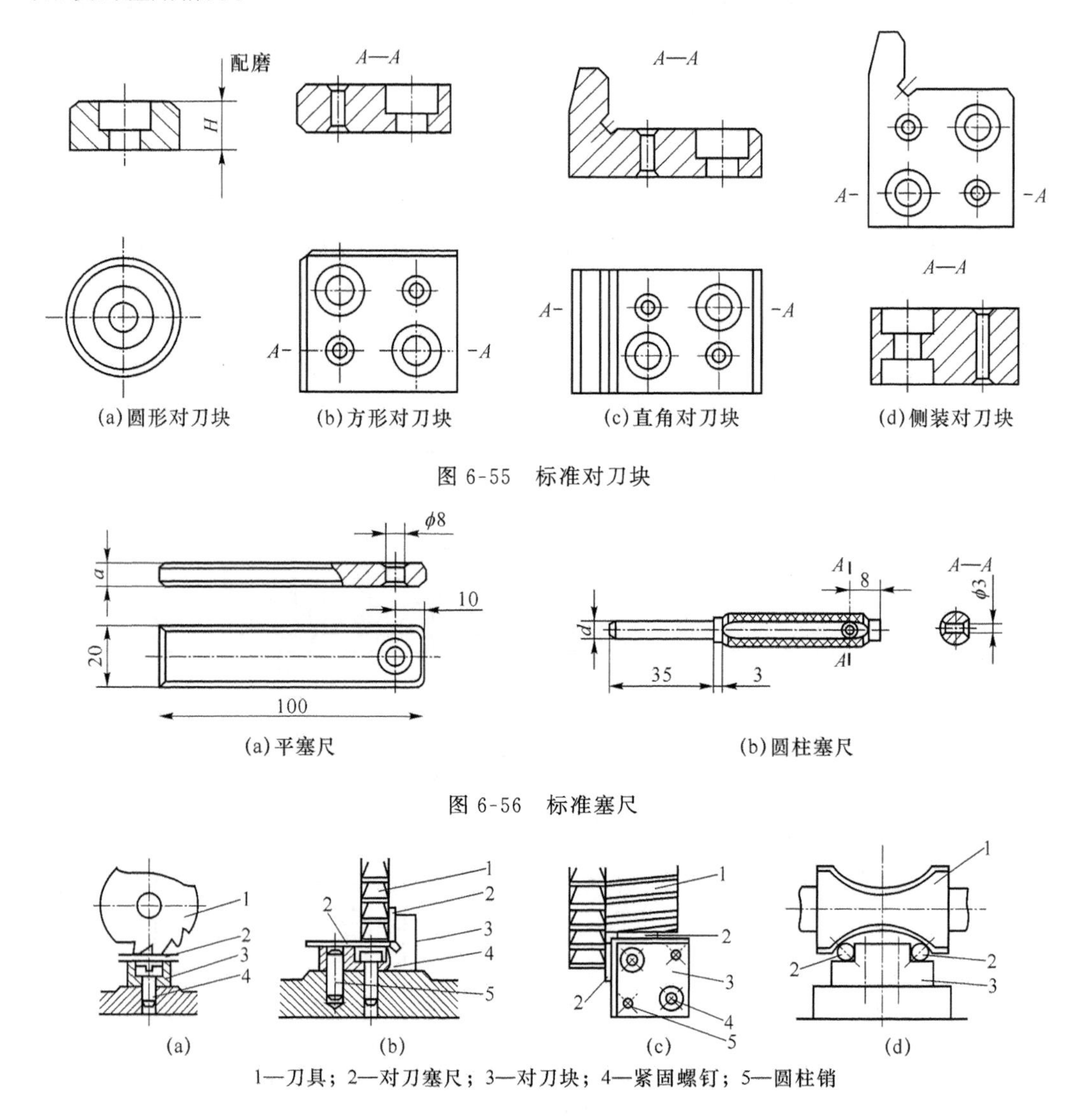

(a)圆形对刀块　(b)方形对刀块　(c)直角对刀块　(d)侧装对刀块

图 6-55　标准对刀块

(a)平塞尺　(b)圆柱塞尺

图 6-56　标准塞尺

(a)　(b)　(c)　(d)

图 6-57　对刀装置

6.4.3　分度装置

在机械加工中,往往会遇到一些工件要求在夹具的一次安装中加工一组表面(孔系、槽系或多面体等),而此组表面是按一定角度或一定距离分布的,这样便要求该夹具在工件加工过程中能进行分度,也就是说,夹具中应有相应的分度装置。

例如,图 6-43 所示的钻床夹具就是用分度装置来钻一组径向等分孔的钻床夹具。在分度盘 4 的圆周上分布着与被钻孔数相同的分度锥孔,钻孔前,对定销 5 在弹簧力的作用下插入分度孔中,通过锁紧螺母 7 使分度盘锁紧在夹具体上;钻孔后,反向转动螺母 7 使分度盘松开,这时可以拔出对定销 5 并转动分度盘使之分度,直至对定销插入第二个锥孔,然后锁紧分度盘进行第二个孔的加工。

分度装置可分为两大类:回转分度装置及直线分度装置。由于这两类分度装置的结构原理和设计中要考虑的问题基本相同,而生产中又以回转分度装置应用较多,故这里主要讨论回转分度装置。

分度装置由固定部分、转动部分、分度对定机构、抬起与锁紧机构以及润滑部分等组成。

(1) 固定部分。它是分度装置的基体,其他各部分都装在这个基体上。在专用夹具中往往就利用夹具体作为分度机构的固定部分,如图 6-43 中的件 6。

(2) 转动部分。它是回转分度装置的运动件,包括回转盘、衬套和转轴等,通过它们达到转位的目的,如图 6-43 中的件 3。

(3) 分度对定机构。它的作用是转位分度后,确保其转动部分相对于固定部分的位置,得到正确的定位。这一部分是分度装置的关键部分,主要由分度盘和对定销组成,如图 6-43中的件 4、件 5。多数情况下,分度盘与分度装置中的转动部分相连接(图 6-43 中的件 3、件 4 就是这样),或直接利用转盘作分度盘,而对定销则与固定部分相连。

分度对定机构的结构形式较多,它们各有不同的特点,且适合不同的场合,常用的有下面几种。

(1) 钢球对定。如图 6-58(a)所示,它是依靠弹簧的弹力将钢球压入分度盘锥坑中实现分度对定的。钢球对定结构简单,在径向、轴向分度中均有应用,常用于切削负荷小且分度精度较低的场合。

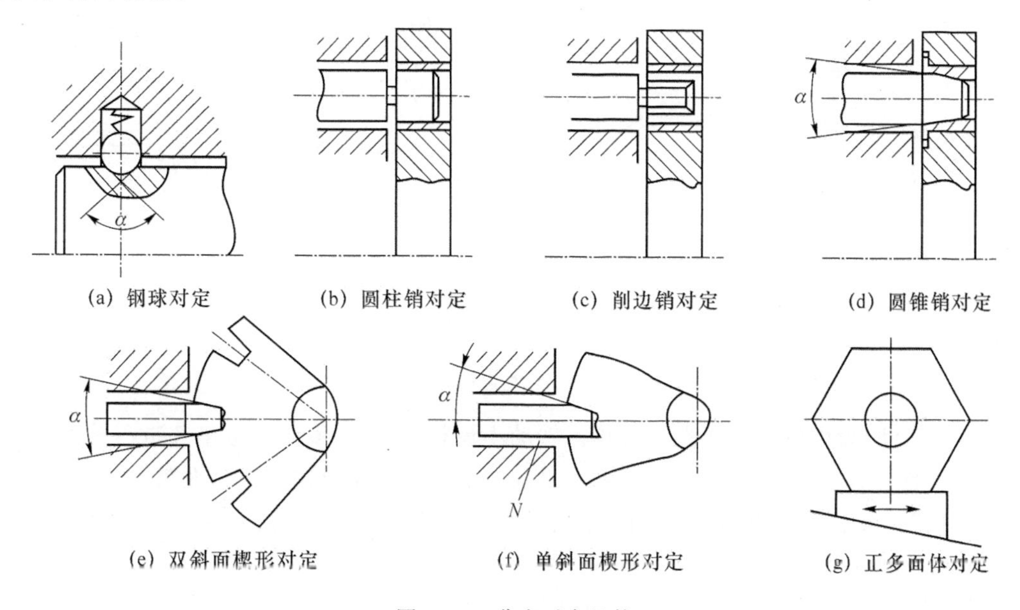

图 6-58　分度对定机构

(2) 圆柱销对定。如图 6-58(b)所示,分度盘轴向孔座与圆柱销可采用 H7/g6 间隙配合。这种形式结构简单、制造方便,使用时不易受碎屑和污物的影响,但分度精度较低,一般用于轴向分度。

(3) 削边销对定。如图 6-58(c)所示,这种形式就是将圆柱销削边,补偿分度盘分度孔的中心距误差,减小孔销之间的配合间隙,从而提高分度精度,制造也不困难,一般多用于轴向分度。

(4) 圆锥销对定。如图 6-58(d)所示,对定时圆锥面能消除配合间隙,故分度精度较高,常用于轴向分度。

(5) 双斜面楔形对定。如图 6-58(e)所示,斜面能自动消除结合面的间隙,故有较高的分度精度。但使用时如果工作面粘有碎屑污物,将会影响对定精度,所以结构上要考虑必要的防屑措施,且双斜面槽加工时要求两斜面的对称中心要通过分度盘的中心,所以制造较困难,应用不广泛。

(6) 单斜面楔形对定。如图 6-58(f)所示,斜面能消除配合间隙,产生的分力能使分度盘始终反靠在平面上,直侧面起分度定位作用,因此分度精度高,即使工作表面粘有碎屑污物使对定销稍有后退,也不影响分度精度,这种形式常用于径向精密分度。

(7) 正多面体对定。如图 6-58(g)所示,这种形式的分度盘为正多面体,利用其侧面进行分度,用斜楔加以对定,其特点是制造容易、刚度高,常用于分度精度要求不高、分度数不多的径向分度。

分度对定机构的操作可分为机动和手动两种。图 6-59(a)所示为结构已标准化的手拉式定位操作机构,操作时将捏手 5 向外拉,即可将对定销 1 从分度盘衬套 2 的孔中拔出。当横销 4 脱离槽 B 后,可将捏手转过 90°,使横销 4 搁在导套 3 的面 A 上,此时即可转位分度。本机构结构简单,工作可靠。

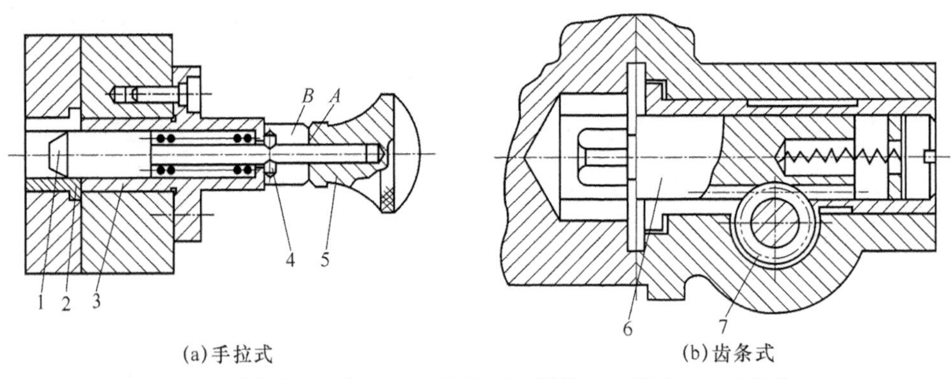

(a)手拉式　　(b)齿条式

1、6—对定销; 2—衬套; 3—导套; 4—横销; 5—捏手; 7—小齿轮

图 6-59　分度对定的操纵机构

图 6-59(b)为齿轮齿条式操纵机构。转动小齿轮 7,即可移动对定销 6 进行分度,它操纵方便,工作可靠。为了分度时转动灵活、省力并减少接触面间的摩擦,尤其是对于较大规格的立轴式回转分度装置,在分度前,需将回转盘稍微抬起,在分度结束后,则应将转盘锁紧,以增强分度装置的刚度和稳定性。此时,夹具中可以设置抬起和锁紧装置,设计时可参考夹具手册或其他相关资料。

6.4.4 夹具体

1. 夹具体的要求

(1) 有适当的精度和尺寸稳定性

夹具体上的重要表面,如安装定位元件的表面、安装对刀或导向元件的表面以及夹具体与机床相连接的表面等,应有适当的尺寸和形状精度,它们之间应有适当的位置精度。为使夹具体尺寸稳定,铸造夹具体要进行时效处理,焊接和锻造夹具体要进行退火处理。

(2) 有足够的强度和刚度

加工过程中,为保证夹具体不产生不允许的变形和振动,夹具体应有足够的强度和刚度,因此夹具体需有一定的壁厚,铸造和焊接夹具体常设置加强筋。

(3) 结构工艺性好

夹具体应便于制造、装配和检验。铸造夹具体上安装各种元件的表面应铸出凸台,以减少加工面积。

(4) 排屑方便

切屑多时,夹具体上应考虑设置排屑结构,如设置排屑孔或排屑槽等。

(5) 在机床上安装稳定可靠

夹具在机床上的安装都是通过夹具体上的安装基面与机床上相应表面的接触或配合实现的。当夹具在机床工作台上安装时,夹具的重心应尽量低,重心越高则支承面应越大,夹具底面四边应凸出,使其接触良好,或底部设置四个支脚;当夹具在机床主轴上安装时,夹具安装基面与主轴相应表面应有较高的配合精度,并保证安装稳定可靠。

2. 夹具体的常见结构形式

(1) 铸造夹具体

如图 6-60(a)所示,目前铸造夹具体应用最广,其优点是工艺性好,可铸出各种复杂形状,具有较好的抗压强度、刚度和抗振性,但生产周期较长,需进行时效处理,以消除内应力。常用材料为灰铸铁(如 HT200),要求强度高时用铸钢(如 ZG35),要求重量轻时用铸铝(如 ZL104)。

(2) 焊接夹具体

如图 6-60(b)所示,它由钢板、型材焊接而成,制造方便,生产周期短,重量轻(壁厚比铸造夹具体薄)。但焊接夹具体的热应力较大,易变形,需经退火处理,以保证夹具体尺寸的稳定性,刚度不足处应设置加强筋。

(3) 锻造夹具体

如图 6-60(c)所示,它适用于形状简单,尺寸不大,强度、刚度要求大的场合,锻造后也需经退火处理。此类夹具体应用较少。

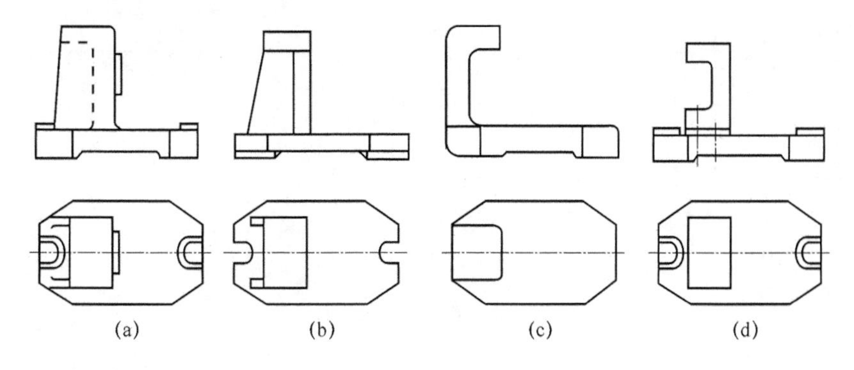

图 6-60　夹具体的毛坯类型

(4) 型材夹具体

小型夹具体可以直接用板料、棒料、管料等型材加工装配而成。这类夹具体取材方便,生产周期短,成本低,重量轻。

(5) 装配夹具体

如图 6-60(d)所示，它由标准的毛坯件、零件及个别非标准件通过螺钉、销钉连接组装而成。此类夹具体具有制造成本低、周期短，精度稳定等优点，有利于夹具标准化、系列化，也便于夹具的计算机辅助设计。

6.4.5 夹具在机床上的安装

1. 夹具在机床工作台上的安装

对于安装在工作台平面上的夹具，其夹具体的底面便是夹具的安装基准面(如图 6-44 中的 *A* 面、图 6-54 中的 *A* 面)，因而应经过比较精密的加工，以保证良好的接触，并为其他表面提供良好的工艺基准。另外，对于像铣床类夹具，在加工有方向性要求的表面时，为了保证夹具的定位元件相对于切削运动有准确的方向，需要在夹具体上安装定位键，这样夹具安装到机床上时就不需要找正便可确定它的正确位置，然后再紧固。

定位键的结构如图 6-61 所示，有 A 型和 B 型两种。它们的上部与夹具体底面上的槽相配合，并用螺钉紧固在夹具体上。A 型定位键的下部与机床工作台上的 T 形槽按 h6 或 h8 配合，B 型定位键的下部预留 0.5 mm 余量，按 T 形槽实际尺寸配合，极限偏差取 h6 或 h8。键与槽的配合情况如图 6-61(c)所示。由于定位键在键槽中总是有间隙的，所以在安装时，可将定位键靠在 T 形槽的一侧，以提高导向精度。

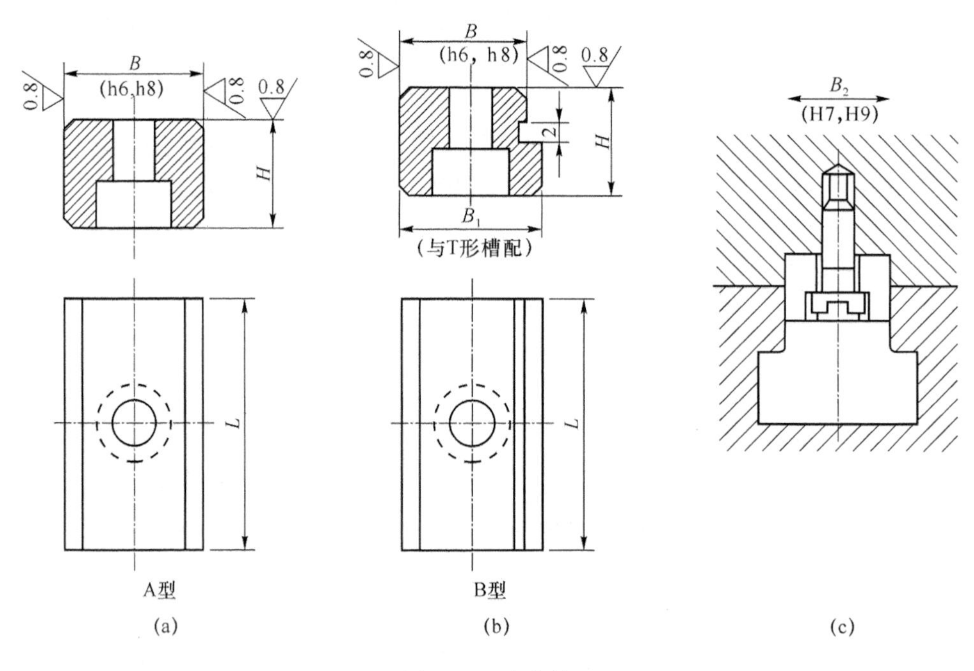

图 6-61 定位键

夹具安装时也可以不设定位键，而采用找正的方法来确定夹具的安装方向，这时，夹具上应加工出比较精密的找正基面。这种方法定位精度较高，但夹具每次安装均需要找正，一般用在镗床夹具中，如图 6-44 所示镗床夹具中的 *B* 面就是找正面。

夹具在机床工作台上定位后还要紧固。对于铣床或镗床夹具，加工时由于切削力较大，所以常在夹具体上设 2～4 个开口耳座，如图 6-62 所示，用 T 形螺栓和螺母进行夹紧。钻床夹具一般不需定位键，可以直接利用螺钉压板机构将夹具压紧在钻床工作台上。

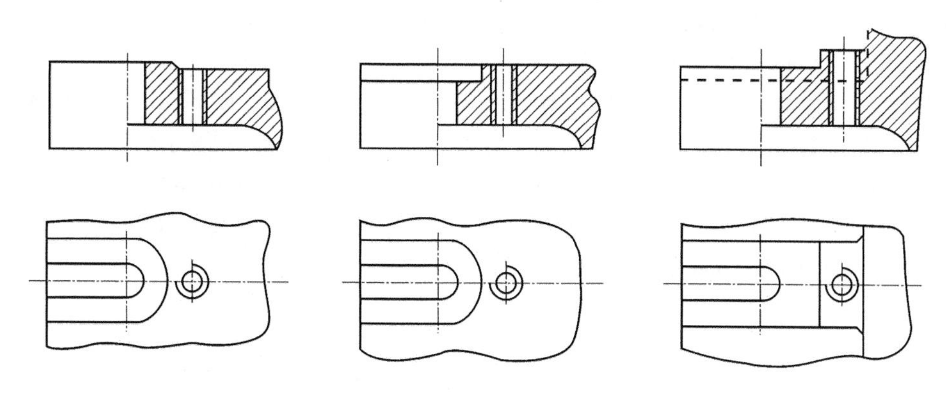

图 6-62　夹具体上的定位键槽和开口耳座

图 6-63 为一铣削套筒工件上端面通槽的铣床夹具，根据工件的外形特点及加工精度要求，夹具设置长 V 形块及端面组合定位。扳动手柄，带动夹紧偏心轮 3 转动，可使活动 V 形块 6 进行左右移动，从而将工件夹紧和松开。为完成快速调刀，夹具上设置有对刀块 2。利用安装在夹具体底面槽内的一对定位键 4 与工作台 T 形槽的配合，可以保证定位 V 形块对称中心面相对工作台纵向导轨的平行。夹具体两端设有耳座，用来固定夹具。

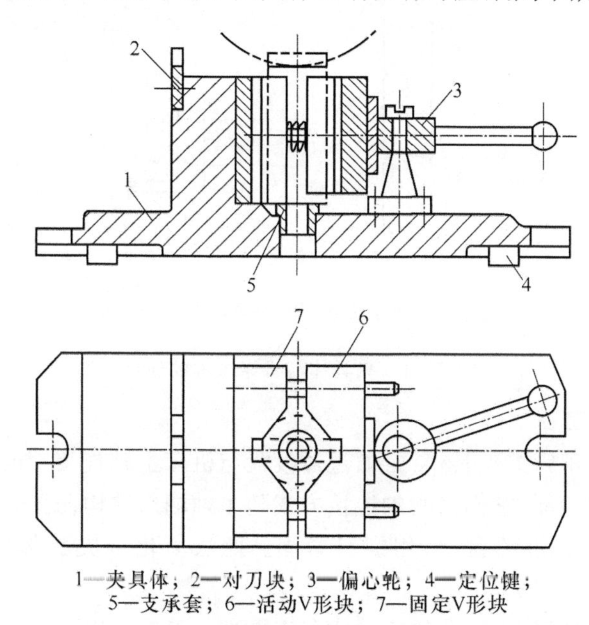

图 6-63　铣床夹具的结构

2. 夹具在机床回转主轴上的安装

(1) 利用前后顶尖安装

夹具以前后中心孔为安装面，在机床前、后顶尖上定位，由拨盘和鸡心夹带动。较长定位心轴常采用这种安装方式，多用于车床或磨床上。

(2) 利用主轴莫氏锥孔安装

夹具以莫氏锥柄为安装面，在机床主轴的莫氏锥孔中定位，如图 6-64(a)所示，用拉杆从主轴尾部将其拉紧，起防松保护作用。这种方式定位精度高，安装迅速方便，但刚度低，只适于在车床上安装小型夹具。

(3) 夹具与机床主轴端部直接连接

如图 6-64(b)、(c)所示，主要是针对车床夹具的安装。其中，图 6-64(b)用主轴端部圆柱面定位，螺纹连接，并用两个压块防松，防止机床反转时将夹具甩出而发生事故。由于圆柱体配合存在间隙，这种安装方式定心精度较低。图 6-64(c)用机床主轴端部的短圆锥面和端面定位，螺钉紧固。这种连接方式定位精度高，接触刚性好，但有过定位，所以要求连接部位定位面之间的尺寸和位置精度很高。

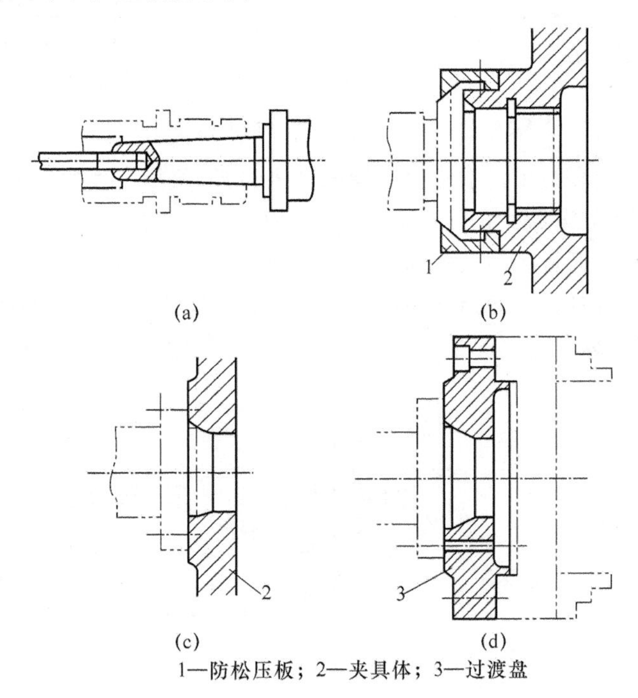

1—防松压板；2—夹具体；3—过渡盘

图 6-64　夹具体与机床主轴的连接

(4) 利用过渡盘安装

对于尺寸较大的车床类夹具，常常通过过渡盘与机床主轴连接，如图 6-64(d)所示。过渡盘装在机床主轴的端部，它们之间的连接方式随主轴端部结构而异，夹具以夹具体上的端面和止口为安装面装在过渡盘上，用螺钉紧固。此法简化了夹具体的结构，提高了其通用性。

图 6-65 所示为加工轴承座孔的角铁式车床夹具。工件 9 以一面两孔在夹具的支承板、圆柱销 2 和削边销 1 上定位，用两副螺钉压板 8 将工件夹紧；导向套 6 在精镗轴承孔时作单支承镗杆的前导套；调整平衡块 7 用来消除夹具回转时的不平衡现象；角铁状的夹具体左端以止口、端面与过渡盘 3 相连，过渡盘 3 再将整个夹具连接在车床主轴轴端，过渡盘尾部加工出两个螺孔，以便安装安全挡块。

设计这类夹具时应注意，夹具与机床主轴的连接应保证其回转轴线与主轴轴线有较高的同轴度，结构应尽量紧凑，悬伸长度要短，夹具应制成圆形并基本平衡，夹具上各个元件包括工件在内不应伸出夹具体的圆形轮廓之外，以免碰伤操作者。另外，还应注意切屑缠绕和冷却液飞溅等问题,必要时应设置防护罩。

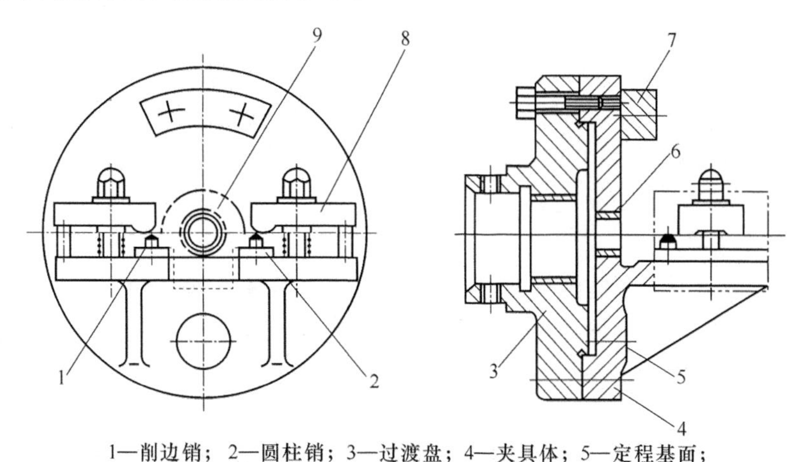

1—削边销；2—圆柱销；3—过渡盘；4—夹具体；5—定程基面；
6—导向套；7—平衡块；8—压板；9—工件

图 6-65 角铁式车床夹具

6.5 专用夹具的设计方法

6.5.1 对机床夹具的基本要求

(1) 保证工件的加工质量

保证工件加工质量的关键在于正确选择定位基准、定位方法、定位元件以及夹具中其他影响加工质量的部件的结构,并进行误差分析计算。

(2) 提高劳动生产率,降低成本

夹具应最大程度地提高生产率,同时尽量采用标准元件及标准结构,力求结构简单、制造方便,以求最佳技术经济效果。

(3) 操作方便,使用安全

夹具在机床上应容易安装、调试,并注意使工件装卸方便、迅速省力,以减轻工人的劳动强度,确保操作者安全。

(4) 有良好的结构工艺性

所设计的夹具结构应尽量简单,便于制造、装配、检验和维修。

6.5.2 专用夹具的设计步骤

1. 收集有关资料,明确设计任务

这是具体设计前的准备阶段。首先分析研究工件的结构特点、工艺规程、材料、生产规模和本工序加工表面、加工余量及加工要求,然后收集加工中所用设备、刀具以及与夹具设计有关的资料,并了解工厂制造、使用夹具的情况以及国内外新技术、新工艺的应用,以便吸收其先进技术并应用于生产。

2. 拟定夹具结构方案,绘制结构草图

拟定结构方案时要解决如下问题。

(1) 确定工件的定位方案,选择定位装置。

(2) 确定工件的夹紧方案,选择夹紧装置。

(3) 确定其他元件及装置的结构形式,如对刀装置、导引装置、分度装置、定向键等。

(4) 考虑各种装置、元件的布局和连接方法,确定夹具体的总体结构。

对夹具的总体结构,最好考虑几个方案,绘出草图,经过分析比较,从中选取最合理的方案。

3. 绘制夹具总装图

夹具总装图应遵循国家制图标准来绘制,绘图比例尽量采用1∶1。总图必须能够清楚地表达夹具的工作原理和整体结构,表示各种装置、元件的相互位置等。主视图应取操作者实际工作时的位置,以作为装配时的依据并供使用时参考。

绘制总图的顺序一般是:工件→定位元件→引导元件→夹紧装置→其他装置→夹具体。

需要说明的是,夹具中工件的轮廓应用双点划线画出,并视为假想透明体,不影响其他元件的绘制。

4. 确定并标注有关尺寸和夹具的技术条件

该工作一般包括下面几个方面。

(1) 最大轮廓尺寸:指夹具的长、宽、高的最大值或最大回转直径和厚度。如果夹具中有活动部分,应用双点划线标出最大活动范围。

(2) 影响定位精度的尺寸和公差:主要指工件与定位元件的配合尺寸和公差以及定位元件之间的尺寸和公差。

(3) 影响对刀精度的尺寸和公差:主要是指刀具与对刀元件(如对刀块)或刀具与导向元件(如钻套、镗套)之间的尺寸和公差。

(4) 影响夹具精度的尺寸和公差:主要是指定位元件、对刀或导向元件、夹具安装基面三者之间的位置尺寸和公差。

(5) 影响夹具在机床上安装精度的尺寸和公差:主要是指夹具安装基面与机床相应的配合表面之间的尺寸和公差,如铣床夹具中的定位键与夹具体和机床工作台T形槽的配合尺寸和公差、车床夹具安装基面和主轴配合表面的配合尺寸和精度等。

(6) 其他重要尺寸和公差:主要是指一般机械设计中应标注的一些尺寸、公差,如铰链轴和孔的配合、钻套的衬套和钻模板之间的配合等。

上述应在夹具总图上标注的尺寸和位置公差项目中的(2)～(5)项均会直接影响工件的加工精度,其公差取值应根据产量大小、加工精度要求的高低,按下面公式选取:

$$T_K=(1/2\sim1/5)T_G$$

式中,T_K 为夹具装配图上标注的尺寸或位置公差;T_G 为与 T_K 相应的工件上的尺寸或位置公差。

另外,有些在夹具装配图中无法用符号标注而又必须给予说明的问题,可作为技术要求用文字写在总图的空白处,如几个支承钉采用装配后再磨削达到等高、夹具使用时的操作顺序、装配时修磨调整垫圈等。

5. 夹具精度分析

当夹具的结构方案确定后,就应对夹具的方案进行精度分析和估算,以确保工件的加工精度。在夹具总装图设计完成之后，有必要根据夹具有关元件在总装图上的配合性质和技术要求等，再进行一次详细复算，这也是夹具校核者必须进行的一项工作，尤其是对于关键工序所使用的夹具。

工件在夹具中加工时，影响加工精度的因素主要包括定位误差 Δ_D、对刀误差 Δ_T、夹具安装误差 Δ_A、夹具本身误差 Δ_J 以及加工方法误差 Δ_G，其中前四项均与夹具有关，可分别计算，第五项一般根据经验取工件公差 T_G 的 1/3。这样在夹具中加工某工件时的总误差 $\sum\Delta$ 为上述各项误差之和。所以，保证该工序加工精度的条件是

$$\sum\Delta = \sqrt{\Delta_D^2 + \Delta_T^2 + \Delta_A^2 + \Delta_J^2 + \Delta_G^2} < T_G$$

即工件的总加工误差应小于工件加工尺寸公差 T_G。满足上述条件，说明夹具的精度是能满足工序加工精度要求的，否则就要重新确定夹具的制造精度，甚至更改方案。

6. 编写零件明细表和标题栏

该部分内容在此不做介绍。

7. 绘制夹具零件图

夹具中非标准零件都需绘制零件图，在确定这些零件的尺寸、公差或技术要求时，应注意使其满足夹具总图的要求。

6.5.3　专用夹具设计举例

图 6-66 所示为小连杆铣槽工序图，生产类型为中批生产，现设计铣槽的专用夹具，并通过这个例子进一步说明机床夹具设计时主要解决的问题和设计思路。

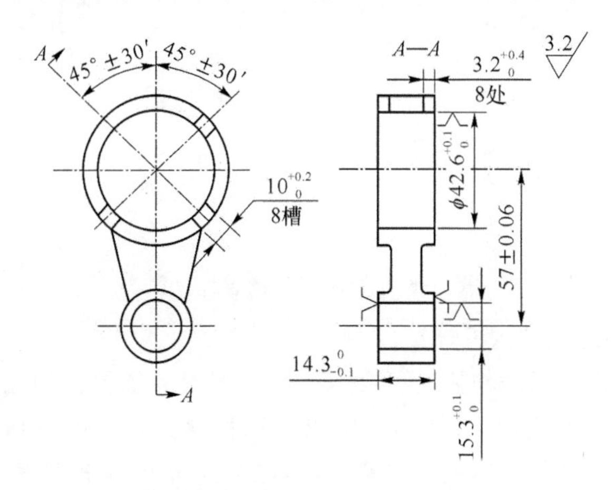

图 6-66　小连杆铣槽工序简图

1. 明确设计要求，对工件及工序图进行分析

本工序要求铣连杆大头两端面上的 8 个槽，槽宽 $10^{+0.2}_{0}$ mm，槽深 $3.2^{+0.4}_{0}$ mm，槽的中心线与两孔中心连线成 45°±30′，表面粗糙度 Ra 为 3.2 μm。

工序图上标明，该工序的定位基准为已经加工过的两孔及工件孔端的两个端平面，加工时选用三面刃铣刀，在卧式铣床上加工，槽宽由铣刀尺寸保证，槽深和角度位置由夹具和调整对刀来保证。

2. 确定定位方案和结构设计

前已述及，定位基准的选择应尽量符合基准重合原则，对于工件槽深 $3.2_{0}^{+0.4}$ mm 要求来说，按照图中的工序基准就应该选择所铣键槽所在的端平面为定位基准，但这样夹具上的定位表面就必然设计成朝下方才能在工件的定位基准所在的端面上开槽，显然工件定位夹紧机构会非常复杂，操作也不方便。如果选择与所加工槽相对的另一端面为定位基准，则会引起基准不重合误差 Δ_B，Δ_B 的值为两端面间的尺寸公差 0.1 mm。由于所加工的槽深公差规定为 0.4 mm，根据经验估计，这样选择可以保证槽深的要求，而且夹具的整体结构会非常简单，操作也很方便，所以决定采用后一种定位方案。

对于槽的角度位置 45°±30′的要求方面，工序要求是以大孔中心为基准，并与两孔连线成 45°±30′。现在以两孔为定位基准，在大孔中采用圆柱销配合定位，小孔中用菱形销定位（如图 6-67 所示），完全符合基准重合，定位精度较高。

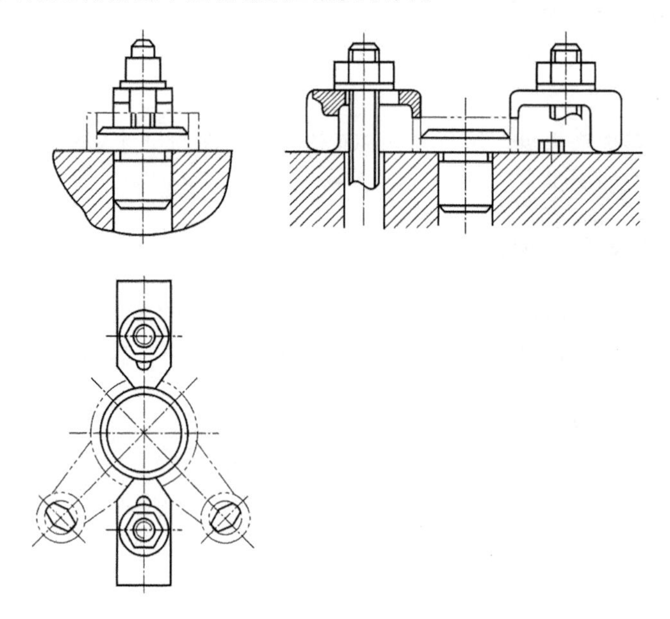

图 6-67　铣槽夹具的设计过程

3. 夹紧方案的确定及结构设计

夹紧机构设计时应考虑动作快速可靠，不碰刀，同时为了保证加工的稳定性，夹紧点应尽量接近被加工部位。因此，此工件的夹紧点应选择在大孔端面，同时考虑到生产批量不大，采用两个手动螺旋压板，虽然夹紧略费时间，但结构简单，标准件多，且夹紧可靠。另外，在压板外侧设有防转销，使用也很方便，能满足生产要求。

4. 分度机构的设计

由于该工序要求在每个端面铣 4 个槽，所以就要考虑加工中的分度问题。针对此例可以有两种方案：一种是采用分度装置，当加工完一对槽后，将分度盘连同工件一起转过 90°，再加工另一对槽，然后翻转工件加工另一面；另一种方案是在夹具体上安装两个相差 90°的菱形销，如图 6-67 所示，加工完一对槽后卸下工件，将其转过 90°再安装在另一个菱形销上，重新夹紧加工另一对槽，之后再翻转工件按同样方法加工另一面的 4 个槽。显然有分度装置的夹具结构要复杂很多，而第二种方案虽然操作略费时，但结构简单，也是可行的。

5. 对刀及夹具安装方案的确定

由于槽的加工要保证刀具两个方向的位置，为了快速对刀，夹具上安装了对刀块。为了保证对刀块的方向与工作台纵向进给运动方向一致，整个夹具在工作台上安装时采用的是一对定位键定向，在夹具体两端的耳座中穿入T形螺栓，用螺母夹紧。

6. 绘制夹具总图

夹具结构方案确定后，就可着手绘制夹具总图，步骤如下。

(1) 用双点划线绘出零件在加工位置的外形轮廓。

(2) 绘制定位元件。

(3) 绘制夹紧装置。

(4) 绘制对刀块、夹具体。

(5) 绘制定位键，并绘出连接件把各元件连接在一起。

最后得到的夹具总图如图6-68所示。

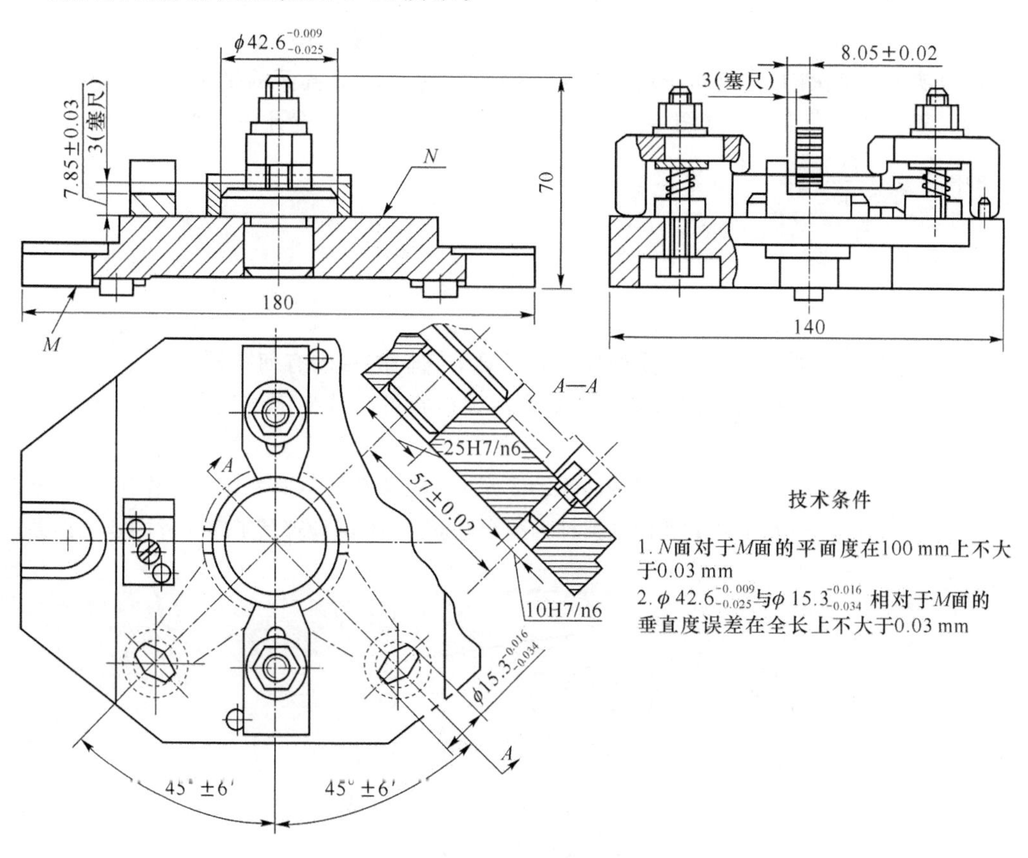

图6-68 小连杆铣床夹具图

7. 标注尺寸和技术要求

对前述夹具总图上应标注的技术要求应逐一进行标注，如图6-68所示(此图中只标注了部分主要的技术要求)，现对其中几项主要内容分析如下。

(1) 外形尺寸：180×140×70。

(2) 两定位销直径及公差、两定位销之间的距离及公差：圆柱定位销直径按g6选取为$\phi42.6_{-0.025}^{-0.009}$ mm；菱形销定位圆柱部分按f7选取为$\phi15.3_{-0.034}^{-0.016}$ mm；两销间的距离尺寸与公差按连杆相应尺寸公差±0.06的1/3取值为±0.02，所以该尺寸标注为57±0.02；为保证槽的角度要求，两菱形销安装位置的角度公差可取严一些，为工件相应角度公差±30′的1/5，即±6′，所以图上该角度标注为45°±6′。

(3) 定位平面 N 到对刀块底面之间的尺寸关系到槽深精度，而连杆上相应的这个尺寸是由尺寸 $3.2^{+0.4}_{0}$ mm 和 $14.3^{0}_{-0.1}$ mm 间接决定的，经过尺寸链的换算（$3.2^{+0.4}_{0}$ mm 是封闭环），得到这个尺寸为 $11.1^{-0.1}_{-0.4}$ mm。因为夹具的工序尺寸是按要保证的槽深相应尺寸的平均值标注，将上面算得的尺寸改写为(10.85±0.15)mm，然后再减去塞尺的厚度3 mm，得7.85 mm，此尺寸的公差取为工件上尺寸公差(±0.15)的1/2～1/5，最终取±0.03，所以最终夹具总图上对刀块到定位面 N 的距离应标注为7.85±0.03。

考虑到塞尺的尺寸，对刀块水平方向的工作表面到定位圆柱销中心的距离为8.05±0.02(取工件相应尺寸公差的1/2～1/5)，如图6-68中所注。

(4) 在夹具总图上还应标注以下技术要求：定位平面 N 对夹具体底面 M 的平行度允差为100∶0.03 mm；两定位销中心线与 N 面的垂直度允差在全长上不大于0.03 mm。

此外夹具装配图上还应标注定位键工作侧面与对刀块垂直面的平行度(图中未注出)、定位键与安装槽之间的配合(图中未注出)以及其他一些机械设计时应标注的尺寸及公差(如图中的 $\phi10\,\frac{H7}{n6}$、$\phi25\,\frac{H7}{n6}$)等。

思考题

6-1　工件在夹具中定位、夹紧的任务是什么？它们的目的有何不同？

6-2　造成定位误差的原因有哪些？采取何种措施可以减少定位误差？

6-3　如何正确处理过定位？

6-4　什么是辅助支承和自位支承(浮动支承)？两者有何不同？其主要作用各是什么？

6-5　用图6-69所示定位方案铣削连杆的两个侧面 A、B，试计算其工序尺寸的定位误差。

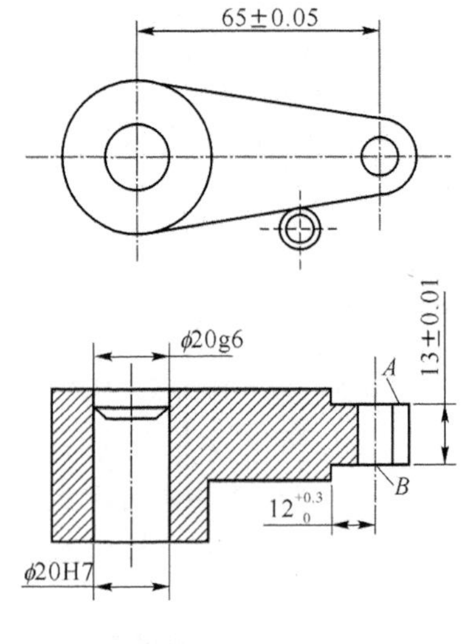

图6-69　题6-5图

6-6　用图6-70所示定位方案在台阶轴上铣平面，工序尺寸 $A=29_{-0.16}^{\ 0}$ mm，试计算定位误差。

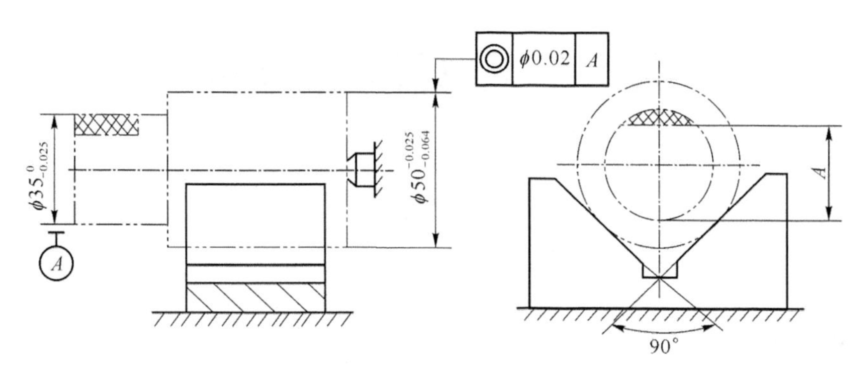

图6-70　题6-6图

6-7　试分析图6-71所示各夹紧方案是否合理？若有不合理之处，应如何改进？

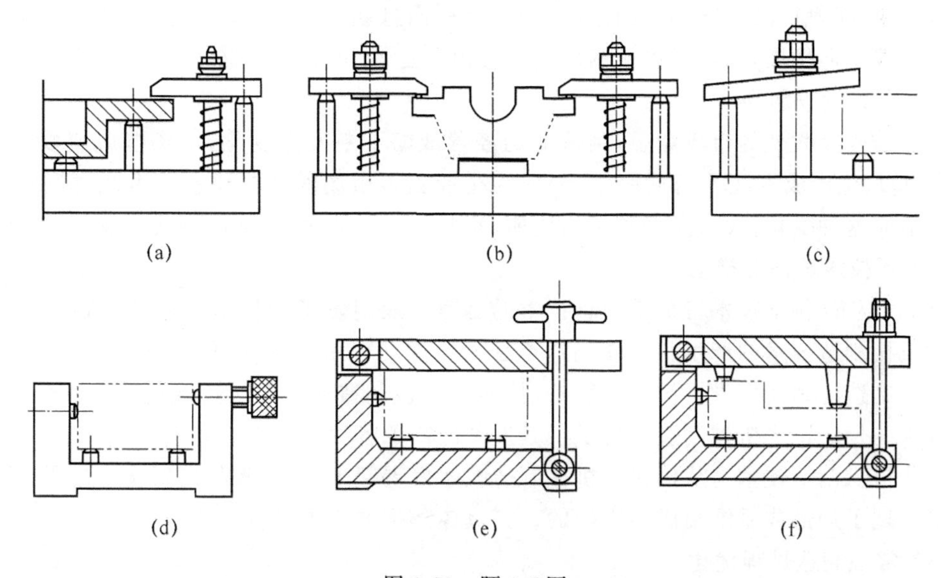

图6-71　题6-7图

6-8　夹具在机床上的连接安装有哪几种方式？常用的连接元件有哪些？

6-9　回转分度装置由哪几部分组成？各部分的主要作用是什么？

6-10　夹具中导向装置的作用是什么？常用的导向装置有哪些？

6-11　夹具中的对刀元件起什么作用？夹具中一定要设置对刀块吗？如果没有对刀块应如何对刀？

6-12　夹具体的毛坯制造方法有哪几种？它们的应用范围如何？

6-13　确定夹具结构方案时要考虑哪些主要问题？

6-14　夹具设计的步骤是什么？在夹具总图上应标注哪些尺寸和技术要求？

6-15　钻床夹具有哪些类型？各类钻模有何特点？

第7章　现代制造技术

7.1　概　　述

7.1.1　现代机械制造技术的产生

现代机械制造技术的产生主要受以下三个方面因素的推动。

(1) 机械产品更新换代加快

近年来，机械产品更新换代的速度不断加快，而且朝着大型、成套、复杂、精密、高效、高运行参数等方向发展，从而对机械制造技术提出了更高、更新的要求。

(2) 市场竞争加剧

面对越来越激烈的市场竞争，制造业的经营战略不断发生变化，市场响应速度(T)、产品质量(Q)、生产成本(C)、售后服务(S)成为企业赢得市场的基本要素。为此，机械制造技术必须适应这种变化，大力发展和采用优质、高效、低耗、洁净、灵活的现代机械制造技术。

(3) 新技术革命的推动

近20年来，科学技术特别是信息技术的迅速发展引发了新技术革命，这场新技术革命对现代机械制造技术的产生和发展起到了巨大的推动作用。一方面，科学技术的迅速发展要求机械制造业为其提供更优良的装备，从而为机械制造业开拓了广阔的市场；另一方面，科学技术的发展也为机械制造业提供了其发展所需的各种先进工具和手段。

现代机械制造技术是从传统的机械制造技术发展起来，不断吸收高新技术成果，或与高新技术实现了局部或系统集成而产生的。其具体产生方式主要有两种。

(1) 常规制造过程优化

常规制造过程优化是形成现代机械制造技术的重要方式。它是在保持原有制造原理不变的前提下，通过变更制造工艺条件，优化制造工艺参数，或是通过以制造方法为中心，实现制造设备、辅助工艺和材料、检测控制系统技术的集成和改进，从而实现优质、高效、低耗、洁净、灵活等目标。

(2) 与高新技术相结合

高新技术的发展对新型制造技术的出现有重大影响。新能源、新材料、微电子、计算机等高新技术在机械制造领域的不断引入、渗透和融合，为新型制造技术的出现奠定了基础，如引入激光、电子束、离子束等新能源而形成的多种高密度能量加工，引入计算机技术和信息技术而形成的数控加工、工艺模拟技术、CAD/CAE/CAM集成技术等。

7.1.2　现代机械制造技术的特点

现代制造技术特别强调人的主体作用，强调人、技术和管理三者的有机结合。因此，现代制造技术具有以下特征。

(1) 现代制造技术已成为一门综合性学科。现代制造技术是由机械、电子、计算机、材料、自动控制、检测和信息等学科的有机结合而发展起来的一门跨学科的综合性学科。现代制造技术的各学科、各专业间不断交叉融合,并不断发展和提高。

(2) 产品设计与制造工艺一体化。传统的机械制造技术通常是指制造过程的工艺方法,而现代制造技术则贯穿了从产品设计、加工制造到产品的销售、服务、使用维护等的全过程,成为"市场调查+产品设计+产品制造+销售服务"的大系统。例如,并行工程就是为了保证从产品设计、加工制造到销售服务一次成功而产生的,已成为面向制造业设计的一个新的重要方法和途径。

(3) 现代制造技术是一个系统工程。现代制造技术不是一个具体的技术,而是利用系统工程技术、信息科学、生命科学和社会科学等各种科学技术集成的一个有机整体,已成为一个能驾驭生产过程的物料流、能量流和信息流的系统工程。

(4) 现代制造技术更加重视工程技术与经营管理的有机结合。现代制造技术比传统制造技术更加重视制造过程的组织和管理体制的简化和合理化,由此产生了一系列技术与管理相结合的新生产方式,如制造资源计划(MRP)、准时生产(JIT)、并行工程(CE)、敏捷制造(AM)和全面质量管理(TQC)等。

(5) 现代制造技术追求的是最佳经济效果。现代制造技术追求的目标是以产品生命周期服务为中心,以新产品开发速度快、成本低、质量好、服务佳、灵活性强取胜,并获得最佳的经济效果。

(6) 现代制造技术特别强调环境保护。现代制造技术必须充分考虑生态平衡、环境保护和有限资源的有效利用,做到人与自然的和谐、协调发展,建立可持续发展战略。未来的制造业将是"绿色"制造业。

7.1.3 现代机械制造技术的发展趋势

质量、成本和效率是推动现代机械制造技术发展的三个永恒主题,同时环保和服务业渐渐成为人们关注的目标。为实现这些目标,现代机械制造技术的总趋势是向自动化、最优化、柔性化、集成化、精密化、高速化、清洁化和智能化方向发展。

当前,机械制造技术的发展主要沿着三条主线进行。

(1) 机械制造工艺方法进一步完善与开拓,除了传统的切削与磨削技术仍在不断发展和完善以外,各种特种加工方法也在不断产生并得到快速发展。

(2) 加工技术向高精度方向发展,出现了"精密工程"与"纳米技术"。

(3) 加工技术向自动化、柔性化、集成化和智能化方向发展,正在沿着数控技术(NC)、柔性制造系统(FMS)、计算机集成制造系统(CIMS)、智能制造系统(IMS)的台阶向上攀登。

7.1.4 先进制造技术

1. 先进制造技术产生的背景

先进制造技术(Advanced Manufacturing Technology,AMT)首先由美国于20世纪80年代末提出。在此以前,美国政府只对基础研究、卫生健康、国防技术等给予经费支持,而对产业技术不予支持,主张产业技术通过市场竞争,由企业自主发展。70年代,一批美国学者认为美国已进入“后工业化社会”，制造业是“夕阳工业”，主张经济重心由制造业转向高科技产业和第三产业。其结果导致美国在经济上竞争力下降，贸易逆差剧增，日本家电、汽车大量涌入并占领了美国市场。

20 世纪 80 年代，美国政府开始认识到问题的严重性。美国白宫的一份报告称“美国经济衰退已威胁到国家安全”。美国麻省理工学院(MIT)的一份报告写到“经济竞争归根结底是制造技术和制造能力的竞争”，表明美国知识界与政府之间取得了共识。

1988 年，美国政府投资进行大规模“21 世纪制造企业战略”研究，并于其后不久，提出了“先进制造技术”的发展目标，制定并实施了“先进制造技术计划”和“制造技术中心计划”。1991 年，白宫科学技术政策办公室发表了《美国国家关键技术》报告，重新确立了制造业的地位。1993 年，克林顿在硅谷发表题为“促进美国经济增长的技术—增强经济实力的新方向”的演说，对制造业给予了实质性的强有力的支持。

美国在实施上述两项计划以后，取得显著效果。至 1994 年，美国汽车产量重新超过日本，重新占领欧、美市场。20 世纪 90 年代，美国国民经济持续增长，失业率降低到历史最低水平，在很大程度上也得益于先进制造技术的发展。

美国联邦政府科学、工程和技术协调委员会于 1994 年提出 AMT 的分类目录，指出“AMT 是制造技术和现代高技术结合而产生的一个完整的技术群”。

AMT 包括三个部分：主体技术群、支撑技术群和制造基础设施，如图 7-1 所示。

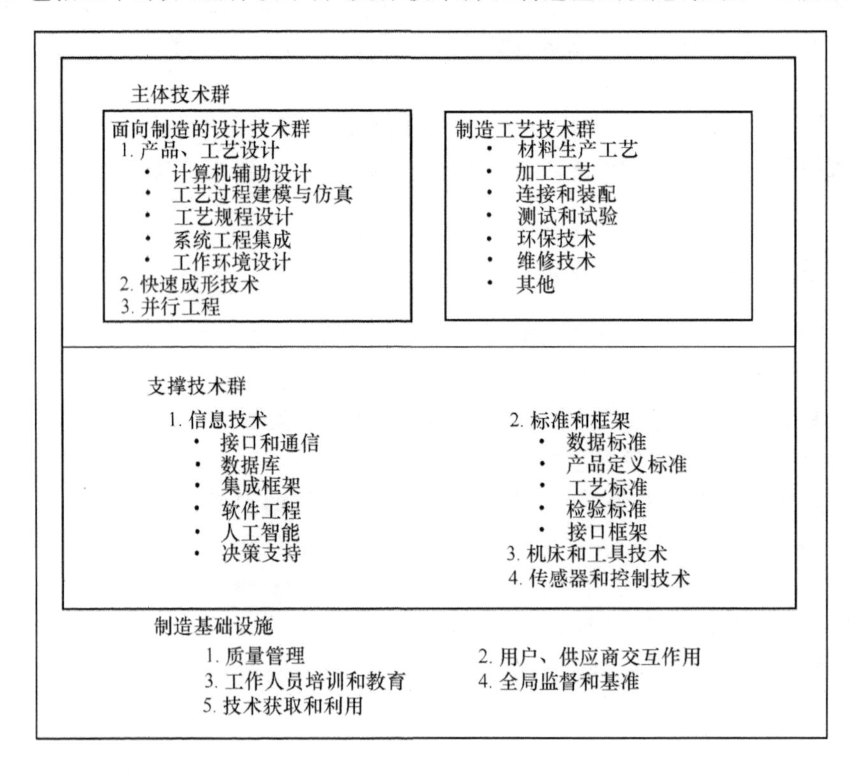

图 7-1 先进制造技术的组成

(1) 主体技术群

主体技术群是制造技术的核心，它又包括两部分：面向制造的设计技术群和制造工艺技术群。

面向制造的设计技术群又称产品和工艺设计技术群，主要内容如下。

① 产品、工艺过程和工厂设计，包括计算机辅助设计（CAD）、计算机辅助工程分析（CAE）、适于加工和装配的设计（DFM，DFA）、模块化设计、工艺过程建模和仿真、计算机辅助工艺过程设计（CAPP）、工作环境设计、符合环保的设计等。

② 快速样件成形技术（快速原形制造，RPM）。

③ 并行工程（CE）。

④ 其他。

制造工艺技术群又称加工和装配技术群，主要内容如下。

① 材料生产工艺，包括冶炼、轧制、压铸、烧结等。

② 加工工艺，包括切削与磨削加工，特种加工，铸造、锻造、压力加工，模塑成形（注塑、模压等），材料热处理，表面涂层与改性，精密与超精密加工，电子工业工艺（光刻/沉积、离子注入等微细加工），复合材料工艺等。

③ 连接和装配，包括连接（焊接、铆接、粘接等）、装配、电子封装等。

④ 测试和检验。

⑤ 节能与清洁化生产技术。

⑥ 维修技术。

⑦ 其他。

（2）支撑技术群

支撑技术指支持设计和制造工艺两方面取得进步的基础性核心技术，是保证和改善主体技术协调运行所需的技术、工具、手段和系统集成的基础技术。支撑技术群包括以下内容。

① 信息技术，包括接口和通信、网络与数据库、集成框架、软件工程、人工智能、专家系统、神经网络、决策支持系统、多媒体技术、虚拟现实技术等。

② 标准和框架，包括数据标准、产品定义标准、工艺标准、检验标准、接口框架等。

③ 机床和工具技术。

④ 传感和控制技术。

⑤ 其他技术。

（3）制造技术基础设施

制造技术基础设施是指使先进制造技术适用于具体企业应用环境，充分发挥其功能，取得最佳效益的一系列基础措施，是使先进制造技术与企业组织管理体制和使用技术的人员协调工作的系统过程，是先进制造技术生长和壮大的机制和土壤。其主要涉及以下内容。

① 新型企业组织形式与科学管理。

② 准时信息系统（Just-in-Time-Information）。

③ 市场营销与用户/供应商交换作用。

④ 工作人员的招聘、使用、培训和教育。

⑤ 全面质量管理。

⑥ 全局监督与基准评测。

⑦ 技术获取和利用。

⑧ 其他。

2. 先进制造技术的体系结构

图 7-2 为美国机械科学研究院(AMST)提出的先进制造技术体系图。由图可见,它由多层次技术群构成,并以优质、高效、低耗、清洁、灵活的基础制造技术为核心,主要包括三个层次。

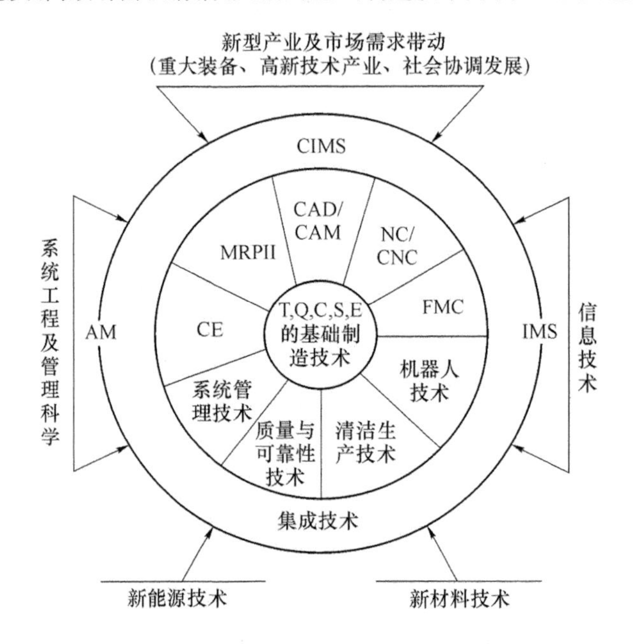

图 7-2　AMST 提出的先进制造技术体系图

(1) 现代设计、制造工艺基础技术。其包括 CAD、CAPP、NCP、精密下料、精密塑性成形、精密铸造、精密加工、精密测量、毛坯强韧化、精密热处理、优质高效连接技术、功能性防护涂层等。

(2) 制造单元技术。其包括制造自动化单元技术、极限加工技术、质量与可靠性技术、系统管理技术、CAD/CAE/CAPP/CAM、清洁生产技术、新材料成形加工技术、激光与高密度能源加工技术、工艺模拟及工艺设计优化技术等。

(3) 系统集成技术。其包括网络与数据库、系统管理技术、FMS、CIMS、IMS 以及虚拟制造技术等。

以上三个层次都是先进制造技术的组成部分,但其中每一个层次都不等于先进制造技术的全部。它强调了先进制造技术从基础制造技术、新型制造单元技术到先进制造集成技术的发展过程,也表明了在新型产业及市场需求的带动之下,在各种高新技术的推动下先进制造技术的发展过程。

3. 先进制造技术的特征

(1) AMT 是一项综合性技术。AMT 不是一项具体的制造技术,而是利用系统工程的思想和方法,将各种与制造相关的技术集合成一个整体,并贯穿到从产品设计、制造、生产管理到市场营销的生产全过程。AMT 特别强调计算机技术、信息技术和现代管理技术在制造中的综合应用,特别强调人的主体作用,强调人、技术、管理的有机结合。

(2) AMT 是一项动态发展技术。AMT 没有一个固定的模式,它要与企业的具体情况相结合。同时 AMT 也不是一成不变的,而是动态发展的,它要不断地吸收和利用各种高新技术成果，并将其渗透到制造系统的各个部分和整个过程，使其不断趋于完善。

(3) AMT是面向工业应用的技术。AMT有明显的需求导向特征，不以追求技术高新度为目的，重在实际效果，即全面提高企业的竞争力，促进国家经济持续增长，加强国家综合实力。

(4) AMT是面向全球竞争的技术。当前，由于信息技术的飞速发展，每一个国家、每一个企业都处在全球市场中。为了在国际市场竞争中取胜，必须提高企业综合效益(包括经济效益、社会效益和环境生态效益)及对市场的快速反应能力，而采用先进制造技术是达到这一目标的重要途径。

(5) AMT是面向21世纪的技术。AMT是制造技术发展的新阶段，它保留了传统制造技术中的有效要素，吸收并充分利用了一切高新技术，使其产生了质的飞跃。AMT强调环保技术，提高能源效益，符合可持续发展的战略。

7.2　精密加工与超精密加工

7.2.1　概述

1. 精密与超精密加工技术的概念

所谓超精密加工技术，不是指某一特定的加工方法，也不是指比某一给定的加工精度高一个量级的加工技术，而是指在机械加工领域中，某一个历史时期所能达到的最高加工精度的各种精密加工方法的总称。区分和定义精密加工与超精密加工很困难，因为精密和超精密是与那个时代的加工与测量技术水平紧密相关的。随着科学技术的进步，精密与超精密的标准也在不断地变化和提高。尤其是当今科学技术突飞猛进的发展，昨天的超精密在今天就变成了精密，而今天的精密到明天又会成为普通了。

究竟达到什么样的精度才算得上是超精密加工呢？目前对它的认识有两种。

一种是随着科学技术的进步，每个时代都有该时代的加工精度界限。达到或突破本时代精度界限的高精度加工可称为超精密加工。例如，在瓦特时代发明蒸汽机时，加工汽缸的精度是用厘米来衡量的，所以能达到毫米级的精度即为超精密加工。从那以后，大约每50年加工精度便提高一个量级。进入20世纪以后，大约每30年提高一个量级，如图7-3所示，在20世纪50年代，把0.1 μm精度的加工技术称为超精密加工，而到了80年代，则把0.05 μm的精度称为超精密加工。

如果要把每个时代的普通加工、精密加工与超精密加工区别开来，则可以说在所处的时代里，用一般的技术水平即可以实现的精度称为普通精度。必须用较高精度的加工机械、工具及高水平的加工技术才能达到的精度，属于精密加工技术。在所处的时代里，并非可以用较高技术轻而易举地就可以达到，而是采用先进的技术经过探讨、研究、实验之后才能达到的精度，并且实现这一精度指标尚不能普及的加工技术称为超精密加工技术。目前，如果从零部件的加工精度来划分的话，可以把亚微米以上精度的加工，称为超精密加工。

另一种是以被加工部位发生破坏和去除材料大小的尺寸单位来划分各种加工。物质是由原子组成的，从机械破坏的角度看，最小是以原子级为单位，原子颗粒的大小为几埃($1Å=10^{-10}$ m)。如果在加工中能以原子级为单位去除被加工材料，即是加工的极限，从这一角度来定义,可以把接近于加工极限的加工技术称为超精密加工。

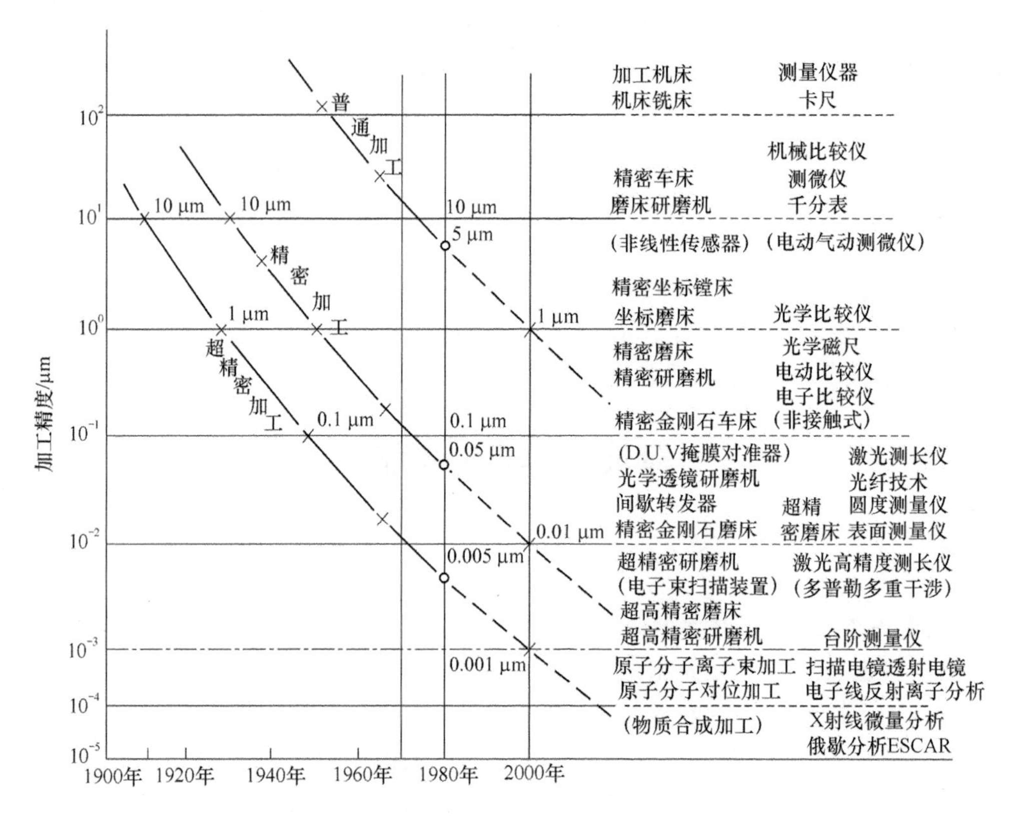

图 7-3 加工精度的发展趋势

2. 提高机械加工精度的技术基础

加工精度的提高主要有两种表现形式:一是机械加工精度的不断改进,二是各种非传统(非机械)加工方法的使用(见 7.3 节)。而机械加工精度的提高有赖于以下方面的发展。

(1) 新的机械加工工艺方法的研究与应用,如现在已创造出单刃金刚石刀具精密、超精密车削及铣削的新工艺,砂带磨削工艺等。

(2) 新型刀具材料的研制和采用,如应用涂层硬质合金、聚晶立方氮化硼、人造金刚石材料和单晶金刚石刀具等。

(3) 新型超精密加工机床的使用。该类机床多采用空气轴承,一般具备低速进给机构和微量进刀机构,并具有优越的抗热、抗振特性。

(4) 新的测量手段和测量方法的应用。精密加工和超精密加工的实现有赖于相应测量手段和测量方法的使用。例如,应用光学的或电磁的计量方法,可在加工过程中对加工精度进行自动监控。而以亚微米级加工精度为计量对象的非接触测量系统的研制和实用,是近些年里实现自动化精密加工的重大研究课题。

图 7-4 是采用激光高速扫描的尺寸计量系统。它采用平行光管透镜将激光准确地调整到多角形旋转扫描镜上聚焦。通过激光扫描被测工件两端,根据扫描镜旋转角、扫描镜旋转速度、扫描镜和透镜之间的间隔即透镜焦点距离等数据计算出被测工件的尺寸。

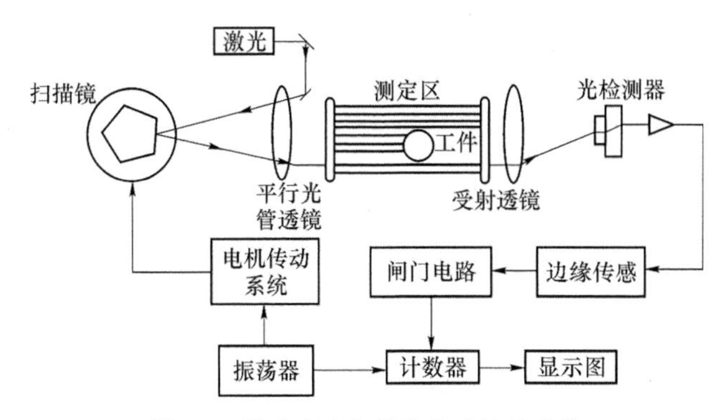

图 7-4　激光高速扫描的尺寸计量系统

7.2.2　精密和超精密切削加工

1. 精密和超精密切削加工的工作原理

精密和超精密切削加工的工作原理与普通切削加工一样，都是通过一个或有次序的多个刀刃在被加工表面的切削形成工件形状。所不同的是，加工所用的刀具不一样，加工使用的机床性能不一样，从而切削用量也不一样。

2. 精密和超精密切削加工刀具

在精密加工中，常用的刀具材料有硬质合金和涂层硬质合金、立方氮化硼（CBN）和人造聚晶金刚石。在超精密切削加工中，最常用的刀具材料是天然或人造单晶金刚石。

金刚石车削主要用于铜、铝及其合金等软金属零件的精密加工。例如，用于车削铝合金磁盘基片，表面粗糙度 Ra 可达 0.003 μm，平面度可达 0.2 μm；金刚石数控车削可加工非球面光学金属反射镜；金刚石镜面铣削可加工多棱体光学金属反射镜等。

3. 精密和超精密切削加工机床

实现金刚石超精密切削，对机床的要求主要是具有很高的主轴回转精度、导轨运动精度和精细走刀的平稳性，对环境的要求是恒温、净化和防振隔振。

图 7-5 所示为美国 Moore 公司的 Moore 金刚石车床，采用卧式主轴、空气轴承，有很高的动、静刚度。金刚石刀具装在回转工作台上，加工各种曲面时，刀具始终垂直于加工表面，提高了加工精度和表面质量。表 7-1 给出了当前一种有代表性的金刚石车床的基本数据。

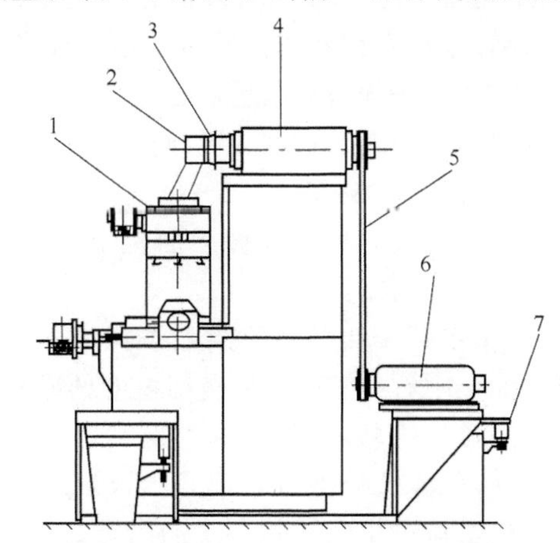

1—精密回转工作台；2—夹持工具；3—金刚石刀具；
4—精密空气轴承主轴；5—传动带；6—主轴电动机；7—空气垫

图 7-5　Moore 金刚石车床

表 7-1　金刚石车床技术参数

最大车削直径/mm	400	主轴轴向圆跳动/μm		<0.1
最大车削长度/mm	100	滑台运动的直线度		<0.001 mm/150 mm
最高转速/r・min^{-1}	3 000～20 000	滑台对主轴的垂直度		<0.002 mm/100 mm
最大进给速度/mm・min^{-1}	5 000	主轴前静压轴承刚度(ϕ100)/N・μm^{-1}	径向	1 140
数控系统分辨率/μm	0.1～0.05		轴向	1 020
重复精度(±2σ)/mm	<0.000 2/100	主轴后静压轴承刚度(ϕ80)/N・μm^{-1}		640
主轴径向圆跳动/μm	<0.1	纵、横滑台的静压支承刚度/N・μm^{-1}		720

7.2.3　精密磨料加工

精密磨料加工主要用于黑色金属以及玻璃、陶瓷等脆性材料的精密加工和超精密加工。在精密磨料加工中，除常规的研磨、珩磨、超精研磨及抛光外，近年来相继推出了两种新的工艺：塑性磨削(Ductile Grinding)和镜面磨削(Mirror Grinding)。

1. 塑性磨削

它主要是针对脆性材料而言的，其命名来源于该种工艺的切屑形成机理，即磨削脆性材料时，切屑形成与塑性材料相似，切屑通过剪切的形式被磨粒从基体上切除下来。磨削后的表面呈有规则的纹理，没有裂纹形成，也没有脆性剥落时的凹凸不平现象产生。

塑性磨削的机理至今仍不十分清楚，在切屑形成由脆断向塑性剪切转变的理论上存在各种看法。大多数研究者认为，当磨粒的切削深度小到一定程度时，切屑就由脆断转变为塑断，这一切削深度被称为临界切削深度，它与工件材料特性和磨粒的几何形状有关。一般来说，临界切削深度在 1 μm 以下，因而这种磨削方法也被称为纳米磨削(Nanogrinding)。

形成塑性磨削的另一种观点认为切削深度不是唯一的因素，只有磨削温度才是切屑由脆性向塑性转变的关键。从理论上讲，当磨粒与工件的接触点的温度高到一定程度时，工件材料的局部物理特性会发生变化，导致了切屑形成机理的变化。

2. 超精密磨削和镜面磨削

超精密磨削通常是指加工精度高于 0.1 μm，表面粗糙度低于 0.025 μm 的磨削方法。超精密磨削技术主要是为了弥补金刚石精密车削技术的不足而发展起来的。因为金刚石刀具在切削钢、铁材料时易于产生“扩散磨损”；在微量切削陶瓷、玻璃等硬脆材料时，由于巨大的切应力又易于产生较大的机械磨损。故对于这些材料，超精密磨削成为一种理想的加工方法。

镜面磨削一般是指加工表面粗糙度达到 0.02～0.01 μm、磨削表面光泽如镜的磨削方法。镜面磨削对加工精度要求不很明确，主要强调表面粗糙度要求。从精度和表面粗糙度统一的观点理解，镜面磨削应属于超精密磨削的范畴。

超精密磨削除需要使用超精密磨床和严格控制工作环境外，砂轮的选用和修整是十分重要的。通常采用超硬磨料(如金刚石或 CBN)和微细粒度的砂轮，并采用金属结合剂。金刚石或 CBN 砂轮的修整与一般砂轮修整不同，分为整形和修锐两步进行：①整形使砂轮获得所要求的几何形状。可采用碳化硅砂轮进行整形，也可以使用金刚石笔进行整形。②修锐的目的是去除部分结合剂，使磨粒突出结合剂一定的高度，一般为磨粒尺寸的 1/3 左右。

砂轮修锐的方法有很多种，其中日本东京大学理化研究所的 Nakagawa 和 Ohmori 教授发明的电解在线修锐法(Electrolytic In-Process Dressing，ELID)效果突出。图 7-6 是

ELID原理示意图。

在使用ELID磨削时，冷却润滑液为一种特殊的电解液。电极与砂轮之间接上电压时，砂轮的结合剂发生氧化，氧化层会阻止电解的进一步进行。在切削力的作用下，氧化层脱落，从而露出了新的锋利的磨粒。由于电解修整在整个磨削过程中是连续进行的，所以能保证砂轮在整个磨削过程中保持同一锋利状态。

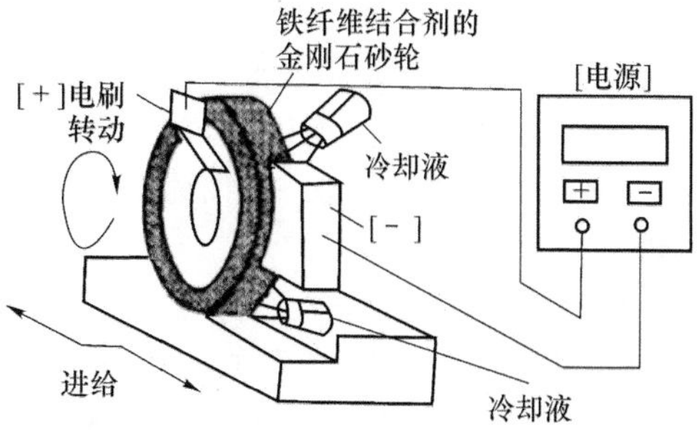

图7-6　ELID磨削原理

3. 精密砂带抛光

模具是现代制造业使用越来越多的一种工具，模具型腔表面的加工精度直接影响制造工件的精度。特别是各种塑料模具，模具型腔表面的粗糙度将直接影响工件的外观质量。模具型腔等复杂曲面的超精抛光加工多采用精密砂带抛光机进行。用细粒度磨料制成的砂带加工出的表面粗糙度可达0.02 μm。目前砂带的带基用聚氨酯薄膜材料，有极高的强度，用静电植砂法制作的砂带，砂粒的等高性和切削性能更好。精密砂带抛光一般采用开式砂带加工方式。与闭合环形砂带高速循环磨削不同，砂带由卷带轮低速卷绕。始终有新砂带缓慢进入加工区，砂带经一次性使用即报废。这种开式砂带加工方法保持了加工工况的一致性，从而提高了生产过程中加工表面质量的稳定性。

7.2.4　微细加工技术

1. 微细加工的概念

一般把尺寸在微米至毫米范围内的零件的加工都归属为微细加工。由于尺寸微小，相应的尺寸公差和形位公差都很小，通常在100 nm范围内，而表面粗糙度值更是小于10 nm。因此，微细加工同时具备精密和超精密加工的特征。

微细加工与一般尺寸加工有许多不同，主要表现在以下几个方面。

(1) 精度表示方法不同。一般尺寸加工的精度用其加工误差与加工尺寸的比值来表示，这就是精度等级的概念。在微细加工时，由于加工尺寸很小，需要用误差尺寸的绝对值来表示加工精度，即用去除一块材料的大小来表示，从而引入了“加工单位”的概念。在微细加工中，加工单位可以小到分子级和原子级。

(2) 加工机理不同。微细加工时，由于切屑很小，切削在晶粒内进行，晶粒作为一个个不连续体而被切削。这与一般尺寸加工完全不同，一般尺寸加工时，由于吃刀量较大，晶粒大小可以忽略而作为一个连续体来看待。因而常规的切削理论对微细加工不适用。

(3) 加工特征不同。一般尺寸加工以获得一定的尺寸、形状、位置精度为加工特征。而微细加工则以分离或结合分子或原子为特征，并常以能量束加工为基础，采用许多有别于传统机械加工的方法进行加工。

2. 微细加工方法

目前使用的微细加工方法主要有以下几种。

(1) 采用微型化的定形整体刀具或非定形磨料工具进行机械加工，如车削、钻削、铣削和磨削。由于刀具具有清晰明显的界限，因此可以方便地定义刀具路径，加工出各种三维形状的轮廓。

(2) 采用电加工或在其基础上的复合加工，如微细电火花加工(MEDM)、线放电磨削加工(WEDG)、线电化磨削(WECG)、电化加工(ECM,又称电解液射流或微细喷射制模)等。

(3) 采用光、声等能量法加工,如微细激光束加工(MLBM)、微细超声加工等。

(4) 采用光化掩膜法加工,如光刻法、LIGA 法(X 射线蚀刻和电铸制模成形法)等。

(5) 采用层积增生法加工,如曲面的磁膜镀覆、多层薄膜镀覆(用于 SMA 微型线圈制造)和液滴层积等。

3. 微细机械加工工艺

对于工件的平面、内腔、孔或相对较大直径外圆的加工,由于工件尺寸相对较大,有一定的刚度,因此可用切削加工的方法进行加工,包括铣、钻和车三种形式。车或铣多用单晶金刚石车刀或铣刀。对于孔加工,孔的直径决定于钻头的直径。现在用于微细加工的麻花钻的直径可小到 50 μm,如加工更小直径的孔,可采用自制的扁钻。

4. 微细电加工工艺

对于一些刚度小的工件和特别微小的工件,用机械加工的方法很难实现,必须使用电加工、光刻化学加工或生物加工的方法,如线放电磨削和线电化磨削。图 7-7 所示为用 WEDG 方法加工微型轴的原理图。在图中,用做加工工具的电极丝在导丝器导向槽的夹持下靠近工件,在工件和电极丝之间加有放电介质。加工时,电极丝在导向槽中低速滑动(0.1～0.2 mm/s),通过脉冲电源使电极丝和工件之间不断放电,去除工件的加工余量。利用数字控制导丝器和工件之间的相对运动,可加工出不同的工件形状,如图 7-8 所示。

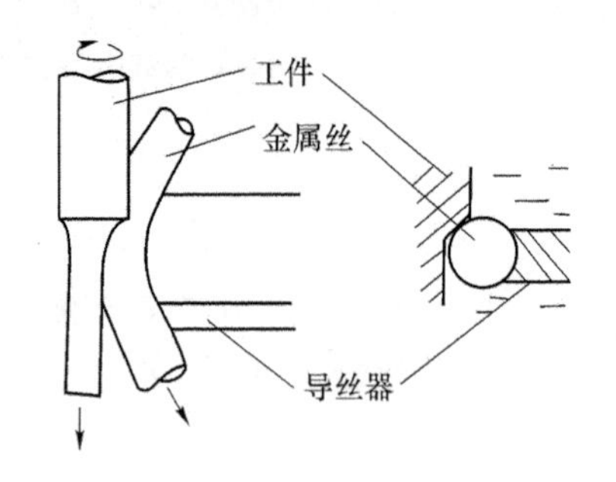

图 7-7　线放电磨削工作原理

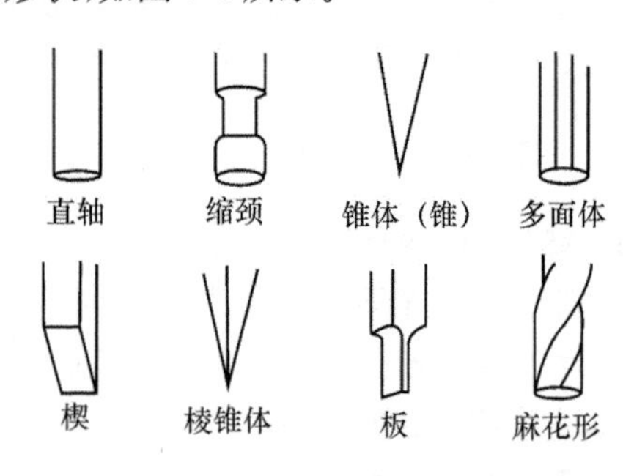

图 7-8　利用线放电磨削加工的各种工件

5. 光刻加工

光刻加工是微细加工中广泛使用的一种加工方法,主要用于制作半导体集成电路,其工作原理如图 7-9 所示。光刻加工的主要过程如下。

(1) 涂胶。把光致抗蚀剂涂敷在已镀有氧化膜的半导体基片上。

(2) 曝光。曝光通常有两种方法:①由光源发出的光束,经掩膜在光致抗蚀剂涂层上成像,称为投影曝光;②将光束聚焦形成细小束斑,通过扫描在光致抗蚀剂涂层上绘制图形,称为扫描曝光。常用的光源有电子束、离子束等。

(3) 显影与烘片。曝光后的光致抗蚀剂在一定的溶剂中将曝光图形显示出来,称为显影。显影后进行 200～250 ℃的高温处理,以提高光致抗蚀剂的强度,称为烘片。

(4) 刻蚀。利用化学或物理方法,将没有光致抗蚀剂部分的氧化膜除去。常用的刻蚀方法有化学刻蚀、离子刻蚀、电解刻蚀等。

(5) 剥膜(去胶)。用剥膜液去除光致抗蚀剂。剥膜后需进行水洗和干燥处理。

6. 微细加工设备

微细加工机床的结构有以下特点。

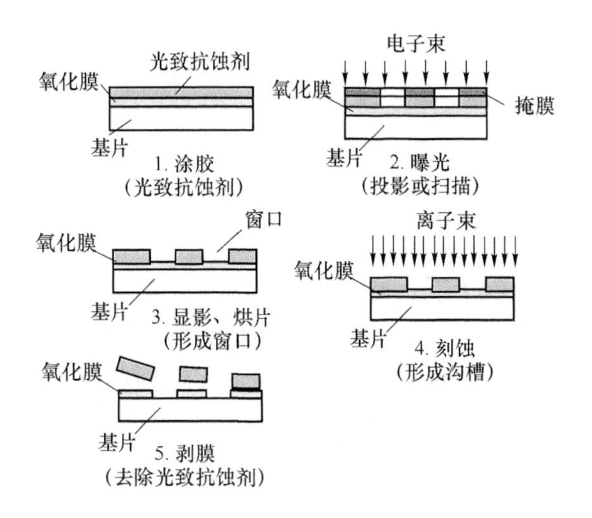

图 7-9　电子束光刻大规模集成电路的加工过程

(1) 微小位移机构。为达到很小的单位去除率(UR),需要各轴能实现足够小的微量移动,微量移动应可小至几十纳米,电加工的 UR 最小极限取决于脉冲放电的能量。

(2) 高灵敏的伺服进给系统。它要求低摩擦的传动系统和导轨支承系统,以及高跟踪精度的伺服系统。

(3) 高平稳性的进给运动,尽量减少由于制造和装配误差引起各轴的运动误差。

(4) 高的定位精度和重复定位精度。

(5) 低热变形结构设计。

(6) 刀具的稳固夹持和高的安装精度。

(7) 高的主轴转速及动平衡。

(8) 稳固的床身构件并隔绝外界的振动干扰。

(9) 具有刀具破损检测的监控系统。

图 7-10 为日本 FANUC 公司开发的能进行车、铣、磨和电火花加工的多功能微型超精密加工机床的结构示意图。该机床有 X、Z、C、B 四个轴,在 B 轴回转工作台上增加 A 轴转台后,可实现 5 轴控制,数控系统的最小设定单位为 1 nm。

图 7-11 为光刻加工使用的一种电致伸缩微动工作台的示意图。由图可见,当 $P_{y1}=P_{y2}$ 时,P_x 长度变化,将使工作台在 x 方向产生微动;当 P_{y1} 和 P_{y2} 长度同时发生变化,并保持 $P_{y1}=P_{y2}$ 时,则工作台将在 y 方向产生微动;而当 $P_{y1}\neq P_{y2}$ 时,工作台将产生微量转动。

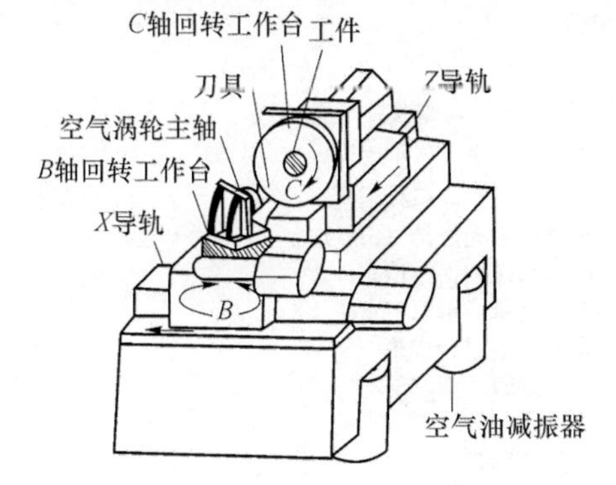

图 7-10　FANUC 开发的微型超精密加工机床

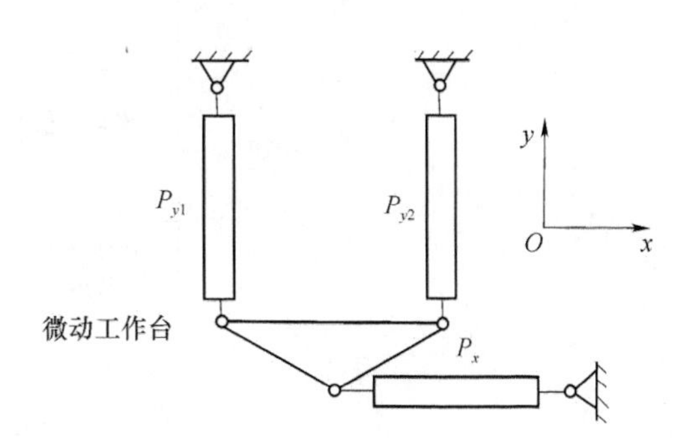

图 7-11　电致伸缩微动工作台

7.3 特种加工方法

7.3.1 特种加工方法概述

1. 特种加工方法

特种加工方法是指不用常规的机械加工和常规压力加工的方法，利用光、电、化学、生物等原理去除或添加材料以达到零件设计要求的加工方法的总称。由于这些加工方法的加工机理以溶解、熔化、气化、剥离为主，且多数为非接触加工，因此对于高硬度、高韧性材料和复杂形面、低刚度零件来说是无法替代的加工方法，也是对传统机械加工方法的有力补充和延伸，并已成为机械制造领域中不可缺少的技术内容。

2. 特种加工方法的构成和分类

特种加工方法的构成和分类如图 7-12 所示。

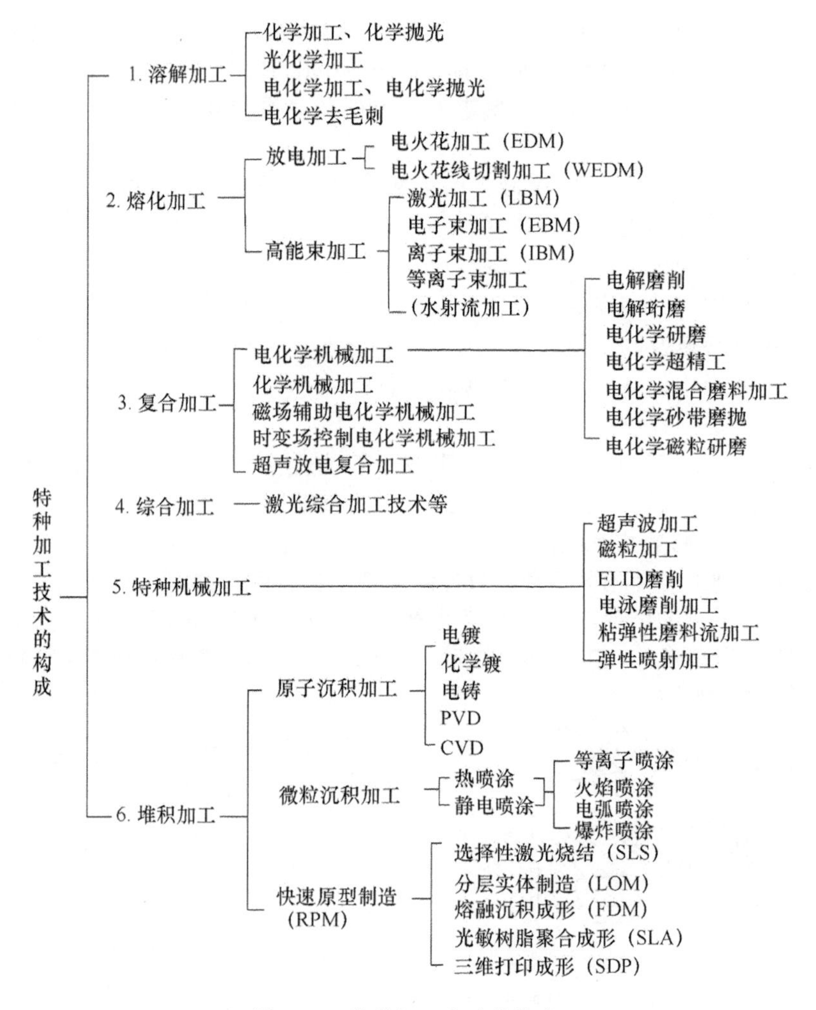

图 7-12　特种加工方法的构成

7.3.2 电火花加工

电火花加工又称电腐蚀加工，包括使用模具电极的型腔加工和使用电极丝的线切割加工。随着加工速度和电极损耗等加工特性的改善，电火花加工得到了很广泛的应用，从大到数米的金属模具到小到数微米的孔和槽都可以加工。特别是电火花线切割机床的出现，使其应用范围更加广泛。

1. 电火花加工的工作原理

电火花加工的工作原理如图 7-13 所示。在充满液体介质的工具电极和工件之间的很小间隙上施加脉冲电压，于是间隙中就产生了很强的电场，使两极间的液体介质在极间间隙最小处或在绝缘强度最低处，按脉冲电压的频率不断地被电离击穿，产生脉冲放电。由于放电时间很短，且发生在放电区的极小区域上，所以能量密度高度集中(达 $10^6 \sim 10^7$ W/mm)，放电区的温度可高达$(1\sim1.2)\times10^4$℃，使工件上的一小部分金属被迅速熔化和汽化。由于熔化和汽化的速度很快，故带有爆炸性质，在爆炸力的作用下，将熔化了的金属微粒迅速抛出，被液体介质冷却凝固，并从间隙中冲走。每次放电后，工件表面形成一个小圆坑(如图 7-13(b)所示)，放电过程多次重复进行，大量小圆坑重叠在工件上，材料被蚀除。随着工具电极不断进给，工具电极的轮廓尺寸就被精确地复映在工件上，达到尺寸和形状加工的目的(如图 7-13(c)所示)。

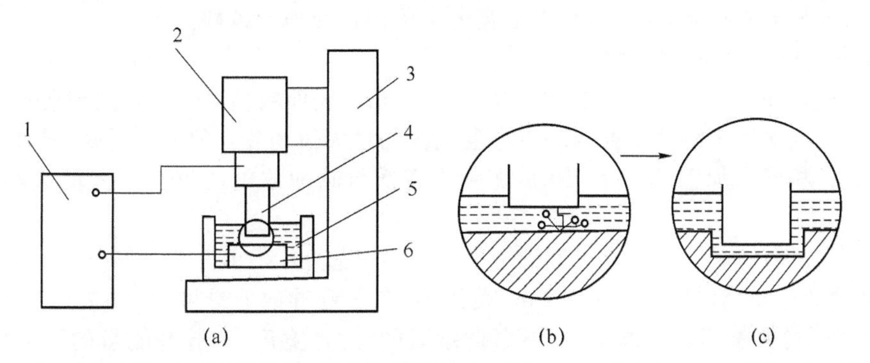

1—脉冲电源；2—进送机构及间隙自动调整器；3—立柱；4—工具电极；5—工作液；6—工件

图 7-13 电火花加工的工作原理

虽然电极也由于火花放电而损耗，但如果采用热传导性好的铜或熔点高的石墨材料作为电极，在适当的放电条件下，电极的损耗可以控制到工件材料消耗的 1%以下。

当放电时间持续增长时，火花放电就会变成弧光放电。弧光放电的放电区域较大，因而能量密度小，加工速度慢，加工精度也变低。所以，在电火花加工中，必须控制放电状态，使放电仅限于火花放电和短时间的过渡弧光放电。为实现这个目标，在电极和工件之间要接上适当的脉冲放电的电源。该脉冲电源使最初的火花放电发生数毫秒至数微秒后，电极和工件间的电压消失(为零)，从而使绝缘油恢复到原来的绝缘状态，放电消失。在电极和工件之间又一次处于绝缘状态后，电极和工件之间的电压再次得到恢复。如果使电极和被加工工件之间的距离逐渐变小，在工件的其他点上会发生第二次火花放电。由于这些脉冲性放电在工件表面上不断地发生，工件表面就逐渐地变成和电极形状相反的形状。

从以上分析可以看出，电火花加工必须具备下述条件：①要把电极和工件放入绝缘液体中；②使电极和工件之间的距离充分变小；③使两者间发生短时间的脉冲放电；④多次重复这种火花放电过程。

2. 电火花加工的脉冲电源

电火花加工的脉冲电源有多种形式，目前常用晶体管放电回路来做脉冲电源，如图 7-14 所示。晶体管的基极电流可由脉冲发生器的信号控制，使电源回路产生开、关两种状态。脉冲发生器常采用多谐振荡器。由于脉冲的开、关周期与放电间隙的状态无关，可以独立地进行调整，所以这种方式常称做独立脉冲方式。

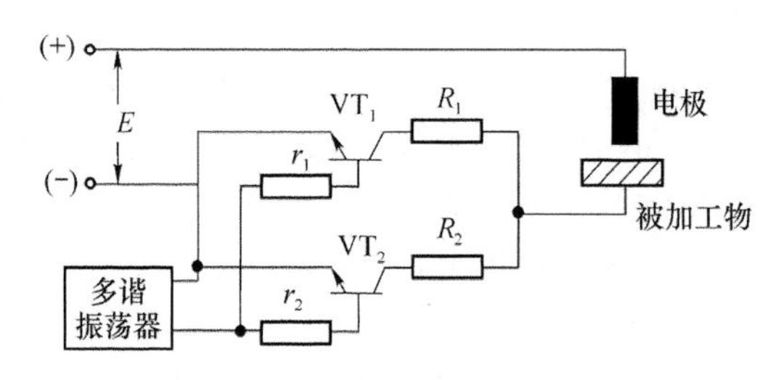

图 7-14　晶体管放电回路脉冲电源

在晶体管放电回路脉冲电源中，由于有开关电路强制断开电流，放电消失以后，电极间隙的绝缘容易恢复，因此放电间隔可以缩短，脉冲宽度（放电持续时间）可以增大，放电停止时间能够减小，大大提高了加工效率。此外，由于放电电流的峰值、脉冲宽度可由改变多谐振荡器输出的波形来控制，所以能够在很宽的范围内选择加工条件。

3. 电火花加工的加工特性

表示电火花加工特性的指标有加工速度（g/min）、表面粗糙度（μm）、间隙（μm）和电极损耗比（%）。这些加工特性主要取决于放电电流的最大值和放电的持续时间（脉冲宽度）等电气条件。在相同的加工条件下，加工效率的高低与脉冲放电的停止时间的大小有很大关系。

目前，在电火花加工时，加在极间隙上的是 100 V 左右、频率为 250 Hz～250 kHz 的脉冲电压，脉冲放电持续时间在 2 μs～2 ms 范围内，各个脉冲的能量可在 2 mJ～20 J（电流为 400 A 时）范围内调整。在此范围内，根据持续时间（脉冲宽度）和脉冲能量的不同组合，可以获得不同的加工速度、表面粗糙度、电极消耗和表面组织等。

当频率高、持续时间短的脉冲加在电极间隙时，每个脉冲的金属除去量非常少，可以得到小的表面粗糙度，但加工速度低。在相同功率的条件下，频率低、持续时间长的脉冲虽然可得到大的加工速度，但表面粗糙度变大。

4. 电火花加工的工艺特点及应用

(1) 由于电火花加工是利用极间火花放电时产生的电腐蚀现象，靠高温熔化和汽化金属进行蚀除加工的，因此可以使用较软的紫铜等工具电极，对任何导电的难加工材料（如硬质合金、耐热合金、淬火钢、不锈钢、金属陶瓷、磁钢等，用普通方法难以加工或无法加工）进行加工，达到以柔克刚的效果。

(2) 由于电火花加工是一种非接触式加工，加工时不产生切削力，不受工具和工件刚度限制，因而有利于实现微细加工，如薄壁、深小孔、盲孔、窄缝及弹性零件等的加工。

(3) 由于电火花加工中不需要复杂的切削运动，因此有利于异形曲面零件的表面加工。而且，由于工具电极的材料可以较软，因而工具电极较易制造。

(4) 尽管放电温度较高，但因放电时间极短，所以加工表面不会产生厚的热影响层，因而适于加工热敏感性很强的材料。

(5) 由图 7-13 可以看出，电火花加工时，脉冲电源的电脉冲参数调节及工具电极的自动进给等均可通过一定措施实现自动化。这使得电火花加工与微电子、计算机等高新技术的渗透与交叉成为可能。目前，自适应控制、模糊逻辑控制的电火花加工已经开始出现和应用。

(6) 电火花加工时，工具电极会产生损耗，这会影响加工精度。

5. 电火花线切割

图 7-15 是电火花线切割加工构成原理图。作为细金属丝(通常直径为 ϕ0.05～ϕ0.25 mm)的电极，一边卷绕一边与工件之间发生放电，由这种放电能量加工零件。根据零件和线电极的相对运动可以加工各种形状不同的二维曲线轮廓。相对运动由数控工作台在 x、y 两方向的运动合成实现。

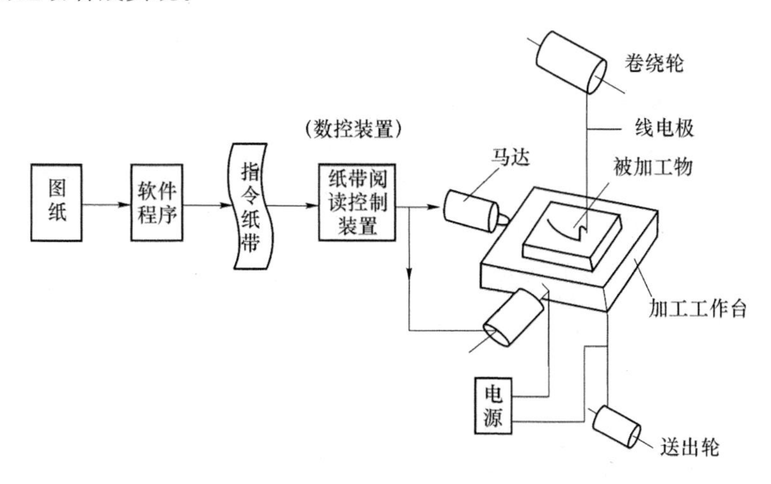

图 7-15　电火花线切割加工构成原理图

7.3.3　电解加工

电解加工又称电化学加工，是继电火花加工之后发展较快、应用较广的一种新工艺，在国内外已成功地应用于枪、炮、导弹、喷气发动机等国防工业部门，在模具制造中也得到了广泛的应用。

1. 工作原理

图 7-16 为电解加工原理图。工件接阳极，工具(铜或不锈钢)接阴极，两极间加 6～24 V 的直流电压，极间保持 0.1～1 mm 的间隙。在间隙处通以 6～60 m/s 高速流动的电解液，形成极间导电通路，工件表面材料不断溶解，其溶解物及时被电解液冲走。工具电极不断进给，以保持极间间隙。

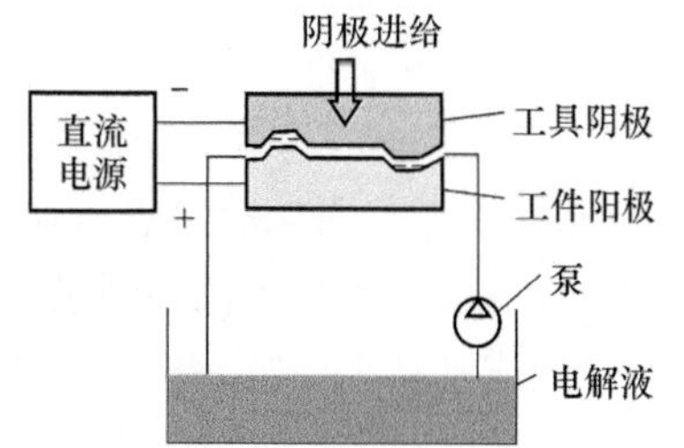

图 7-16　电解加工原理图

2. 电解加工的特点

电解加工具有以下优点。

① 不受材料硬度的限制，能加工任何高硬度、高韧性的导电材料，并能以简单的进给运动一次加工出形状复杂的型面和型腔。

② 与电火花加工相比，加工型面和型腔效率高 5～10 倍。

③ 加工过程中阴极损耗小。

④ 加工表面质量好，无毛刺、残余应力和变形层。

但电解加工也存在些缺点和局限性，主要表现在以下方面。

① 难以加工很细的窄缝、小孔及尖棱尖角的工件。

② 电解液对设备、夹具有腐蚀作用，电解产物处理不好易造成环境污染，需防护。

③ 工具电极的设计、制造和修正较麻烦，因而很难用于单件生产。

3. 电解加工的应用

电解加工广泛应用于模具的型腔加工，枪炮的膛线加工，发电机的叶片加工，花键孔、内齿轮、深孔加工，以及电解抛光、倒棱、去毛刺等。

4. 电解磨削

电解磨削是利用电解作用与机械磨削相结合的一种复合加工方法。其工作原理如图7-17所示。工件接直流电源正极，高速回转的磨轮接负极，两者保持一定的接触压力，磨轮表面突出的磨料使磨轮导电基体与工件之间有一定的间隙。当电解液从间隙中流过并接通电源后，工件产生阳极溶解，工件表面上生成一层称为阳极膜的氧化膜，其硬度远比金属本身低，极易被高速回转的磨轮所刮除，使新的金属表面露出，继续进行电解。电解作用与磨削作用交替进行，电解产物被流动的电解液带走，使加工继续进行，直至达到加工要求。

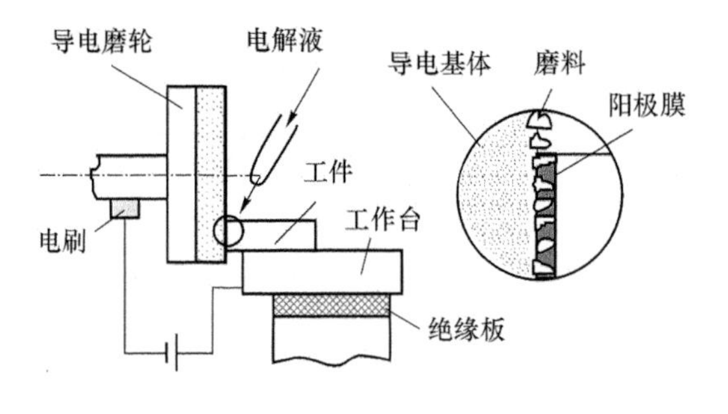

图7-17　电解磨削原理图

7.3.4 高能束加工

高能束加工是指使用激光、电子束、离子束等具有很高能量密度的射流进行加工的一种方法。

1. 激光加工

(1) 激光加工的原理

激光加工是利用光能量进行加工的一种方法。由于激光具有准值性好、功率大等特点，在聚焦后，可以形成平行度很高的细微光束，有很大的功率密度。激光光束照射到工件表面时，部分光能量被表面吸收转变为热能。对于不透明的物质，因为光的吸收深度非常小(在100 μm以下)，所以热能的转换发生在表面的极浅层，使照射斑点的局部区域温度迅速升高到使被加工材料熔化甚至汽化的温度。同时由于热扩散，使斑点周围的金属熔化，随着光能的继续被吸收，被加工区域中金属蒸气迅速膨胀，产生一次“微型爆炸”，把熔融物高速喷射出来。

激光加工装置由激光器、聚焦光学系统、电源、光学系统监视器等组成，如图7-18所示。

(2) 激光的应用

① 激光打孔

激光打孔已广泛应用于金刚石拉丝模、钟表宝石轴承、陶瓷、玻璃等非金属材料和硬质合金、不锈钢等金属材料的小孔加工。对于激光打孔，激光的焦点位置对孔的质量影响很大，如果焦点与加工表面之间距离很大，则激光能量密度显著减小，不能进行加工。如果焦点位置在被加工表面的两侧偏离1 mm左右时还可以进行加工，此时加工出孔的断面形状随焦点位置不同而发生显著的变化。由图7-19可以看出，加工面在焦点和透镜之间时，加工出的孔是圆锥形；加工面和焦点位置一致时，加工出的孔的直径上下基本相同；当加工表面在焦点以外时，加工出的孔呈腰鼓形。

激光打孔不需要工具，不存在工具损耗问题，适合于自动化连续加工。

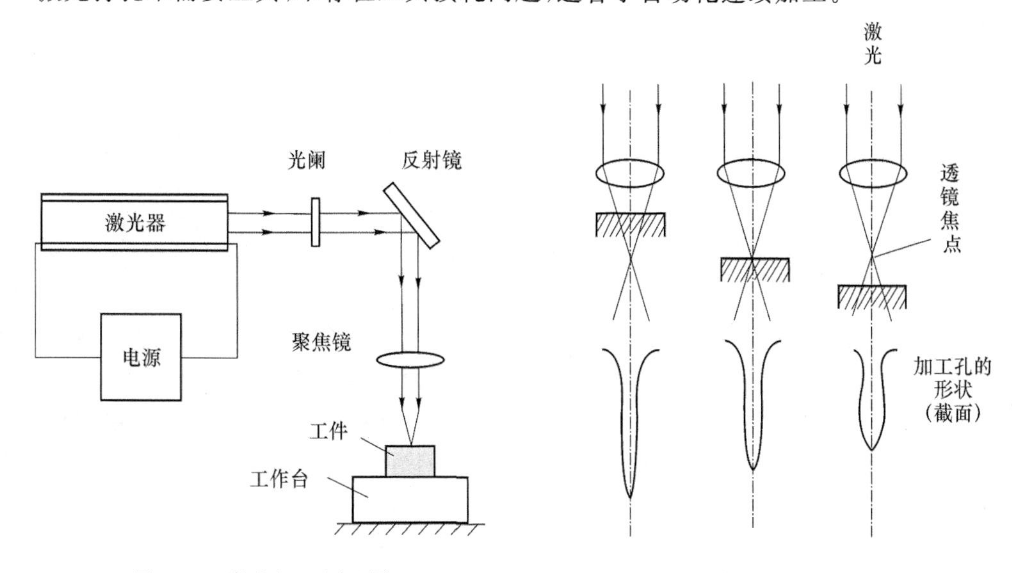

图7-18　激光加工原理图

图7-19　焦点位置对加工孔形状的影响

② 激光切割

激光切割的原理与激光打孔基本相同。不同的是，工件与激光束要相对移动。激光切割不仅具有切缝窄、速度快、热影响区小、省材料、成本低等优点，而且可以在任何方向上切割，包括内尖角。目前激光已成功地用于切割钢板、不锈钢、钛、钽、镍等金属材料以及布匹、木材、纸张、塑料等非金属材料。

③ 激光焊接

激光焊接与激光打孔的原理稍有不同，焊接时不需要那么高的能量密度使工件材料汽化蚀除，而只要将工件的加工区烧熔使其粘合在一起。因此，激光焊接所需要的能量密度较低，通常可用减小激光输出功率来实现。

激光焊接具有下列优点。

a. 激光照射时间短，焊接过程迅速，它不仅有利于提高生产率，而且被焊材料不易氧化，热影响区小，适合于对热敏感性很强的材料焊接。

b. 激光焊接既没有焊渣，也不需去除工件的氧化膜，甚至可以透过玻璃进行焊接，特别适宜微型机械和精密焊接。

c. 激光焊接不仅可用于同种材料的焊接，而且还可用于两种不同材料的焊接，甚至还可以用于金属和非金属之间的焊接。

④ 激光热处理

用大功率激光进行金属表面热处理是近几年发展起来的一项崭新工艺。激光金属硬化处理的作用原理是，照射到金属表面上的激光能使构成金属表面的原子迅速蒸发，由此产生的微冲击波会导致大量晶格缺陷的形成，从而实现表面的硬化。与高温炉处理、化学处理以及感应加热处理相比，激光处理法有很多独特的优点，如快速、不需淬火介质、硬化均匀、变形小、硬度高达 60HRC 以上、硬化深度可精确控制等。

2. 电子束加工

(1) 电子束加工的原理

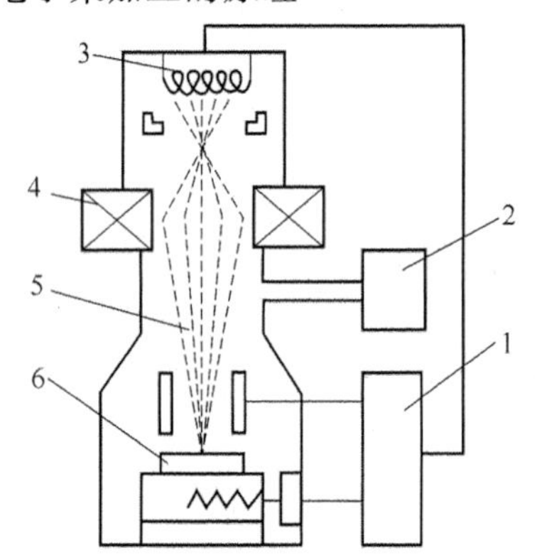

1—电源及控制系统；2—抽真空系统；3—电子枪系统；4—聚焦系统；5—电子束；6—工件

图 7-20　电子束加工原理及设备组成

电子束加工是在真空条件下，利用电流加热阴极发射电子束，带负电荷的电子束高速飞向阳极，途中经加速极加速，并通过电磁透镜聚焦，使能量密度非常集中，可以把 1 kW 或更高的功率集中到直径为 5～10 μm 的斑点上，获得高达 10^6～10^9 W/cm^2 的功率密度，如图 7-20 所示。如此高的功率密度，可使任何材料被冲击部分的温度在百万分之一秒时间内升高到几千摄氏度以上，热量还来不及向周围扩散，就已把局部材料瞬时熔化、气化直到蒸发去除。随着孔不断变深，电子束照射点也越深入。由于孔的内侧壁对电子束产生“壁聚焦”，所以加工点可能到达很深的深度，从而可打出很细很深的微孔。

(2) 电子束加工的特点

① 能量密度高。电子束聚焦范围小，能量密度高，适合于加工精微深孔和窄缝等。其加工速度快，效率高。

② 工件变形小。电子束加工是一种热加工，主要靠瞬时蒸发，属于非接触式加工，工件很少产生应力和变形，而且不存在工具损耗。它适合于加工脆性、韧性、导体、半导体、非导体以及热敏性材料。

③ 加工点上化学纯度高。因为整个电子束加工是在真空度 1.33×10^{-2}～1.33×10^{-4} Pa 的真空室内进行的，所以熔化时可以防止由于空气的氧化作用所产生的杂质缺陷。它适合于加工易氧化的金属及合金材料，特别是要求纯度极高的半导体材料。

④ 可控性好。电子束的强度、位置和聚焦等均可用电、磁的方法直接控制，便于实现自动化加工。

⑤ 整个加工系统价格较贵，其生产受到一定的限制。

(3) 电子束加工的应用

电子束加工按其能量密度和能量注入时间的不同，可用于打孔、切割、蚀刻、焊接、热处理和光刻加工等。例如，在 0.1 mm 厚的不锈钢板上加工直径为 0.2 mm 的孔，每秒可加工 3 000 个。

3. 离子束加工

(1) 离子束加工的原理

离子束加工的原理与电子束加工类似，是在真空条件下，将 Ar、Kr、Xe 等惰性气体通过离子源电离产生离子束，并经过加速、集束、聚焦后，投射到工件表面的加工部位，以实现去除加工。所不同的是，离子的质量比电子的质量大成千上万倍，例如最小的氢离子，其质量是电子质量的 1 840 倍，氖离子的质量是电子质量的 7.2 万倍。由于离子的质量大，故在同样的速度下，离子束比电子束具有更大的能量。

高速电子撞击工件材料时，因电子质量小速度大，动能几乎全部转化为热能，使工件材料局部熔化、气化，通过热效应进行加工。而离子本身质量较大，速度较低，撞击工件材料时，将引起变形、分离、破坏等机械作用。离子加速到几十电子伏到几千电子伏时，主要用于离子溅射加工；如果加速到一万电子伏到几万电子伏，且离子入射方向与被加工表面成 25°～30°角，则离子可将工件表面的原子或分子撞击出去，以实现离子铣削、离子蚀刻或离子抛光等；当加速到几十万电子伏或更高时，离子可穿入被加工材料内部，称为离子注入。

(2) 离子束加工的特点

① 易于精确控制。由于离子束可以通过离子光学系统进行扫描，使离子束可以聚焦到光斑直径 1 μm 以内进行加工，同时离子束流密度和离子的能量可以精确控制，因此能精确控制加工效果，如控制注入深度和浓度。抛光时，可以一层层地把工件表面的原子抛掉，从而加工出没有缺陷的光整表面。此外，借助于掩膜技术可以在半导体上刻出小于 1 μm 宽的沟槽。

② 加工洁净。因为加工是在真空中进行的，离子的纯度比较高，因此特别适合于加工易氧化的金属、合金和半导体材料等。

③ 加工应力变形小。离子束加工是靠离子撞击工件表面的原子而实现的，这是一种微观作用，宏观作用力很小，不会引起工件产生应力和变形，对脆性、半导体、高分子等材料都可以加工。

离子束加工是所有特种加工中最精密、最微细的加工方法，是当代纳米加工技术的基础。目前用于改变零件尺寸和表面物理力学性能的离子束加工有离子蚀刻加工、离子镀膜加工和离子注入加工等。

7.3.5 超声波加工

1. 超声波加工的原理

图 7-21 为超声波加工原理图。超声波发生器将工频交流电能转变为有一定功率输出的超声频电振荡，通过换能器将超声频电振荡转变为超声机械振动。此时振幅一般较小，再通过振幅扩大棒（变幅杆），使固定在变幅杆端部的工具振幅增大到 0.01～0.15 mm。利用工具端面的超声（16～25 kHz）振动，使工作液（普通水）中的悬浮磨粒（碳化硅、氧化铝、碳化硼或金刚石粉）对工件表面产生撞击抛磨，实现加工。

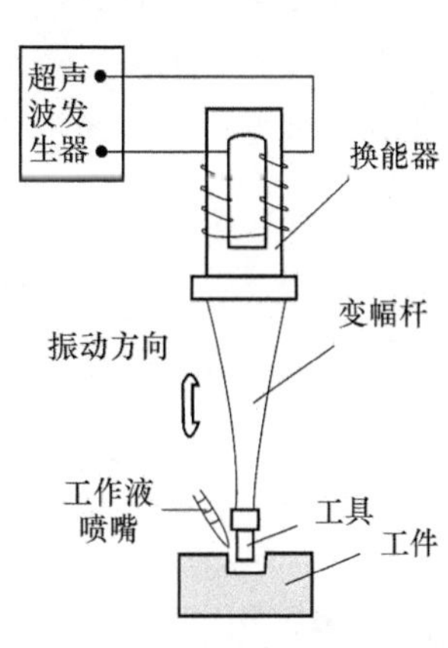

图 7-21　超声波加工原理图

2. 超声波加工的特点

(1) 被加工表面无残余应力,无破坏层,加工精度较高,尺寸精度可达0.01～0.05 mm。

(2) 加工过程受力小,热影响小,可加工薄壁、薄片等易变形零件。

(3) 单纯的超声波加工,加工效率较低。采用超声复合加工(如超声车削、超声磨削、超声电解加工、超声线切割等),可显著提高加工效率。

3. 超声波加工的应用

超声波加工广泛用于加工半导体和非导体的脆硬材料,由于其加工精度和表面粗糙度优于电火花、电解加工,因此电火花加工后的一些淬火钢、硬质合金零件,还常用超声抛磨进行光整加工。此外,超声波加工还可以用于套料、清洗、焊接和探伤等。

7.4 机械制造系统的自动化技术

7.4.1 成组技术

随着传统的单一品种的大批量生产方式在制造中比重的逐步下降,多品种小批量生产不断增加,产生了新的生产模式——大批量定制生产(Mass Customization Production, MCP)。采用新的生产模式的目的是探索如何在单件小批量生产过程中,产生像大批量生产一样的效益。那么在新的生产模式下,如何组织生产、增加柔性、提高生产效率,以满足多变的市场需求呢?在各种先进制造技术的支持下,成组技术(Group Technology,GT)可作为一种有效的工具,在小批生产中获得大批生产的良好效果。

1. 成组技术的基本原理

成组技术是一门生产技术科学和管理科学,它研究如何识别和开发生产过程中有关事物的相似性,并充分利用各种问题的相似性,将其归类集合成组,然后寻求解决这一组问题的相对统一的最优方案,以取得所期望的经济效果。

成组技术用于机械制造领域,就是利用零件的相似性,将其分类成组,并以这些零件组为基础组织生产,以实现多品种、中小批量生产的产品设计、制造工艺和生产管理的合理化。

由上述定义可见,机械制造中成组技术的基本原理是将零件按其相似性分类成组,使同一类零件分散的小批量生产汇合成较大批量的成组生产,从而使多品种、中小批量生产可以获得接近大批量生产的经济效果。成组技术的基本原理如图7-22所示。

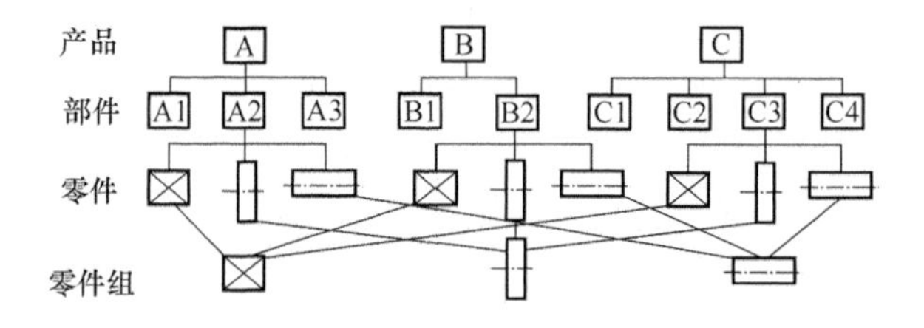

图7-22 成组技术的基本原理

2. 实施成组技术的客观基础

在机械制造中实施成组技术有其客观基础,其主要包括两方面。

（1）机械零件之间存在着相似性。这种相似性主要表现在零件结构特征(零件形状、形状要素及其布置、尺寸、精度……)相似性、零件材料特征(零件材质、毛坯、热处理……)相似性和零件制造工艺(加工方法、加工过程、加工设备……)相似性三个方面。前两者是零件所固有的,因此又称为“一次相似性”,后者取决于前两者,因此又称为“二次相似性”。

（2）机械产品中零件出现频率有明显的规律性和稳定性。机械零件按其复杂程度可分为简单件、复杂件和相似件三类。大量调查统计表明,这三类零件在机械产品中出现的频率有明显的规律性和稳定性(如图 7-23 所示)。机械产品中 5%～10% 的零件属于复杂件,如机床中的床身、主轴箱、溜板等。这类零件为数不多,但复杂程度较高,制造难度较大,再现性低。此类零件多为决定机械产品性能的重要零件,故又称为关键件。机械产品中 20%～25%的零件属于简单件和标准件,如螺钉、螺母、销、键等。这类零件的特点是结构简单,再用性高,多数已标准化和已形成大批量生产。机械产品中约 70%的零件属于中等复杂程度的零件,如轴、齿轮、法兰盘、盖板、支座等。这类零件数量较大,彼此之间存在着显著的相似性,故称为相似件。正是由于机械产品中大多数零件是相似件,成组技术才有可能得以实施。

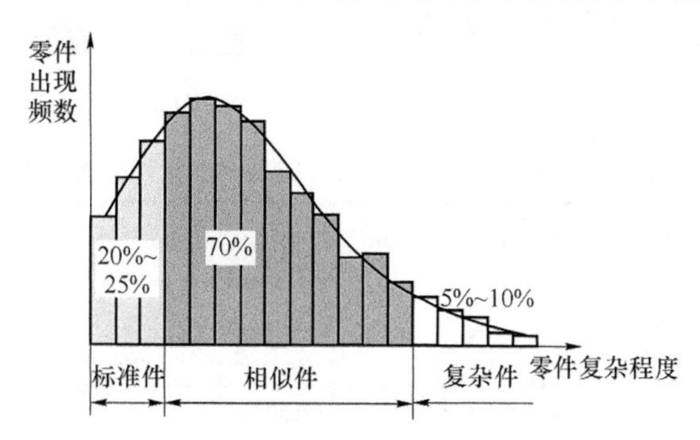

图 7-23　不同复杂程度的零件在机械产品中出现的规律

3. 零件分类编码系统

零件的相似性是划分零件组的依据。为了便于分析零件的相似性,首先需对零件的相似特征进行描述和识别。目前,多采用编码方法对零件的相似特征进行描述和识别,而零件分类编码系统就是用字符(数字、字母或符号)对零件有关特征进行描述和识别的一套特定的规则和依据。

目前,世界上使用的分类编码系统不下百种,较著名的有德国的 Opitz 系统、瑞士的 Sulzer 系统、荷兰的 Miclass 系统、日本的 KK 系统、我国的 JLBM-1 系统等。下面仅就 JLBM-1 系统进行说明。

JLBM-1 系统是我国由机械工业部颁发的一项指导性技术文件,其总体结构如图 7-24 所示。

JLBM-1 系统由 15 个码位组成。1、2 码位表示零件的名称类别,采用零件的功能和名称作为标志,以矩阵表形式表示,这样信息容量大,也便于设计部门检索,如表 7-2 所示。

JLBM-1 系统 3～9 码位是形状及加工码,依次表示回转体零件和非回转体零件的外部形状、内部形状、平面、孔及辅助加工的情况,如表 7-3 和表 7-4 所示。

JLBM-1 系统 10～15 码位是辅助码(副码),表示零件的材料、毛坯、热处理、主要尺寸和精度等特征,如表 7-5 所示。尺寸码规定了大型、中型和小型三个尺寸组,分别可供仪表机械、一般机械和重型机械三种类型企业参照使用。精度码规定了低精度、中等精度、高精度及超高精度四个等级,在中等精度和高精度两个等级中,再按有精度要求的不同加工表面的组合而细分为几个类型，以不同特征来表示。

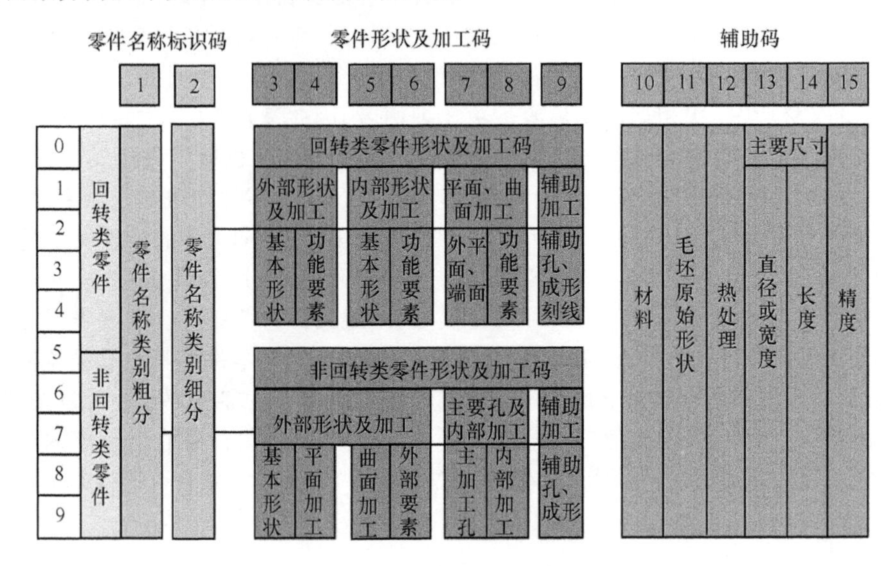

图 7-24　JLBM-1 编码系统的总体结构

表 7-2　JLBM-1 分类编码系统的名称类别分类表

第1位＼第2位			0	1	2	3	4	5	6	7	8	9
0	回转类零件	轮盘类	盘、盖	防护盖	法兰盘	带轮	手轮捏手	离合器体	分度盘、刻度盘	滚轮	活塞	其他
1		环套类	垫圈片	环、套	螺母	衬套、轴套	外螺纹套、直管接头	法兰套	半联轴节	油缸、气缸		其他
2		销杆轴	销堵短圆柱	圆杆、圆管	螺杆、螺柱、螺钉	阀杆、阀塞、活塞杆	短轴	长轴	蜗杆丝杆	手把、手柄、操纵杆		其他
3		齿轮类	圆柱外齿轮	圆柱内齿轮	锥齿轮	蜗轮	链轮、棘轮	螺旋锥齿轮	复合齿轮	圆柱齿条		其他
4		异形件	异形盘套	弯管接头、弯头	偏心件	扇形件、弓形件	叉形接头、叉轴	凸轮、凸轮轴	阀体			其他
5		专用件										其他
6	非回转类零件	杆条类	杆、条	杠杆、摆杆	连杆	撑杆、拉杆	扳手	键镶条、压条	梁	齿条	拨叉	其他
7		板块类	板、块	防护板、盖板、门板	支承板、垫板	压板、连接板	定位块、棘爪	异面块板、滑块板	阀块分油器	凸轮板		其他
8		座架类	轴承座	支座	弯板	底座机架	支架					其他
9		箱壳体	罩、盖	容器	壳体	箱体	立柱	机身	工作台			其他

表 7-3　JLBM-1 分类编码系统回转件分类表

<table>
<tr><td colspan="2">码位</td><td>3</td><td>4</td><td colspan="2">5</td><td>6</td><td>7</td><td>8</td><td colspan="2">9</td></tr>
<tr><td colspan="2" rowspan="2">特征项号</td><td colspan="2">外部形状及加工</td><td colspan="3">内部形状及加工</td><td colspan="2">平面、曲面加工</td><td colspan="2" rowspan="2">辅助加工（非同轴孔、成形、刻线）</td></tr>
<tr><td>基本形状</td><td>功能要素</td><td colspan="2">基本形状</td><td>功能要素</td><td>外面、端面</td><td>内面</td></tr>
<tr><td>0</td><td rowspan="7">单一轴线</td><td>光滑</td><td>无</td><td colspan="2">无轴线孔</td><td>无</td><td>无</td><td>无</td><td colspan="2">无</td></tr>
<tr><td>1</td><td>单向台阶</td><td>环槽</td><td colspan="2">无加工孔</td><td>环槽</td><td>单一平面、不等分平面</td><td>单一平面、不等分平面</td><td rowspan="2">均布孔</td><td>轴向</td></tr>
<tr><td>2</td><td>双向台阶</td><td>螺纹</td><td rowspan="4">通孔盲孔</td><td>螺纹</td><td>螺纹</td><td>平行平面、等分平面</td><td>平行平面、等分平面</td><td>径向</td></tr>
<tr><td>3</td><td>球、曲面</td><td>1＋2</td><td>1＋2</td><td>1＋2</td><td>槽、键槽</td><td>槽、键槽</td><td rowspan="2">非均布孔</td><td>轴向</td></tr>
<tr><td>4</td><td>正多边形</td><td>锥面</td><td>锥面</td><td>锥面</td><td>花键</td><td>花键</td><td>径向</td></tr>
<tr><td>5</td><td>非圆对称截面</td><td>1＋4</td><td>1＋4</td><td>1＋4</td><td>齿形</td><td>齿形</td><td colspan="2">倾斜孔</td></tr>
<tr><td>6</td><td>扇形或弓形 4 、5 除外</td><td>2＋4</td><td colspan="2">球、曲面</td><td>2＋4</td><td>2＋5</td><td>3＋5</td><td colspan="2">各种孔组合</td></tr>
<tr><td>7</td><td rowspan="2">多轴线</td><td>平行轴线</td><td>1＋2＋4</td><td colspan="2">深孔</td><td>1＋2＋4</td><td>3＋5 或 4＋5</td><td>4＋5</td><td colspan="2">成形</td></tr>
<tr><td>8</td><td>弯曲相交轴线</td><td>传动螺纹</td><td colspan="2">相交孔
平行孔</td><td>传动螺纹</td><td>曲面</td><td>曲面</td><td colspan="2">机械刻线</td></tr>
<tr><td>9</td><td colspan="2">其他</td><td>其他</td><td colspan="2">其他</td><td>其他</td><td>其他</td><td>其他</td><td colspan="2">其他</td></tr>
</table>

用 JLBM-1 系统对图 7-25 所示的压盖零件（材料灰铸铁）分类编码，得到的 15 位代码是：001021103050736。

4. 零件组的划分

合理地划分零件组是实施成组技术的重要内容，也是实施成组技术取得经济效果的关键。对于不同的生产活动领域，划分零件组的概念不完全相同。在产品设计领域，应按零件结构相似特征划分零件组；在加工领域，应按零件工艺相似特征划分零件组；在生产管理领域，应根据零件工艺相似特征及零件投产时间特征划分零件组；对于机床调整，则应按零件的调整特征划分零件组。由于零件的工艺特征涉及面较广，且直接影响加工过程，就整个生产过程而言，通常按零件的工艺特征划分零件组。

目前，划分工艺相似零件组的方法主要有三种，分别是目视法、分类编码法和生产流程分析法。

(1) 目视法：完全凭工艺人员的个人经验，采用人工方法划分零件组。这种分组方法效率低，分组好坏取决于工艺人员个人的经验和水平，往往难以取得最优结果，目前已较少使用。

(2) 分类编码法：根据零件的成组编码，划分零件组。采用这种方法，通常需要建立适当的“码域矩阵”。码域矩阵与零件组一一对应，凡零件的编码落在某一相同码域内，这些零件便划分为同一零件组。

(3) 生产流程分析法：直接按零件的加工工艺过程及所用设备对零件进行分组，将工艺过程相似的零件划在同一零件组。采用生产流程分析法划分零件组，首先需编制每一个待分零件的工艺过程，然后根据零件工艺过程建立相应的零件—机床矩阵。

表 7-4　JLBM-1 分类编码系统非回转件分类表

<table>
<tr><td>码位</td><td colspan="3">3</td><td colspan="2">4</td><td colspan="2">5</td><td>6</td><td colspan="3">7</td><td colspan="2">8</td><td colspan="2">9</td></tr>
<tr><td rowspan="2">特征项号</td><td colspan="8">外部形状及加工</td><td colspan="5">主孔、内部形状及加工</td><td colspan="2" rowspan="2">辅助加工(辅助孔、成形)</td></tr>
<tr><td colspan="3">总体形状</td><td colspan="2">功能要素</td><td colspan="2">基本形状</td><td>功能要素</td><td colspan="3">外面、端面</td><td colspan="2">内面</td></tr>
<tr><td>0</td><td rowspan="5">板条</td><td rowspan="3">无弯曲</td><td>轮廓边缘由直线组成</td><td colspan="2">无</td><td colspan="2">无</td><td>无</td><td colspan="3">无</td><td colspan="2">无</td><td colspan="2">无</td></tr>
<tr><td>1</td><td>轮廓边缘由直线或曲线组成</td><td colspan="2">一个平面及台阶平面</td><td rowspan="2">回转面加工</td><td>回转面加工</td><td>外部一般直线沟槽</td><td rowspan="4">无螺纹</td><td rowspan="2">单一轴线</td><td>光滑、单向台阶或单向有孔</td><td rowspan="6">主孔内</td><td>单一轴线沟槽</td><td rowspan="4">均布孔</td><td>轴向</td></tr>
<tr><td>2</td><td>板或条与圆柱体组成</td><td rowspan="3">双向平面</td><td>两侧平行平面及台阶平面</td><td>回转定位槽</td><td>直线定位导向槽</td><td>双向台阶双向有孔</td><td>多个轴向沟槽</td><td>径向</td></tr>
<tr><td>3</td><td rowspan="2">有弯曲</td><td>轮廓边缘由直线或曲线组成</td><td>直交面</td><td colspan="2">一般曲线沟槽</td><td>直线定位导向凸起</td><td rowspan="2">多轴线</td><td>平行轴线</td><td>内花键</td><td>轴向</td></tr>
<tr><td>4</td><td>板或条与圆柱体组成</td><td>斜交面</td><td colspan="2">简单曲面</td><td>1+2</td><td>垂直或相交轴线</td><td>内等分平面</td><td>径向</td></tr>
<tr><td>5</td><td colspan="3">块状</td><td rowspan="2">多向平面</td><td>两个两侧平行平面</td><td colspan="2">复杂曲面</td><td>2+3</td><td rowspan="2">有螺纹</td><td colspan="2">单一轴线</td><td>1+3</td><td rowspan="2">非均布孔</td><td>单个方向排列的孔</td></tr>
<tr><td>6</td><td rowspan="3">箱壳座架</td><td colspan="2">有分离面</td><td>2+3 或 3+5</td><td colspan="2">1+4</td><td>1+3 或 1+2+3</td><td colspan="2">多轴线</td><td>2+3</td><td>多个方向排列的孔</td></tr>
<tr><td>7</td><td rowspan="2">无分离面</td><td>矩形体组合</td><td rowspan="2"></td><td>六个平面需加工</td><td colspan="2">2+4</td><td>齿形齿纹</td><td colspan="2" rowspan="2">有其他功能要素(功能锥，功能槽，球面、曲面等)</td><td>单一轴线</td><td colspan="2">异形孔</td><td rowspan="2">成形</td><td>无辅助孔</td></tr>
<tr><td>8</td><td>矩形体与圆柱体组合</td><td>斜交面</td><td colspan="2">3+4</td><td>刻线</td><td>多轴线</td><td colspan="2">内腔平面或窗口平面加工</td><td>有辅助孔</td></tr>
<tr><td>9</td><td colspan="3">其他</td><td colspan="2">其他</td><td colspan="2">其他</td><td>其他</td><td colspan="3">其他</td><td colspan="2">其他</td><td colspan="2">其他</td></tr>
</table>

表 7-5　JLBM-1 分类编码系统材料、毛坯、热处理、主要尺寸、精度分类表

代码	10	11	12	13			14			15	
项目	材料	毛坯原始形状	热处理	主要尺寸						精度	
				直径或宽度/mm			长度/mm				
				大型	中型	小型	大型	中型	小型		
0	灰铸铁	棒料	无	≤14	≤8	≤3	≤50	≤18	≤10	低精度	
1	特殊铸钢	冷拉材	法兰	＞14～20	＞8～14	＞3～6	＞50～120	＞18～30	＞10～16	中等精度	内外回转面加工
2	普通碳钢	管材（异形管）	退火、正火及时效	＞20～58	＞14～20	＞6～10	＞120～250	＞30～50	＞16～25		平面加工
3	优质碳钢	型材	调质	＞58～90	＞20～30	＞10～18	＞250～500	＞50～120	＞25～40		1＋2
4	合金钢	板 材	淬火	＞90～160	＞30～58	＞18～30	＞500～800	＞120～250	＞40～60	高精度	外回转面加工
5	铜和铜合金	铸件	高、中、工频淬火	＞160～400	＞58～90	＞30～45	＞800～1 250	＞250～500	＞60～85		内回转面加工
6	铝和铝合金	锻件	渗碳＋4 或 5	＞400～630	＞90～160	＞45～65	＞1 250～2 000	＞500～800	＞85～120		4＋5
7	其他有色金属及其合金	铆焊件	氮化处理	＞630～1 000	＞160～440	＞65～90	＞2 000～3 150	＞800～1 250	＞120～160		平面加工
8	非金属	铸塑成形件	电镀	＞1 000～1 600	＞440～630	＞90～120	＞3 150～5 000	＞1 250～2 000	＞160～200		4 或 5 或 6＋7
9	其他	其他	其他	＞1 600	＞630	＞120	＞5 000	＞2 000	＞200		超高精度

5. 成组生产单元的建立

成组生产单元是实施成组技术的一种重要组织形式。在成组生产单元内，工件可以有序地流动，大大减少了工件的运动路程。更重要的是成组生产单元作为一种先进的生产组织形式，可使零件加工在单元内封闭起来，有利于调动组内生产人员的积极性，有利于提高生产率和保证产品质量。成组生产单元按其规模、自动化程度和机床布置形式，可分为四种类型。

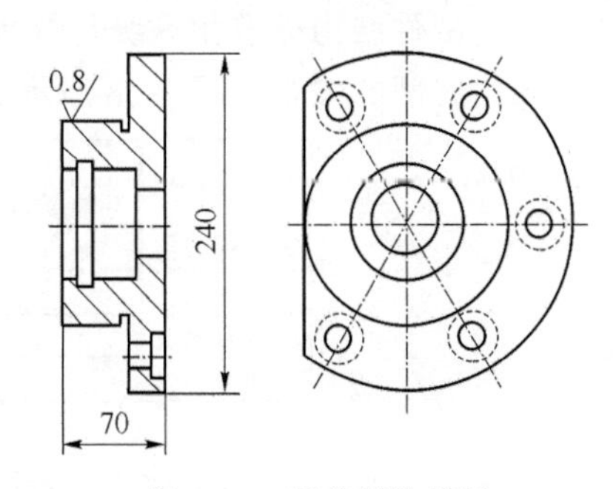

图 7-25　压盖零件编码

(1) 成组单机：用于零件组内零件种数较少，加工工艺较简单，全部或大部分加工工作可在一台机床上完成的情况。

(2) 成组单元：将一个(或几个)零件组加工所用设备集中在一起，形成一个封闭的加工单元(如图 7-26(b)所示)。成组单元是成组生产单元最基本、最常见的一种形式。

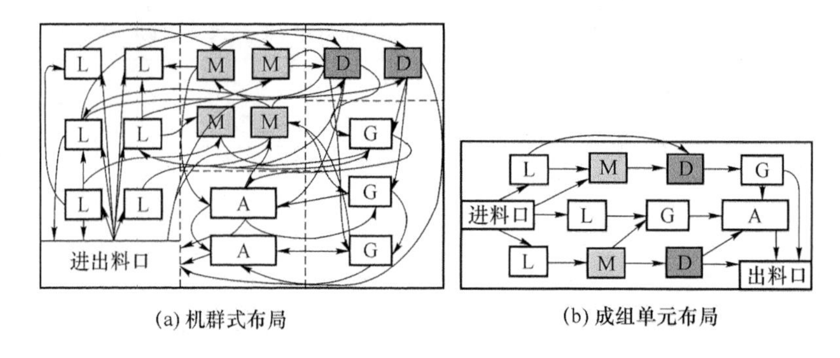

(a) 机群式布局　　(b) 成组单元布局

图 7-26　成组单元机床布置形式

图 7-26 对比显示了机床的机群式布局与成组单元布局两种情况。由图可见，采用成组单元的布局形式可使物料移动距离大大缩短。

(3) 成组流水线：用于零件组内零件种数较少，零件之间相似程度较高，零件生产批量较大的情况。它具有传统流水线的某些特点，但适用于一组零件的加工，且不要求固定的生产节拍。

(4) 成组柔性制造系统(FMS)：这是一种高度自动化的成组生产单元，它通常由数控机床(或加工中心)、自动物流系统和计算机控制系统组成。它没有固定的生产节拍，并可在不停机的条件下实现加工工作的自动转换。

6. 成组技术在产品设计中的应用

在产品设计中成组技术主要有以下两方面的应用。

(1) 在零件设计过程中，利用零件编码，检索并调出已设计过的与之相似的零件，在此基础上进行局部修改，形成新的零件。据统计，一项新产品中有 70%以上的零件设计可以借鉴或直接引用原有的设计，从而可以大大减小零件设计工作量，并可减少工艺准备工作和降低制造费用。同样的道理，也可以利用产品和部件的继承性，对产品和部件进行编码，通过检索、调出和利用已有相类似设计，减小新设计的工作量。

(2) 在产品和零部件设计中采用成组技术，不仅可以减小设计工作量，而且有利于提高设计标准化的程度。设计标准化是工艺标准化的前提，对合理组织生产具有重要作用。产品、部件、零件标准化的内容包括名称标准化、结构标准化和零部件标准化，其中结构标准化是其重点。零件结构标准化等级与标准化要素之间的关系如图 7-27 所示。设计标准化与工艺标准化之间的关系如图 7-28 所示。

标准化等级	标准化要素			
	功能要素	基本形状	功能要素配置	主要尺寸
简单标准化				
基本标准化				
主要标准化				
完全标准化				

图 7-27　零件结构标准化等级与标准化要素之间的关系

7. 成组技术在加工工艺方面的应用

生产中多种零件在按照一定的相似性准则分类成组的基础上，按零件进行工艺准备。成组技术在加工工艺方面的应用时间最早，形式较多，效果也比较显著。

设计标准化		工艺标准化
基本形状标准化	→	主要工艺过程（工艺路线）标准化
功能要素标准化	→	工序、工步标准化
功能要素配置标准化	→	次要工序及工艺顺序标准化
主要尺寸标准化	→	工艺装备标准化

图 7-28　设计标准化与工艺标准化之间的关系

(1) 设计和使用成组工艺过程

一般的加工工艺过程都是以产品的每一种零件为对象，进行工艺路线设计和工序设计，因此工作量非常浩大，耗费很多的人力和时间，有时还往往影响生产进度。应用成组技术，零件编码分组以后，就可以以零件组为对象，进行成组工艺过程的设计。设计时以结构要素、工艺方法相似的一组零件为对象，设计出来的工艺过程适用于组内的所有零件(包括在该组范围内的未来新设计的零件)。它实际上是一种典型工艺，集中反映了零件组内所有零件相似的工艺特征。设计时，以一个包含工艺特征要素较多的零件为代表件，然后以它为标准，逐个分析、比较同一零件组中的其他零件，将不同于代表件的特征要素叠加到代表件上，即可得该零件组的综合代表件。为综合代表件设计和制定工艺过程后，就大大简化和节省了零件的工艺设计工作量；可以缩短工艺准备周期，降低工艺准备费用；还可以使工艺人员摆脱繁重的重复劳动。

(2) 设计和制造成组夹具

在成组技术原理指导下，为完成成组工序而设计、制造的专用夹具称为成组夹具。成组夹具不同于一般的专用夹具，它不是针对某一种零件，而是针对一组零件的同一工序而设计的夹具。成组夹具一般由两部分组成，即通用基体部分和专用可调整部分。当组内零件品种更换时，只需将可调整部分进行更换或调节，便可继续使用。

(3) 建立成组加工系统

根据已划分的零件组和已编制的成组工艺过程来建立成组加工系统。加工系统的主要形式为成组单机(又称工序成组)、成组加工单元(提高生产效率、实现生产自动化的必要条件)以及成组流水线。成组流水线加工的零件组内各零件必须具有极大的工艺相似性和很大的批量，且加工的不是一种零件，而是一组或几级相似的零件，它是实现加工过程合理化的高级生产组织形式。

8. 成组技术在生产管理方面的应用

首先，成组生产单元是一种先进的、有效的生产组织形式。在成组生产单元内，零件加工过程被封闭起来，责、权、利集中在一起，生产人员不仅负责加工，而且共同参与生产管理与生产决策活动，使其积极性能够得到充分发挥。

其次，按成组工艺进行加工，可使零件加工流向相同，这不仅有利于减少工件运动距离，而且有利于作业计划的安排。对于同顺序加工的零件，其作业计划的制定有章可循，可以实现优化排序。

需要指出的是，采用成组技术方法安排零部件生产进度计划时，需打破传统的按产品制定生产计划的模式，而代之以按零件组安排生产进度计划，这在一定程度上会给人工制定生产计划带来不便(相对于传统的计划方法)。这也是某些企业推行成组技术遇到的一个障碍，而克服这种障碍的有效方法除了要转变传统观念以外，采用新的计划模式和计算机辅助生产管理方法是必要的。

7.4.2 计算机集成制造

1. 计算机集成制造的由来和发展

计算机集成制造(Computer Integrated Manufacturing，CIM)一词于 1974 年首先由美国 Joseph Harrington 博士提出。他在 *Computer Integrated Manufacturing* 一书中阐述了两个基本观点。

(1) 制造企业生产活动的各个环节，即从市场分析、经营决策、工程设计、制造过程、质量控制、生产指挥到售后服务，互相紧密联系成一个不可分割的整体。

(2) 整个制造过程本质上可以抽象成一个数据收集、传递、加工和利用的过程，最终产品可以看做是数据的物化表现。

CIM 概念提出后，未能立即引起人们足够的注意，因为当时实施 CIM 的条件尚不成熟。进入 20 世纪 80 年代以后，与 CIM 有关的各项单元技术(如 CAD、CNC、CAPP、MIS、FMC、FMS 等)发展已较完善，并形成一个个自动化"孤岛"。在这种形势下，为取得更大的经济效果，需要将这些"孤岛"集成起来，于是 CIM 概念受到重视并被普遍接受。

20 世纪 80 年代初，美国国家标准局(NBS)下属的"自动化制造研究实验基地"(AMRF)建立了世界上第一个 CIMS(计算机集成制造系统)实验系统(如图 7-29 所示)，旨在促进 CIM 技术的发展。该系统包含五个工作站，其中三个机械加工工作站，一个清洗和去毛刺工作站，一个自动检测工作站，每个工作站都配备单独的机器人。系统有两台载有机器人的轨道小车，在各工作站之间运送毛坯、工件及工夹具。整个系统由计算机网络系统和 AMRF 自行开发的软件控制。该系统模拟最小制造环境，可以实现从产品设计、生产计划、工艺过程设计、数控程序编制到加工、运输、检验，直至输出成品的全过程。

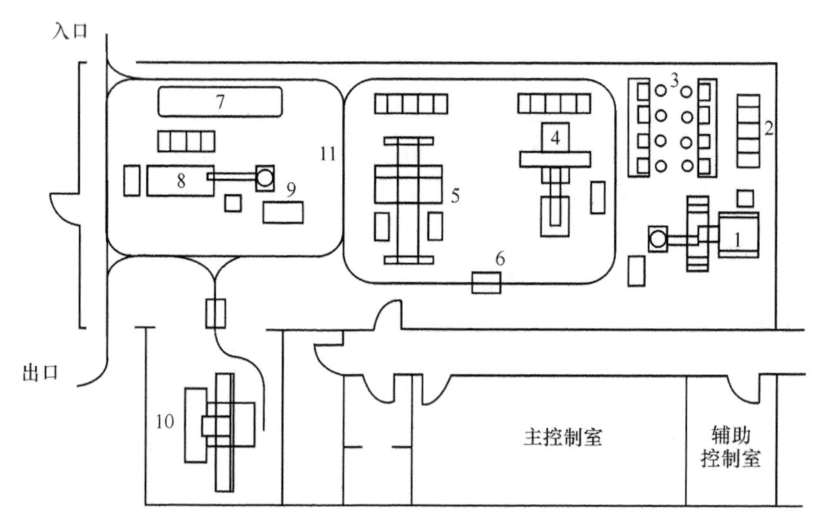

1—卧式加工中心工作站；2—计算机柜；3—终端工作区；4—立式加工中心工作站；5—车削加工中心工作站；6—机器人运料车；7—缓冲存储；8—清洗与去毛刺工作站；9—机器人；10—自动检测工作站；11—运输车道

图 7-29 AMRF 的 CIMS 实验系统

20世纪80年代中后期,CIM逐渐开始实施,并迅速显示出明显的效益——提高企业的生产率和市场竞争能力。以往,竞争力主要取决于生产率,现今更重要的是对市场的响应能力。信息时代的到来使世界正在“变小”,世界大市场的发展使竞争更加激烈。这一方面极大地促进了社会生产力的迅速发展,另一方面也给企业造成了严酷的“生存环境”。企业为求得生存和发展,必须在TQCSE(T,时间,加速新产品研制周期,缩短交货期;Q,质量;C,成本;S,服务;E,环保)五要素上下工夫。为实现这一目标,CIM是一种强有力的形式。

2. CIM与CIMS的定义

欧共体CIM-OSA(开放体系结构)课题委员会对CIM所下的定义具有一定的权威性:CIM是信息技术和生产技术的综合应用,旨在提高制造型企业的生产率和响应能力。企业所有功能、信息、组织管理等方面都是集成起来的整体的各个部分。

CIM是一种制造哲理,是一种思想;CIMS是CIM制造哲理的具体体现。

也有人将CIMS定义为一个计算机控制的闭环反馈系统,其输入是产品的需求和概念,输出的是合格的产品。

根据上面的定义,可对CIM和CIMS作如下理解。

(1) CIM的核心是集成,而集成的本质是信息集成。

(2) 将整个制造过程视为一个系统,是CIM定义的一个基本点。从系统工程观点出发,整体优化是CIM的最终目标(相对于自动化孤岛而言)。

(3) 在3M(人、机器、管理)集成中,人是核心,是根本。普渡大学T. J. Willian教授提出的CIMS参考模型的两个基本概念对深刻理解CIM的内涵有重要意义。

① Automability(可自动化性):生产活动中可用数学形式或计算机程序描述的部分,生产活动中的这一部分内容可用计算机来进行处理。

② Innovation(创新):生产活动中无法用数学形式或计算机程序描述的部分,这一部分内容仍需人来完成,机器无法代替。而这一部分正是生产活动中的灵魂。

在论述了上面两个基本观点之后,Willian教授认为工业革命使人变成了机器的奴隶,新技术革命则要“恢复人格”(Humanlization)。

(4) 在上述定义中,限定“制造型企业”。对于连续型生产企业,其思想也适用,且实现起来更容易些,但此种情况通常称为CIP或CIPS(计算机集成生产系统)。

(5) CIM是一种理想状态,是一个无限追求的目标。CIMS经常和人们提到的“三无工厂”(无图纸、无库存、无人化)、“3J”(Just in time,Just in case,Just in supply)等概念相联系。同时CIMS的实现程度又受企业经营环境的制约,与企业的技术水平、投资能力、经营战略等相联系,决定了CIMS是一个多层次、多模式、动态发展、逐渐向理想状态趋近的系统。

我国CIMS专家委员会对企业搞CIMS持审慎态度,指出:工厂搞CIMS是一件非常复杂的事情,是一项高投入、高风险的项目,必须审慎行事。

3. CIMS的体系结构

作为一个系统,CIMS由若干个相互联系的部分(分系统)组成,通常CIMS可划分为五个分系统(如图 7-30 所示)。

(1) 工程技术信息分系统(EIS 或 TIS):包括计算机辅助设计(CAD)、计算机辅助工程分析(CAE)、计算机辅助工艺过程设计(CAPP)、计算机辅助工装设计(CATD)、数控程序编制(NCP)等。

(2) 管理信息分系统(MIS):包括经营管理(BM)、生产管理(PM)、物料管理(MM)、人事管理(LM)、财务管理(FM)等。

(3) 制造自动化分系统(MAS):包括各种自动化设备和系统,如计算机数控(CNC)、加工中心(MC)、柔性制造单元(FMC)、柔性制造系统(FMS)、工业机器人(Robot)、自动装配(AA)等。

(4) 质量信息分系统(QIS):包括计算机辅助检验(CAI)、计算机辅助测试(CAT)、计算机辅助质量控制(CAQC)、三坐标测量机(CMM)等。

(5) 计算机网络与数据库分系统(Network & DB):是一个支持系统,用于将上述几个分系统联系起来,以实现各分系统信息的集成。

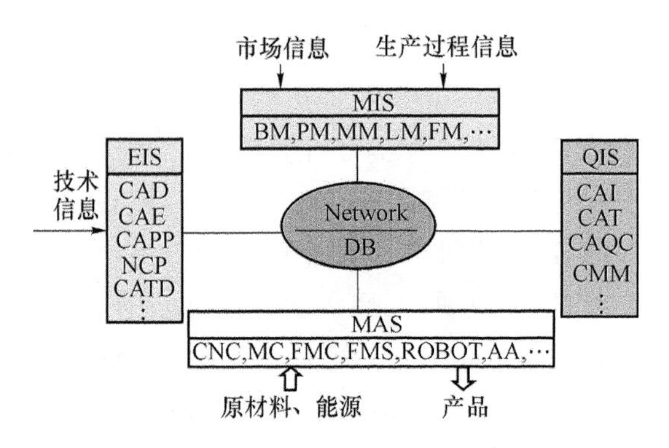

图 7-30 CIMS 结构

为了物理地实现 CIMS 的功能结构,通常采用开放、分布和递阶控制的技术方案。所谓“开放”是指采用标准化的应用软件环境。所谓“分布”是指 CIMS 的各分系统(以及分系统内的子系统)均有独立的数据处理能力,一个分系统(子系统)失效,不影响其他分系统(子系统)工作;“分布”还指网络系统内各节点和资源的可操作性。递阶控制结构又称计算机多级控制结构。由于 CIMS 是一个复杂的大系统,需要将其分成几个层次进行控制,通常可将 CIMS 分为五个层次,分别是工厂级、车间级、单元级、工作站级和设备级。

4. 实施 CIMS 的基本步骤和方法

由于 CIMS 是一项庞大的、高投资、高风险的工程,为减小风险,提高成功率,应分阶段进行,通常分为以下五个阶段。

① 可行性论证。

② 系统初步设计。

③ 系统详细设计。

④ 系统实施。

⑤ 系统运行与维护。

CIMS 设计的逻辑步骤一般从功能需求分析开始,在此基础上确定实施 CIMS 的技术方案，如图 7-31 所示。

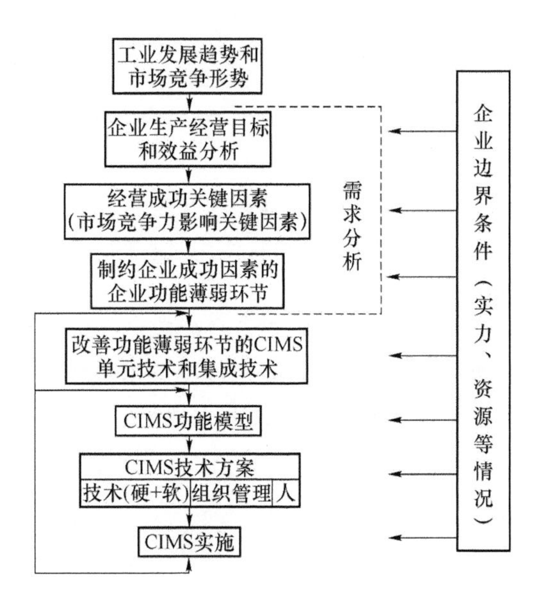

图 7-31　CIMS 系统设计逻辑步骤

7.4.3　并行工程

1. 并行工程产生的背景

并行工程(Concurrent Engineering，CE)与计算机集成制造具有相同的历史背景，都是在激烈的市场竞争中，企业为了求得生存和发展而采取的有效方法。随着科学技术的高速发展和市场竞争的日益加剧，在 TQCSE 五要素中，T(时间)变得越来越重要，减少新产品开发周期逐渐成为 TQCSE 的“瓶颈”。

计算机集成制造着眼于信息集成，通过网络与数据库，将自动化“孤岛”集成起来。生产管理者在信息集成的基础上，对整个生产进程有清楚的了解，从而可以对生产过程进行有效地控制，并在 TQCSE 上获得成效。但在计算机集成制造环境下，生产过程的组织结构与管理仍是传统的，生产过程仍独立、顺序地进行。

当新产品开发成为赢得市场竞争的主要手段后，单纯的集成已远远不够。按顺序方法开发产品常常需要多次反复，造成时间和金钱的巨大浪费。据美国 Menter Graphics 公司报告，该公司印制电路板的研制一般要经过五轮原型(Prototype)才能定型，每轮原型需耗费 2 万～6 万美元。为了减少新产品开发时间和费用，同时也为了提高产品质量，降低生产成本，改进服务，在产品设计时，需要充分考虑下游制造过程和支持过程。这就是并行工程的基本思想。

并行工程哲理的形成来自许多人的思想，如目标小组(Tiger Teams)、协调工作(Team Works)、产品-驱动设计(Product-Driving Design)、全面质量管理(TQC)、连续过程改进(CPI)等。其中最重要的要属美国国防部防卫分析研究所(IDA)高级项目研究局(DARPA)所做的研究工作，他们从 1982 年起开始研究在产品设计中改进并行度的方法，直至 1988 年，发表了著名的 R338 报告。这份报告对并行工程的思想和方法进行了全面、系统地论述，确立了并行工程作为重要制造哲理的地位。

2. 并行工程的定义

IDA 在 R338 报告中对并行工程所作的定义如下:并行工程是对产品及其相关过程(包括制造过程和支持过程)进行并行、一体化设计的一种系统化的工作模式。这种工作模式力图使开发者从一开始就考虑到产品整个生命周期(从概念形成到产品报废)中所有的因素,包括质量、成本、进度与用户需求。

上面关于并行工程的定义中所说的支持过程包括对制造过程的支持(如原材料的获取、中间产品库存、工艺过程设计、生产计划等)和对使用过程的支持(如产品销售、使用维护、售后服务、产品报废后的处理等)。

并行工程的核心是实现产品及其相关过程设计的集成。传统的顺序设计方法与并行设计方法的比较如图 7-32 所示。由图可见,所谓并行设计不可能实现完全的并行,而只能是在一定程度上的并行,但这足以使新产品开发时间大大缩短。

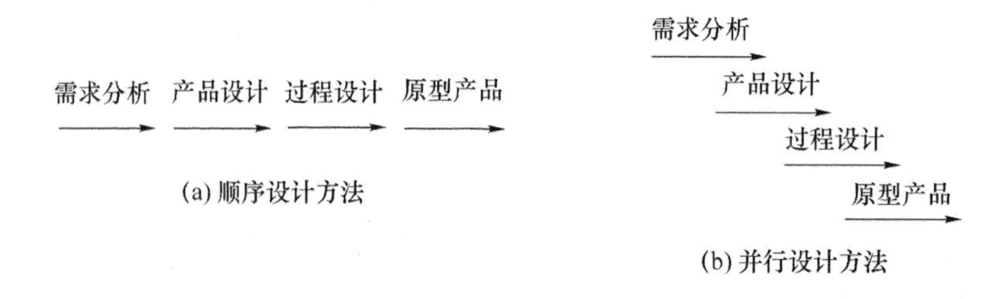

图 7-32　顺序设计方法与并行设计方法的比较

并行工程的基本方法是依赖于产品开发中各学科、各职能部门人员的相互合作、相互信任和共享信息,通过彼此间有效地通信和交流,尽早考虑产品全生命周期中的各种因素,尽早发现和解决问题,以达到各项工作协调一致。

实施并行工程可以获得明显的经济效益。据统计,实施并行工程可以使新产品开发周期缩短 40%～60%,早期生产中工程变更次数减少一半以上,产品报废及反复工作减少 75%,产品制造成本下降 30%～40%。

3. 并行工程的实施

(1) 组织方面

实施并行工程首先要在组织上给予保证。公司传统的文化一般不支持并行工程,需要加以改变。目前实施并行工程的主要组织形式是“产品开发组”(或称项目小组、并行工程小组、多功能组)。产品开发组是专门为某一产品开发而组织的,具有明确的目标和职责,一个产品开发完成,小组生命周期也就结束。产品开发组集责、权、利为一体,小组有权进行决策,有权处理产品开发中遇到的各种问题。产品开发组通常由不同专业的人员组成,这些人员可能涉及产品全生命周期的各个部门,如设计、工艺、计划、检验、评价、销售、服务等。产品开发组的每个成员必须清楚地了解总目标及各自的任务,以便协调工作,充分交换信息,及早发现和解决设计中的错误、矛盾和冲突,持续改善产品及其相关过程。

图 7-33 显示了支持并行运营的企业矩阵式组织形式。在这种组织形式中,基本的管理单元是项目小组。项目小组由项目经理直接领导,项目经理直接对总经理负责。这种矩阵式组织形式是在吸收了建筑业管理模式的基础上发展起来的,它的特点是管理层次少,管理工作直接、简单、有效。

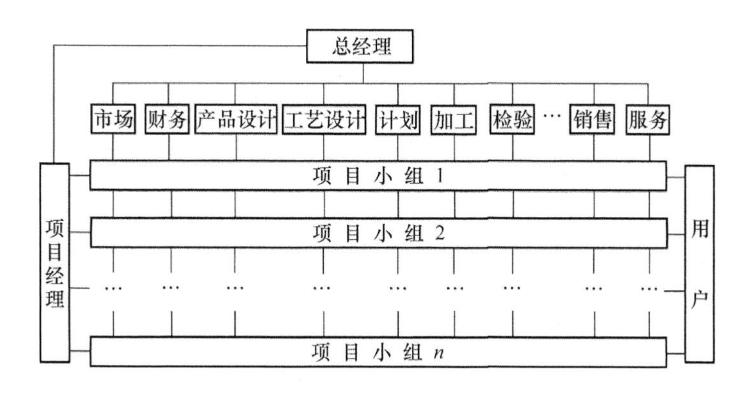

图 7-33　支持并行运营的企业矩阵式组织形式

为使项目小组有效地工作，小组人数一般以 8～12 人为宜。对于复杂的任务可由若干个项目小组联合而成，也可采取“组中有组”的方式，或将任务分解，每一部分由一个小组负责，而每一部分又可再进行细分。

(2) 设施方面

实施并行工程的设施方面主要指必须具备的由计算机、网络、数据库等组成的通信基础设施，以便为开发组成员间的交流、协作提供必要的手段。不同层次任务小组所需的通信基础设施也不相同：对于任务级任务，一般只需电子邮件系统就可以了；对于项目级任务，则需要一个具有咨询与报告功能的设计数据库，以便小组成员可以了解设计的历史，查询可替代的零部件等；对于计划级任务，需要有可“交互浏览”的数据库管理系统，以便与不同专业的数据库连接，并能对已颁布和未颁布的数据进行管理；对于企业级任务，则要求具有包括知识库、电子会议等在内的功能较强的通信基础设施，以能支持地区上分散的开发组工作，并可提供决策支持。

上述两个方面是实施并行工程的基础、前提和保证，而下面所述的设计方面则是并行工程的实质内容所在。

(3) 设计方面

如前所述，并行工程的核心是实现产品及其相关过程设计的集成，其关键有如下几点。

① 重视概念设计。所谓概念设计是指制定对整个产品的看法和说明，即用户、设计、制造等方面对产品的要求，这是设计的第一步。其中尤为重要的是正确搜集用户要求。据统计，20% 的产品设计变更是由于对用户要求理解不正确或不充分而造成的，而变更设计将付出昂贵的代价。概念设计要求在对产品进行说明的同时，还需给出限制条件，如工业标准、材料、公差、环境要求，甚至于包括社会和伦理方面的因素，这些都是在设计中必须考虑的。

② 产品及相关过程设计的沟通。在产品设计过程中必须同时考虑下游的制造过程与支持过程，必须同时对产品的质量、成本、可制造性、可测试性、可支持性等进行并行、一体化的设计。上、下游之间必须有反馈，构成不断改进的回路。

③ 产品开发的优化。应不断改进产品及其开发过程。作为改进的第一步，是获取所有与产品开发有关的信息，以利用这些信息去改进下次设计。例如，研究产品缺陷是如何发生的？为何在设计中未被发现？找出问题所在，提出解决方法，便可形成一个知识模块，将其存入数据库，以供下次设计借鉴。目前已有一些软件工具，可帮助设计者基于已有的设计去

仿真、验证新的设计。

7.4.4 敏捷制造

1. 敏捷制造的内涵和概念

(1) 敏捷制造的含义

敏捷制造就是指制造系统在满足低成本和高质量的同时,对变幻莫测的市场需求的快速反应。因此,敏捷制造企业的敏捷能力应当反映在以下六个方面。

① 对市场的快速反应能力。判断和预见市场变化并对其快速地做出反应的能力。

② 竞争力。企业获得一定生产力、效率和有效参与竞争所需的技能。

③ 柔性。以同样的设备与人员生产不同产品或实现不同目标的能力。

④ 快速。以最短的时间执行任务,如产品开发、制造、借贷等能力。

⑤ 企业策略上的敏捷性。企业针对竞争规则及手段变化、新竞争对手出现、国家政策法规变化、社会形态变化等做出快速反应的能力。

⑥ 企业日常运行的敏捷性。影响企业日常运行的各种变化,如用户对产品规格、配置及售后要求的变化,定货量、供货时间变化,原料供货出现问题及设备出现故障等做出快速反应的能力。

敏捷制造的基本思想是通过把动态灵活的虚拟组织结构、先进的柔性生产技术和高素质的人员进行全方位的集成,从而使企业能够从容应付快速变化和不可预测的市场需求。它是一种提高企业竞争能力的全新制造组织模式。

(2) 敏捷制造的主要概念

① 全新企业概念。通过网络建立信息交流“高速公路”,以竞争能力和信誉为依据选择合作伙伴,将产品涉及的不同地点的企业、工厂、车间重新协调、组织而建成没有围墙、超越空间约束的“虚拟动态企业”。虚拟企业是依靠计算机网络联系、统一指挥的“临时”合作的经济实体,从策略上不强调全能,也不强调产品从头到尾都是自己开发、制造。

② 全新的组织管理概念。敏捷企业是以任务为中心、以多学科群体为基层组织的一种动态组合。它提倡以“人”为中心和“基于统观全局管理”的模式,要求各个项目组都能了解企业全局,明确工作目标、任务和时间要求,在完成任务过程中可以用分散决策代替集中控制,用协商机制代替递阶控制机制,提高经营管理目标,尽善尽美、尽快地满足用户的特殊需要。敏捷企业强调把职权下放到项目组,强调技术和管理结合,在先进柔性制造技术的基础上,通过计算机网络联系多功能项目组的“虚拟公司”,把全球范围内的各种资源集成在一起,实现技术、管理和人的集成。

③ 全新的产品概念。敏捷制造的产品进入市场后,可以根据用户需要进行改变,得到新的功能和性能,即使用柔性和模块化的产品设计方法,依靠极大丰富的通信和软件资源,进行性能和制造过程仿真。敏捷制造为保证用户在整个产品生命周期内满意,企业将质量跟踪持续到产品报废为止,甚至包括产品的更新换代。

④ 全新的生产概念。产品成本与批量无关,从产品看是单件生产,而从具体的实际和制造部门看,却是大批量生产。高度柔性化、模块化、可伸缩的制造系统的规模是有限的,但在同一系统内可生产出产品的品种却是无限的。

2. 敏捷制造的基本特点

(1) 敏捷制造是自主制造系统。敏捷制造系统具有自主、简单、易行、有效的特点。每个工件的加工过程、设备利用及人员投入都由本单元自己掌握和决定;以产品为对象的敏捷制造,每个系统只负责一个或若干个同类产品的生产,易于组织小批或单件生产,不同产品的生产可以重叠进行:可将产品较复杂的项目组分成若干单元,使每一单元相对独立的对产品生产负责,单元之间分工明确,协调完成一个项目组的产品。

(2) 敏捷制造是虚拟制造系统。敏捷制造系统是一种以适应不同产品为目标构造的虚拟制造系统,它能够随环境变化迅速地动态重构,对市场变化做出快速的反应,实现生产的柔性自动化。实现产品目标的主要途径是组建虚拟企业。虚拟企业的主要特点是:功能、机构虚拟化,动态组织柔性虚拟化,地域虚拟化,产品开发、加工、装配、营销分布在不同地点,通过计算机网络加以协调和连接。

(3) 敏捷制造是可重构的制造系统。敏捷制造系统设计过程不是预先按规定需求范围建立的过程,而是使制造系统从组织结构上具有可重构、可重用和可扩充三方面的能力。通过对制造系统硬件重构和扩充,适应新的生产过程,完成预计变化的活动,要求软件可重用,能对新制造活动进行指挥、调度与控制。

思考题

7-1　现代制造技术有哪些特点?

7-2　特种加工的特点是什么?其应用范围如何?

7-3　常规加工工艺与特种加工工艺之间有何关系?

7-4　电火花加工与线切割加工的原理是什么?各有哪些用途?

7-5　试简述激光加工的特点及应用。

7-6　试简述超声波加工的基本原理及应用范围。举出几种超声波在工业、农业或其他行业中应用的例子。

7-7　简述成组技术的概念及应用。

7-8　常见的微细加工方法有哪些?

7-9　怎样理解制造过程中的“柔性”?

参 考 文 献

[1]　王先逵. 机械制造工艺学. 北京：机械工业出版社，1995.
[2]　冯敬之. 机械制造工程原理. 北京：清华大学出版社，1998.
[3]　郑修本. 机械制造工艺学. 北京：机械工业出版社，1999.
[4]　宾鸿赞，曾庆福. 机械制造工艺学. 北京：机械工业出版社，1990.
[5]　张世昌，李旦，高航. 机械制造技术基础. 北京：高等教育出版社，2001.
[6]　于俊一，邹青主. 机械制造技术基础. 2 版. 北京：机械工业出版社，2004.
[7]　周光万. 机械制造工艺学. 成都：西南交通大学出版社，2010.
[8]　荆长生. 机械制造工艺学. 西安：西北工业大学出版社，1996.
[9]　徐嘉元. 机械加工工艺基础. 北京：机械工业出版社，1990.
[10]　李绍明. 机械加工工艺基础. 北京：北京理工大学出版社，1993.
[11]　金问楷. 机械加工工艺基础. 北京：清华大学出版社，1990.
[12]　胡永生. 机械制造工艺原理. 北京：北京理工大学出版社，1992.
[13]　陈明. 机械制造工艺学. 北京：机械工业出版社，2005.
[14]　谢旭华，张洪涛. 机械制造工艺及工装. 北京：科学出版社，2008.